〔三秒鐘的出其不意！〕
Excel×AI
幫你工作超省力

三秒鐘的出其不意！

Excel×AI

幫你工作
超省力

感謝您購買旗標書，
記得到旗標網站
www.flag.com.tw
更多的加值內容等著您…

<請下載 QR Code App 來掃描>

● FB 官方粉絲專頁：旗標知識講堂

● 旗標「線上購買」專區：您不用出門就可選購旗標書！

● 如您對本書內容有不明瞭或建議改進之處，請連上旗標網站，點選首頁的 聯絡我們 專區。

若需線上即時詢問問題，可點選旗標官方粉絲專頁留言詢問，小編客服隨時待命，盡速回覆。

若是寄信聯絡旗標客服 email，我們收到您的訊息後，將由專業客服人員為您解答。

我們所提供的售後服務範圍僅限於書籍本身或內容表達不清楚的地方，至於軟硬體的問題，請直接連絡廠商。

學生團體　訂購專線：(02)2396-3257 轉 362
　　　　　傳真專線：(02)2321-2545

經銷商　　服務專線：(02)2396-3257 轉 331
　　　　　將派專人拜訪
　　　　　傳真專線：(02)2321-2545

國家圖書館出版品預行編目資料

三秒鐘的出其不意！EXCEL × AI 幫你工作超省力 /
Excel 廣播電台｜張予 著. -- 初版. -- 臺北市：
旗標科技股份有限公司，2025.05　面；　公分

ISBN 978-986-312-827-4(平裝)

1.CST: EXCEL(電腦程式)　2.CST: 人工智慧
3.CST: 辦公室自動化

312.49E9　　　　　　　　　　　　　114002769

作　　者／Excel 廣播電台｜張予

發 行 所／旗標科技股份有限公司
　　　　　台北市杭州南路一段15-1號19樓

電　　話／(02)2396-3257(代表號)

傳　　真／(02)2321-2545

劃撥帳號／1332727-9

帳　　戶／旗標科技股份有限公司

監　　督／陳彥發

執行企劃／張思敏

執行編輯／張思敏

美術編輯／林美麗

封面設計／陳憶萱

校　　對／張思敏

新台幣售價：630 元

西元 2025 年 6 月 初版 2 刷

行政院新聞局核准登記-局版台業字第 4512 號

ISBN　978-986-312-827-4

Copyright © 2025 Flag Technology Co., Ltd.
All rights reserved.

本著作未經授權不得將全部或局部內容以任何形式重製、轉載、變更、散佈或以其他任何形式、基於任何目的加以利用。

本書內容中所提及的公司名稱及產品名稱及引用之商標或網頁，均為其所屬公司所有，特此聲明。

作者序

大家好，我是「Excel 廣播電台」的台長！畢業於臺灣科技大學資訊工程學系，一個看似應該成為工程師的背景，轉身投入充滿熱忱的教育領域。目前在非營利教育基金會擔任產品經理，也曾受邀擔任 **Hahow、外貿協會、青創資源中心、職訓局的 Excel 資料分析講師**，深信 Excel 這項工具，如果能用對方法，絕對能為職場人士帶來巨大的改變。

Excel 廣播電台｜張予

看著複雜的資料在 Excel 中變得井然有序，進而幫助他人解決問題，對我來說是一種享受。這份對教學的熱愛，也延伸到我在 IG 上創立的「Excel 廣播電台」(歡迎追蹤！)。在短短一年內，這個帳號吸引了超過十萬名粉絲，大家都為了同一個目標而來：**掌握職場上真正實用的 Excel 密技，告別那些沒人教、卻又每天都在發生的效率瓶頸。**

你是否也曾看著我的 IG 影片，發出「這麼簡單的技巧，我怎麼不知道？」的驚呼？又或者因為看到看似微小的教學，竟然能獲得數萬個讚而感到驚訝？我經常收到粉絲們的留言，他們懊悔「年輕時沒好好學 Excel」，更感謝我的分享，讓他們在工作中「省下無數個兩三秒」、「解決那一肚子煩躁」。這讓我深刻體會到，Excel 本身並不難，真正的挑戰在於我們**缺乏一個系統化、有效率的學習機會**。而這本書的誕生，正是為了彌補這個缺憾，帶領大家真**正認識 Excel 的強大之處，並搭上 AI 這股智慧浪潮，讓你的工作效率徹底升級**。

Excel 廣播電台｜小予

Instagram
https://www.instagram.com/excel.radio/

個人網站
https://excelradio.com.tw

▶▶ 關於本書

本書的架構，就是為了讓你從基礎到進階，循序漸進地掌握 Excel 與 AI 的職場組合技：

- **第 1、2 章：打好 Excel 基礎，就能優化工作流程**。這兩章將聚焦於 **Excel 最核心且實用的技巧**，從快捷鍵、介面操作、資料結構化處理、表格設計、格式調整、樞紐分析等，幫助你**建立直覺的操作習慣**，更快、更順地完成日常工作。讀完這兩章你會發現，**Excel 裡藏了超多出其不意的小妙招**，只要學會，就能大幅改變你的工作節奏。

- **第 3 章：AI 助你掌握 Excel 函數與資料分析**。如果你總是對 Excel 函數感到頭痛，別擔心！在這一章，我們將探索如何運用 ChatGPT 這類 AI 工具，輕鬆找到所需的函數，甚至讓 AI 直接解釋函數的用法。更重要的是，你將學會如何**利用 AI 進行資料分析**，就像與一位專業的數據分析師對話一般，只要提出你的問題，就能獲得清晰的**分析建議、資料摘要、趨勢洞察**…等寶貴資訊。

- **第 4 章：Excel × AI 實戰案例**。透過實際的情境模擬，你將親眼見證 Excel 與 AI 結合所產生的驚人威力。你可能曾要花費數個小時才能完成的任務，例如**互動式儀表板、銷售分析報告簡報**，現在只要運用 AI 工具，就能輕鬆完成。你過去「難以實現」的功能，例如**打造自動化庫存管理系統**，透過 AI 輔助 VBA 和 Power Automate，就能實現雲端自動提醒補貨！運用 ChatGPT 和 VBA / Google Apps Script **打造智慧排班系統**，自動檢查排班規則，甚至自動填入請假許願，這些自動化功能將變得不再遙不可及，讓你把時間留給真正重要的事情。最後，會學習如何運用 **Bricks AI 工具製作金流透視儀表板**，輕鬆追蹤個人財務狀況，當然也能用在工作團隊上，更可以與同事協作。

讀完這本書，你會重新認識 Excel 的潛力，也會驚艷 AI 帶來的高效改變。但我更希望的是，你會感謝自己翻開了這本書，因為你即將啟動一種更聰明、更從容的工作模式。準備好了嗎？一起開啟 Excel × AI 的無限可能！

作業系統與工具版本

本書內容以 **2025 年 4 月** 的資訊為基準，主要以 **Microsoft Windows 11 作業系統** 及 **Excel Microsoft 365** 的操作介面進行講解。

書中介紹使用到的 AI 工具，例如 ChatGPT、Gamma、Bricks，大多可在網頁上直接操作，沒有嚴格的版本差異，且通常會提供免費試用的額度。然而，隨著軟體技術持續發展，不排除本書發行後，部分功能或操作方式可能因更新而有所調整。建議讀者在實際操作時，留意軟體介面的最新提示與說明。

▶▶ 書附資源

本書提供第 4 章的實戰案例檔案，以及彙整所有 ChatGPT 提問的提示詞 (prompt)，並整理為電子檔的形式，提供給讀者參考。**請依照網頁指示輸入關鍵字即可取得檔案，也可以輸入 Email 加入 VIP 會員，進一步取得其他書籍的書附資源。**

https://www.flag.com.tw/bk/st/F5013

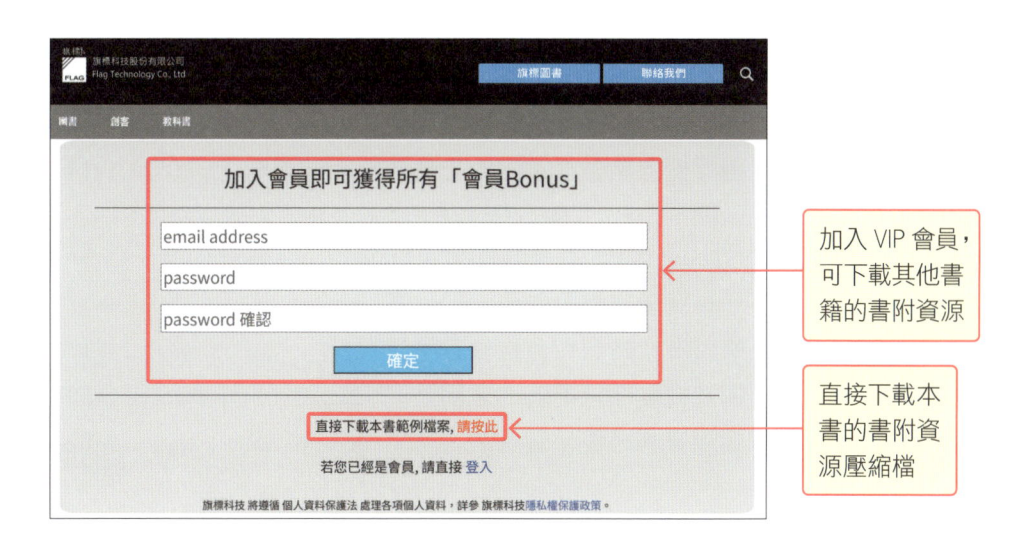

加入 VIP 會員，可下載其他書籍的書附資源

直接下載本書的書附資源壓縮檔

目錄

1 三秒達陣的基礎技

1-1 快速選取、移動、編輯與檢視 1-2
- 1｜選取整個工作表 1-2
- 2｜選取連續資料 1-3
- 3｜選取不連續資料 1-4
- 4｜移動到第一筆或最後一筆資料 1-5
- 5｜移動到資料邊界 1-5
- 6｜回到選取的儲存格位置 1-6
- 7｜編輯到一半後悔了？一鍵取消編輯 1-7
- 8｜進入編輯模式 1-7

1-2 快速插入、刪除、移動、隱藏欄列 1-8
- 9｜插入、刪除欄列 1-8
- 10｜插入多個欄列 1-9
- 11｜插入局部欄列 1-11
- 12｜移動欄列 1-12
- 13｜隱藏部分欄列，讓表格更聚焦 1-12
- 14｜隱藏欄列總是找不到？把他們群組起來吧！ 1-14

1-3 完美的複製、貼上與刪除 1-17
- 15｜一秒完成複製工作表 1-17
- 16｜複製資料時保留目標儲存格格式 1-17
- 17｜欄寬完美保持不變的複製法 1-20
- 18｜刪除資料時僅保留函數 1-22

		19	讓框線一秒消失的密技	1-25
		20	讓格式輕鬆「無限次複製」	1-25
		21	重複操作的魔法「再來一次」	1-26

1-4 一次填滿、調整全部資料 ... 1-27

- ▶▶ 22 | 快速向下、向右填滿資料 ... 1-27
- ▶▶ 23 | 在分散的儲存格輸入相同的資料 ... 1-28
- ▶▶ 24 | 在多個工作表中，同時輸入相同資料 ... 1-28
- ▶▶ 25 | 統一調整數值 ... 1-30

1-5 自動生成序號、日期、星期 ... 1-31

- ▶▶ 26 | 自動填入連續數字 ... 1-31
- ▶▶ 27 | 快速生成 1000 個序號 ... 1-32
- ▶▶ 28 | 自動填入日期或星期 ... 1-33
- ▶▶ 29 | 自動輸入當前的日期和時間 ... 1-34
- ▶▶ 30 | 不要再手動輸入星期了！ ... 1-35

1-6 不怕填錯資料的下拉式選單 ... 1-36

- ▶▶ 31 | 一鍵擁有下拉式選單，快速選擇輸入過的內容 ... 1-36
- ▶▶ 32 | 建立快速選擇的下拉選單 ... 1-37

1-7 快速轉換文字、數字的顯示方式 ... 1-39

- ▶▶ 33 | 輸入數字自動顯示指定內容 ... 1-39
- ▶▶ 34 | 數字顯示為中文大寫 ... 1-41
- ▶▶ 35 | 開頭的 0 不再消失！ ... 1-42

1-8 快速讓資料變整齊 ... 1-45

- ▶▶ 36 | 以小數點為中央，對齊數字 ... 1-45
- ▶▶ 37 | 讓文字均勻分散在格子裡 ... 1-46
- ▶▶ 38 | 讓日期的月日位數一致 ... 1-47

1-9 既整齊又能計算的資料格式 1-49
▶▶ *39* │ 附帶單位的數字 (如：100公斤)，
也能直接計算？ 1-49
▶▶ *40* │ 正確顯示超過 24 小時的累計時數 1-51
▶▶ *41* │ 利潤為負時，用紅字來顯示 1-52

1-10 快速調整欄寬、文字長度 1-53
▶▶ *42* │ 快速將欄寬調整成一致 1-53
▶▶ *43* │ 快速調整欄寬以符合文字長度 1-54
▶▶ *44* │ 調整除了標題之外的資料欄寬 1-55
▶▶ *45* │ 自動調整字體大小，以符合欄寬 1-58
▶▶ *46* │ 資料太長千萬不要手動換行 1-59

1-11 聰明的表頭設計 1-60
▶▶ *47* │ 斜線表頭：同時展示欄標與列標 1-60
▶▶ *48* │ 直式表頭：節省空間
(垂直文字千萬不要用換行做！) 1-61
▶▶ *49* │ 多斜線表頭：解決複雜表格結構 1-63
▶▶ *50* │ 45 度表頭：幫你省更多空間！ 1-66

2 快狠準的進階神技

2-1 眼睛不脫窗的排序與篩選 2-5
▶▶ *51* │ 數值、文字、日期排序 2-5
▶▶ *52* │ 多欄條件排序 (先排 A 再排 B) 2-7
▶▶ *53* │ 按客製化順序排序 2-9
▶▶ *54* │ 用「篩選」快速找出所需資料 2-11
▶▶ *55* │ 快速找出紅色問題資料 2-15
▶▶ *56* │ 如何正確計算篩選後的資料？ 2-16

| ▶▶ 57 | 排序、篩選只對部分資料有效？ | 2-18 |
| ▶▶ 58 | 合併儲存格不能用排序、篩選？ | 2-21 |

2-2 讓檢視、篩選、填入公式更輕鬆的表格設計 ... 2-23
▶▶ 59	資料轉表格，自帶篩選功能又美觀	2-23
▶▶ 60	快速交叉篩選表格內容	2-25
▶▶ 61	格式和公式居然會自動延展？	2-27
▶▶ 62	不用輸入函數，即可進行合計	2-28
▶▶ 63	將表格轉成一般範圍	2-30

2-3 尋找與取代的小訣竅 ... 2-31
▶▶ 64	用「取代」快速批量修改錯字	2-31
▶▶ 65	快速移除空白格	2-32
▶▶ 66	如何移除英文單字間的多餘空格？	2-32
▶▶ 67	快速移除換行符號	2-33
▶▶ 68	清理多餘的後綴符號	2-34
▶▶ 69	如何正確尋找問號符號	2-35

2-4 輕鬆的資料清理與修正 ... 2-36
▶▶ 70	快速刪除空白資料列	2-36
▶▶ 71	快速填滿取消合併後的空值	2-38
▶▶ 72	快速將字元改為半形	2-39
▶▶ 73	快速刪除重複資料	2-40
▶▶ 74	文字日期轉正規日期	2-41
▶▶ 75	民國日期轉正規日期	2-44
▶▶ 76	解決開啟 CSV 檔案亂碼	2-49

2-5 神速完成資料切割與合併 ... 2-51
▶▶ 77	一欄切割成多欄 (固定寬度)	2-51
▶▶ 78	一欄切割成多欄 (分隔符號)	2-55
▶▶ 79	使用函數合併資料	2-58
▶▶ 80	使用函數快速換行	2-59

2-6 內建 AI 自動辨識與處理 2-61
▶▶ *81* | Excel 也會變魔術？一秒提取資料 2-61
▶▶ *82* | 一秒合併資料 2-62
▶▶ *83* | 一秒格式化手機號碼 2-63
▶▶ *84* | 一秒完成自動換行 2-63
▶▶ *85* | 一秒完成資料去識別化 2-64
▶▶ *86* | 快速填入失敗怎麼辦？ 2-65

2-7 自動化檢查與標註 2-66
▶▶ *87* | 快速找出重複內容 2-66
▶▶ *88* | 再也不怕資料漏填啦！ 2-67
▶▶ *89* | 庫存低於總量時自動標註 2-70
▶▶ *90* | 自動標示週末 2-73
▶▶ *91* | 合約到期提醒 2-76
▶▶ *92* | 找出兩表的資料差異 2-78
▶▶ *93* | 一秒找出兩欄差異 2-80

2-8 樞紐分析與報表製作 2-81
▶▶ *94* | 不用函數的分析之術 2-81
▶▶ *95* | 輕鬆調整計算方式 (摘要值) 2-84
▶▶ *96* | 輕鬆產生年季月報表 2-86
▶▶ *97* | 顯示佔比欄位，更好比較分析 (值的顯示方式) 2-88
▶▶ *98* | 資料更新必須重新整理！ 2-90

2-9 提高閱讀性的檢視方式 2-92
▶▶ *99* | 凍結表頭輕鬆查看資料 2-92
▶▶ *100* | 一個檔案也可以開兩個視窗檢視 2-94

▶ 10

3 AI 救場的美技

3-1 生成函數 3-2
- *3-1-1*｜六大檢核要素 CLEAR-V 3-3
- *3-1-2*｜五種經典的函數應用情境 3-4

3-2 資料處理 3-25
- *3-2-1*｜建立結構化資料表 3-25
- *3-2-2*｜七種經典的 ChatGPT 資料整理情境 3-27

3-3 資料分析與視覺化 3-43
- *3-3-1*｜讀取資料與基本分析 3-44
- *3-3-2*｜視覺化資料 3-48
- *3-3-3*｜數據洞察 3-54
- *3-3-4*｜互動式儀表板 3-63

3-4 GPT for Excel ——直接在 Excel 裡用 AI！ 3-77
- *3-4-1*｜安裝 GPT for Excel 3-78
- *3-4-2*｜五種好用的批次工具 (Bulk tools) 功能 3-80

4 AI × Excel 職場組合技

4-1 AI 驅動的資料分析與報告生成 (MassiveMark / Gamma)：快速完成銷售分析報告 4-2
- 步驟 *1*｜AI 自動整理與清理資料 4-2
- 步驟 *2*｜ChatGPT 生成互動式儀表板 4-4
- 步驟 *3*｜ChatGPT + MassiveMark + Gamma 自動產出報告簡報 4-5

4-2 AI 輔助工作流程自動化 (Power Automate)：建立高效庫存管理系統 4-18

- ▸▸ 步驟 1｜設計 Excel 架構 4-19
- ▸▸ 步驟 2｜定義功能需求 4-20
- ▸▸ 步驟 3｜請 ChatGPT 寫 VBA 4-20
- ▸▸ 步驟 4｜測試核心功能 4-25
- ▸▸ 步驟 5｜進階自動化！使用 Power Automate 寄送 Email 補貨提醒 4-29

4-3 AI 協助撰寫自動化程式 (VBA / GAS)：打造智慧排班系統 4-42

- ▸▸ 步驟 1｜設計 Excel 架構 4-42
- ▸▸ 步驟 2｜建立請假許願工作表 4-43
- ▸▸ 步驟 3｜定義功能需求 4-48
- ▸▸ 步驟 4｜請 ChatGPT 寫函數 4-49
- ▸▸ 步驟 5｜請 ChatGPT 寫 VBA 4-54
- ▸▸ 延伸學習｜Google Apps Script 4-62

4-4 AI 強化資料視覺化與團隊協作 (Bricks)：追蹤動態金流的儀表板 4-67

- ▸▸ 步驟 1｜設計 Excel 架構 4-68
- ▸▸ 步驟 2｜用 AI 快速輸入交易記錄 4-68
- ▸▸ 步驟 3｜建立統計總表 4-71
- ▸▸ 步驟 4｜製作 Excel 動態儀表板 4-74
- ▸▸ 延伸學習｜製作 Bricks 動態儀表板 4-82

CHAPTER 1

三秒達陣的基礎技

- 1-1 快速選取、移動、編輯與檢視
- 1-2 快速插入、刪除、移動、隱藏欄列
- 1-3 完美的複製、貼上與刪除
- 1-4 一次填滿、調整全部資料
- 1-5 自動生成序號、日期、星期
- 1-6 不怕填錯資料的下拉式選單
- 1-7 快速轉換文字、數字的顯示方式
- 1-8 快速讓資料變整齊
- 1-9 既整齊又能計算的資料格式
- 1-10 快速調整欄寬、文字長度
- 1-11 聰明的表頭設計

1-1 快速選取、移動、編輯與檢視

1 | 選取整個工作表

方法 1　點擊左上角的**三角形**區域，會直接選取整張工作表 (包含沒有資料的範圍)。

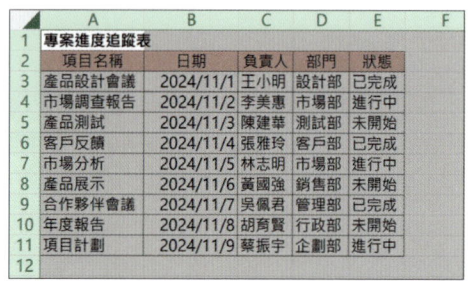

方法 2　先選取任一格有資料的儲存格，第一次按 `Ctrl` + `A`，會選取該儲存格所在範圍的資料區域；再按一次 `Ctrl` + `A`，則會選取整個工作表。

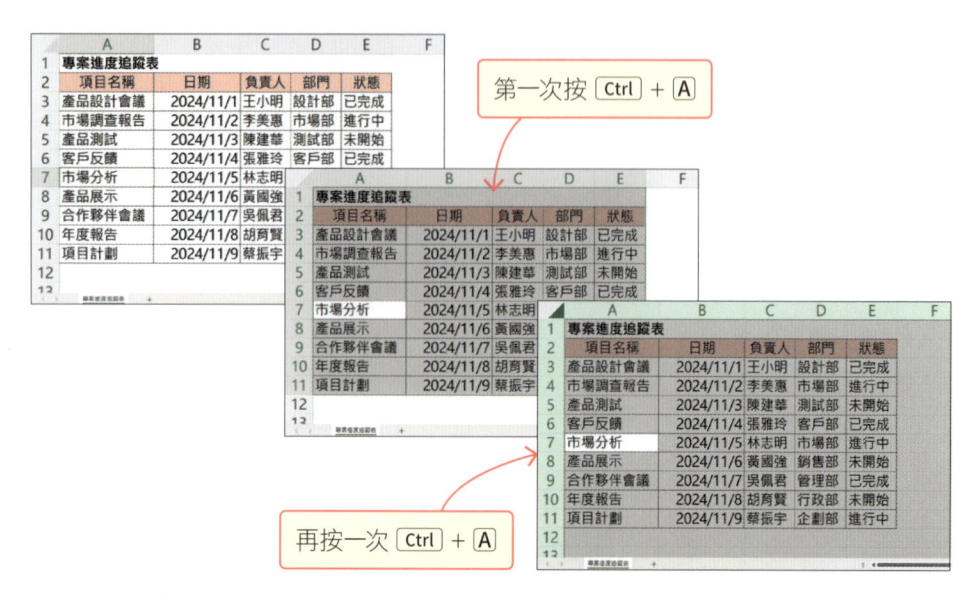

第一次按 `Ctrl` + `A`

再按一次 `Ctrl` + `A`

1-2

▶▶ 2 選取連續資料

利用快捷鍵 `Ctrl` + `Shift` + **方向鍵**（↑、↓、←、→）快速選取資料範圍，不要再用滑鼠慢慢拖曳！

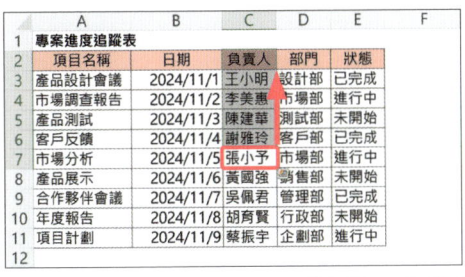

發現了嗎？只要搭配好方向鍵，就能快速選取各個方向的儲存格範圍。

猜猜看，如果是按 `Ctrl` + `Shift` 搭配 →、↓，會是哪些範圍被選起來呢？

▲ 公告答案～

第 1 章 三秒達陣的基礎技

1-3

▶▶ 3 選取不連續資料

當需要選取不相鄰的多個範圍時，`Shift` + `F8` 是比 `Ctrl` 更好的選擇。不用擔心選到一半，手離開鍵盤，心血就付諸流水。

◆ 選好起始位置的儲存格範圍 (可以選定一個儲存格，或選定某個範圍的儲存格)，接續按 `Shift` + `F8` ，會進入「**新增或移除選取範圍**」模式。

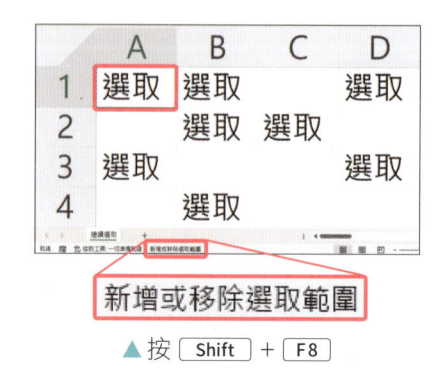

▲ 按 `Shift` + `F8`

◆ 這時候可以鬆開手指！選取任何想要的範圍，當然，你可以一個一個點選儲存格，或是直接拖拉選定某個範圍的儲存格。如果選錯，也可以再次點擊，就能夠取消選取。

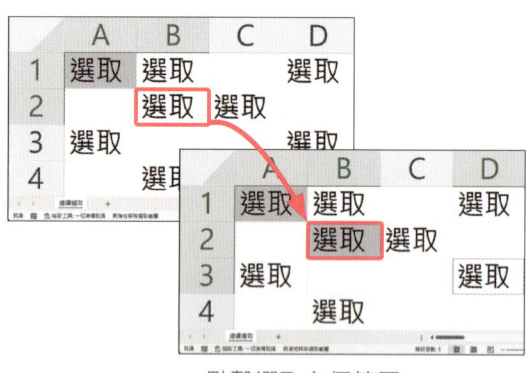

▲ 點擊選取多個範圍

◆ 選取完成後，可以再次按 `Shift` + `F8` ，或是點選 `Esc` ，即可**離開模式**，成功選取不相鄰的多個範圍！

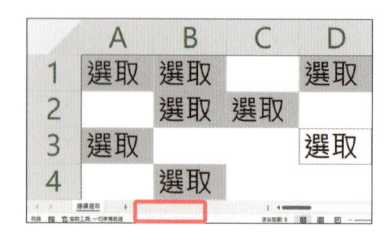

▲ 再次按 `Shift` + `F8` ，或是點選 `Esc`

如果你發現這組功能鍵對你沒用，很可能是 Function 鍵 `Fn` 沒有正確作用，請檢查 `Fn` 鍵的鎖定狀態，或是確認一下您電腦的 Fn 鍵啟用方式，也可以嘗試按 `Fn` + `Shift` + `F8` 來使用此技巧。

▶▶ 4 | 移動到第一筆或最後一筆資料

利用 `Ctrl`，搭配 `Home` 或 `End`，點選位置可以快速移動到頁面資料的左上方或右下方。以下案例假設起始位置在 C7 (張小予)，按 `Ctrl` + `Home`，點選位置會移動到頁面左上角 (A1)；如果按 `Ctrl` + `End`，點選位置會移動到頁面右下角 (E11)。

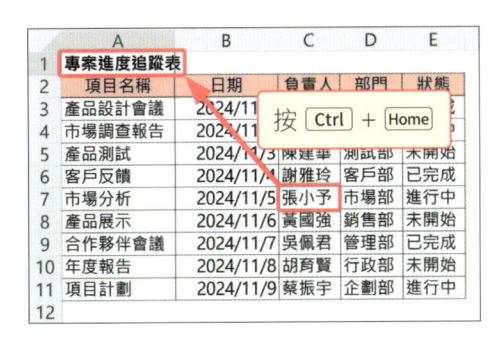

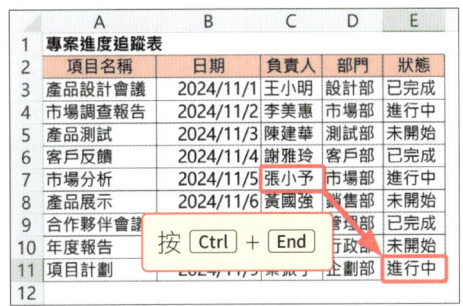

小技巧：使用快捷鍵，就不用手動滾動頁面，可以大幅提升大型資料表的操作效率。

▶▶ 5 | 移動到資料邊界

按 `Ctrl` 搭配任何一個**方向鍵** (↑、↓、←、→)，會移動到當前儲存格所在欄、列的資料邊界。

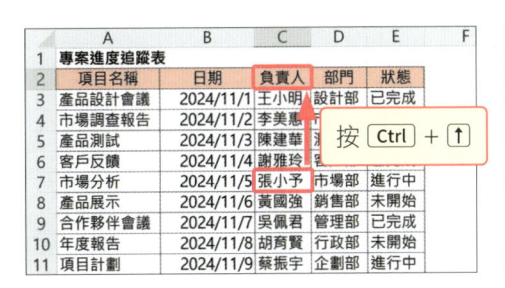

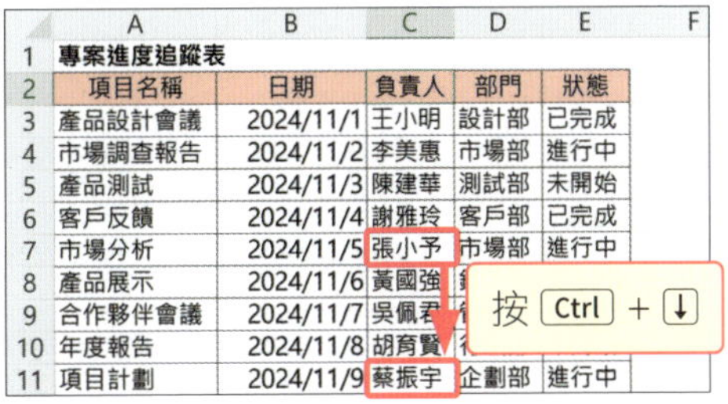

第 1 章　三秒達陣的基礎技

1-5

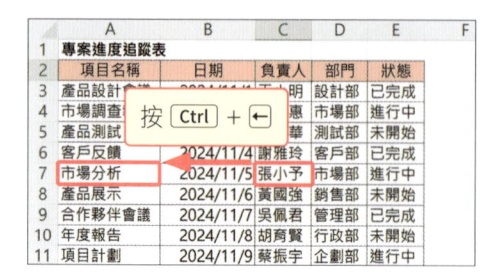

閒聊 Time～有沒有覺得很像象棋裡的車呢？可以直接衝到底～

▶▶ 6 回到選取的儲存格位置

利用 `Ctrl` + `Back space` 一秒回到選取儲存格的所在位置！不要再用滑鼠慢慢捲了！圖示以原本在第 50 列編輯 A50 儲存格為例，前往第 100 列查看資料後，按 `Ctrl` + `Back space`，就可以秒回原本點選的儲存格 A50。

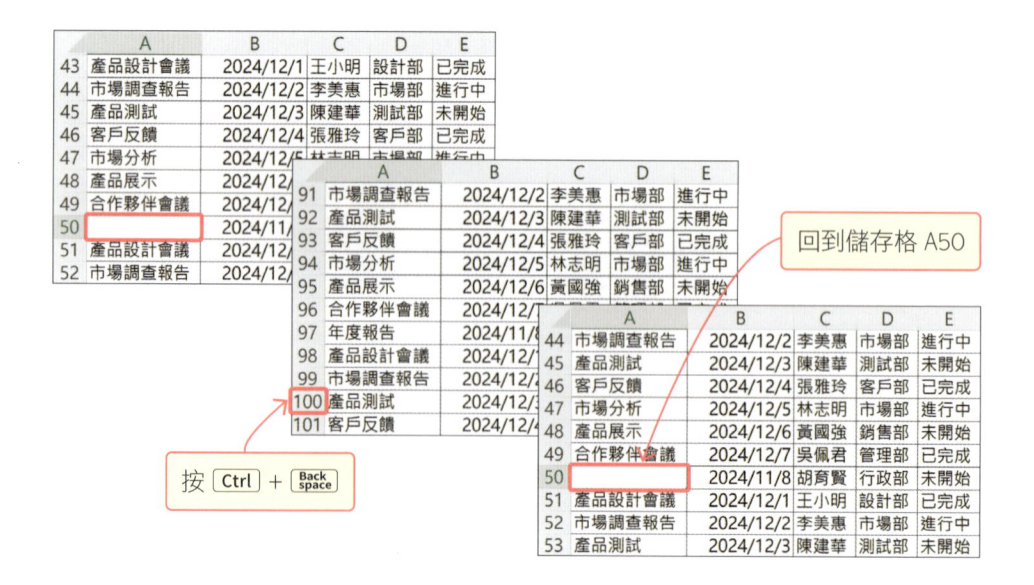

> **小提醒**：如果已經點選了第 100 列的某一格，就算用 `Ctrl` + `Back space`，也回不去 A50 了喔！

▶▶ 7 ｜編輯到一半後悔了？一鍵取消編輯

當編輯到一半發現不想改變內容，只需按 Esc 即可取消編輯並回到原始內容，Excel 會放棄更改並恢復為編輯前的原始內容，這對避免錯誤輸入或不小心改動內容非常有用。

	A	B
1	專案進度追蹤表	
2	項目名稱	負責人
3	產品設計會議	王小明
4	市場調查報告	李美惠

	A	B
1	5j0	
2	項目名稱	負責人
3	產品設計會議	王小明
4	市場調查報告	李美惠

▲ 按 Esc

	A	B
1	專案進度追蹤表	
2	項目名稱	負責人
3	產品設計會議	王小明
4	市場調查報告	李美惠

▲ 恢復原始內容

▶▶ 8 ｜進入編輯模式

想編輯儲存格內容，不用雙擊滑鼠，只需按下 F2 即可快速進入編輯模式，方便又快捷！

A1	fx	專案進度表
	A	B
1	專案進度表	
2	項目名稱	日期
3	產品設計會議	2024/11/1
4	市場調查報告	2024/11/2

▲ 選擇需要編輯的儲存格

A1	fx	專案進度表
	A	B
1	專案進度表	
2	項目名稱	日期
3	產品設計會議	2024/11/1
4	市場調查報告	2024/11/2

▲ 按 F2，游標將自動出現在儲存格內

A2	fx	項目名稱
	A	B
1	專案進度追蹤表	
2	項目名稱	日期
3	產品設計會議	2024/11/1
4	市場調查報告	2024/11/2

▲ 編輯內容完畢後，按 Enter 完成編輯

1-2 快速插入、刪除、移動、隱藏欄列

▶▶ 9 │ 插入、刪除欄列

利用快捷鍵輕鬆插入或刪除欄列，不要再用滑鼠右鍵慢慢點了！

◆ **插入欄或列**：選定想要插入欄或列號的位置，按 `Ctrl` + `Shift` + `+`，可以新增一欄 (列)。圖示以新增一欄為例，所選欄號資料的左側會插入一欄。

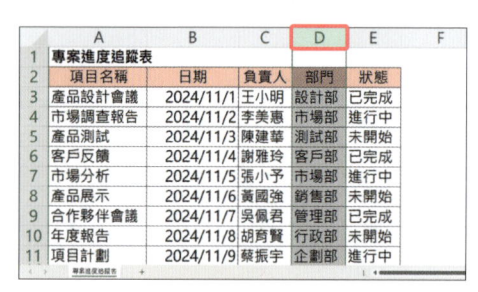

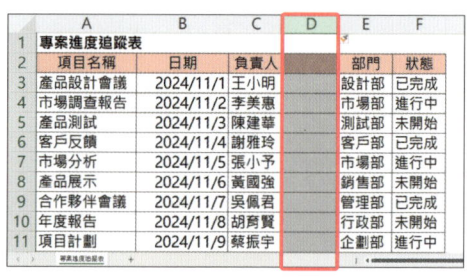

▲ 按 `Ctrl` + `Shift` + `+`

> **小提醒**：如果選定的是列號，當按 `Ctrl` + `Shift` + `+` 時，Excel 會在選定位置的上方插入新列喔！記住這點，就不會對插入位置感到疑惑啦！

◆ **刪除欄或列**：選定想要刪除的欄或列號，按 `Ctrl` + `-`，可以刪除一欄 (列)。圖示以刪除一列為例，所選列號資料會被刪除。

▲ 按 `Ctrl` + `-`

▶▶ 10 ｜ 插入多個欄列

如果想一次插入很多欄或列，有兩種方法可以使用。

方法 1　可以用 ▶▶ 9 那一招，不管是欄或列，`Ctrl` + `Shift` + `+` 都能搞定。想新增幾列，就點選多少列號，圖示以新增 3 列為例。

▲ 按 `Ctrl` + `Shift` + `+`

▲ 插入 3 列

方法 2　還有一招更快！`shift` 搭配滑鼠拖拉，想新增多少欄、列，一拉就完工！

點選列號 (也可以點選欄號) 後，把游標靠近列號 (或欄號) 右下角的綠色點點，游標會變成加號。此時，按住 `Shift`，游標會變成半透明的**雙箭頭符號**。`Shift` 持續按著不能放，滑鼠往下拖拉。馬上可以見證到～拉幾列就能插入幾列！下方圖示以新增 3 列為例。

1-9

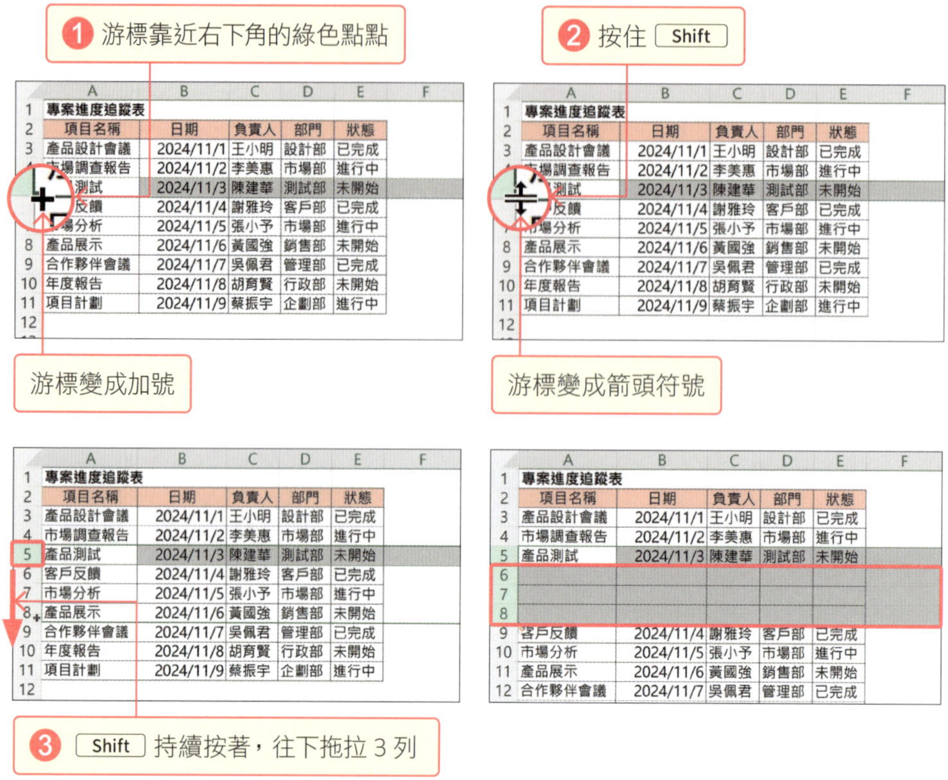

❶ 游標靠近右下角的綠色點點　　　　❷ 按住 Shift

游標變成加號　　　　　　　　　　　游標變成箭頭符號

❸ Shift 持續按著，往下拖拉 3 列

滑鼠拖拉一次就完成～是不是很神奇？

▶▶9、▶▶10 如果是按數字鍵盤裡面的 ＋ 號，則按 Ctrl ＋ ＋ 即可，不需要額外按 Shift 。使用到減號時，不管是什麼鍵盤類型，都不用按 Shift 唷！

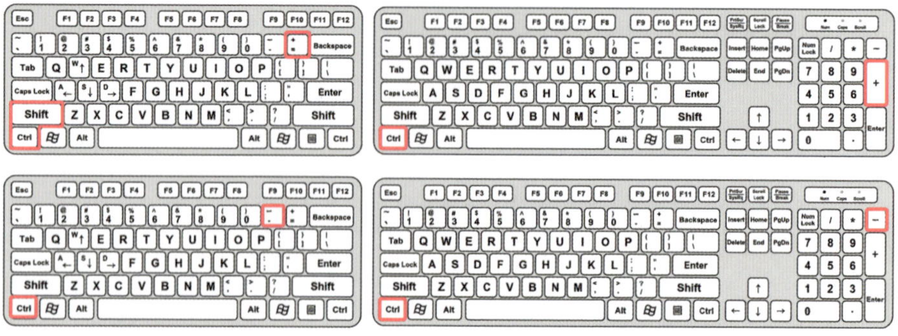

▲ 無數字鍵盤　　　　　▲ 有數字鍵盤

▶▶ 11 | 插入局部欄列

圖中有兩個表格，若只想在右邊的「高雄」資料區域插入一個空白列，插入位置在「筆記本、1200」的下面，可以怎麼做呢？

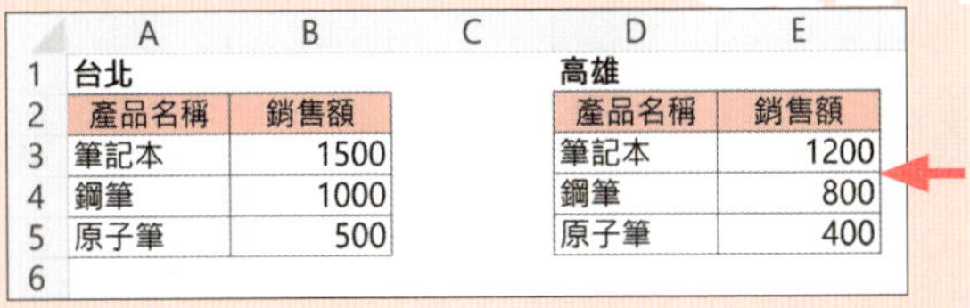

是不是跟下圖一樣，常常只能新增一整列，然後再去調整儲存格呢？

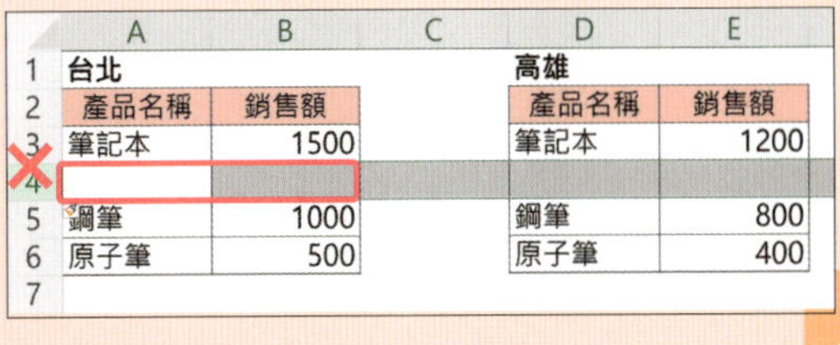

其實只要善用 ▶▶ **10**，再多一個選取儲存格範圍的步驟，就能節省很多時間~

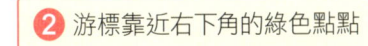

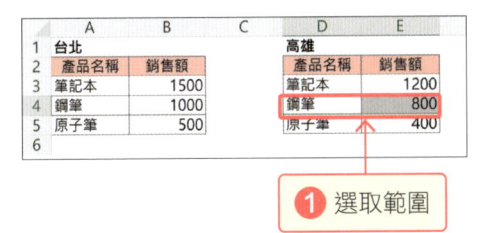

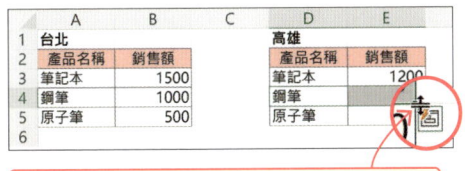

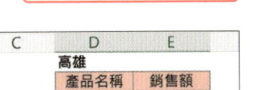

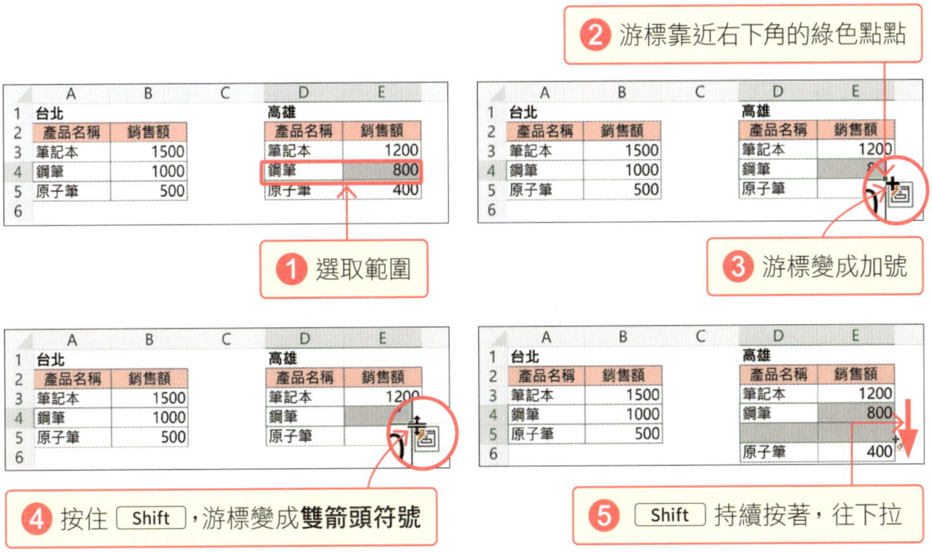

❶ 選取範圍

❷ 游標靠近右下角的綠色點點

❸ 游標變成加號

❹ 按住 [Shift]，游標變成**雙箭頭符號**

❺ [Shift] 持續按著，往下拉

成功在右邊表格中插入空白列了！

第 1 章 三秒達陣的基礎技

1-11

▸▸ 12 ｜ 移動欄列

不需剪下和貼上，只需按住 `Shift` 並拖動，即可輕鬆移動整欄或整列資料至新位置。我們以移動 B 欄為例，選取 B 欄後，將游標移到側邊的範圍邊緣，會出現拖曳符號。此時，按住 `Shift` 開始拖曳，拖曳時會出現綠色的線，顯示將被插入的位置。瞄準位置後，放開滑鼠，就完成移動囉！

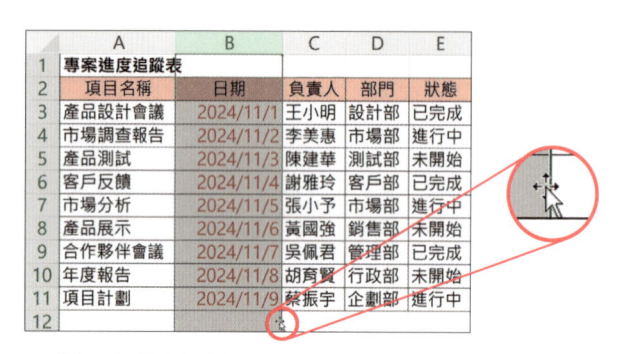

▲ 游標移到側邊的範圍邊緣

▲ 按住 `Shift` 並拖曳

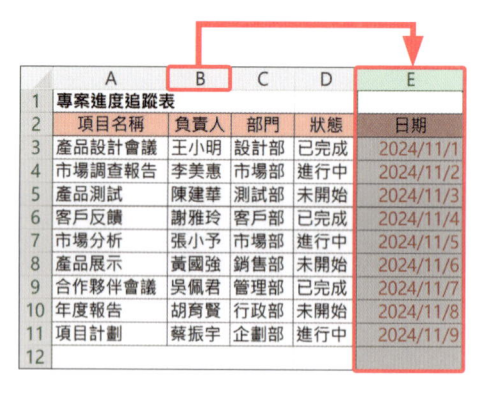

▸▸ 13 ｜ 隱藏部分欄列，讓表格更聚焦

當表格資料過於龐大，你可以透過隱藏資料的方式，暫時隱藏不需要的欄或列，專注處理重要內容。隱藏後的資料不會刪除，隨時可以還原！

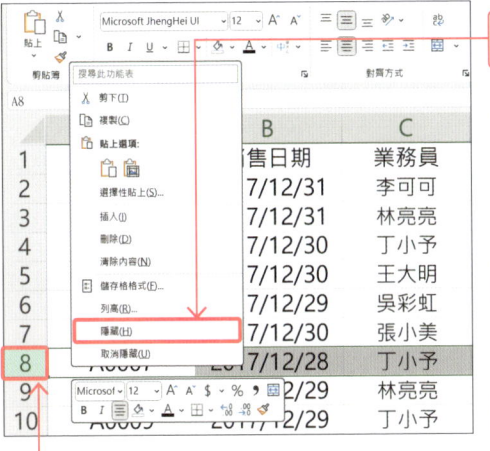

② 按滑鼠右鍵，選擇「隱藏」

▲ 第 8 列就不見啦！(仔細看第 7 列和第 9 列中間出現雙線條)

① 選取要隱藏的列號或欄號

　　隱藏資料也有快捷鍵喔！隱藏列按 Ctrl + 9，隱藏欄按 Ctrl + 0。按數字鍵盤區的數字無效喔！

　　如何把隱藏資料叫出來？繼續看下去。

方法 1　使用 Shift 選取相鄰的欄 (列)，並點選滑鼠右鍵，選擇「取消隱藏」。

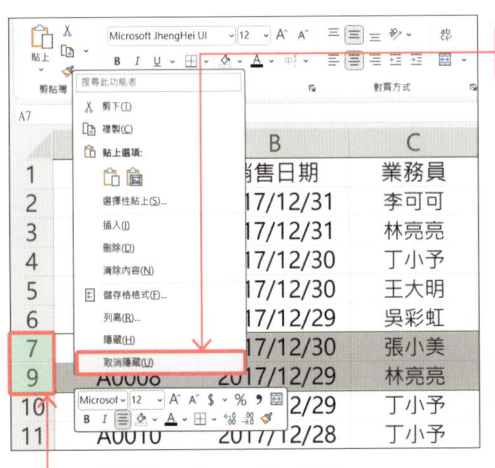

② 按滑鼠右鍵，選擇「取消隱藏」

▲ 第 8 列就出現啦！

① 按住 Shift 選取和隱藏資料相鄰的列號或欄號

第 1 章　三秒達陣的基礎技

1-13

方法 2 在相鄰欄 (列) 之間，連續點擊兩次滑鼠左鍵。

	A	B	C
1	訂單編號	銷售日期	業務員
2	A0001	2017/12/31	李可可
3	A0002	2017/12/31	林亮亮
4	A0003	2017/12/30	丁小予
5	A0004	2017/12/30	王大明
6	A0005	2017/12/29	吳彩虹
7	A0006	2017/12/30	張小美
9	A0008	2017/12/29	林亮亮
10	A0009	2017/12/29	丁小予
11	A0010	2017/12/28	丁小予

把游標移到隱藏列的雙線條上 (出現雙箭頭)

	A	B	C
1	訂單編號	銷售日期	業務員
2	A0001	2017/12/31	李可可
3	A0002	2017/12/31	林亮亮
4	A0003	2017/12/30	丁小予
5	A0004	2017/12/30	王大明
6	A0005	2017/12/29	吳彩虹
7	A0006	2017/12/30	張小美
8	A0007	2017/12/28	丁小予
9	A0008	2017/12/29	林亮亮
10	A0009	2017/12/29	丁小予

連續點擊兩次滑鼠左鍵

▶▶ 14 隱藏欄列總是找不到？把他們群組起來吧！

當資料量龐大時，想要找到隱藏資料非常不容易。你剛剛也見識到，雙線條實在太不明顯了！試試改用「組成群組」功能～如此一來，你可以隨時展開或收合資料，再也不用找隱藏資料找到眼花了！

▲ 選取要組成群組的列號或欄號

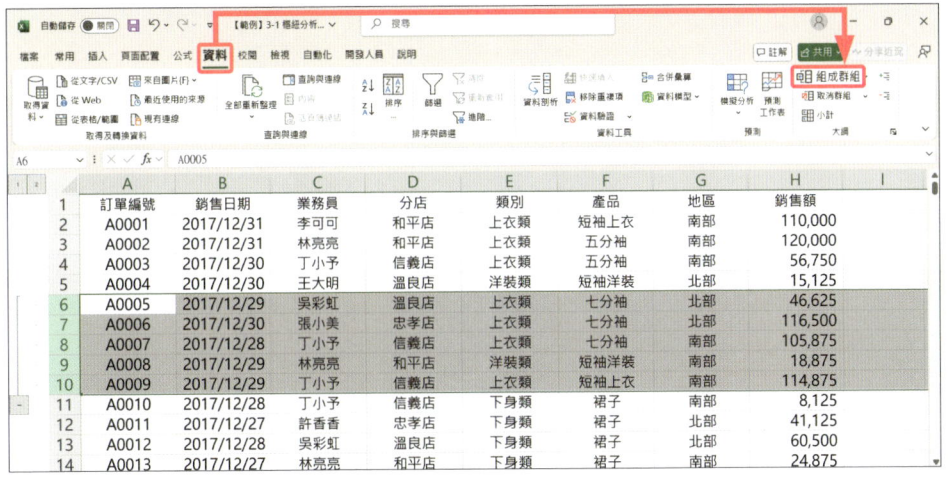

▲ 點選「資料」中的「組成群組」(快捷鍵 Alt + Shift + →)

▼ 點擊「+」，資料就會展開

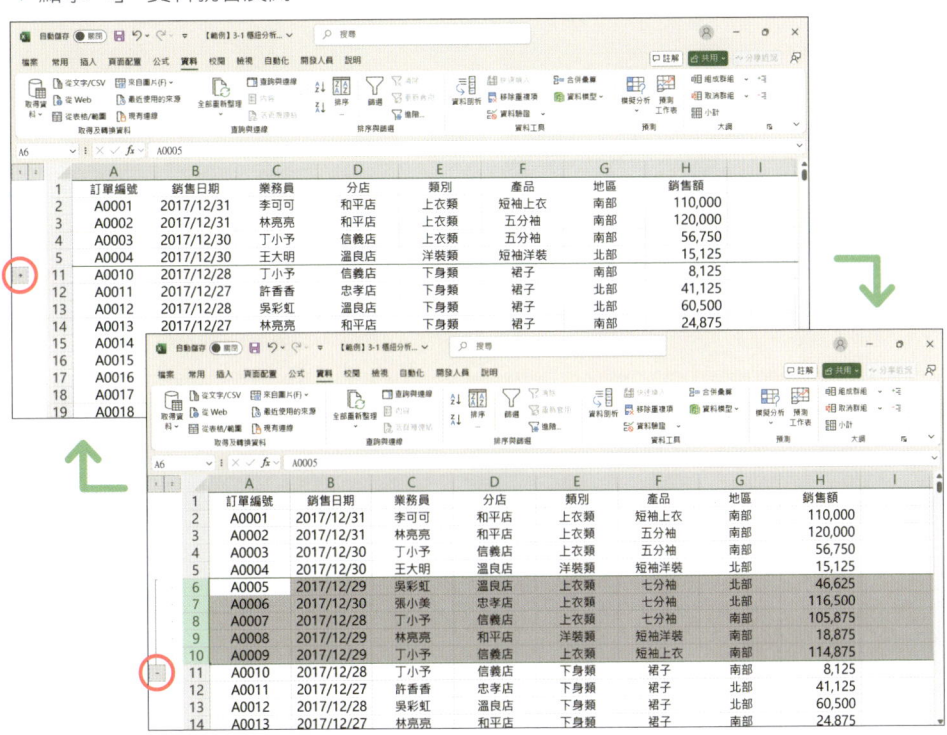

▲ 點擊「-」，資料就會隱藏

第 1 章 三秒達陣的基礎技

1-15

如果想取消群組，也很簡單喔！

▲ 按住 Shift 鍵，選取組成群組的資料列號或欄號

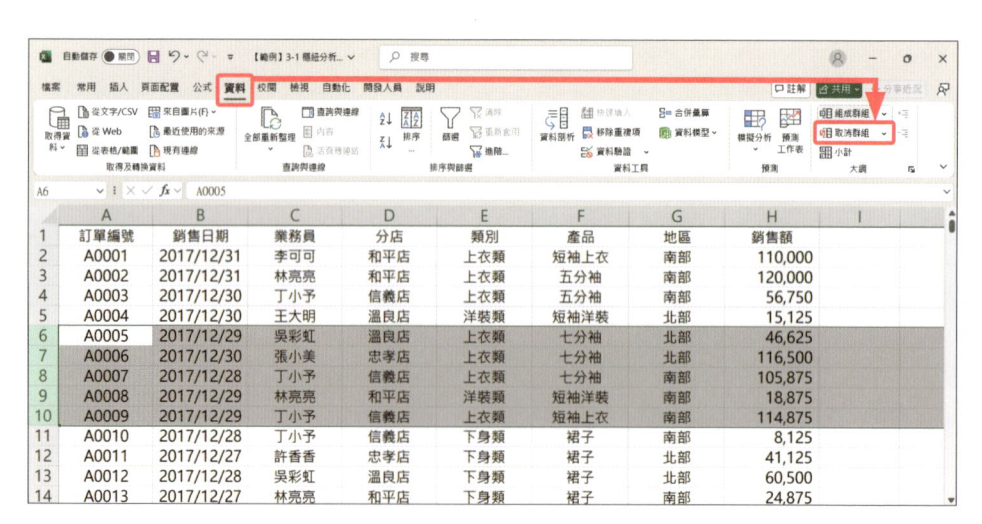

▲ 點選「資料」中的「取消群組」(快捷鍵 Alt + Shift + ←)

1-3　完美的複製、貼上與刪除

▶▶ 15 ｜一秒完成複製工作表

按住 `Ctrl` 並拖曳工作表標籤，即可快速複製整張工作表，無需右鍵或進入選單操作。

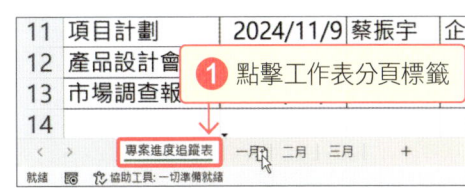

① 點擊工作表分頁標籤

② 按住 `Ctrl`，將標籤拖動至新位置（有小箭頭提示）

③ 放開滑鼠，完成複製

▶▶ 16 ｜複製資料時保留目標儲存格格式

當你需要將資料複製到另一個位置，但希望保留目標儲存格的原有格式，避免影響排版，請善用這個技巧！

假設要把 D 欄裡的紅色數字，貼到 B 欄裡，但希望保留 B 欄的格式。

	A	B	C	D
1	業務員	業績		更正版
2	王小明	95		80
3	張倢米	80		77
4	張文正	90		85
5	黃里歐	96		93
6	林淑君	102		98
7	張小予	68		65

若是直接按 `Ctrl` + `V` 貼上，會得到下面的錯誤結果。

▶ 沒有保留原有黑色字型

	A	B	C	D
1	業務員	業績		更正版
2	王小明	80		80
3	張倢米	77		77
4	張文正	85		85
5	黃里歐	93		93
6	林淑君	98		98
7	張小予	65		65

方法 1 使用選擇性貼上，選擇「值」。

❶ 點擊「貼上」下面的箭頭符號

❷ 選擇「值」

方法 2 這是一個不需使用滑鼠的方法，只要按 Ctrl + V 貼上後，按 Ctrl 叫出右下角的「貼上選項」，再按 V 僅貼上值。

❶ 按 Ctrl + V 貼上

❷ 按 Ctrl，再按 V

方法 3 使用快捷鍵 `Ctrl` + `Alt` + `V`。

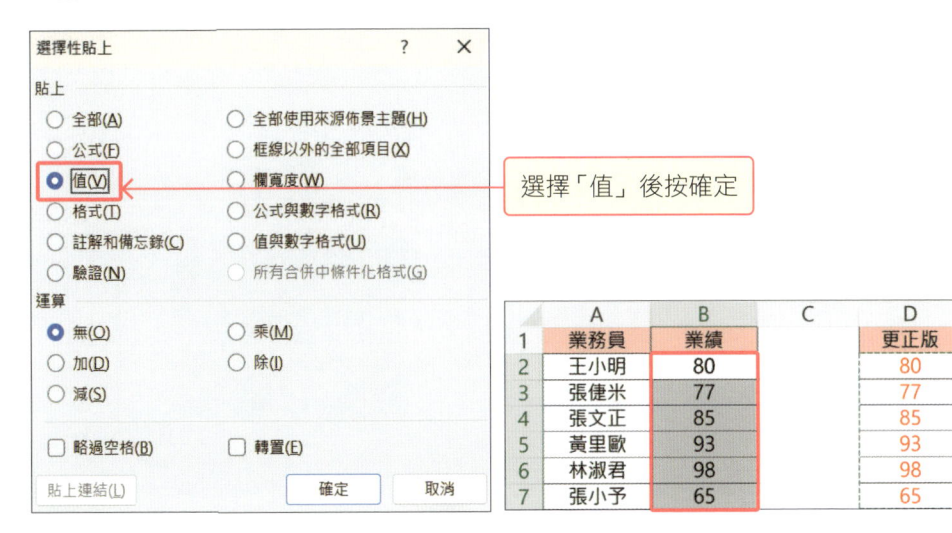

選擇「值」後按確定

方法 4 365 或網頁版：直接按 `Ctrl` + `Shift` + `V` 貼上。

按 `Ctrl` + `Shift` + `V`

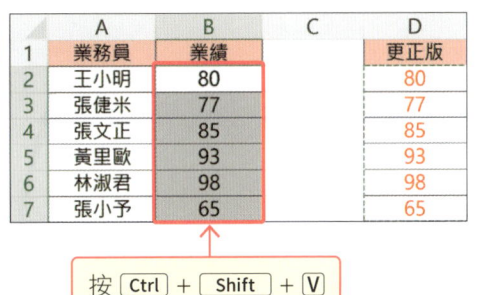

> 小精靈：選擇性貼上可不只「僅貼上值」這麼簡單！還有「格式」、「函數」等多種選項等你來發掘～靈活運用它們，你會發現更多省時的小妙招哦！

17 | 欄寬完美保持不變的複製法

複製資料到新範圍時，欄寬常常亂掉導致排版混亂？利用「選擇性貼上」中的特定功能「保持來源欄寬」，就能讓欄寬完美保持一致，避免重調格式的麻煩。

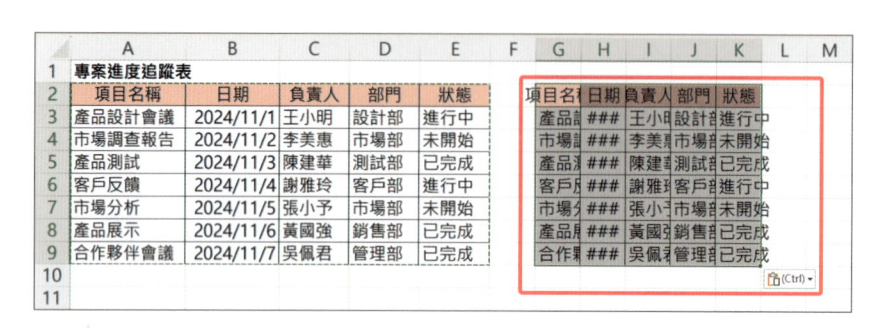

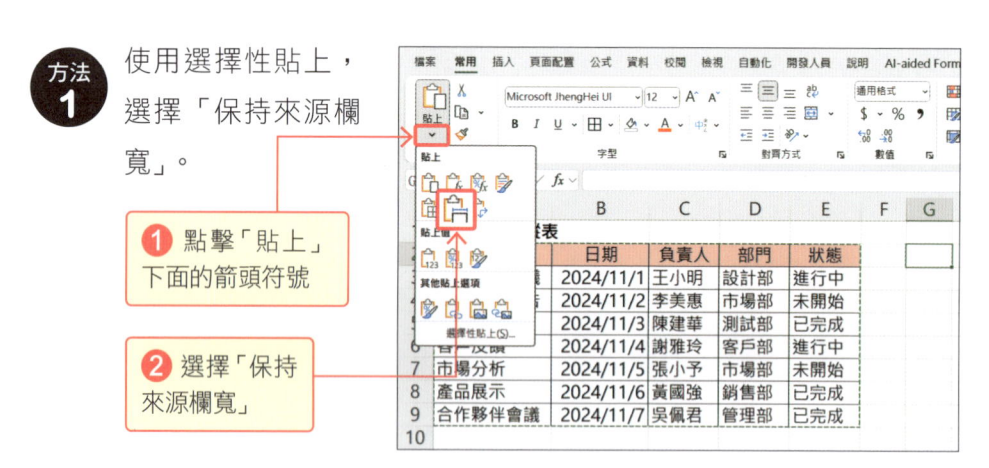

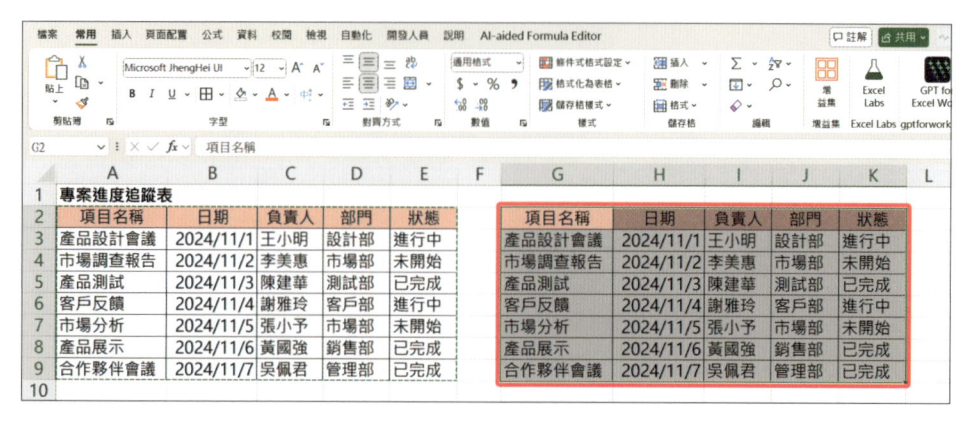

方法 1

使用選擇性貼上，選擇「保持來源欄寬」。

❶ 點擊「貼上」下面的箭頭符號

❷ 選擇「保持來源欄寬」

1-20

方法 2 這是一個不需使用滑鼠的方法，只要按 Ctrl + V 貼上後，先按 Ctrl 再按 W。

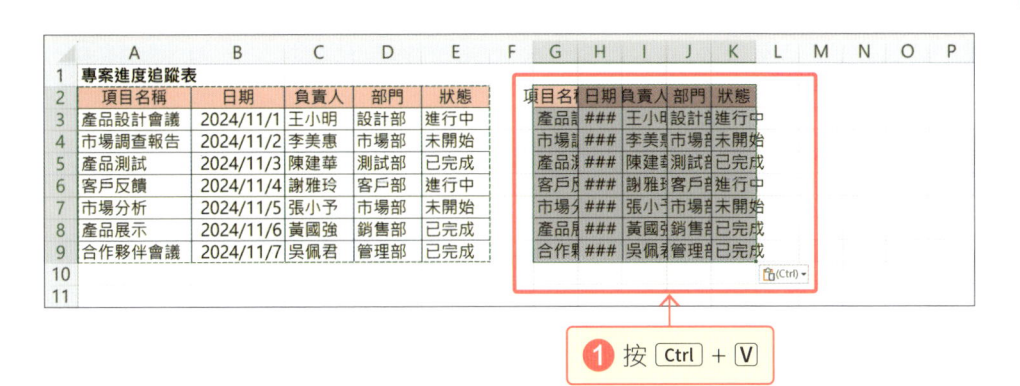

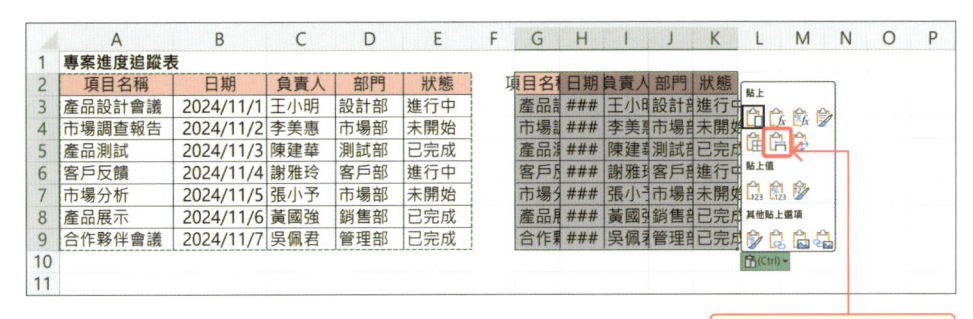

❶ 按 Ctrl + V

❷ 按 Ctrl，再按 W

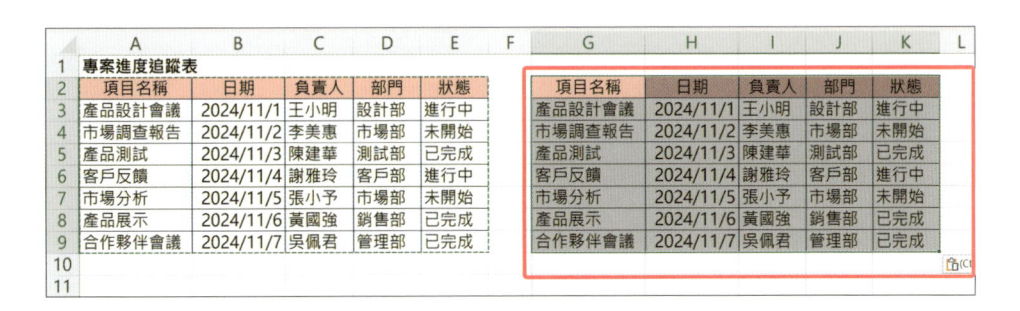

▶▶ 18 刪除資料時僅保留函數

需要清空資料表中「輸入」的數值，但保留計算「函數」時，不必手動慢慢選取。舉例來說，下圖中 C、D、E 欄裡橘色數字部分是手動輸入的數值，黑色數字部分是函數計算的結果。如果只想**刪除橘色數字、保留公式**，慢慢選取慢慢刪，實在太沒效率了！這時候只要使用「特殊目標」功能，就能快速選擇所有數值並清除，既準確又高效，也不怕誤刪函數了。

方法 1 從上方功能區進入。

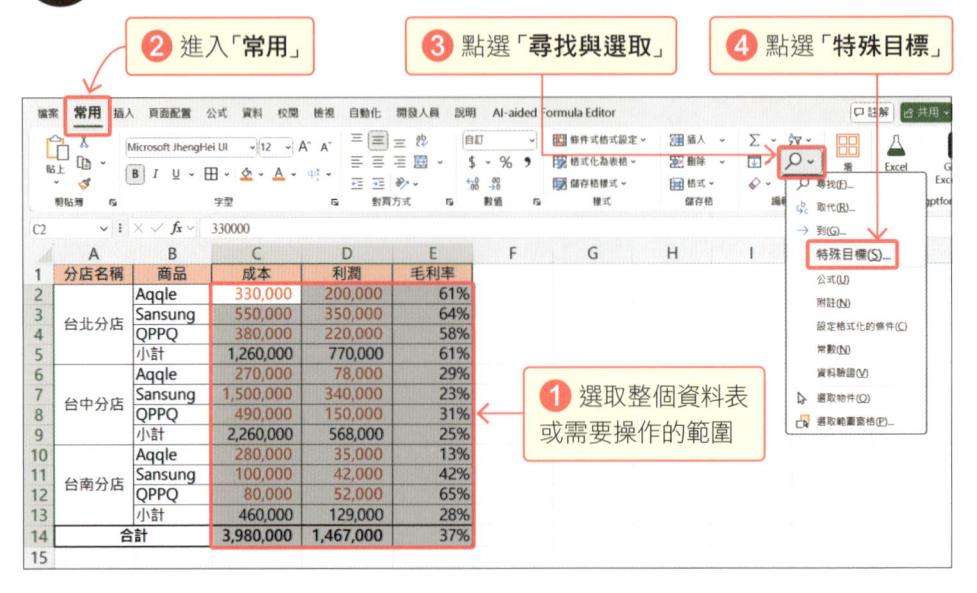

❷ 進入「常用」
❸ 點選「尋找與選取」
❹ 點選「特殊目標」
❶ 選取整個資料表或需要操作的範圍

1-22

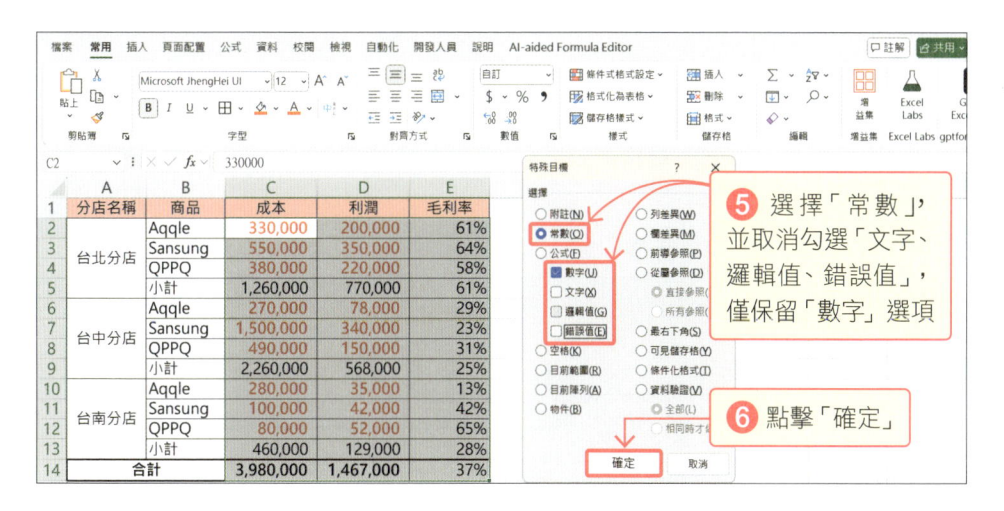

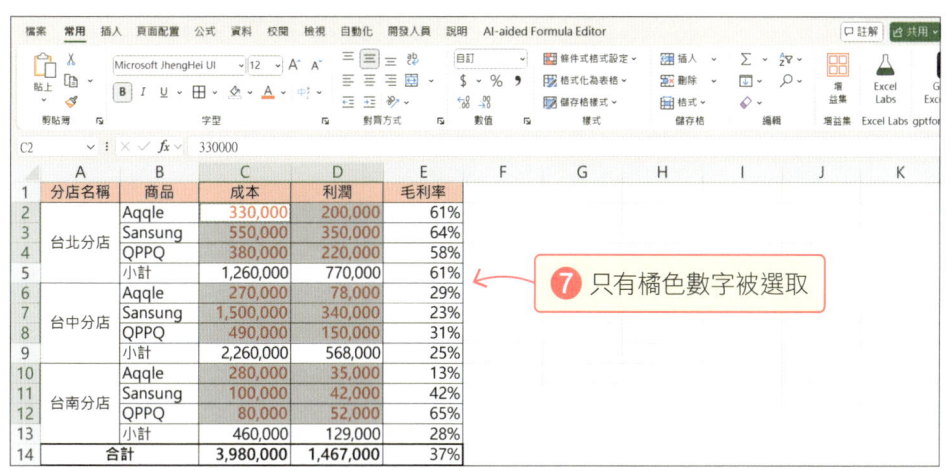

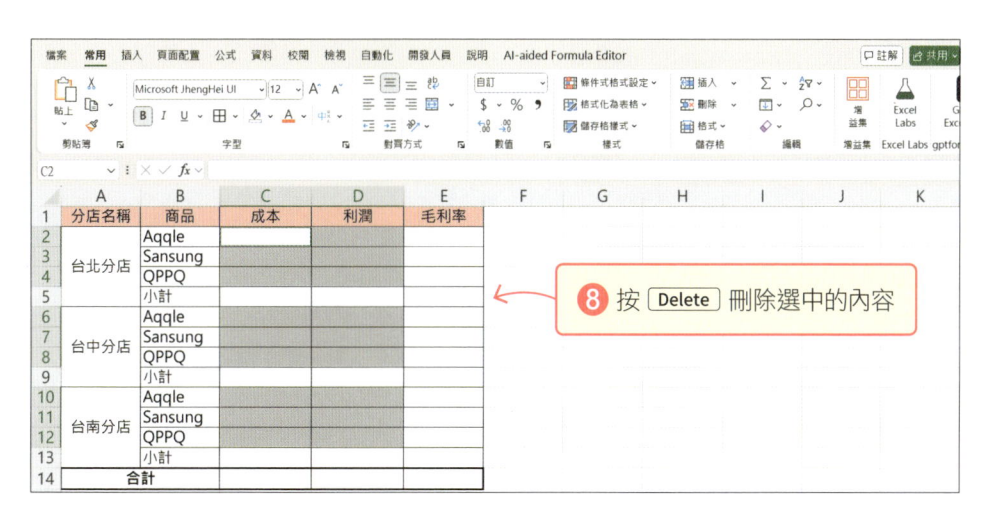

❺ 選擇「常數」，並取消勾選「文字、邏輯值、錯誤值」，僅保留「數字」選項

❻ 點擊「確定」

❼ 只有橘色數字被選取

❽ 按 Delete 刪除選中的內容

1-23

有函數的儲存格雖然「乍看」也像是被刪除了 (如 C5)，但從資料編輯列可以看的出來，函數還在唷！

❾ 函數完美保留！

	A	B	C	D	E
1	分店名稱	商品	成本	利潤	毛利率
2	台北分店	Aqqle			
3		Sansung			
4		QPPQ			
5		小計			
6	台中分店	Aqqle			
7		Sansung			
8		QPPQ			
9		小計			
10	台南分店	Aqqle			
11		Sansung			
12		QPPQ			
13		小計			
14		合計			

C5 = SUBTOTAL(9,C2:C4)

方法 2 使用快捷鍵 Ctrl + G (僅進入方式不同，圖示省略部分操作)。

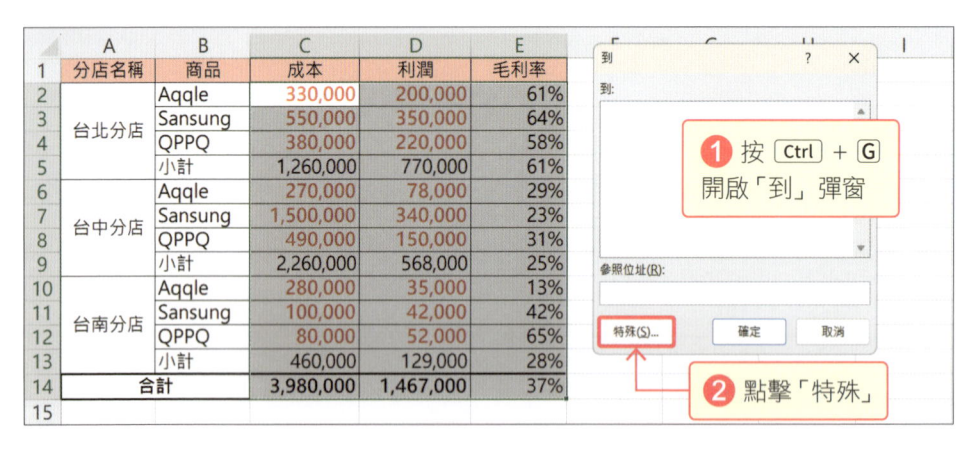

❶ 按 Ctrl + G 開啟「到」彈窗

❷ 點擊「特殊」

重覆上述 ❺ ～ ❾ 步驟

1-24

▶▶ 19 ｜讓框線一秒消失的密技

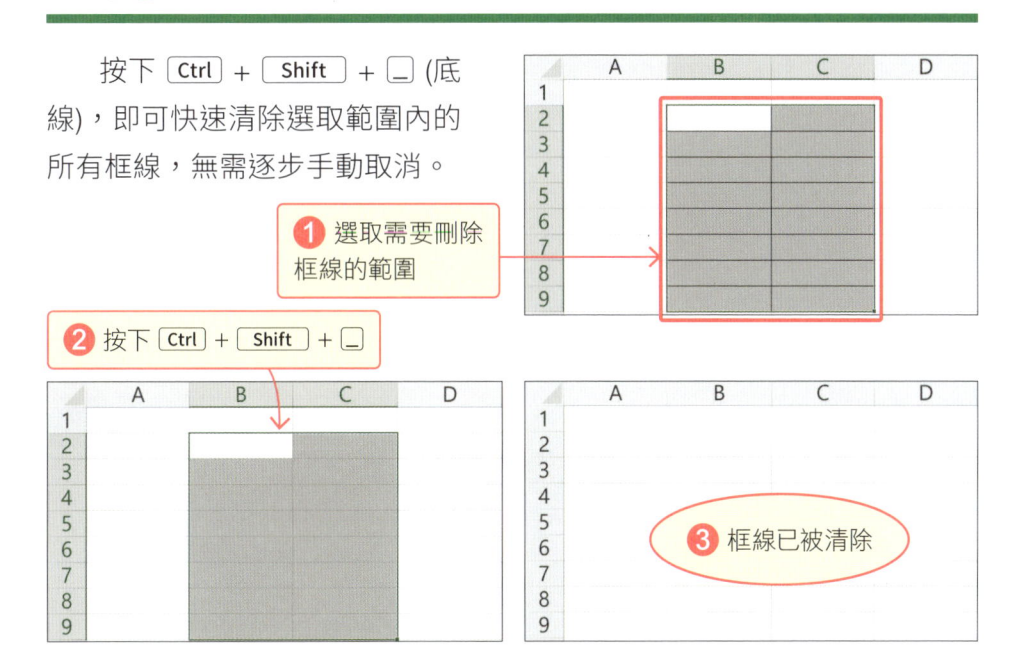

按下 `Ctrl` + `Shift` + `_` (底線)，即可快速清除選取範圍內的所有框線，無需逐步手動取消。

❶ 選取需要刪除框線的範圍

❷ 按下 `Ctrl` + `Shift` + `_`

❸ 框線已被清除

▶▶ 20 ｜讓格式輕鬆「無限次複製」

連續點擊格式刷兩次，可以設置為「連續套用」模式，允許連續套用格式到多個範圍，而無需每次重新點擊格式刷，非常適合批量編輯。

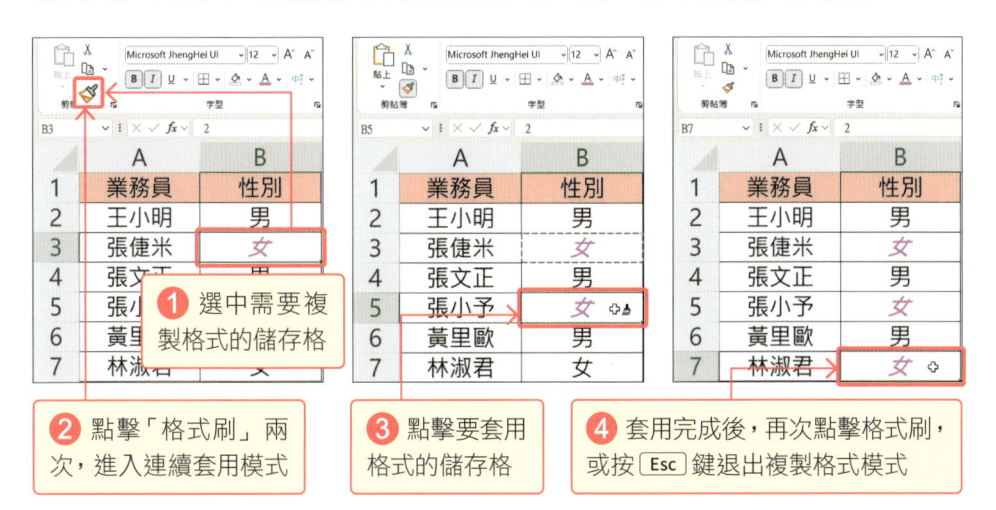

❶ 選中需要複製格式的儲存格

❷ 點擊「格式刷」兩次，進入連續套用模式

❸ 點擊要套用格式的儲存格

❹ 套用完成後，再次點擊格式刷，或按 `Esc` 鍵退出複製格式模式

▸▸ 21 ｜重複操作的魔法「再來一次」

重複操作不再浪費時間！按下神奇的 F4，剛才的動作馬上「複製」到新範圍，無論是格式更改 (填充顏色、新增框線等) 還是增刪欄列，都可以按 F4 直接重複剛剛的動作，節省重複操作的時間。

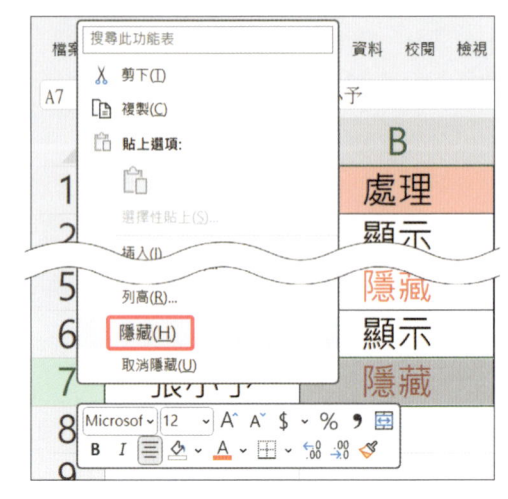

▲ 完成一次操作 (如隱藏第 7 列資料)

❶ 選中其他範圍，按 F4

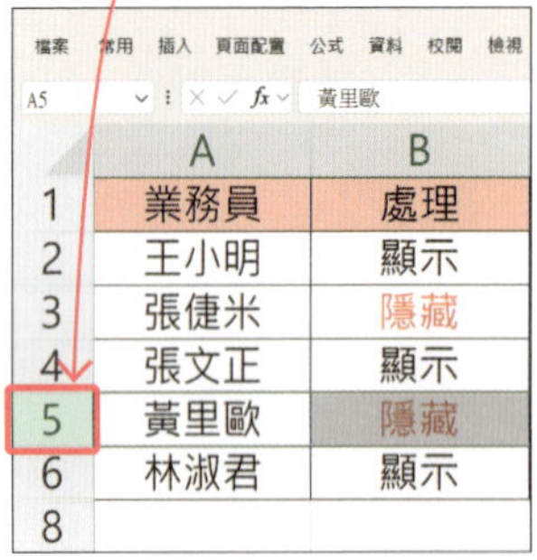

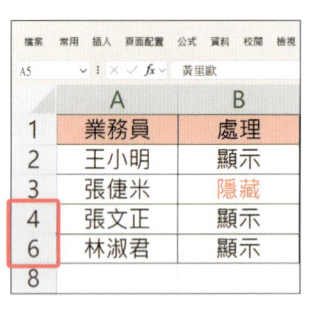

▲ 第 5 列已隱藏

❷ 再次選中其他範圍，按 F4

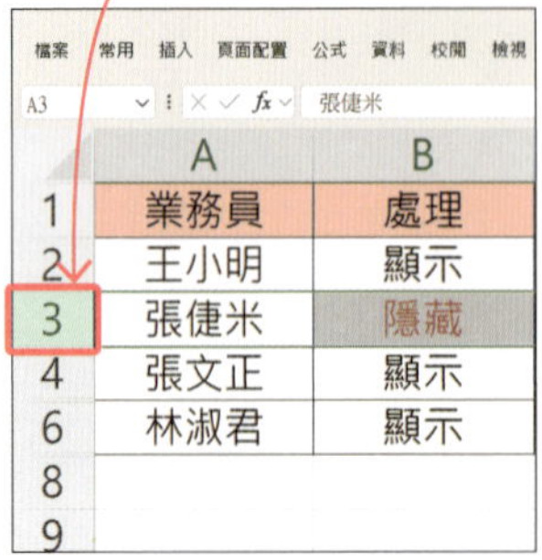

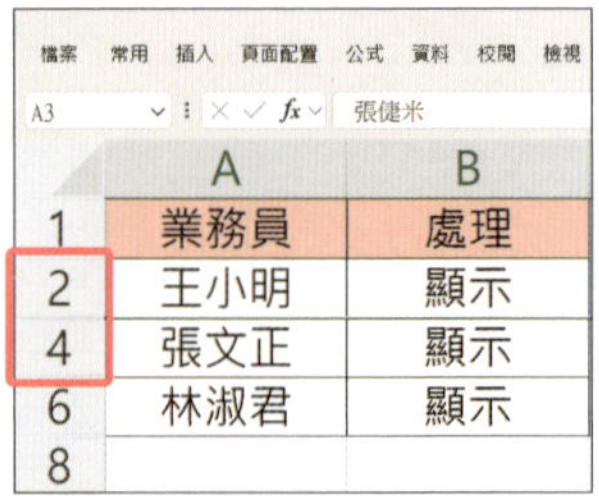

▲ 第 3 列也已隱藏

1-4 一次填滿、調整全部資料

▶▶ 22 ｜快速向下、向右填滿資料

當需要將資料或函數複製到多個相鄰儲存格時，可以使用「向下填滿」或「向右填滿」功能來自動擴展內容，無需手動輸入，適合填寫大量連續資料或函數的情境。

方法 1

拖曳填滿：選取要被複製的儲存格，將游標移到選取框的右下角，變成**十字標記**時，向下拖曳即可快速填滿下方單元格。

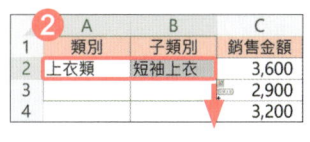

	A	B	C
1	類別	子類別	銷售金額
2	上衣類	短袖上衣	3,600
3			2,900
4			3,200

▲ 選取框的右下角變成十字標記

	A	B	C
1	類別	子類別	銷售金額
2	上衣類	短袖上衣	3,600
3			2,900
4			3,200

▲ 向下拖曳

	A	B	C
1	類別	子類別	銷售金額
2	上衣類	短袖上衣	3,600
3	上衣類	短袖上衣	2,900
4	上衣類	短袖上衣	3,200

方法 2

`Ctrl` + `D` 或 `Ctrl` + `R`：選取包含資料的第一個儲存格和要填滿的範圍，按 `Ctrl` + `D` 向下填滿，按 `Ctrl` + `R` 則是向右填滿。

	A	B	C
1	類別	子類別	銷售金額
2	上衣類	短袖上衣	3,600
3			2,900
4			3,200

▲ 選取儲存格

	A	B	C
1	類別	子類別	銷售金額
2	上衣類	短袖上衣	3,600
3	上衣類	短袖上衣	2,900
4	上衣類	短袖上衣	3,200

▲ 按 `Ctrl` + `D`，向下填滿

B2　=$A2*B$1

	A	B	C
1	折數／定價	0.7	0.85
2	3,600	2,520	
3	2,900	2,030	
4	3,200	2,240	

▲ 選取儲存格 (請注意表格內容填的是函數)

B2　=$A2*B$1

	A	B	C
1	折數／定價	0.7	0.85
2	3,600	2,520	3,060
3	2,900	2,030	2,465
4	3,200	2,240	2,720

▲ 按 `Ctrl` + `R`，向右填滿

C2　=$A2*C$1

	A	B	C
1	折數／定價	0.7	0.85
2	3,600	2,520	3,060
3	2,900	2,030	2,465
4	3,200	2,240	2,720

▲ 函數也能瞬間填滿

23 | 在分散的儲存格輸入相同的資料

想在多個儲存格輸入相同資料，不要一個一個慢慢複製貼上！善用 Ctrl + Enter 快捷鍵技巧。你可以按住 Ctrl，並點擊多個儲存格，之後鬆開 Ctrl 並輸入內容。輸入完畢後，按 Ctrl + Enter 即可同時填入。

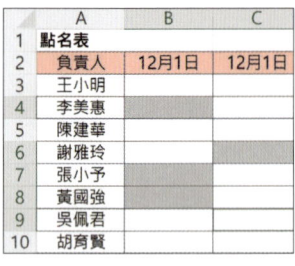

▲ 按住 Ctrl，點擊多個儲存格

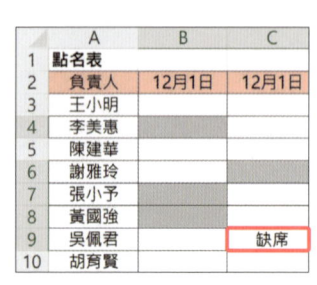

▲ 鬆開 Ctrl 並輸入

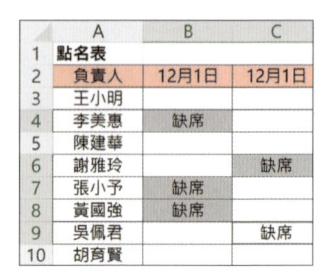

▲ 按 Ctrl + Enter 即可全數填入

24 | 在多個工作表中，同時輸入相同資料

當你需要在多個工作表中輸入相同資料（如標題、日期、函數等），按住 Ctrl，點擊需要同步輸入的工作表，之後就可以一次性同步輸入，無需重複操作。

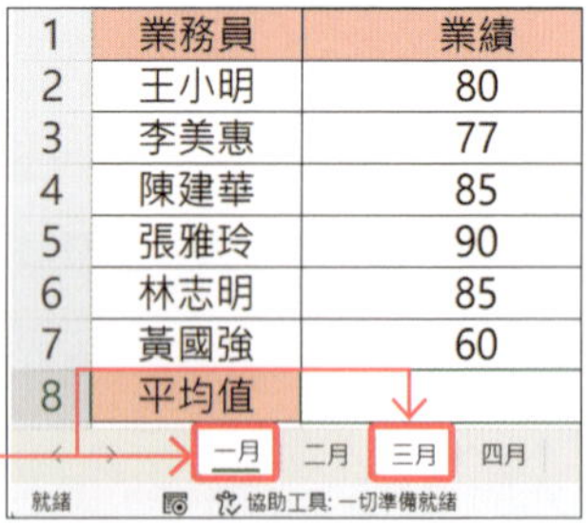

① 按住 Ctrl，點擊工作表

小精靈：如果選取的工作表為「相鄰」工作表，可按住 Shift 直接點選頭、尾的工作表唷！如果是要選取所有的工作表，在工作表名稱上按右鍵，點擊「選取所有工作表」。

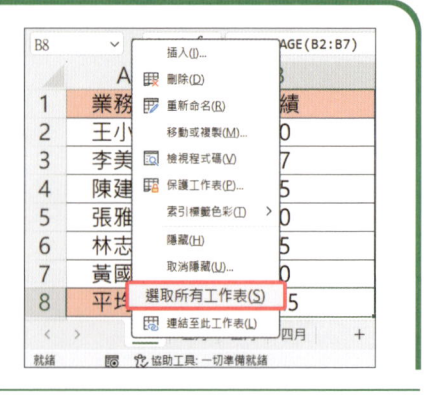

輸入完資料後，按 Enter ，內容將自動同步到所有選取的工作表。

❷ 輸入資料後按 Enter

❸ 輸入完成後，點擊其他非選取中的工作表名稱，結束同步編輯

可以看到資料自動同步到一月、三月這兩個工作表中。

▲ 資料將自動同步顯示

如果上述方法無法結束同步編輯，在工作表名稱上按右鍵，點擊「取消工作表群組設定」，也可以結束同步編輯。

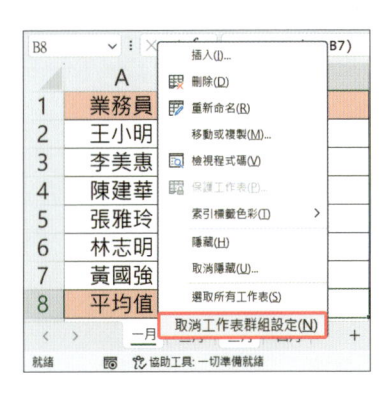

25 | 統一調整數值

想快速對資料進行統一調整 (如加價、降價、調整比例) 等，運用選擇性貼上的「運算」功能，一次性批量完成所有數值變更，無需逐一修改，效率翻倍！假設目標是將產品定價全部提高 100 元。

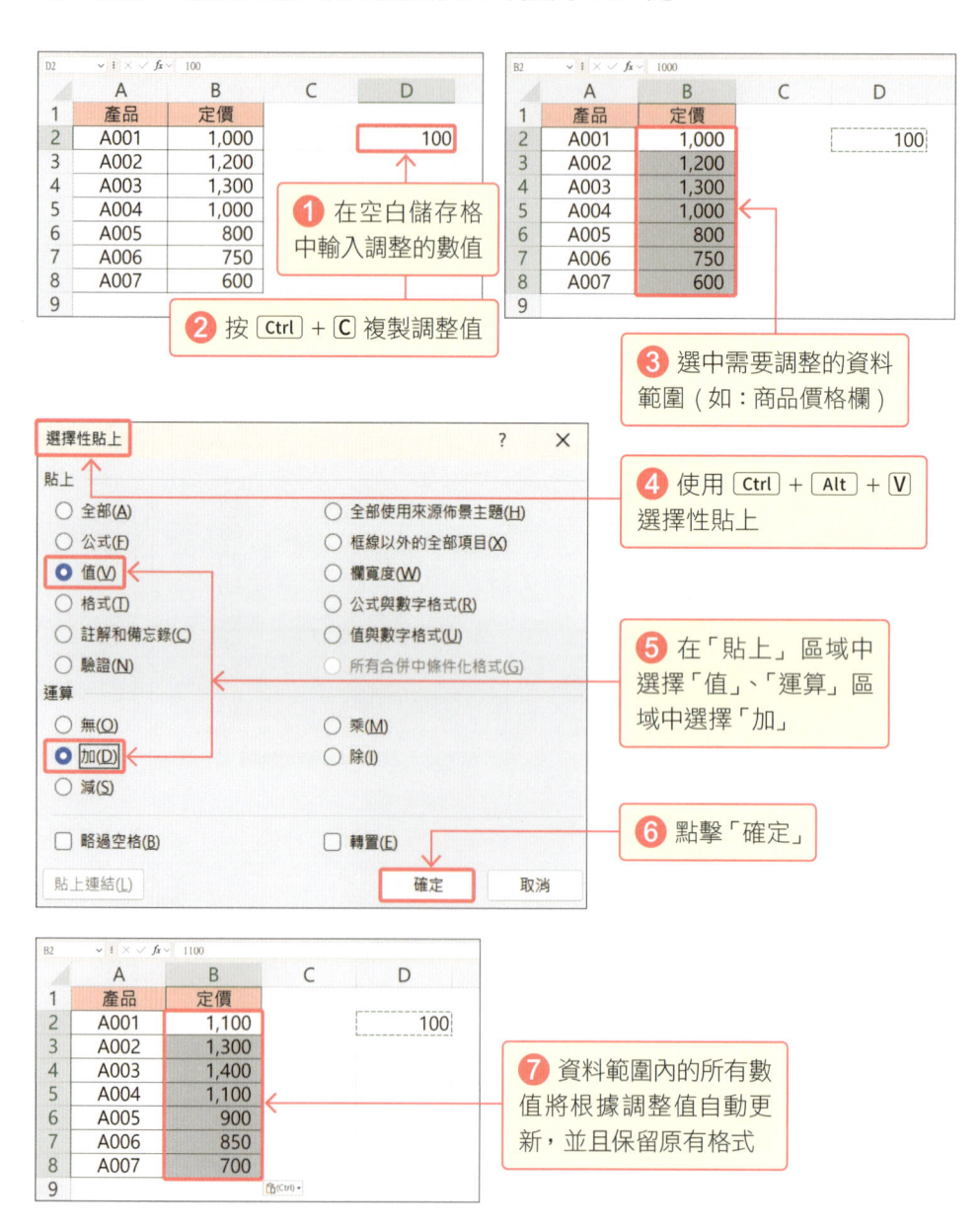

❶ 在空白儲存格中輸入調整的數值

❷ 按 Ctrl + C 複製調整值

❸ 選中需要調整的資料範圍 (如：商品價格欄)

❹ 使用 Ctrl + Alt + V 選擇性貼上

❺ 在「貼上」區域中選擇「值」、「運算」區域中選擇「加」

❻ 點擊「確定」

❼ 資料範圍內的所有數值將根據調整值自動更新，並且保留原有格式

1-30

1-5　自動生成序號、日期、星期

▶▶ 26 ｜自動填入連續數字

在 Excel 裡，向下拖曳可以快速複製資料，除此之外，Excel 還有個神奇又方便的功能，叫做「自動填滿」，它能識別資料的規律模式，幫助你快速填入連續資料，適合用於日期、序號等！

- **輸入連續數字**：輸入連續的前兩個數字，如「1」和「2」。選取這兩個儲存格後，游標移至右下方，會顯示一個**加號**，再進行拖曳，便會填入這兩個數字之後的連續數字。

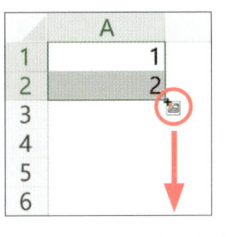

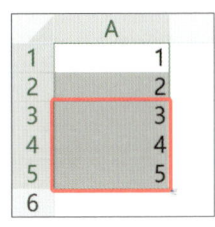

  ▲ 選取前兩個數字，向下拖曳

- **輸入具有規律的兩個數字**：輸入某個規律的前兩個數字，如「1」和「3」。一樣選取這兩個儲存格後，游標移至右下方，會顯示一個**加號**，再進行拖曳，便會填入具有相同規律變化的連續數字。

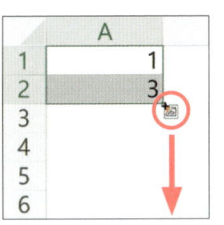

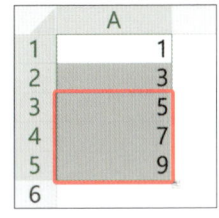

  ▲ 選取前兩個數字，向下拖曳

> 如果是單純的連續數字，也可以輸入 1 之後，按住 Ctrl 直接往下拖曳，就能完成囉 (不用先輸入 2)！ 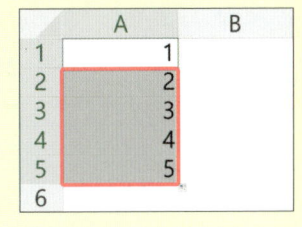
>
> ▲ 按 Ctrl，向下拖曳

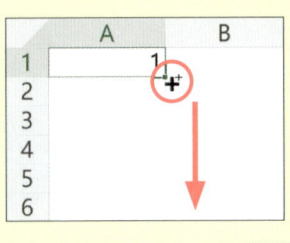

27 | 快速生成 1000 個序號

要生成 1000 個序號，雖然可以使用向下拖曳的方式生成，但還是要花一點時間，來看看更快速的方法！

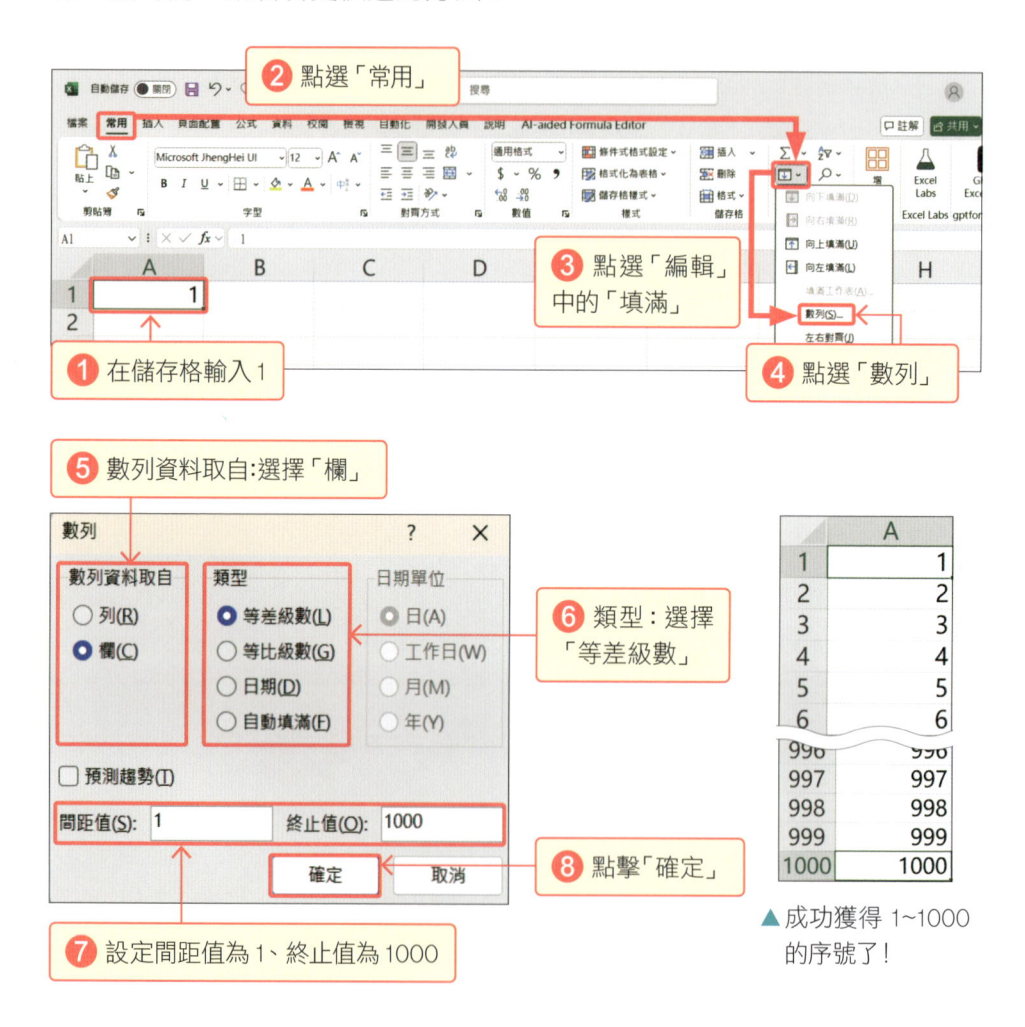

❶ 在儲存格輸入 1
❷ 點選「常用」
❸ 點選「編輯」中的「填滿」
❹ 點選「數列」
❺ 數列資料取自：選擇「欄」
❻ 類型：選擇「等差級數」
❼ 設定間距值為 1、終止值為 1000
❽ 點擊「確定」

▲ 成功獲得 1~1000 的序號了！

如果要由左往右建立序號，在設定「數列資料取自」時選擇「列」即可。

如果要建立的是日期，在設定「類型」時選擇「日期」即可。

改變「間距值」則可以調整序號間的間距，例如：間距值為 2 時，序號會變 1、3、5……。

▶▶ 28 ｜自動填入日期或星期

除了數值外，Excel 還能識別日期格式，游標移至右下方，會顯示一個**加號**，向下拖曳可自動填入連續日期，還可以指定僅填入工作日或特定間隔的日期。

◆ **輸入連續日期**：輸入一個日期後，向下拖曳，便會填入連續日期資料。

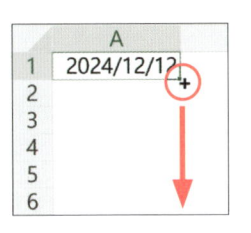

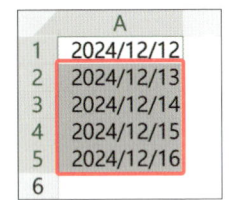

▲ 向下拖曳

◆ **輸入間隔一天的日期**：輸入兩個日期後，選取兩個儲存格再向下拖曳。

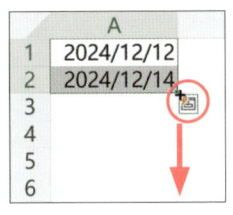

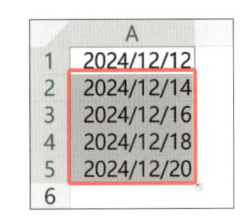

▲ 選取前兩個日期，向下拖曳

◆ **輸入僅包含工作日的日期**：拖曳下拉後，點擊右下角的**填滿**選項，選擇「以工作日填滿」。

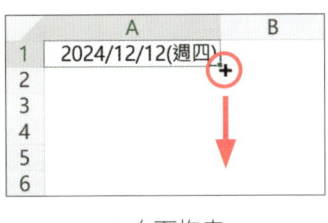

▲ 向下拖曳

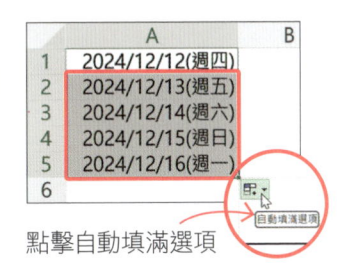

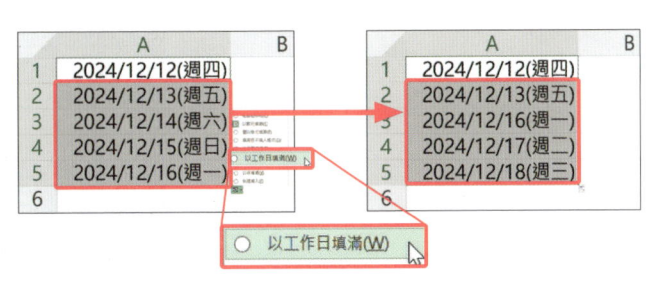

點擊自動填滿選項

▲ 選擇以工作日填滿

第 1 章　三秒達陣的基礎技

1-33

小精靈：自動填滿功能強大又靈活！除了前面示範的連續數字、連續日期，還有更多模式可以應用喔！以下為自動填滿支援的模式，請看看是否包含你需要的類型。

模式類型	輸入資料	選取資料並向下拖曳
連續數字	1, 2	1, 2, 3, 4, 5……
連續星期	星期一	星期一, 星期二, 星期三……
連續月份	1月	1月, 2月, 3月……
季度	Q1	Q1, Q2, Q3, Q4, Q1……
時間	12:00	12:00, 13:00, 14:00……
文字+數字組合	A-001	A-001, A-002, A-003……

▶▶ 29 | 自動輸入當前的日期和時間

快速輸入當前日期和時間，不要再用手動輸入，太浪費時間啦！

	A	B
1	當前日期：	2024/12/9
2	當前時間：	

▲ 按 Ctrl + ;，輸入當前日期

	A	B
1	當前日期：	2024/12/9
2	當前時間：	08:25 PM

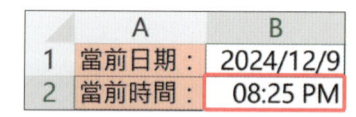

▲ 按 Ctrl + Shift + ;，輸入當前時間

小提醒：如果你輸入後只出現；(分號) 或 : (冒號)，這是輸入法造成的問題，需要另外新增「英文輸入法」才能正常使用這組快捷鍵。

1-34

▶▶ 30 ｜不要再手動輸入星期了！

想要找出日期對應的星期，你都怎麼做？不可能是一個一個慢慢打吧……分享兩招給你！

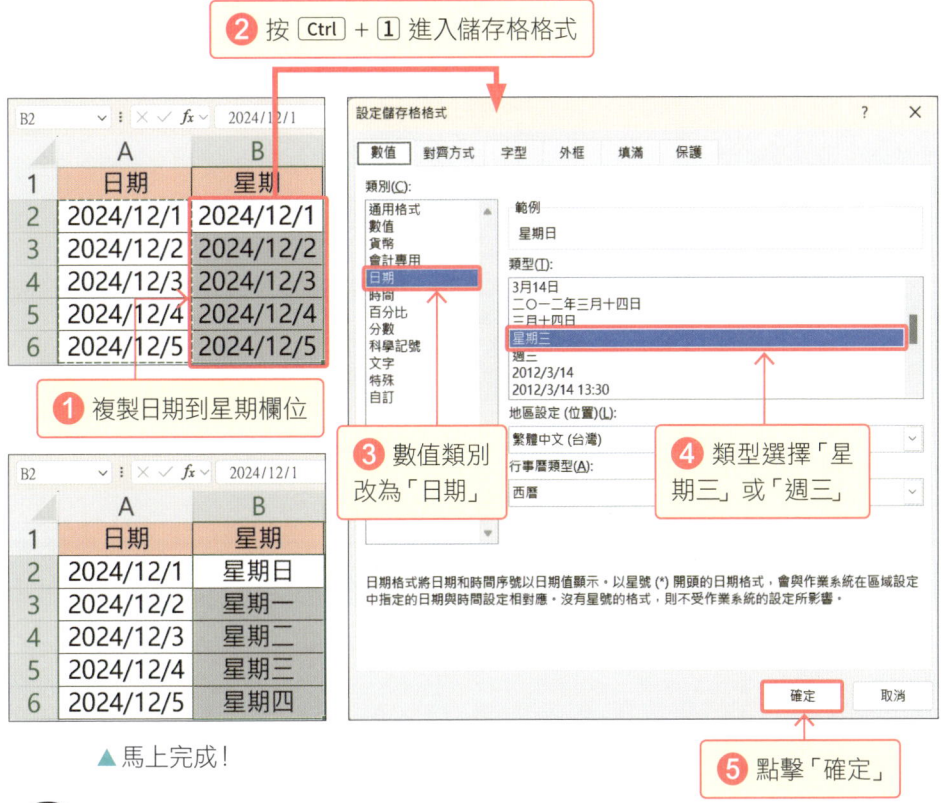

方法 1　儲存格格式

❷ 按 Ctrl + 1 進入儲存格格式

❶ 複製日期到星期欄位

❸ 數值類別改為「日期」

❹ 類型選擇「星期三」或「週三」

❺ 點擊「確定」

▲馬上完成！

方法 2　TEXT 函數

TEXT 函數語法為「=TEXT(value,format_text)」

- **value**：要轉換的數值或儲存格內容。
- **format_text**：用來指定轉換後的文字格式，通常用引號 " " 包起來。

以下為所有星期可用的縮寫形式。

格式代碼	當 value 為 2024/12/1
aaa	週日
aaaa	星期日
ddd	Sun
dddd	Sunday

舉例來說，aaa 是格式代碼，用來指定顯示星期的縮寫形式，請參考右方案例：

▲ 輸入 TEXT 函數 (按 Tab 可以快速選取函數)

▲ 向下拖曳填滿

1-6 不怕填錯資料的下拉式選單

▶▶ 31 一鍵擁有下拉式選單，快速選擇輸入過的內容

點選目標儲存格，按 Alt + ↓，可以看到該欄曾輸入過的內容清單。鬆開 Alt，使用方向鍵 (↑ 或 ↓) 就能選擇需要的內容，選好之後，按 Enter 即可填入。

▲ 按 Alt + ↓

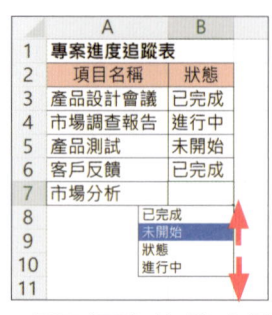

▲ 鬆開 Alt，按 ↓ 或 ↑

▲ 按 Enter 填入內容

能省一秒是一秒啊！

1-36

▶▶ 32 ｜建立快速選擇的下拉選單

透過建立下拉選單，讓常用內容一鍵選取，避免手動輸入造成錯誤，特別適合需要多次填寫相同選項 (如部門、狀態、分類) 的大型表格。

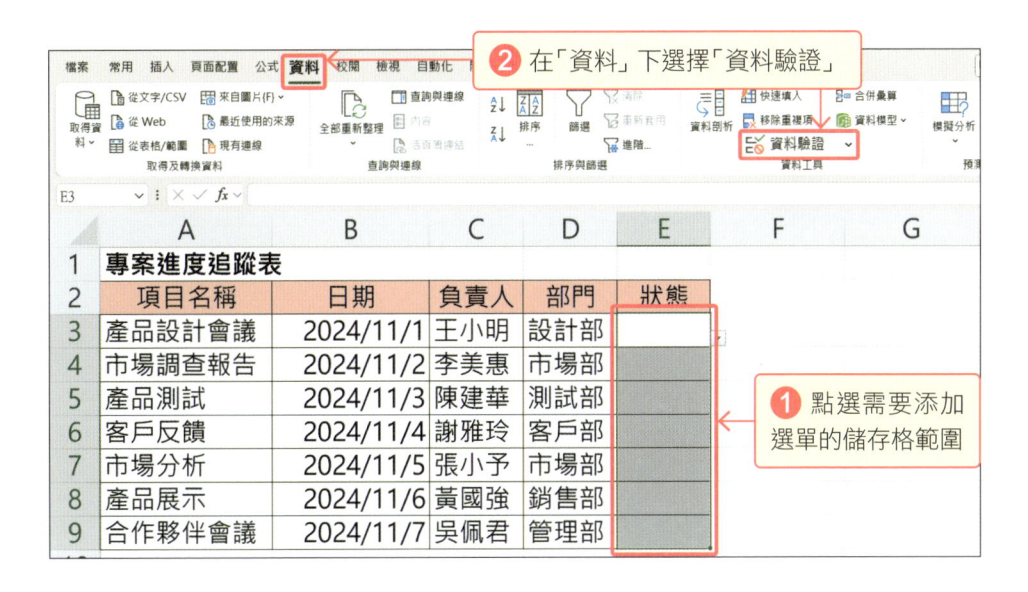

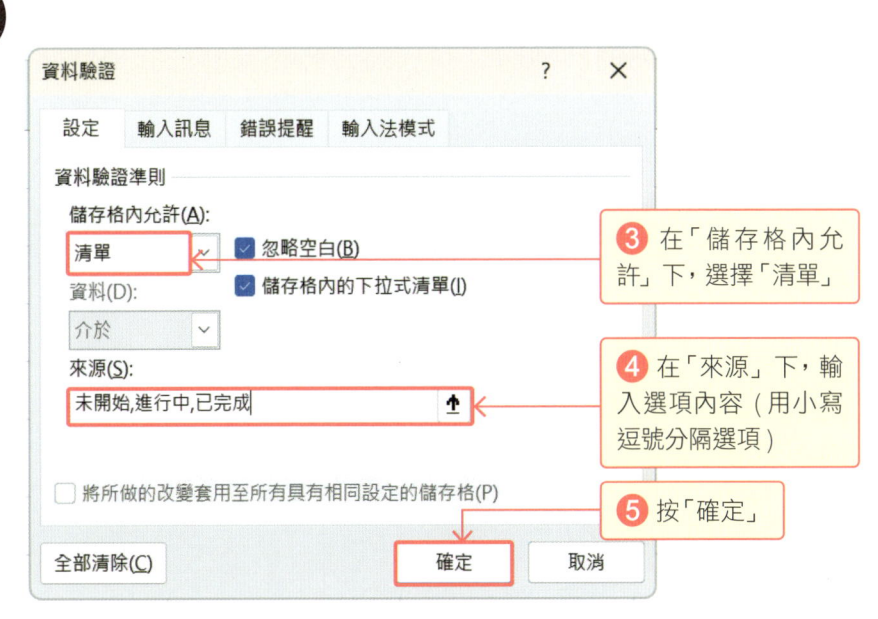

❷ 在「資料」下選擇「資料驗證」

❶ 點選需要添加選單的儲存格範圍

方法 1

❸ 在「儲存格內允許」下，選擇「清單」

❹ 在「來源」下，輸入選項內容 (用小寫逗號分隔選項)

❺ 按「確定」

第 1 章 三秒達陣的基礎技

1-37

方法 2 可以直接輸入選項所在範圍，便於管理與更新！

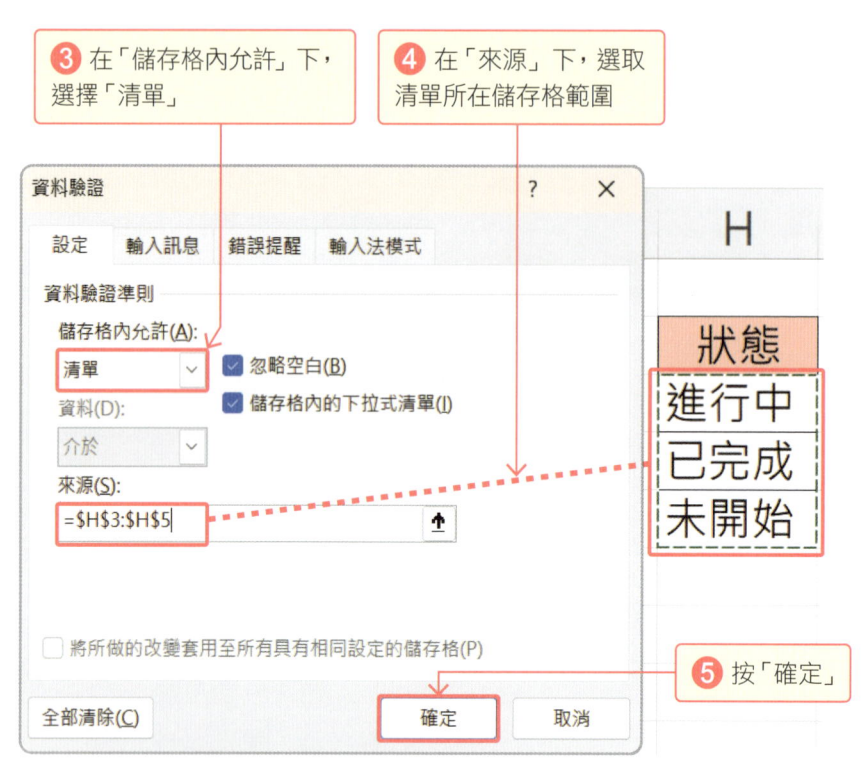

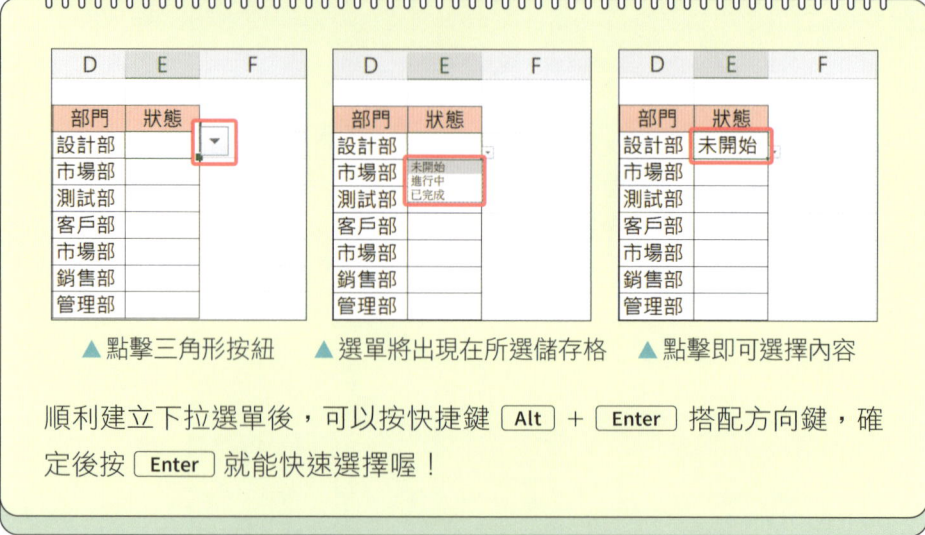

❸ 在「儲存格內允許」下，選擇「清單」

❹ 在「來源」下，選取清單所在儲存格範圍

資料驗證

設定　輸入訊息　錯誤提醒　輸入法模式

資料驗證準則

儲存格內允許(A)：
清單　　　☑ 忽略空白(B)
　　　　　☑ 儲存格內的下拉式清單(I)

資料(D)：
介於

來源(S)：
=$H$3:$H$5

☐ 將所做的改變套用至所有具有相同設定的儲存格(P)

全部清除(C)　　確定　　取消

H
狀態
進行中
已完成
未開始

❺ 按「確定」

▲ 點擊三角形按鈕　　▲ 選單將出現在所選儲存格　　▲ 點擊即可選擇內容

順利建立下拉選單後，可以按快捷鍵 `Alt` + `Enter` 搭配方向鍵，確定後按 `Enter` 就能快速選擇喔！

1-38

1-7 快速轉換文字、數字的顯示方式

▶▶ 33 │ 輸入數字自動顯示指定內容

利用「自訂格式」，輸入特定數字自動顯示為指定內容，例如輸入「1」自動顯示為「男」，輸入「2」自動顯示為「女」，省去手動輸入文字的麻煩。

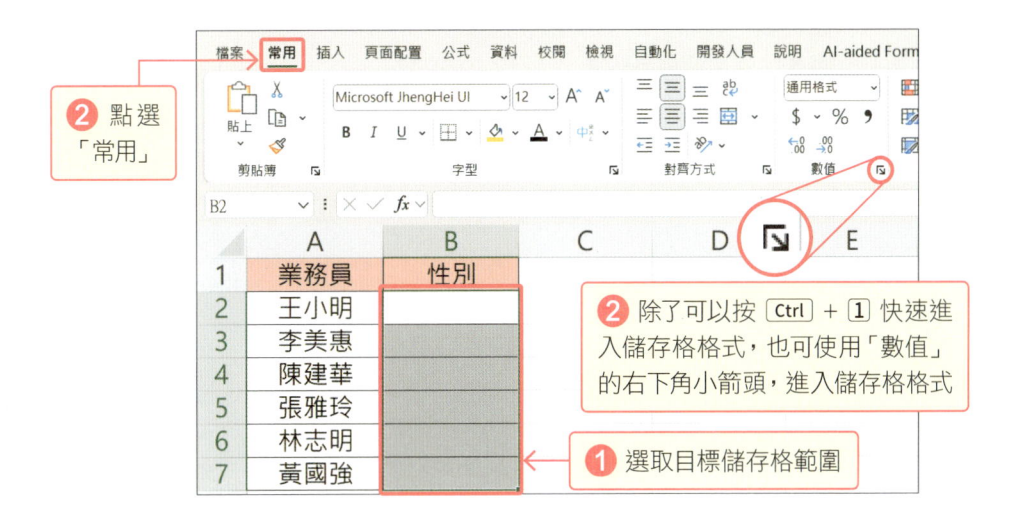

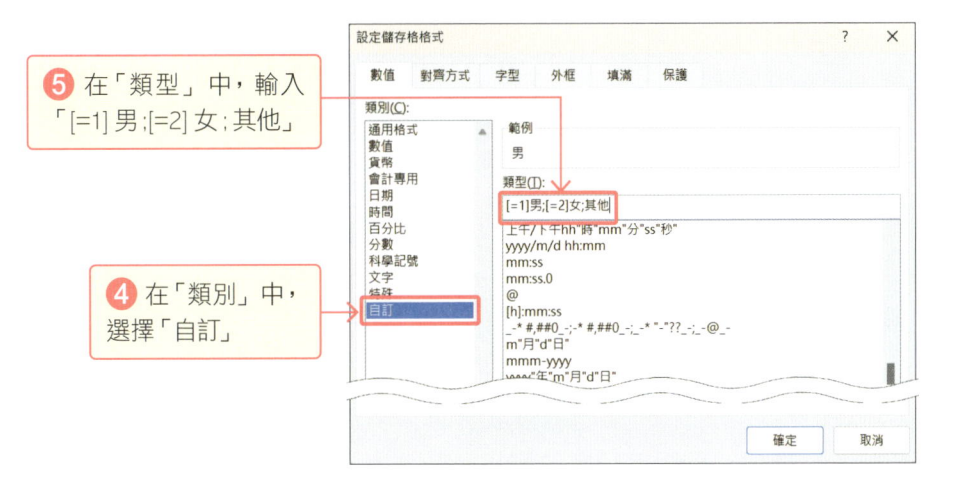

❷ 點選「常用」

❷ 除了可以按 Ctrl + 1 快速進入儲存格格式，也可使用「數值」的右下角小箭頭，進入儲存格格式

❶ 選取目標儲存格範圍

❺ 在「類型」中，輸入「[=1]男;[=2]女;其他」

❹ 在「類別」中，選擇「自訂」

[ ] 內放的是條件判斷，例如 [=1] 男代表：當輸入的資料等於 1 的時候，儲存格內容會顯示為「男」。；(分號) 用於分隔不同條件，輸入「1」即顯示為「男」，輸入「2」即顯示為「女」，輸入其他數字則顯示「其他」。

雖然輸入「1」會顯示「男」，「2」會顯示「女」，但其實儲存格裡的值還是數字「1」和「2」喔～這意味著在做尋找與取代、函數計算時，Excel 仍會視它們為數字！所以如果你在別處需要直接顯示「男」或「女」字樣，建議從資料編輯列上，確認儲存格裡的真實內容，避免出錯喔～

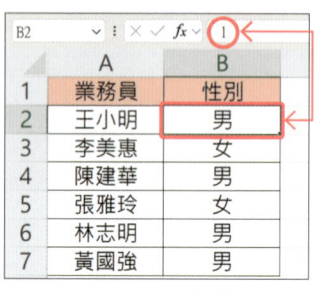

▲ B2 顯示為男

實際上資料編輯列內容為 1，所以尋找目標「男」時，會找不到資料。

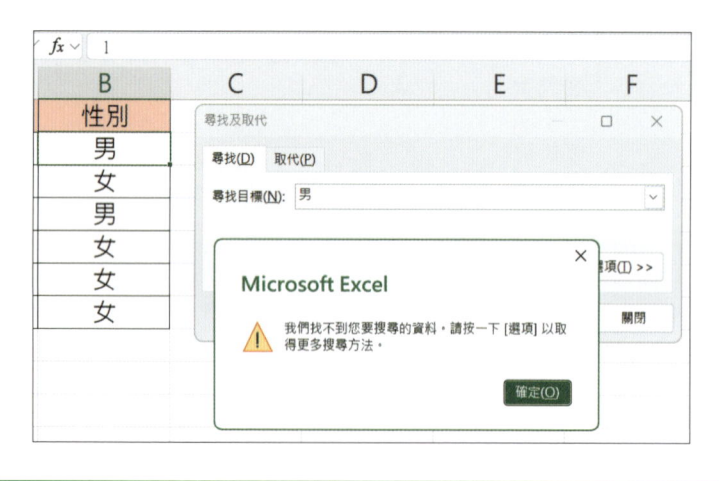

　　儲存格格式設定有超多好玩的地方，首先你必須要有個認知，就是「看到的」和「實際的」不一定相同。例如在前面的例子中，在儲存格裡輸入「1」之後居然會出現「男」，輸入「2」之後會出現「女」。「男」、「女」是你「看到的」內容，而「實際的」儲存格資料則是「1」和「2」。接下來要介紹的技巧，可能會讓你以為在變魔術，看完千萬別太驚訝喔！格式設定絕對不只有改變字型顏色大小、對齊方式那麼簡單。

▶▶ 34 │ 數字顯示為中文大寫

在 Excel 裡，數字可以自動轉換成中文大寫，這在核對金額的時候特別有用，像是把「123」顯示為「壹佰貳拾參」，別再手動慢慢轉換了！

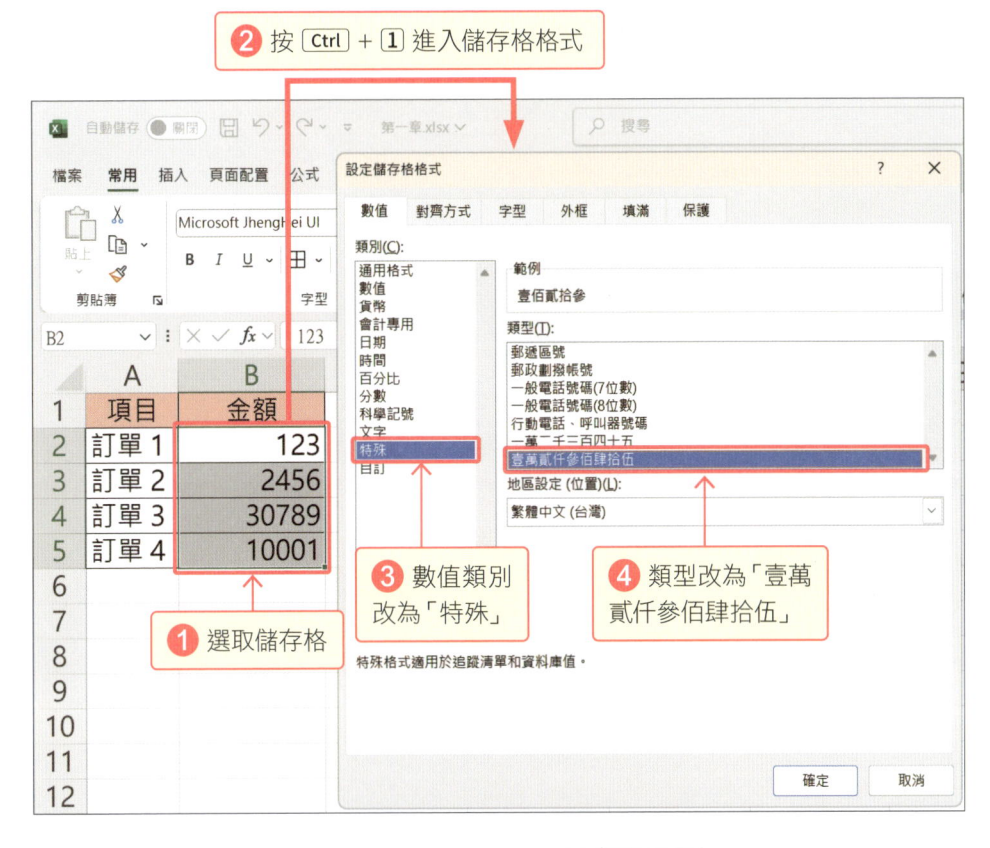

❷ 按 Ctrl + 1 進入儲存格格式

❶ 選取儲存格

❸ 數值類別改為「特殊」

❹ 類型改為「壹萬貳仟參佰肆拾伍」

▲ 已完成！

▶▶ 35 ｜開頭的 0 不再消失！

輸入開頭為 0 的數字時，最前面的 0 會被 Excel 自動移除，例如輸入「001」卻顯示為「1」。這時候只要自訂格式即可解決！

方法 1　設定自訂格式

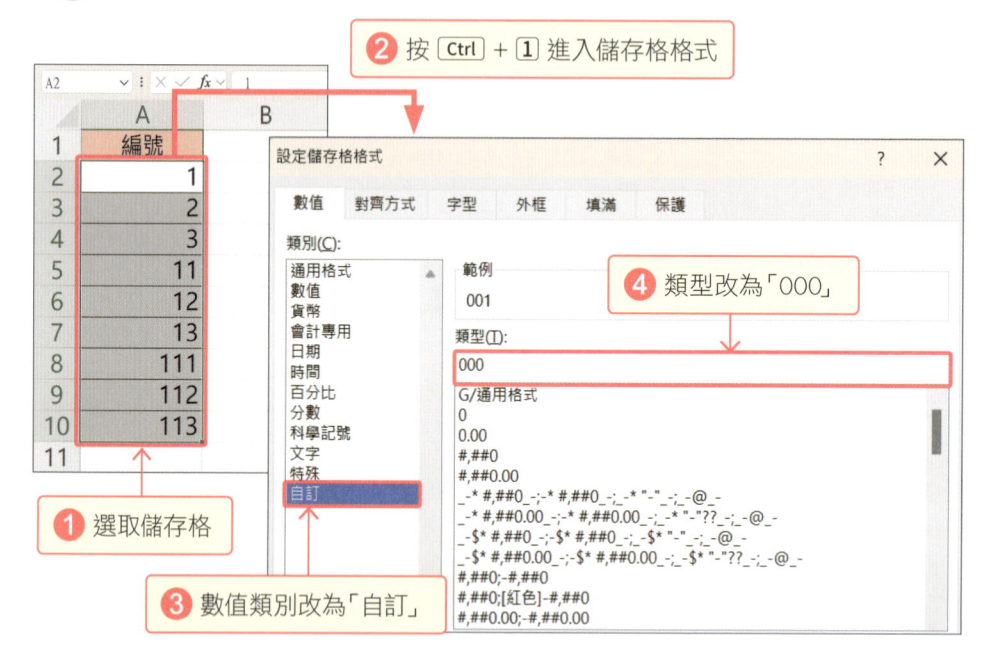

❷ 按 Ctrl + 1 進入儲存格格式

❹ 類型改為「000」

❶ 選取儲存格

❸ 數值類別改為「自訂」

▲ 成功顯示「001」！

小精靈：要根據輸入資料的位數，來決定 0 的數量喔～例如手機號碼是 10 位數，類型就要改為「0000000000」！

1-42

方法 2　設定文字格式

只要事先將儲存格格式改成「文字」，輸入 0 開頭的數字時，0 就不會被移除了 (會被當成文字完整顯示)。

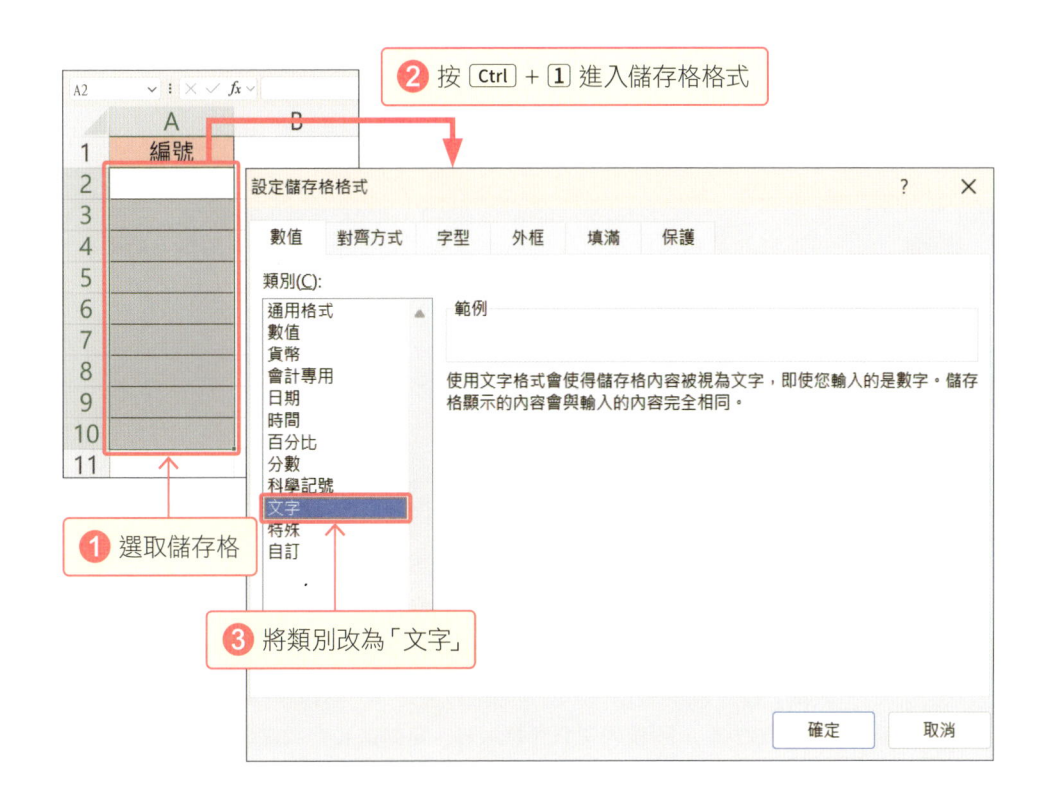

❶ 選取儲存格

❷ 按 Ctrl + 1 進入儲存格格式

❸ 將類別改為「文字」

設定好文字類別後，輸入 0 開頭的數字，顯示的內容會和輸入的內容完全相同了！

▲ 輸入「001」，顯示內容也是「001」

輸入「001」後，Excel 會跳出錯誤提醒，只需點擊驚嘆號按鈕後，選擇「略過錯誤」即可。

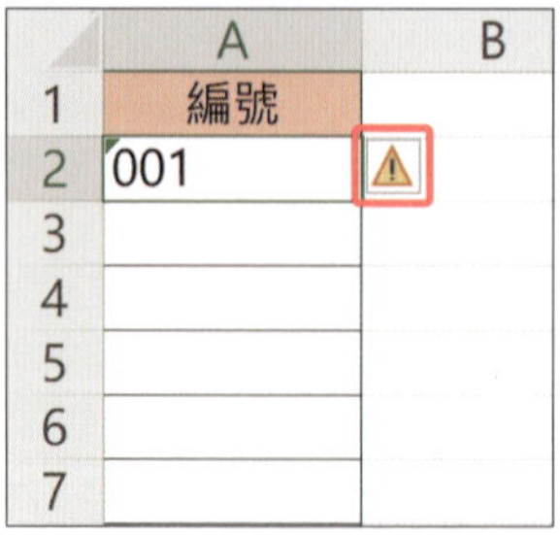

▲點擊「驚嘆號」按鈕 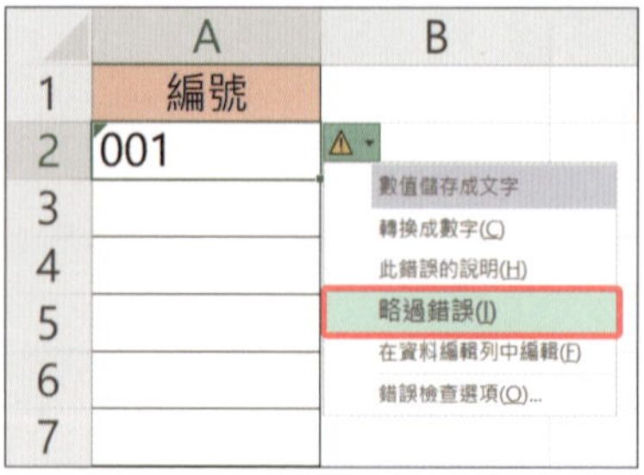　　▲選擇「略過錯誤」

> 你可能會好奇這兩種方法在使用上該如何做選擇？來看看兩種方法的比較： 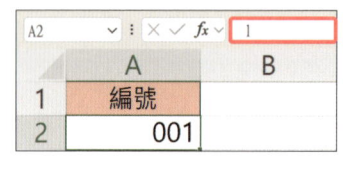
>
> ▲方法 1 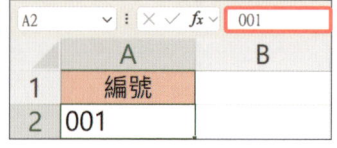　　▲方法 2
>
> **方法 1 (設定自訂格式) 是存到沒有 0 的值**
> - 優點：如果你的資料已經輸入好，使用方法 1 可以快速轉換。若未來需要更改為 4 碼 (如 0001)，只需更改格式即可。
> - 缺點：雖然顯示為 001，但實際上數值是 1，所以尋找與取代時會找不到「001」。所見內容非實際內容，可能造成資料處理上的困擾。
>
> **方法2 (設定文字格式) 是有存到 0 的完整值**
> - 優點：所見內容即為實際內容，可以準確地被尋找、取代、比對。
> - 缺點：若資料已經輸入好，使用此方法則全部資料都要重新輸入。若要解決這個問題，可以使用 TEXT 函數，不過得新增一個欄位處理。你會需要複製函數結果、在新欄位貼上，並使用「僅貼上值」，才能順利取出文字格式資料，得到有存到 0 的完整資料。

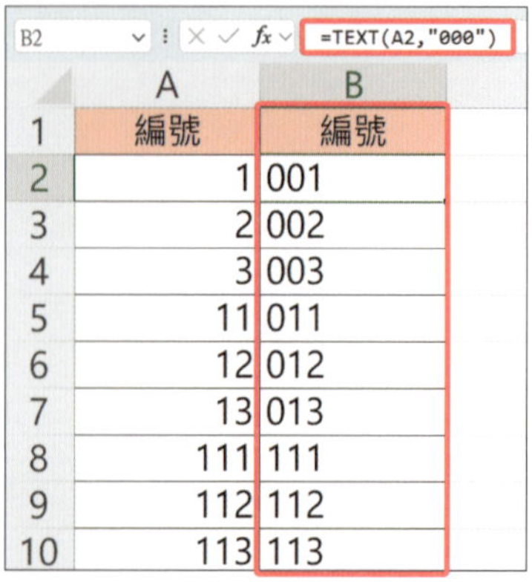

1-8 快速讓資料變整齊

▶▶ 36 以小數點為中央，對齊數字

以數字的小數點作為對齊點，可以方便比較數值。尤其在財務報表中必不可少！

❷ 按 Ctrl + 1 進入儲存格格式

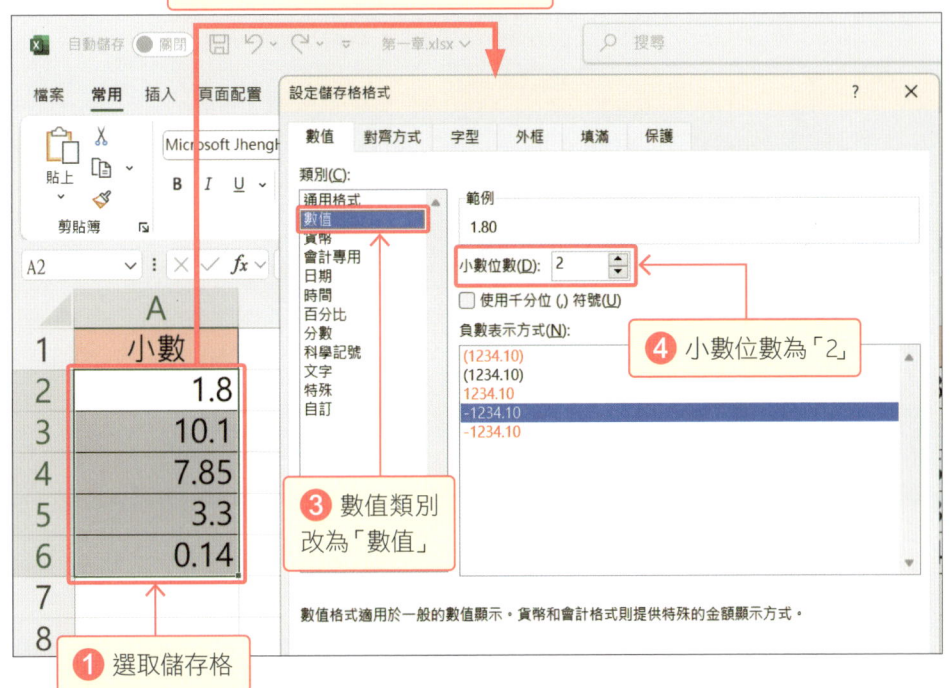

	A
1	小數
2	1.8
3	10.1
4	7.85
5	3.3
6	0.14

❶ 選取儲存格

❸ 數值類別改為「數值」

❹ 小數位數為「2」

	A
1	小數
2	1.80
3	10.10
4	7.85
5	3.30
6	0.14

▲ 瞬間變清楚！

> 若原始資料為 7.855，而小數位數設為 2 的話，資料會「顯示為」7.86 喔！這是因為系統會根據設定的小數位數進行四捨五入，而實際資料值依然是 7.855。

1-45

▶▶ 37 ｜讓文字均勻分散在格子裡

有的人名字是兩個字、有的是三個字，偶爾也會出現四個字以上的名字？參差不齊，看起來好不舒服？文字也可以對齊嗎？一樣可以！試試這招！

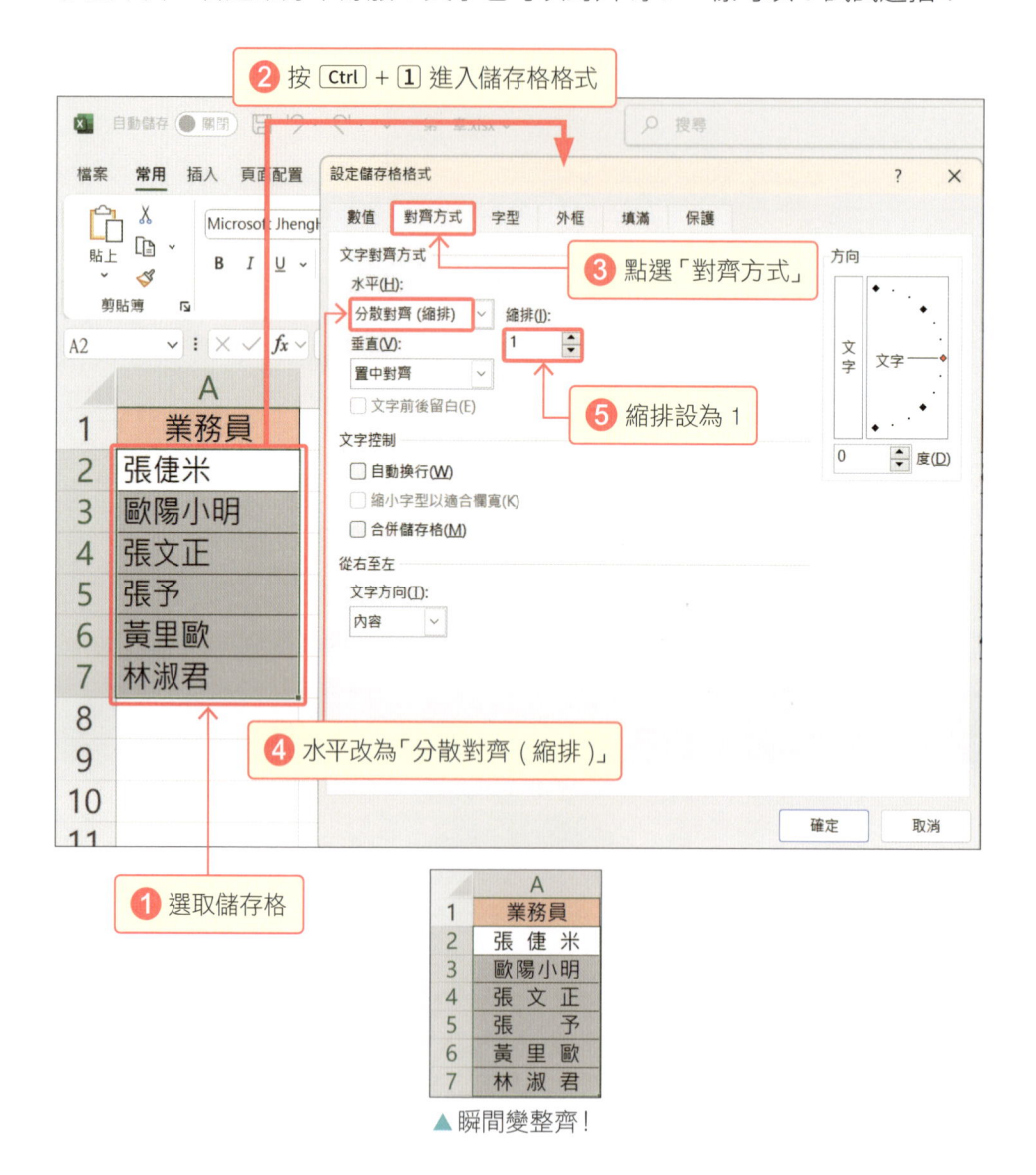

❶ 選取儲存格

❷ 按 Ctrl + 1 進入儲存格格式

❸ 點選「對齊方式」

❹ 水平改為「分散對齊（縮排）」

❺ 縮排設為 1

▲瞬間變整齊！

也可以不設定縮排，但這樣文字就會離左右框線比較近，可以根據你喜歡的樣式調整！

1-46

▶▶ 38 ｜ 讓日期的月日位數一致

一般來說，輸入日期資料後，Excel 預設會根據月和日的實際位數呈現。例如：輸入 2024/1/1 時，在儲存格就會出現 2024/1/1。不過當日期資料多的時候，月和日的位數不一致會讓閱讀看起來不舒服，這時候就要靠自訂格式啦！

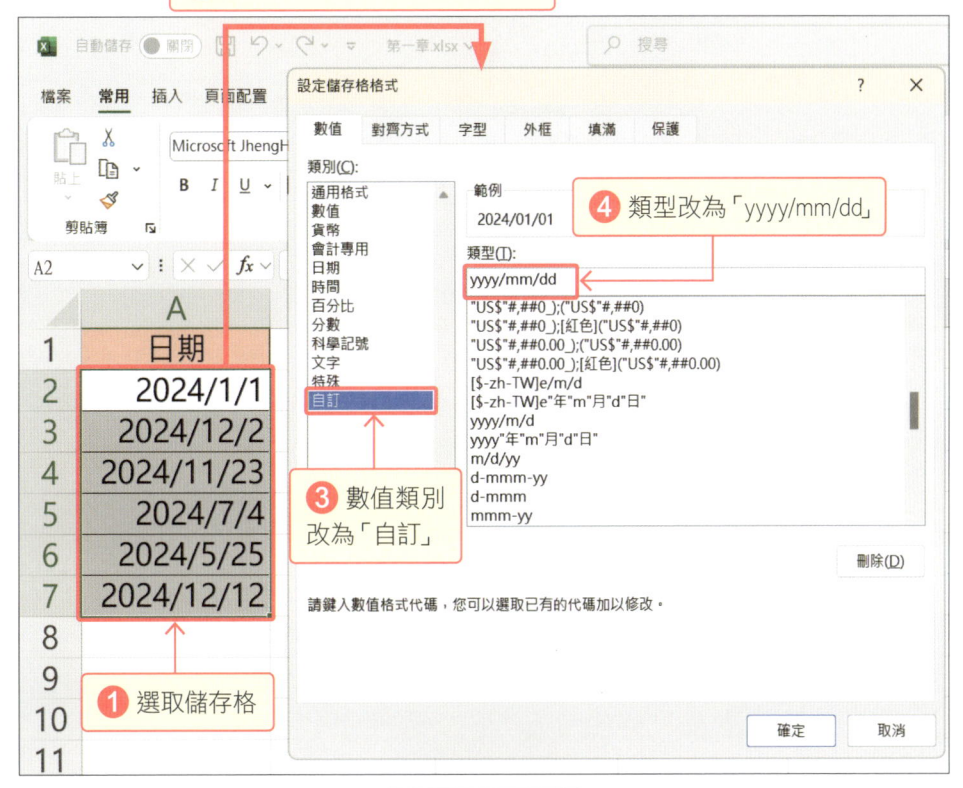

❶ 選取儲存格

❷ 按 Ctrl + 1 進入儲存格格式

❸ 數值類別改為「自訂」

❹ 類型改為「yyyy/mm/dd」

▲ 瞬間舒服！

小精靈：在「日期」類別下，有超多種預設的類型選項，任你挑選！

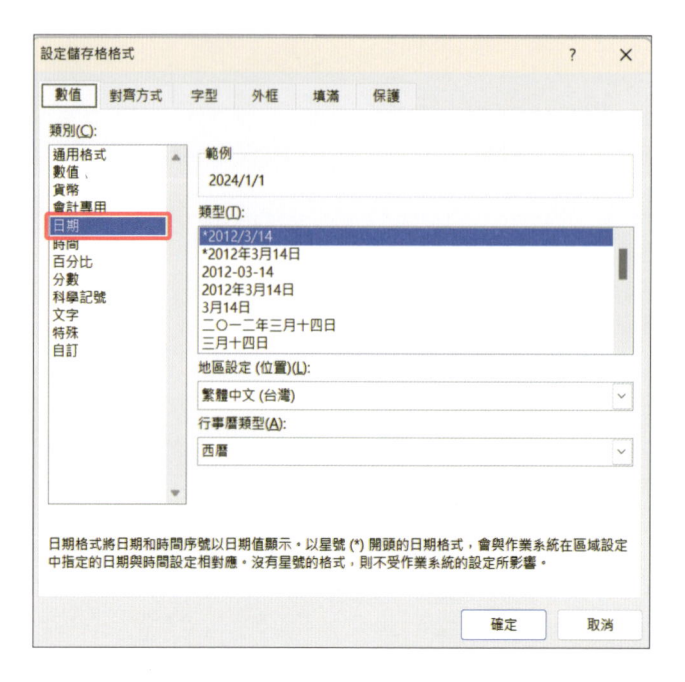

不過有個前提，你輸入的日期要能被 Excel 識別為「日期」才行！否則會被視為文字，可以參考以下表格：

輸入	顯示為	是否為日期
1/1	1月1日	是
2024/1/1	2024/1/1	是
2024-1-1	2024/1/1	是
2024.1.1	2024.1.1	否，此為文字
113/1/1	113/1/1	否，此為文字 (Excel 不會自動判讀民國年份)

規則太多記不起來？判斷是否被辨別為日期，有一個小撇步！輸入完資料後，看資料是靠左還是靠右對齊，靠右的就是日期，靠左則是文字喔！

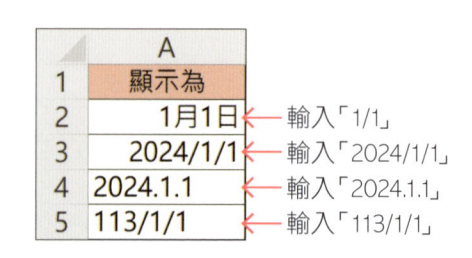

	A
1	顯示為
2	1月1日 ← 輸入「1/1」
3	2024/1/1 ← 輸入「2024/1/1」
4	2024.1.1 ← 輸入「2024.1.1」
5	113/1/1 ← 輸入「113/1/1」

讓我們總結一下數字、文字、日期的對齊，比較看看，對齊後是不是更好閱讀了呢？

	A	B
1	Before	After
2	1.8	1.80
3	10.1	10.10
4	7.85	7.85
5	3.3	3.30
6	0.14	0.14

	A	B
1	Before	After
2	張倢米	張　倢　米
3	歐陽小明	歐陽小明
4	張文正	張　文　正
5	張予	張　　　予
6	黃里歐	黃　里　歐
7	林淑君	林　淑　君

	A	B
1	Before	After
2	2024/1/1	2024/01/01
3	2024/12/2	2024/12/02
4	2024/11/23	2024/11/23
5	2024/7/4	2024/07/04
6	2024/5/25	2024/05/25
7	2024/12/12	2024/12/12

1-9 既整齊又能計算的資料格式

▶▶ 39 附帶單位的數字 (如：100公斤)，也能直接計算？

在儲存格中「顯示」數字同時附帶單位，也能不影響數字計算。這是怎麼做到的？

D2 儲存格中的公式是 B2*C2 沒錯！

	A	B	C	D
1	品名	數量	單價	總金額
2	水果箱	100 公斤	20 元/公斤	2000 元
3	小麥包	250 公斤	15 元/公斤	3750 元
4	白米包	180 公斤	18 元/公斤	3240 元
5	青菜箱	50 公斤	25 元/公斤	1250 元
6	飼料包	300 公斤	10 元/公斤	3000 元

B2、C2 儲存格中是附帶單位的數字

1-49

❷ 按 Ctrl + 1 進入儲存格格式

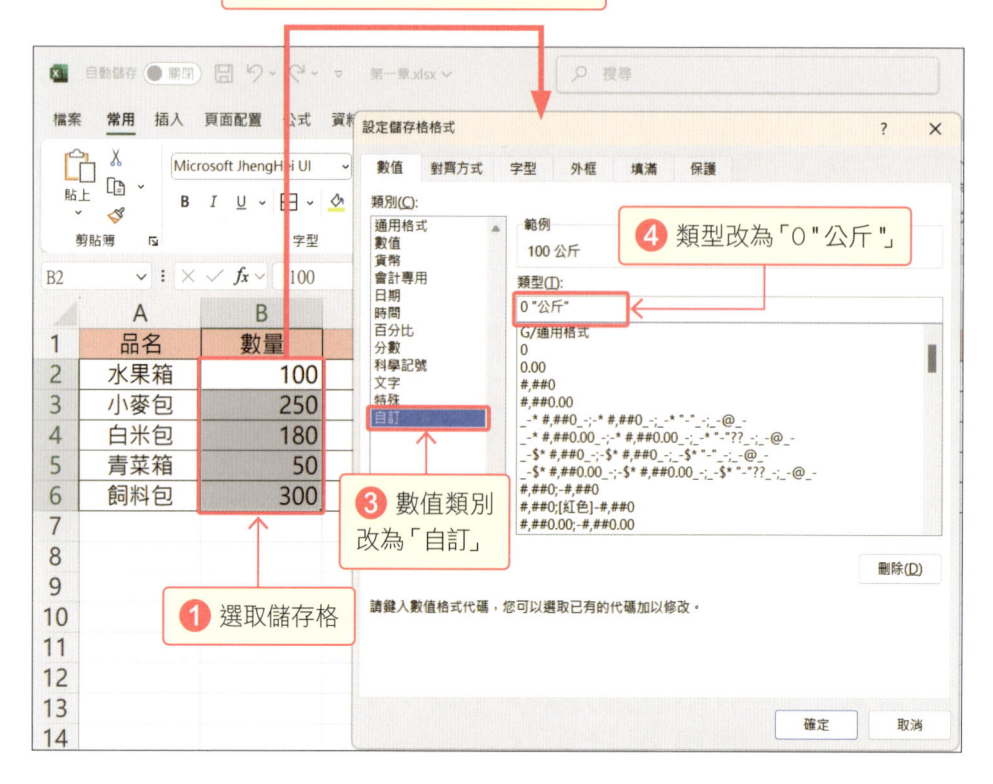

❹ 類型改為「0"公斤"」

❸ 數值類別改為「自訂」

❶ 選取儲存格

如此一來，儲存格內容就能「顯示」單位，但實際內容還是數字喔！單價和總金額也是同樣的方式調整喔～如此一來，包含單位的數字可以計算，一點也不奇怪了吧？

1-50

▶▶ 40 │ 正確顯示超過 24 小時的累計時數

你知道嗎？日期和時間在 Excel 裡面，也像數字一樣可以計算喔！以時間來舉例的話，18:00 - 8:00 結果是 10:00，12:00 + 3:00 結果是 15:00。但是當累加超過 24 小時的時候，Excel 會自動重置時間，計算不是正確的：

	A	B	C	D	E
1	日期	上班時間	下班時間	休息時間	每日工時
2	2024/11/1	08:00	18:00	01:00	09:00
3	2024/11/2	07:30	19:30	01:00	11:00
4	2024/11/3	08:15	17:45	01:00	08:30
5				總工時	04:30

應該要是 28:30 才對！

❶ 選取儲存格
❷ 按 Ctrl + 1 進入儲存格格式
❸ 數值類別改為「自訂」
❹ 類型改為「[h]:mm」

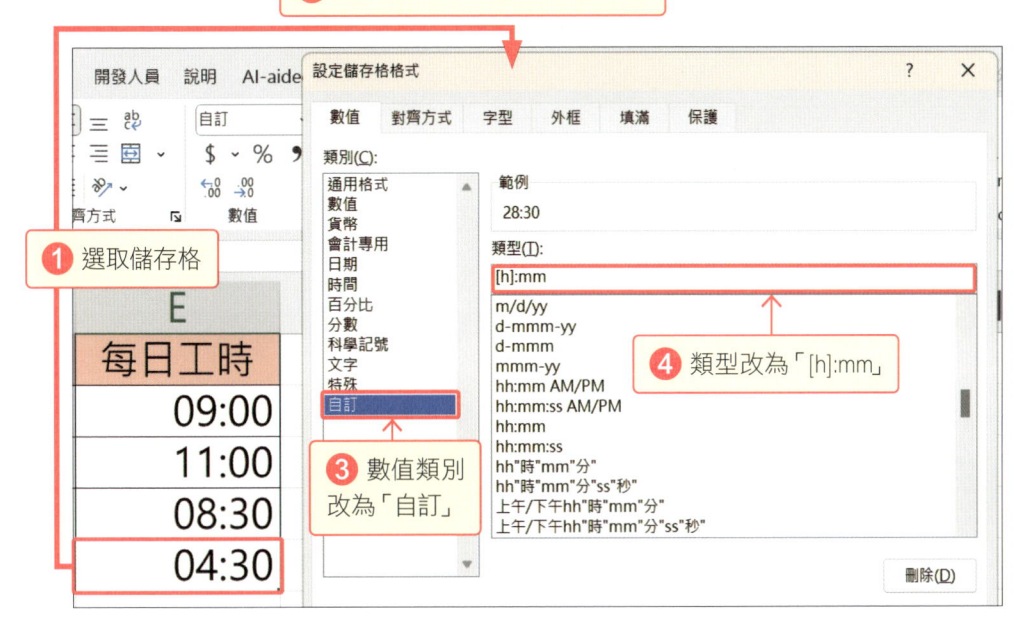

[h] 表示累計時數，如此一來，超過 24 小時也會正確顯示了！

	A	B	C	D	E
1	日期	上班時間	下班時間	休息時間	每日工時
2	2024/11/1	08:00	18:00	01:00	09:00
3	2024/11/2	07:30	19:30	01:00	11:00
4	2024/11/3	08:15	17:45	01:00	08:30
5				總工時	28:30

▶▶ 41 ｜利潤為負時，用紅字來顯示

財務報表或虧損分析時，讓負數自動以紅字顯示，可以讓關鍵資料更明顯。

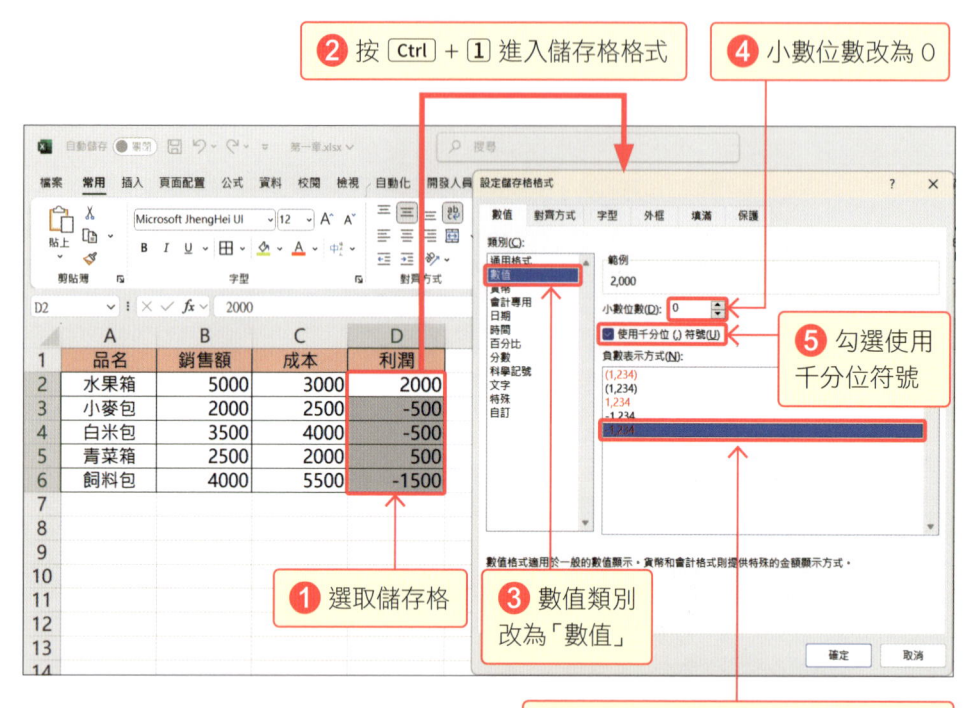

❷ 按 Ctrl + 1 進入儲存格格式

❹ 小數位數改為 0

❶ 選取儲存格

❸ 數值類別改為「數值」

❺ 勾選使用千分位符號

❻ 負數表示方式選擇紅字的「-1,234」

	A	B	C	D
1	品名	銷售額	成本	利潤
2	水果箱	5000	3000	2,000
3	小麥包	2000	2500	-500
4	白米包	3500	4000	-500
5	青菜箱	2500	2000	500
6	飼料包	4000	5500	-1,500

因為資料剛好都是整數，因此小數位數設為 0。勾選千分位符號，是為了更容易閱讀四位數以上的數值。負數表示方式有很多種，有些加了 ( ) 並去掉負號；有些去掉負號，僅靠顏色區分…等。只要根據需求，選擇合適的即可。

1-10 快速調整欄寬、文字長度

▶▶ 42 │ 快速將欄寬調整成一致

當表格的欄寬大小不一，會影響視覺整齊度，來看看如何快速平均調整欄寬。

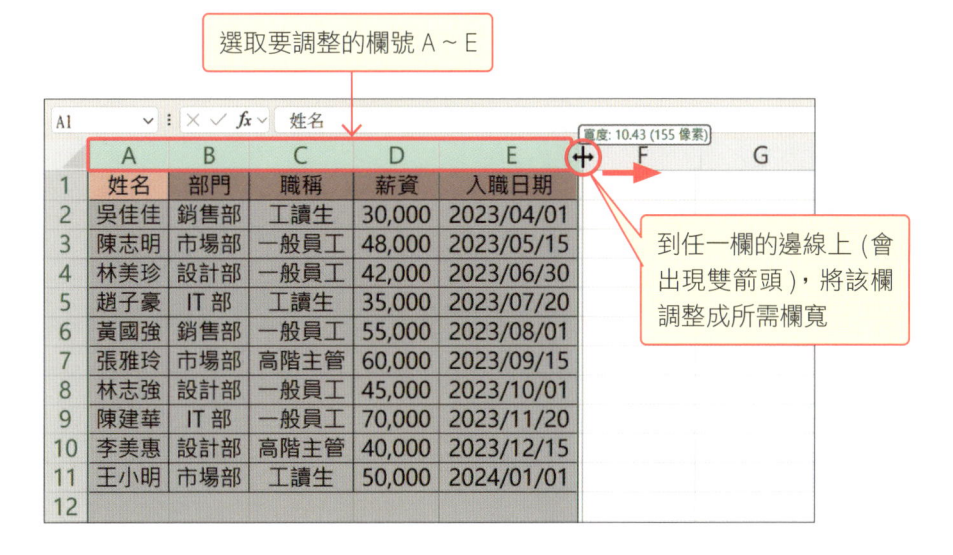

選取要調整的欄號 A～E

到任一欄的邊線上 (會出現雙箭頭)，將該欄調整成所需欄寬

▲ 所有被選取的欄寬被調整成一致了！

第 1 章 三秒達陣的基礎技

1-53

▶▶ 43 │ 快速調整欄寬以符合文字長度

看看下方的表，欄寬跟列高都不一致 (有的長、有的短)，造成資訊顯示不完整，這時候千萬不要一欄一列慢慢調整，教你一招！

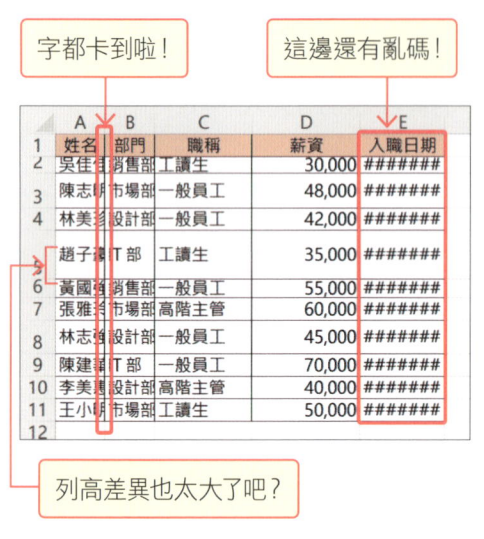

❶ 點擊左上角全選工作表 (或是僅選擇要調整的欄號 A～E、列號 1～11)

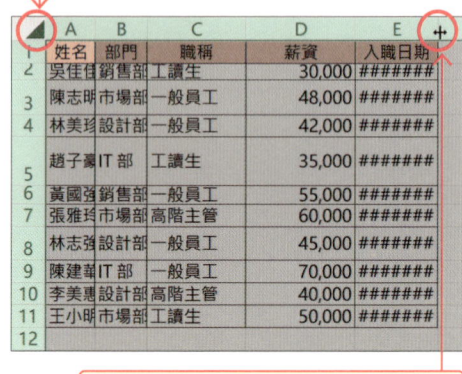

字都卡到啦！

這邊還有亂碼！

❷ 到任一欄的邊線上 (會出現雙箭頭)，連續點擊兩次滑鼠左鍵

列高差異也太大了吧？

❸ 到任一列的邊緣上 (會出現雙箭頭)，連續點擊兩次滑鼠左鍵

▲ 欄寬、列高自動根據內容調整到適合長度了！

注意到一開始的資料中，E 欄資料變成 #######，這是欄寬不夠、無法顯示完整資料所造成的，只要調整欄寬就能解決這個問題囉！

1-54

▶▶ 44 ｜調整除了標題之外的資料欄寬

如果你的資料包含標題，使用上一招「快速調整欄寬以符合文字長度」，可能會變成以下這樣：

	A	B	C	D	E
1	OO公司員工資料表				
2	姓名	部門	職稱	薪資	入職日期
3	吳佳佳	銷售部	工讀生	30,000	2023/04/01
4	陳志明	市場部	一般員工	48,000	2023/05/15
5	林美珍	設計部	一般員工	42,000	2023/06/30
6	趙子豪	IT部	工讀生	35,000	2023/07/20
7	黃國強	銷售部	一般員工	55,000	2023/08/01
8	張雅玲	市場部	高階主管	60,000	2023/09/15
9	林志強	設計部	一般員工	45,000	2023/10/01
10	陳建華	IT部	一般員工	70,000	2023/11/20
11	李美惠	設計部	高階主管	40,000	2023/12/15
12	王小明	市場部	工讀生	50,000	2024/01/01

▲ A 欄是因為 A1 的標題，所以欄寬被拉的好長～好長～

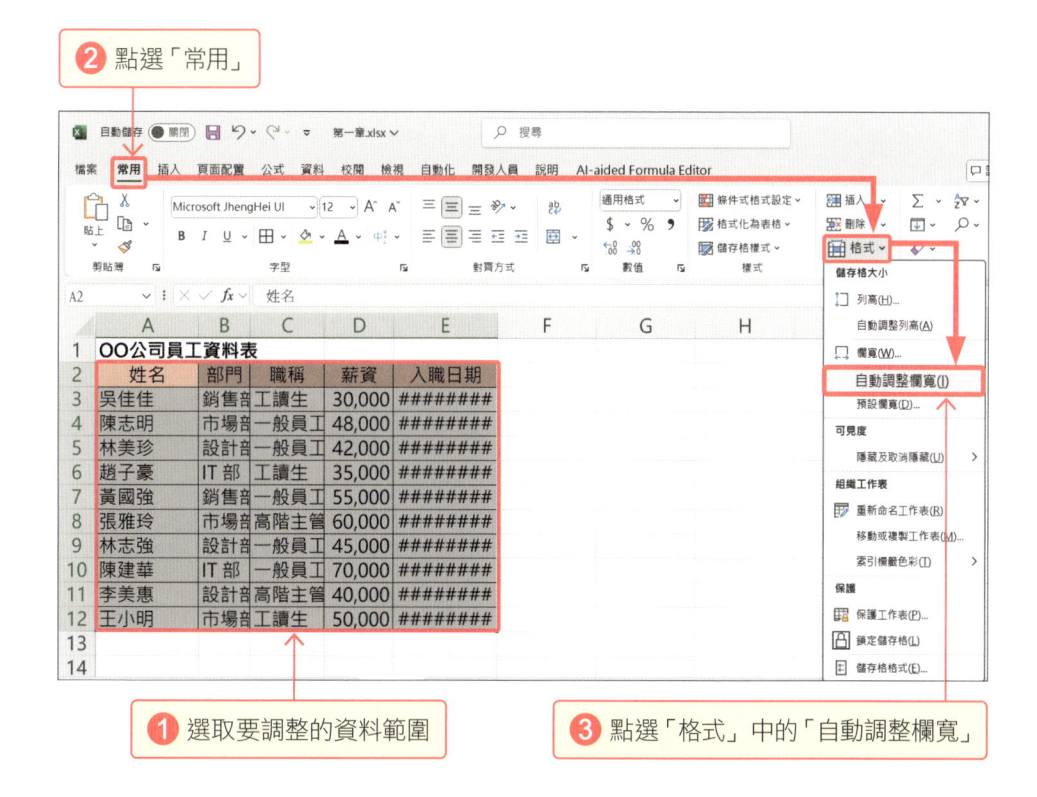

❶ 選取要調整的資料範圍
❷ 點選「常用」
❸ 點選「格式」中的「自動調整欄寬」

1-55

	A	B	C	D	E
1	OO公司員工資料表				
2	姓名	部門	職稱	薪資	入職日期
3	吳佳佳	銷售部	工讀生	30,000	2023/04/01
4	陳志明	市場部	一般員工	48,000	2023/05/15
5	林美珍	設計部	一般員工	42,000	2023/06/30
6	趙子豪	IT部	工讀生	35,000	2023/07/20
7	黃國強	銷售部	一般員工	55,000	2023/08/01
8	張雅玲	市場部	高階主管	60,000	2023/09/15
9	林志強	設計部	一般員工	45,000	2023/10/01
10	陳建華	IT部	一般員工	70,000	2023/11/20
11	李美惠	設計部	高階主管	40,000	2023/12/15
12	王小明	市場部	工讀生	50,000	2024/01/01

▲ 這樣就不會受到 A1 儲存格的標題長度所影響，完美調整欄寬！

也可以選好範圍後，依序按 Alt 、 H 、 O 、 I ，一邊按的時候，請觀察看看介面發生了什麼變化？

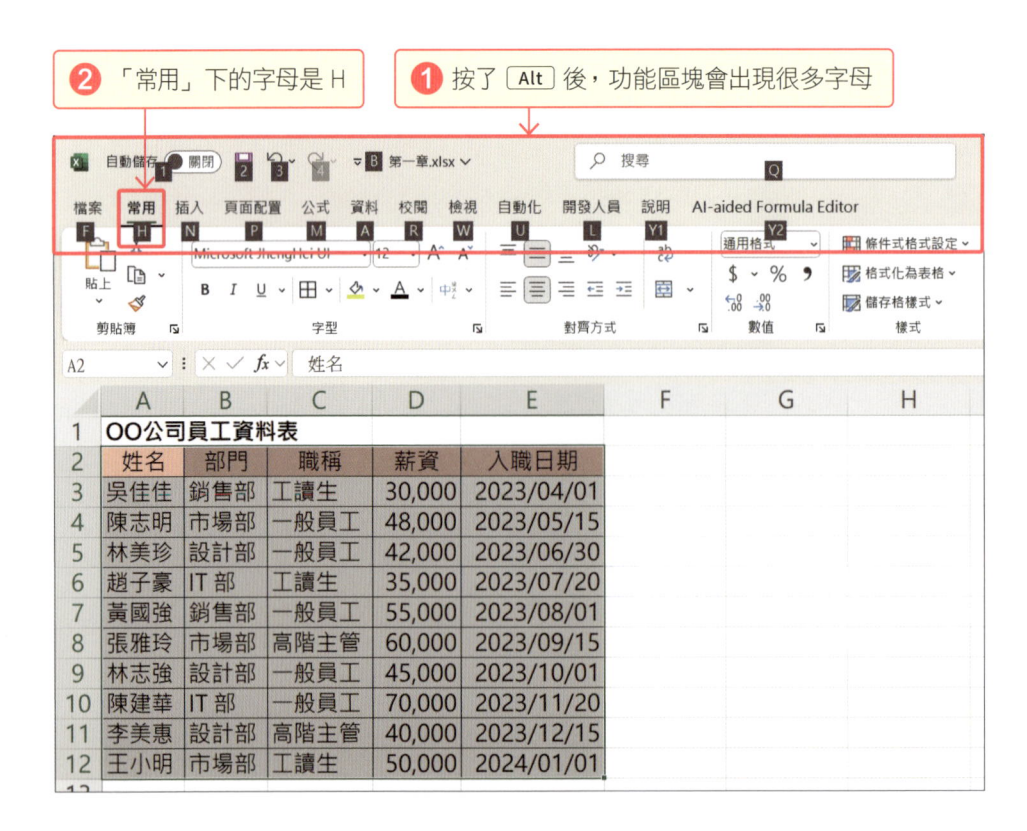

❷「常用」下的字母是 H

❶ 按了 Alt 後，功能區塊會出現很多字母

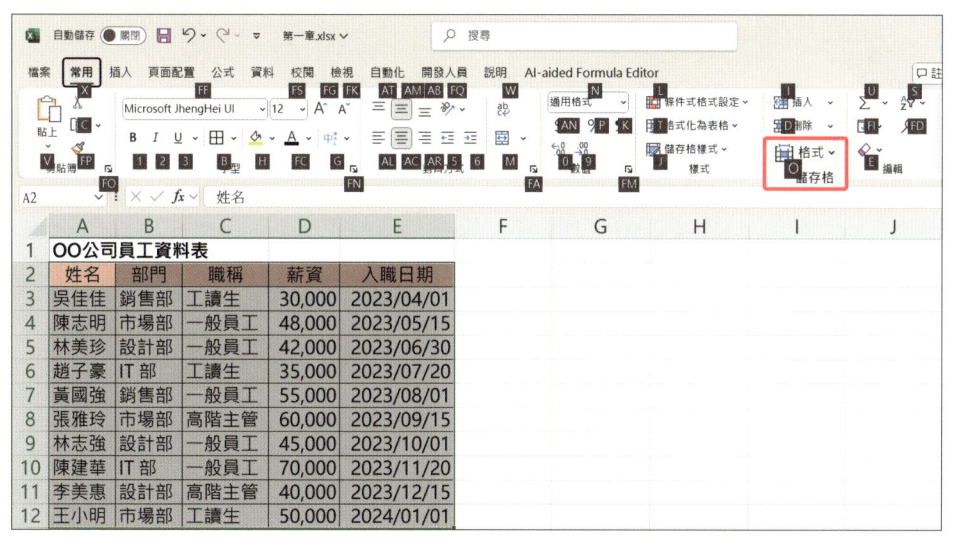

▲ 「格式」下的字母是 O

▲ 「自動調整欄寬」旁的字母是 I

這就是依序按 [Alt]、[H]、[O]、[I] 的功能～其實 Excel 上方功能區塊裡的所有功能，都可以透過啟動 [Alt] 鍵，快速靠鍵盤呼叫的喔！快看看你常用的功能是什麼，把它的快捷路徑背下來吧！

▶▶ 45 ｜自動調整字體大小，以符合欄寬

在製作報告或列印報表時，可能會遇到表格的欄寬受到限制 (如紙張 A4 尺寸的限制)。因此欄寬無法根據儲存格內容自動調整，但是當內容過長，卻又不能加大欄寬時，文字可能被截斷。此時，可以讓字體自動縮小，保證所有內容完整顯示。

▲ A 欄的寬度不能調整，但是 A3 儲存格的文字被截斷了

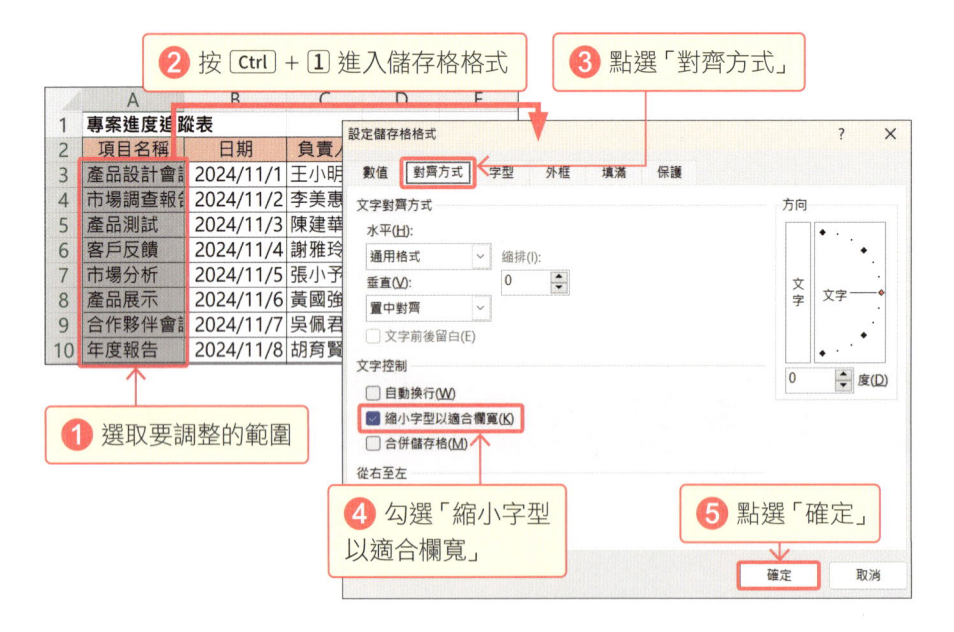

❶ 選取要調整的範圍

❷ 按 Ctrl + 1 進入儲存格格式

❸ 點選「對齊方式」

❹ 勾選「縮小字型以適合欄寬」

❺ 點選「確定」

▲ 欄寬沒動，字卻自動變小了！

▲ 在 A3 儲存格中新增「發表」二字，字變更小了！

▶▶ 46 資料太長千萬不要手動換行

偶爾會有「需要在一個儲存格中，輸入大量文字說明」的情況～為了閱讀方便，讓內容分段顯示，就可以一眼看出完整資訊。雖然按 Alt + Enter 可以換行，但這太浪費時間了啦！而且如果之後調整欄寬，又要重新自己手動換行，太可怕了！

▲文字長度遠超出所需欄寬！

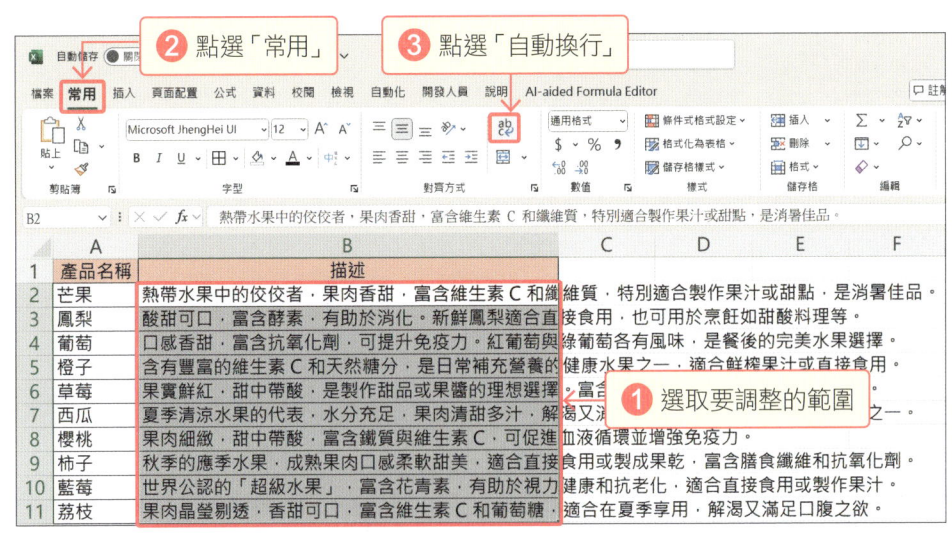

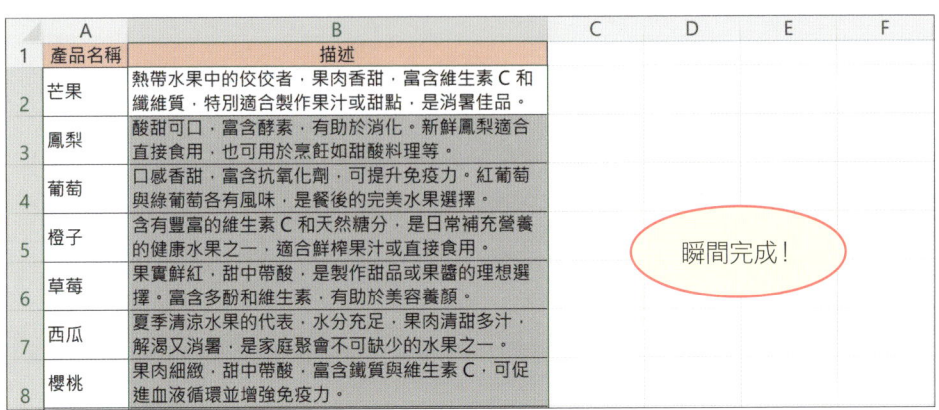

❷ 點選「常用」　　❸ 點選「自動換行」

❶ 選取要調整的範圍

瞬間完成！

1-59

1-11　聰明的表頭設計

▶▶ 47 ｜斜線表頭：同時展示欄標與列標

當表頭需要同時展示「欄標題」和「列標題」時,使用斜線表頭來節省空間。

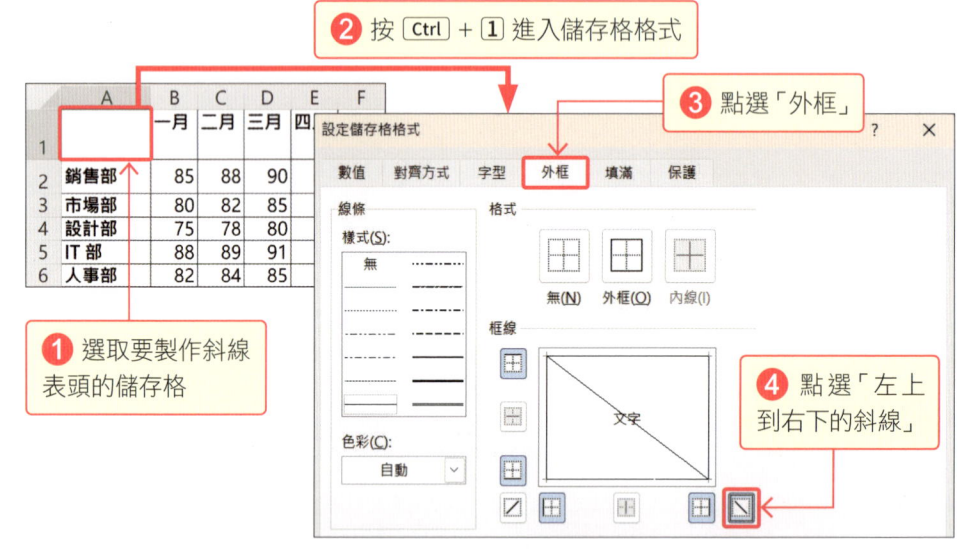

❶ 選取要製作斜線表頭的儲存格

❷ 按 Ctrl + 1 進入儲存格格式

❸ 點選「外框」

❹ 點選「左上到右下的斜線」

▲ 斜線就出現啦！

▲ 輸入「月份」後,按 Alt + Enter 換行,繼續輸入「部門」

▲ 在「月份」前按很多下空格,直到間距合適

▲ 順利完成！

1-60

48 | 直式表頭：節省空間
(垂直文字千萬不要用換行做！)

有時候為了排版，尤其是表頭空間狹小時，會需要將文字改成直式文字。

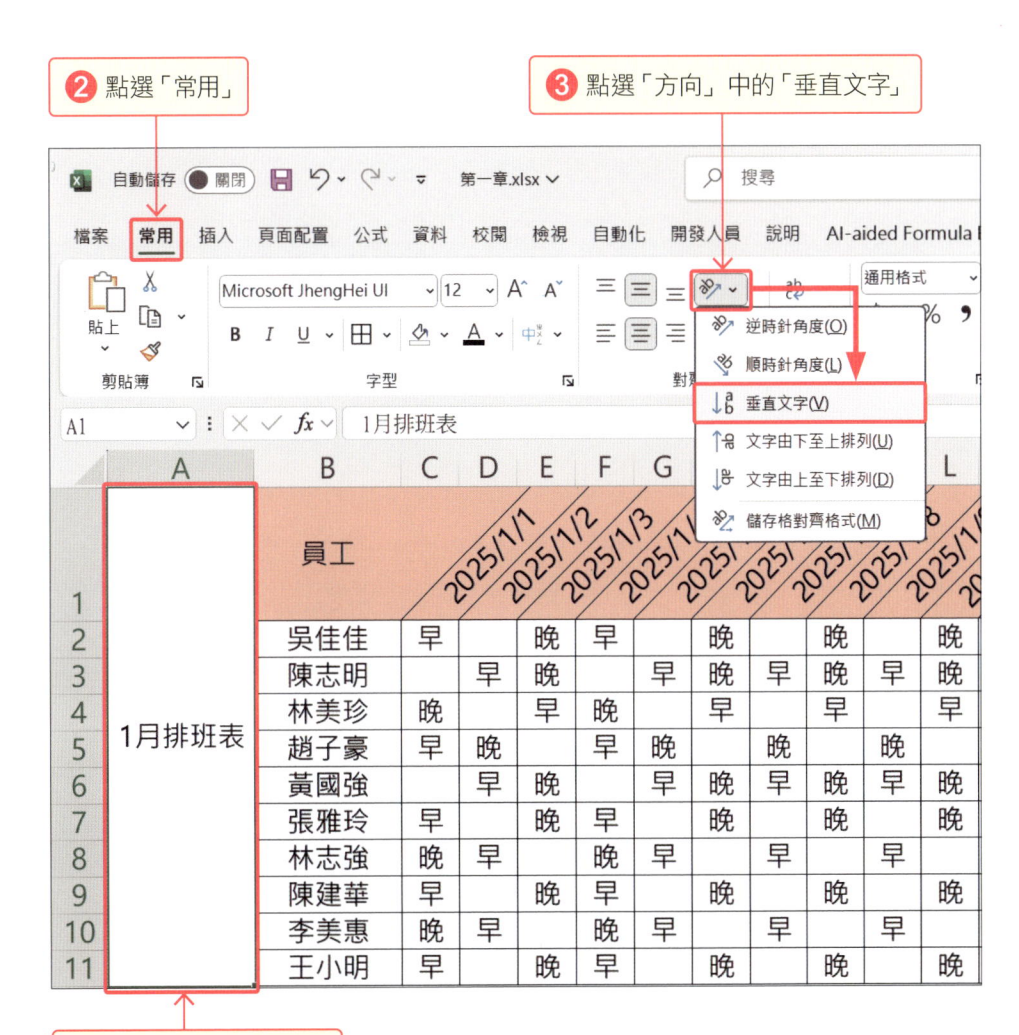

❷ 點選「常用」

❸ 點選「方向」中的「垂直文字」

❶ 選取要調整的儲存格

1-61

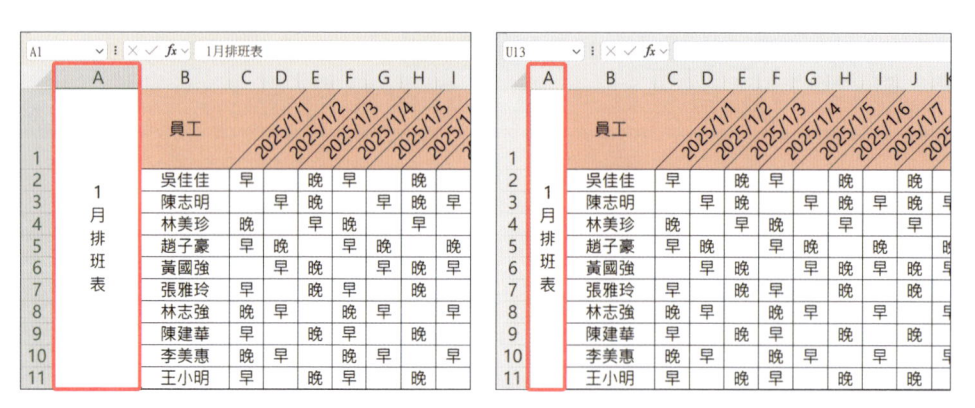

▲ 最後調整一下欄寬,又省到空間啦!

將文字方向改成垂直文字後,字和字的間距會被拉大,看起來有一個空格在中間(下圖 B1 儲存格)。想改善這個問題,可以透過以下操作,讓我們用 C1 儲存格來示範:

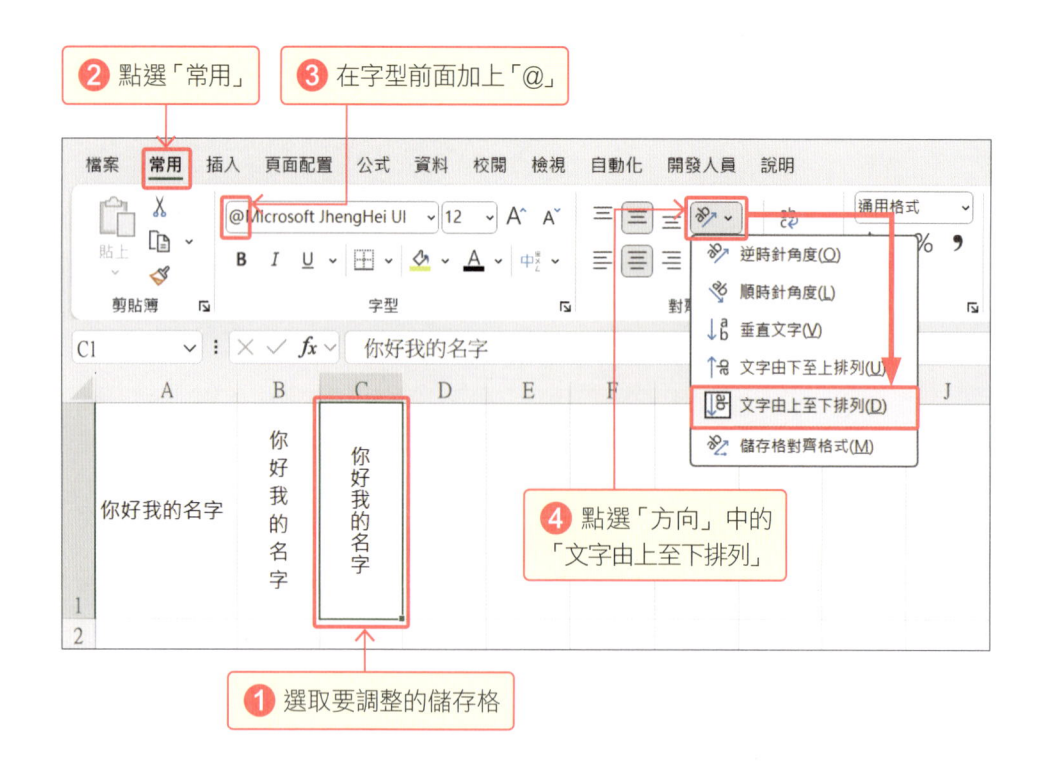

❷ 點選「常用」

❸ 在字型前面加上「@」

❹ 點選「方向」中的「文字由上至下排列」

❶ 選取要調整的儲存格

仔細比較 B1 和 C1 的字元間距,看出差別了嗎?

1-62

▶▶ 49 │ 多斜線表頭：解決複雜表格結構

如果遇到結構很複雜的表格，需要使用到很多斜線表頭 (如下圖)，這是沒辦法用儲存格格式做到的。

	A	B	C	D	E	F	G	H
1	公司名稱		台灣公司	台灣公司	大陸公司	香港公司	日本公司	日本公司
2	部門		銷售部	銷售部	市場部	市場部	設計部	設計部
3	商品代號 業務員 商品名稱		吳佳佳	吳佳佳	林美珍	陳志明	黃國強	黃國強
4	A001	香蕉	85	83	86	85	83	86
5	A002	蘋果	80	79	81	80	79	81
6	B001	葡萄	91	90	92	91	90	92
7	B002	鳳梨	85	83	86	85	83	86
8	C001	芒果	80	79	81	80	79	81
9	C002	櫻桃	91	90	92	91	90	92

但可以用另外一招！插入斜線！

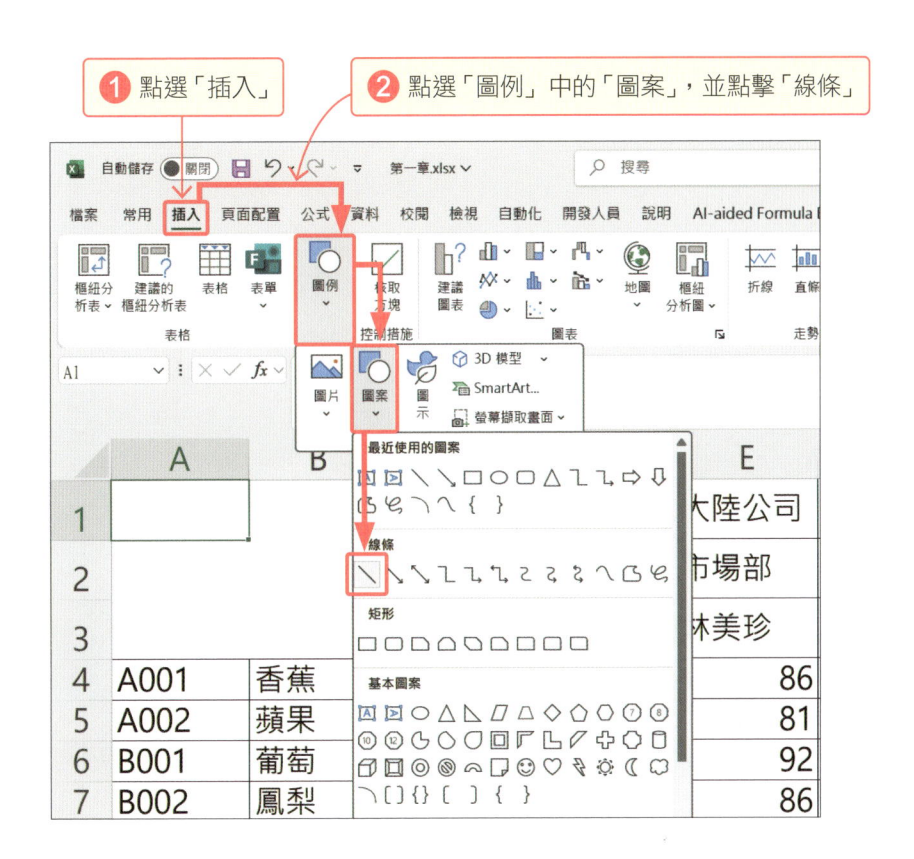

❶ 點選「插入」

❷ 點選「圖例」中的「圖案」，並點擊「線條」

1-63

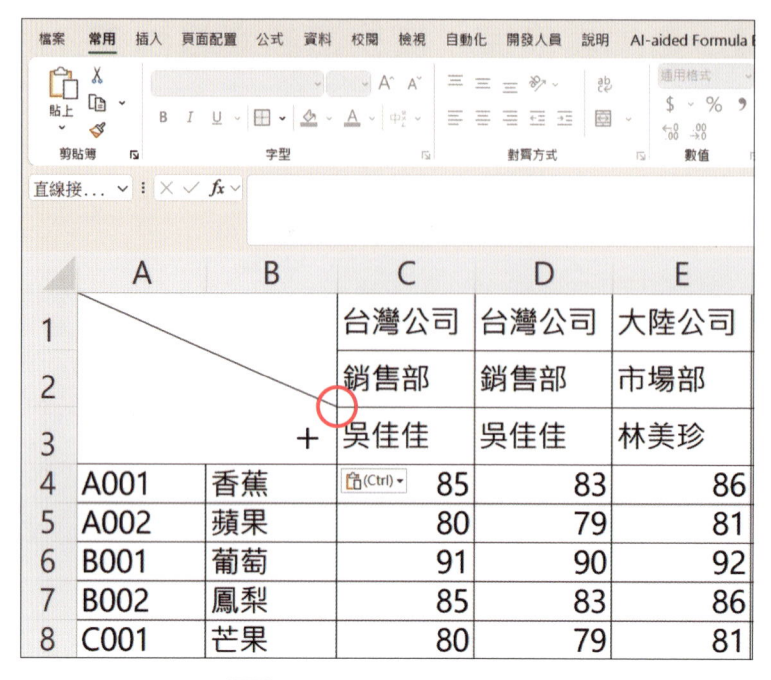

▲ 按住 Alt 鍵，搭配滑鼠左鍵開始畫線
(按住 Alt 鍵，線條會自動吸附儲存格端點)

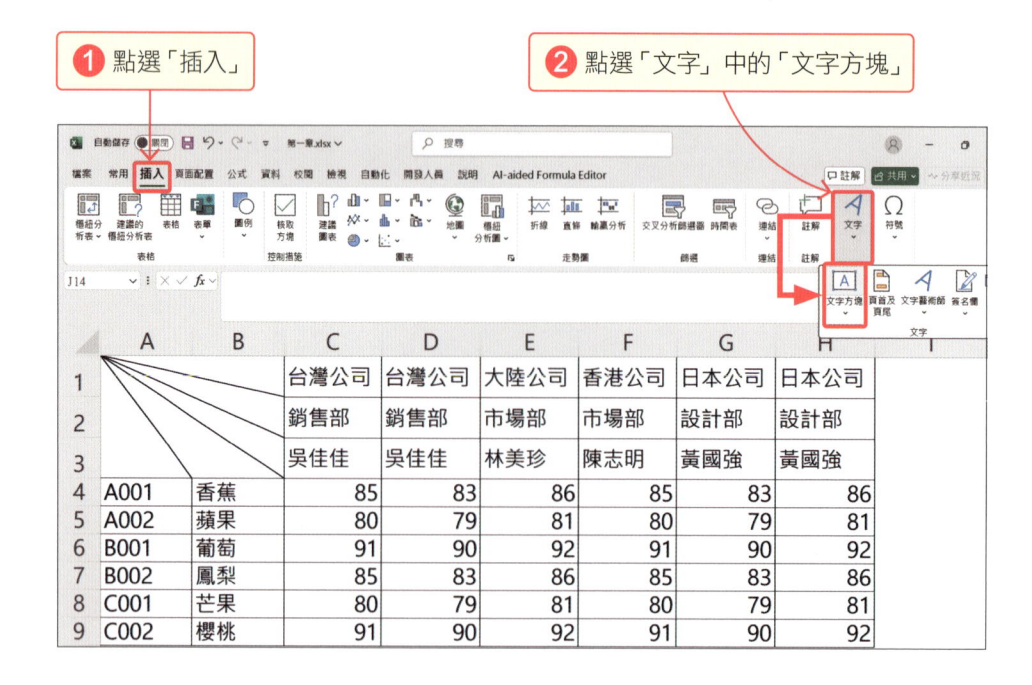

❶ 點選「插入」

❷ 點選「文字」中的「文字方塊」

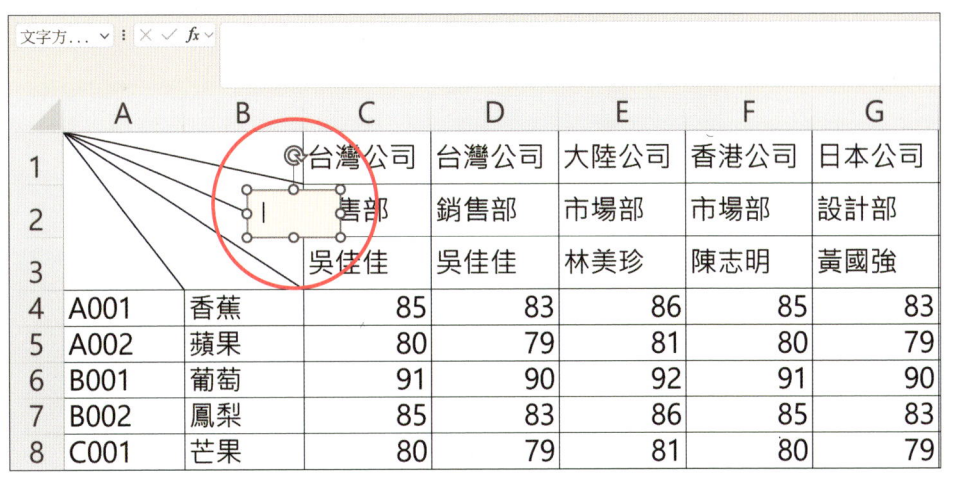

▲ 在想插入文字方塊的位置上，按滑鼠左鍵

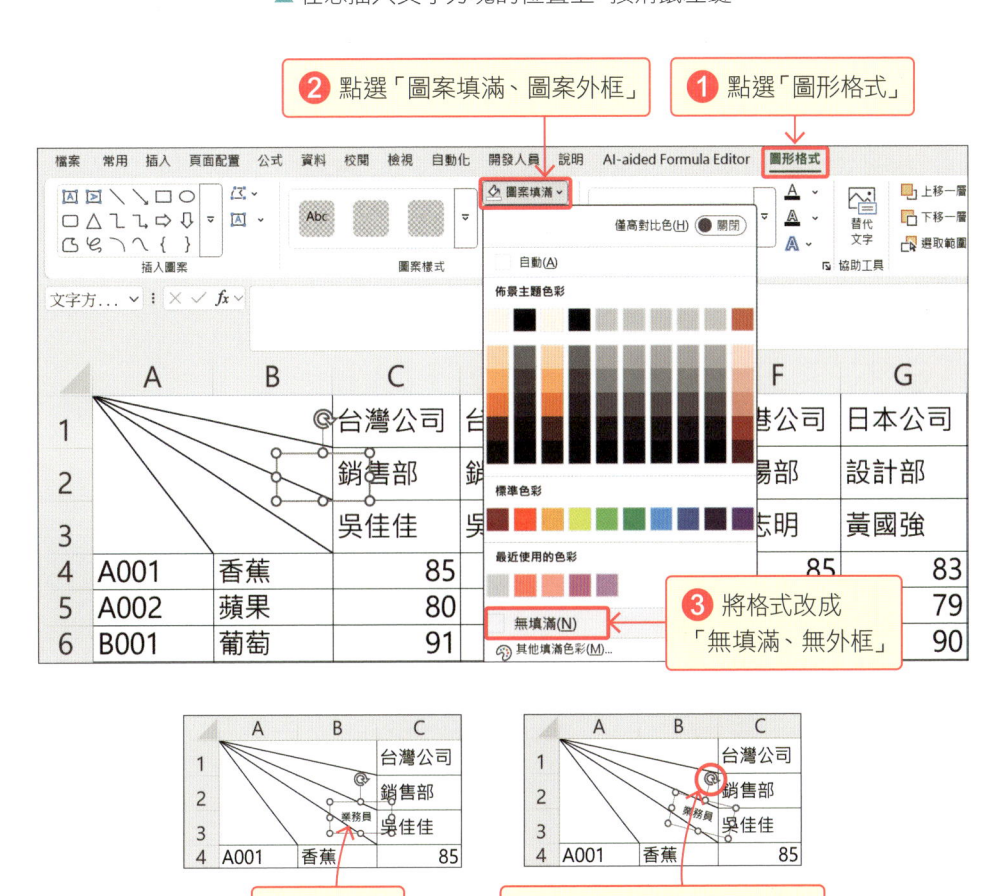

❷ 點選「圖案填滿、圖案外框」　　❶ 點選「圖形格式」

❸ 將格式改成「無填滿、無外框」

輸入業務員　　　點選旋轉按鈕調整文字角度

1-65

▶▶ 50 │ 45 度表頭：幫你省更多空間！

像下面這樣的資料，因為標題比較長 (日期處)，但下方的文字內容 (早、晚) 明明只有一個字，所以欄寬很寬，浪費了好多空間。想看完整月的班表，要一直往右拉，要拉好久才能看完！

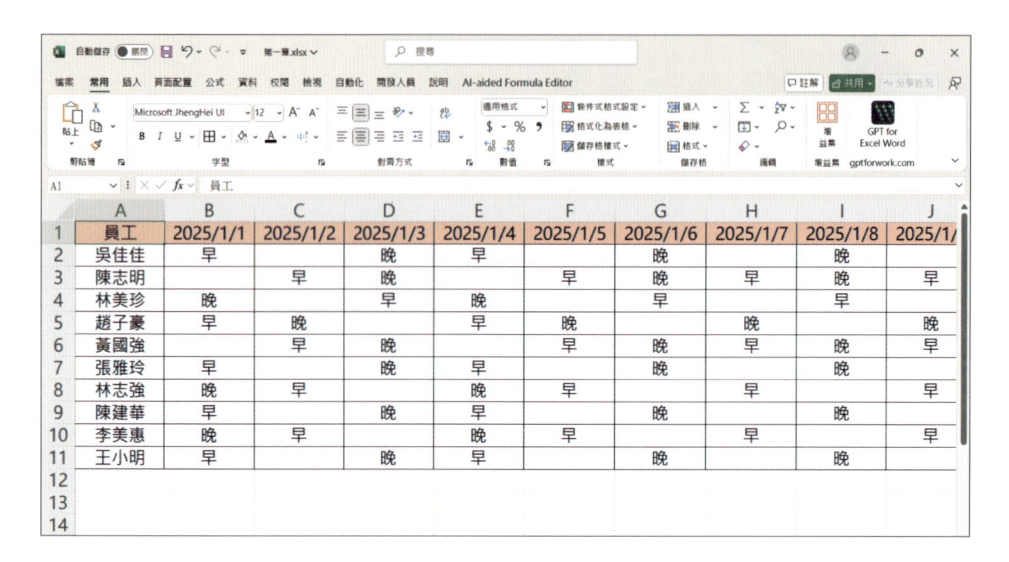

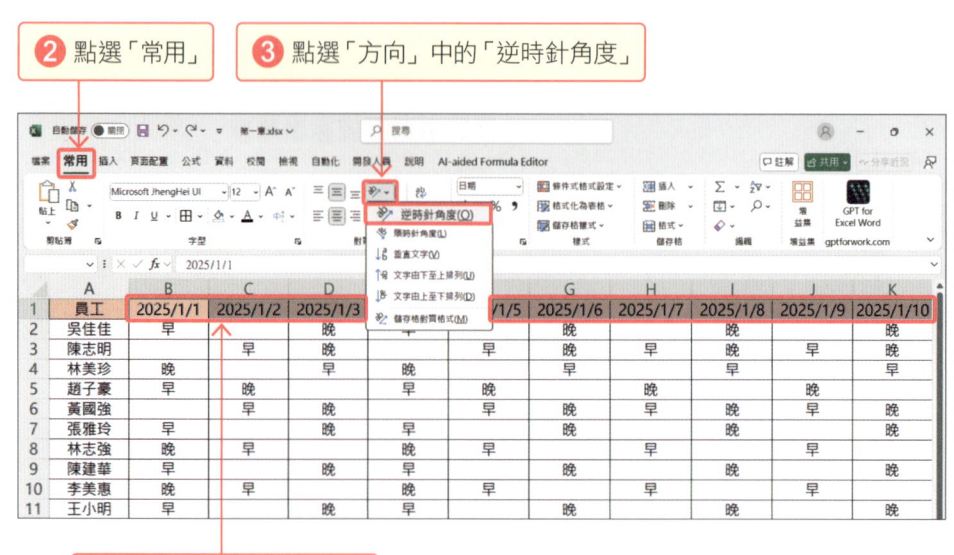

❷ 點選「常用」

❸ 點選「方向」中的「逆時針角度」

❶ 選取所有日期的儲存格

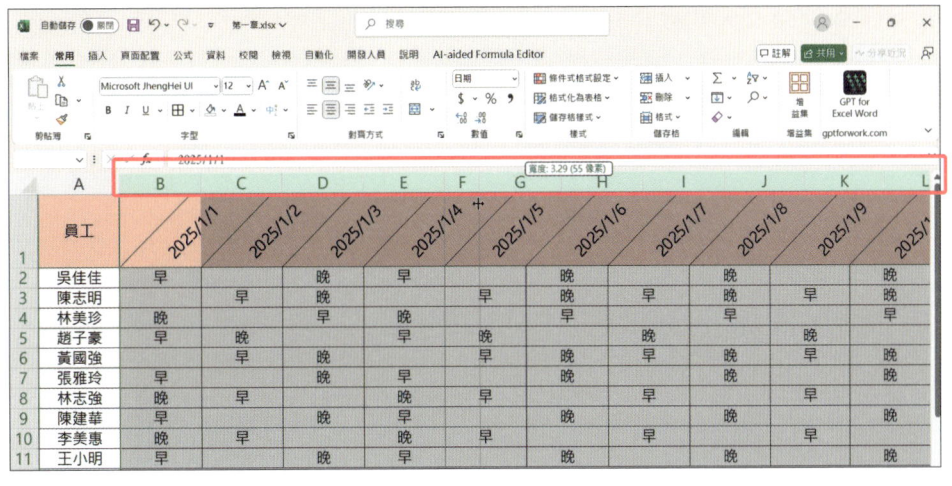

▲ 選取所有有日期的欄號，調整欄寬 (使用第 42 招)

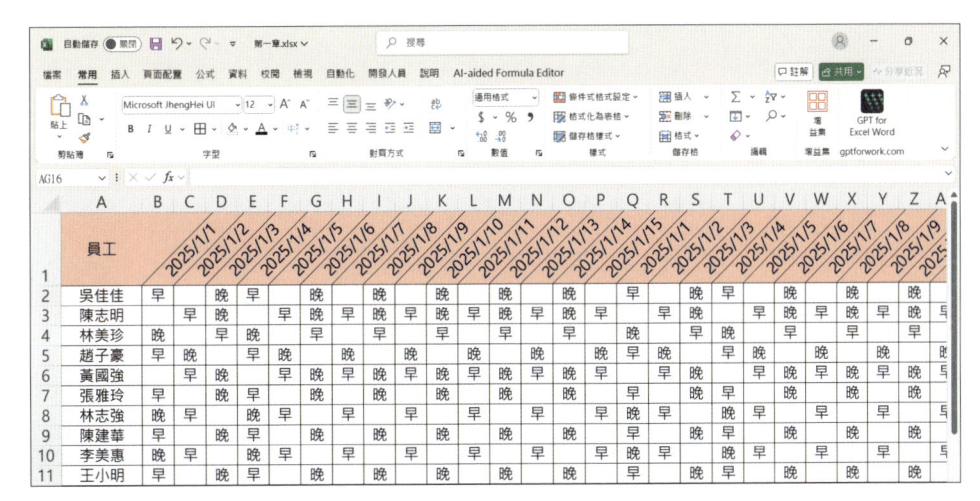

▲ 如此一來，一點也不浪費空間啦！

1-67

MEMO

2
CHAPTER

快狠準的進階神技

- 2-1 眼睛不脫窗的排序與篩選
- 2-2 讓檢視、篩選、填入公式更輕鬆的表格設計
- 2-3 尋找與取代的小訣竅
- 2-4 輕鬆的資料清理與修正
- 2-5 神速完成資料切割與合併
- 2-6 內建 AI 自動辨識與處理
- 2-7 自動化檢查與標註
- 2-8 樞紐分析與報表製作
- 2-9 提高閱讀性的檢視方式

在進行資料分析 (如樞紐分析表) 前，準備好結構化的資料是關鍵。這一章節將介紹幾個實用的整理技巧，幫助你將雜亂的資料整理成適合分析的結構化表格。先來認識什麼是「結構化的資料表」吧！

結構化的資料表是一種具備明確規範的資料格式，能夠讓你在 Excel 中進行篩選、排序、計算或樞紐分析時更加輕鬆高效。它的核心目標是提升資料的易讀性與操作性，並確保分析結果的準確性。

結構化資料表的要素：

1. 標題清晰

資料的第一列必須是欄位名稱，且欄位名稱不得重複。

垂直方向的是「欄」

水平方向的是「列」

訂單編號	銷售日期	業務員	分店	類別	產品	地區	銷售額
A0001	2017/12/31	李可可	和平店	上衣類	短袖上衣	南部	110,000
A0002	2017/12/31	林亮亮	和平店	上衣類	五分袖	南部	120,000
A0003	2017/12/30	丁小予	信義店	上衣類	五分袖	南部	56,750
A0004	2017/12/30	王大明	溫良店	洋裝類	短袖洋裝	北部	15,125
A0005	2017/12/29	吳彩虹	溫良店	上衣類	七分袖	北部	46,625
A0006	2017/12/30	張小美	忠孝店	上衣類	七分袖	北部	116,500
A0007	2017/12/28	丁小予	信義店	上衣類	七分袖	南部	105,875
A0008	2017/12/29	林亮亮	和平店	洋裝類	短袖洋裝	南部	18,875
A0009	2017/12/29	丁小予	信義店	上衣類	短袖上衣	南部	114,875
A0010	2017/12/28	丁小予	信義店	下身類	裙子	南部	8,125

2. 資料的一致性

每一欄應代表相同格式的資料，例如「銷售額」欄應只包含數值，不能混雜文字。或是「銷售日期」必須是 Excel 判定的日期格式，不能是「長的像日期」的文字格式。

銷售日期不會出現「106.12.31」(民國年、使用「.」格式)

訂單編號	銷售日期	業務員	分店	類別	產品	地區	銷售額
A0001	2017/12/31	李可可	和平店	上衣類	短袖上衣	南部	110,000
A0002	2017/12/31	林亮亮	和平店	上衣類	五分袖	南部	120,000
A0003	2017/12/30	丁小予	信義店	上衣類	五分袖	南部	56,750
A0004	2017/12/30	王大明	溫良店	洋裝類	短袖洋裝	北部	15,125
A0005	2017/12/29	吳彩虹	溫良店	上衣類	七分袖	北部	46,625
A0006	2017/12/30	張小美	忠孝店	上衣類	七分袖	北部	116,500
A0007	2017/12/28	丁小予	信義店	上衣類	七分袖	南部	105,875
A0008	2017/12/29	林亮亮	和平店	洋裝類	短袖洋裝	南部	18,875
A0009	2017/12/29	丁小予	信義店	上衣類	短袖上衣	南部	114,875
A0010	2017/12/28	丁小予	信義店	下身類	裙子	南部	8,125

銷售額的數字後，不會出現「元」

除了格式以外，相同資訊的描述也必須一致才行！例如：文字必須都是「半形」或都是「全形」、名稱命名必須一致、有空格也不行！

	A	B
1	資料編號	類別
2	A001	上衣類
3	A002	下身類
4	Ａ００３	上衣類
5	A004	下身類
6	A005	洋裝
7	A006	洋 裝
8	A007	洋裝
9	A008	上一類
10	A009	上一類
11	A010	洋裝

- 只有「Ａ００３」是全形！
- 「洋裝」和「洋 裝」會被視為不同項目
- 「上一」和「上衣」會被視為不同的項目

3. 沒有空白欄或列

資料應該是連續的，中間不應有空白的欄或列，否則可能會導致 Excel 無法正確識別整體資料範圍，尤其是需使用篩選或樞紐分析的情境。

想要建立表格時，表格範圍會辨識錯誤（建立表格的作法，請參考下方的第 59 招）

	A	B	C	D	E	F	G	H
1	訂單編號	銷售日期	業務員	分店	類別	產品	地區	銷售額
2	A0001	2017/12/31	李可可	和平店	上衣類	短袖上衣	南部	110,000
3	A0002	2017/12/31	林亮亮	和平店	上衣類	五分袖	南部	120,000
4	A0003	2017/12/30	丁小予	信義店	上衣類	五分袖	南部	56,750
5	A0004	2017/12/30	王大明	溫良店	洋裝類	短袖洋裝	北部	15,125
6	A0005	2017/12/29	吳彩虹	溫良店	上衣類	七分袖	北部	46,625
7	A0006	2017/12/30	張小美	忠孝店	上衣類	七分袖	北部	116,500
8								
9	A0007	2017/12/28	丁小予	信義店	上衣類	七分袖	南部	105,875
10	A0008	2017/12/29	林亮亮	和平店	洋裝類	短袖洋裝	南部	18,875
11	A0009	2017/12/29	丁小予	信義店	上衣類	短袖上衣	南部	114,875
12	A0010	2017/12/28	丁小予	信義店	下身類	裙子	南部	8,125
13	A0011	2017/12/27	許香香	忠孝店	下身類	裙子	北部	41,125

建立表格 ? ×
請問表格的資料來源(W)：
$A$1:$H$7
☑ 我的表格有標題(M)
確定　取消

4. 每一列為一筆資料

每列代表一個完整的記錄，需確保每一筆資訊都是清晰明確的。

訂單編號	銷售日期	業務員	分店	類別	產品	地區	銷售額
A0001	2017/12/31	李可可	和平店	上衣類	短袖上衣	南部	110,000
A0002	2017/12/31	林亮亮	和平店		五分袖	南部	120,000
A0003	2017/12/30	丁小予	信義店		五分袖	南部	56,750
A0005	2017/12/29	吳彩虹	溫良店		七分袖	北部	46,625
A0006	2017/12/30	張小美	忠孝店		七分袖	北部	116,500
A0007	2017/12/28	丁小予	信義店		七分袖	南部	105,875
A0004	2017/12/30	王大明	溫良店	洋裝類	短袖洋裝	北部	15,125
A0008	2017/12/29	林亮亮	和平店		短袖洋裝	南部	18,875
A0015	2017/12/27	許香香	忠孝店		短袖洋裝	北部	108,375
A0016	2017/12/27	丁小予	信義店		短袖洋裝	南部	55,000
A0017	2017/12/24	許香香	忠孝店		無袖洋裝	北部	57,250
A0020	2017/12/26	林亮亮	和平店		無袖洋裝	南部	38,250
A0021	2017/12/26	李可可	和平店		無袖洋裝	南部	84,875

合併儲存格就不符合「一列一筆」的原則

5. 連續性範圍

資料應該是連續的，中間不應有多餘的空格或分隔，避免分析過程中出現錯誤。

訂單編號	銷售日期	業務員	分店	類別	產品	地區	銷售額
A0001	2017/12/31	李可可	和平店	上衣類	短袖上衣	南部	110,000
A0002	2017/12/31	林亮亮	和平店		五分袖	南部	120,000
A0003	2017/12/30	丁小予	信義店		五分袖	南部	56,750
A0005	2017/12/29	吳彩虹	溫良店		七分袖	北部	46,625
A0006	2017/12/30	張小美	忠孝店		七分袖	北部	116,500
A0007	2017/12/28	丁小予	信義店		七分袖	南部	105,875
A0004	2017/12/30	王大明	溫良店	洋裝類	短袖洋裝	北部	15,125
A0008	2017/12/29	林亮亮	和平店		短袖洋裝	南部	18,875
A0015	2017/12/27	許香香	忠孝店		短袖洋裝	北部	108,375
A0016	2017/12/27	丁小予	信義店		短袖洋裝	南部	55,000
A0017	2017/12/24	許香香	忠孝店		無袖洋裝	北部	57,250
A0020	2017/12/26	林亮亮	和平店		短袖洋裝	南部	38,250
A0021	2017/12/26	李可可	和平店		無袖洋裝	南部	84,875

不能因為資料與上方相同，儲存格就留空，這樣篩選時會出錯的！

結構化的資料表不僅是讓你的表格看起來更整潔，也是讓 Excel 功能能夠流暢運行的基石。無論是篩選、排序還是進行樞紐分析，遵守這些結構化要素，將讓你的資料處理事半功倍！

2-1　眼睛不脫窗的排序與篩選

▶▶ 51 │數值、文字、日期排序

排序是 Excel 的基礎功能，但根據資料格式不同，排序類型也有不同的應用規則。以下介紹數值、文字、日期三大常見排序類型，幫助你了解排序的邏輯，並正確應用到工作中。

類型 1　數值格式：下方有一份員工資料表，若想根據薪資由高到低排列，可以怎麼做呢？

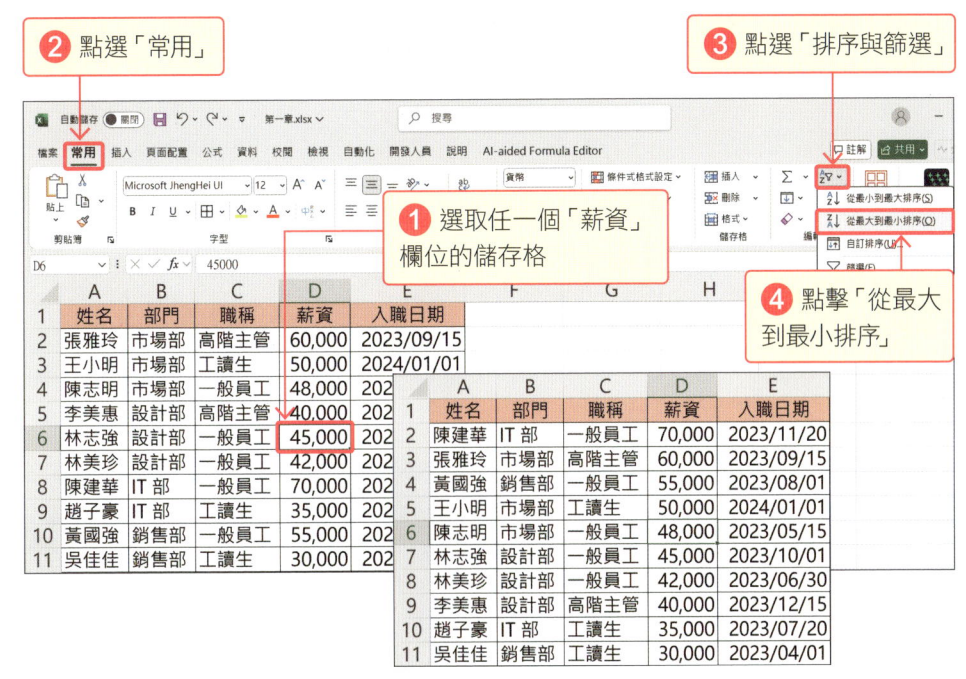

❷ 點選「常用」
❸ 點選「排序與篩選」
❶ 選取任一個「薪資」欄位的儲存格
❹ 點擊「從最大到最小排序」

▲ 瞬間就排好了！

類型 2　文字格式：如果資料是文字格式的話，也可以排序喔！如果是中文，會按照筆畫順序排，如果是英文，則是按照字母順序排。舉例來說，如果要讓「部門」依照筆畫，由少到多排列的話，可以怎麼做呢？

2-5

② 點選「常用」　　　　　　　　　　　　　　　③ 點選「排序與篩選」

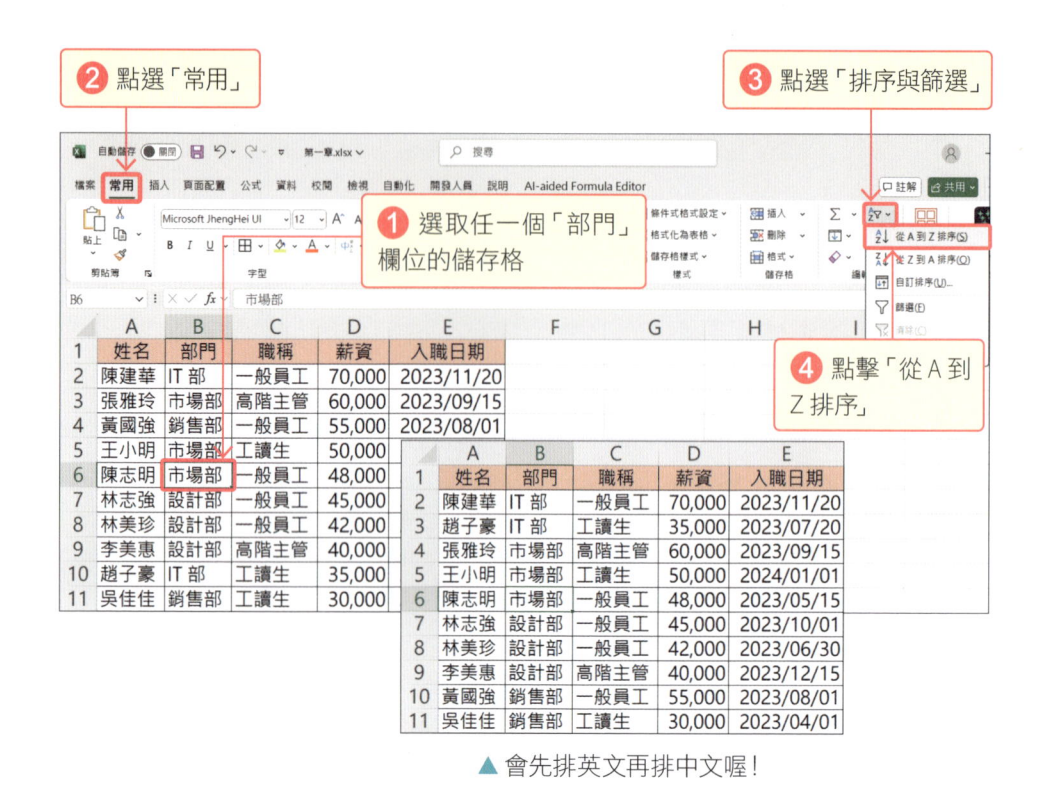

① 選取任一個「部門」欄位的儲存格

④ 點擊「從 A 到 Z 排序」

▲ 會先排英文再排中文喔！

類型 3　**日期格式：**如果是資料是日期格式的話，也可以排序喔！讓我們來看看，要讓「入職日期」由舊到新排列的話，可以怎麼做？

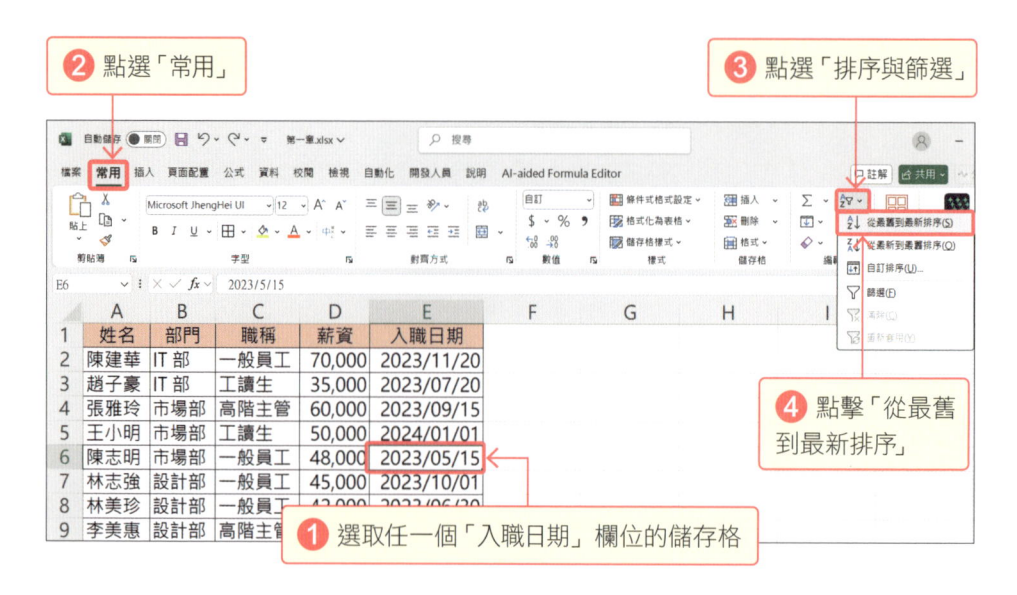

② 點選「常用」　　　　　　　　　　　　　　　③ 點選「排序與篩選」

④ 點擊「從最舊到最新排序」

① 選取任一個「入職日期」欄位的儲存格

2-6

	A	B	C	D	E
1	姓名	部門	職稱	薪資	入職日期
2	吳佳佳	銷售部	工讀生	30,000	2023/04/01
3	陳志明	市場部	一般員工	48,000	2023/05/15
4	林美珍	設計部	一般員工	42,000	2023/06/30
5	趙子豪	IT部	工讀生	35,000	2023/07/20
6	黃國強	銷售部	一般員工	55,000	2023/08/01
7	張雅玲	市場部	高階主管	60,000	2023/09/15
8	林志強	設計部	一般員工	45,000	2023/10/01
9	陳建華	IT部	一般員工	70,000	2023/11/20
10	李美惠	設計部	高階主管	40,000	2023/12/15
11	王小明	市場部	工讀生	50,000	2024/01/01

▲ 看起來清清爽爽的～

> **小提醒**
>
> 一定要是 Excel 能辨識的日期格式資料，才能正確使用排序功能，否則可能會被視為數值或文字資料來排序。
>
> 有一個小技巧～如果你發現「排序與篩選」中的「從最舊到最新排序」選項不能使用，那就代表資料不是日期格式喔！

52 │ 多欄條件排序 (先排 A 再排 B)

在前面的示範中，一次只排序一個欄位。但如果想要先依「部門分類」，再依「每個部門的薪資由高到低排序」，可以怎麼做呢？

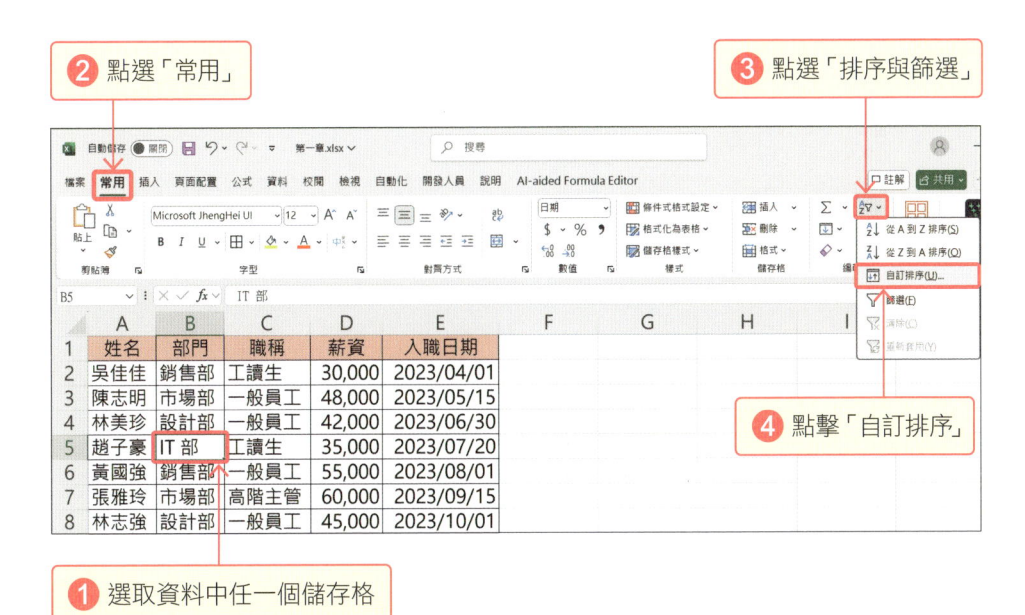

❶ 選取資料中任一個儲存格
❷ 點選「常用」
❸ 點選「排序與篩選」
❹ 點擊「自訂排序」

第 2 章　快狠準的進階神技

2-7

排序對話框

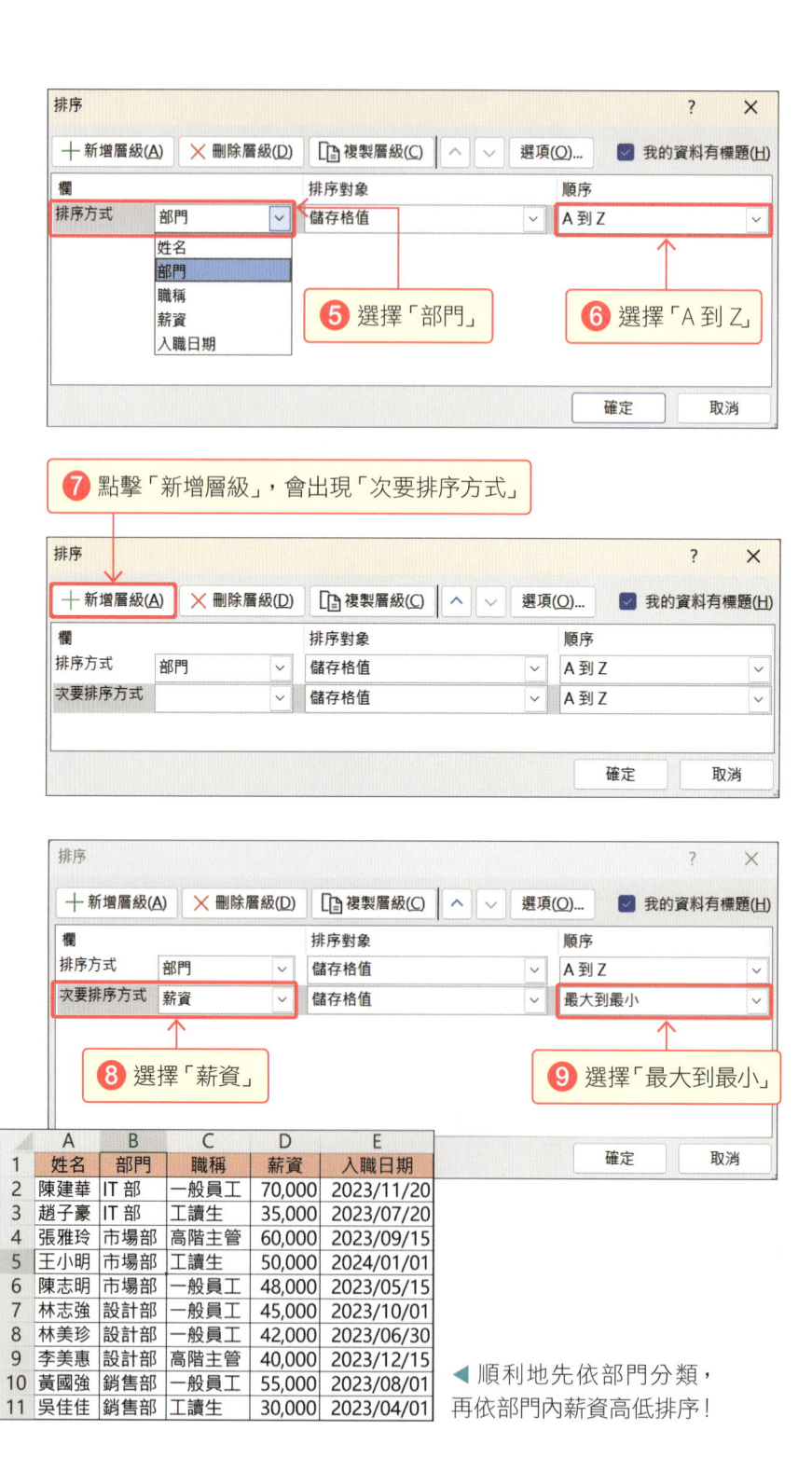

❺ 選擇「部門」

欄位下拉選單：姓名／部門／職稱／薪資／入職日期

❻ 選擇「A 到 Z」

---

❼ 點擊「新增層級」，會出現「次要排序方式」

排序方式	欄	排序對象	順序
排序方式	部門	儲存格值	A 到 Z
次要排序方式		儲存格值	A 到 Z

---

❽ 選擇「薪資」　　　　**❾ 選擇「最大到最小」**

排序方式	欄	排序對象	順序
排序方式	部門	儲存格值	A 到 Z
次要排序方式	薪資	儲存格值	最大到最小

	A	B	C	D	E
1	姓名	部門	職稱	薪資	入職日期
2	陳建華	IT 部	一般員工	70,000	2023/11/20
3	趙子豪	IT 部	工讀生	35,000	2023/07/20
4	張雅玲	市場部	高階主管	60,000	2023/09/15
5	王小明	市場部	工讀生	50,000	2024/01/01
6	陳志明	市場部	一般員工	48,000	2023/05/15
7	林志強	設計部	一般員工	45,000	2023/10/01
8	林美珍	設計部	一般員工	42,000	2023/06/30
9	李美惠	設計部	高階主管	40,000	2023/12/15
10	黃國強	銷售部	一般員工	55,000	2023/08/01
11	吳佳佳	銷售部	工讀生	30,000	2023/04/01

◀ 順利地先依部門分類，再依部門內薪資高低排序！

▶▶ 53 按客製化順序排序

在處理數據時，Excel 的自動排序 (如按字母、數字或日期) 雖然方便，但有時並不符合實際需求。例如，職級需要依照「高階主管 → 一般員工 → 工讀生」排序，或狀態需要依照「已完成 → 進行中 → 未開始」排序，這些需求無法只靠常規排序完成。別擔心！Excel 的「自訂清單排序」正是解決此類問題的利器！

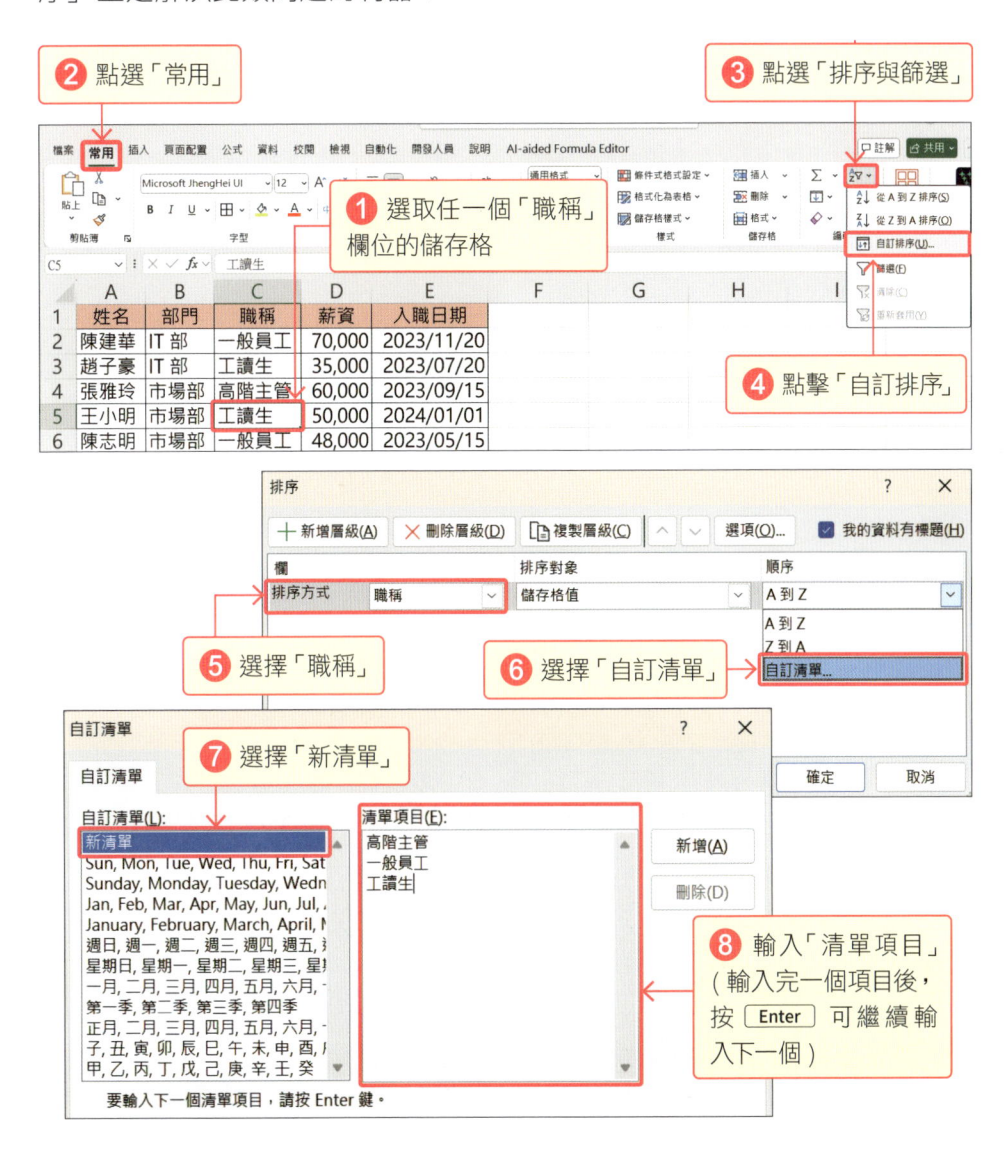

❷ 點選「常用」

❸ 點選「排序與篩選」

❶ 選取任一個「職稱」欄位的儲存格

❹ 點擊「自訂排序」

❺ 選擇「職稱」

❻ 選擇「自訂清單」

❼ 選擇「新清單」

❽ 輸入「清單項目」
(輸入完一個項目後，按 Enter 可繼續輸入下一個)

2-9

自訂清單

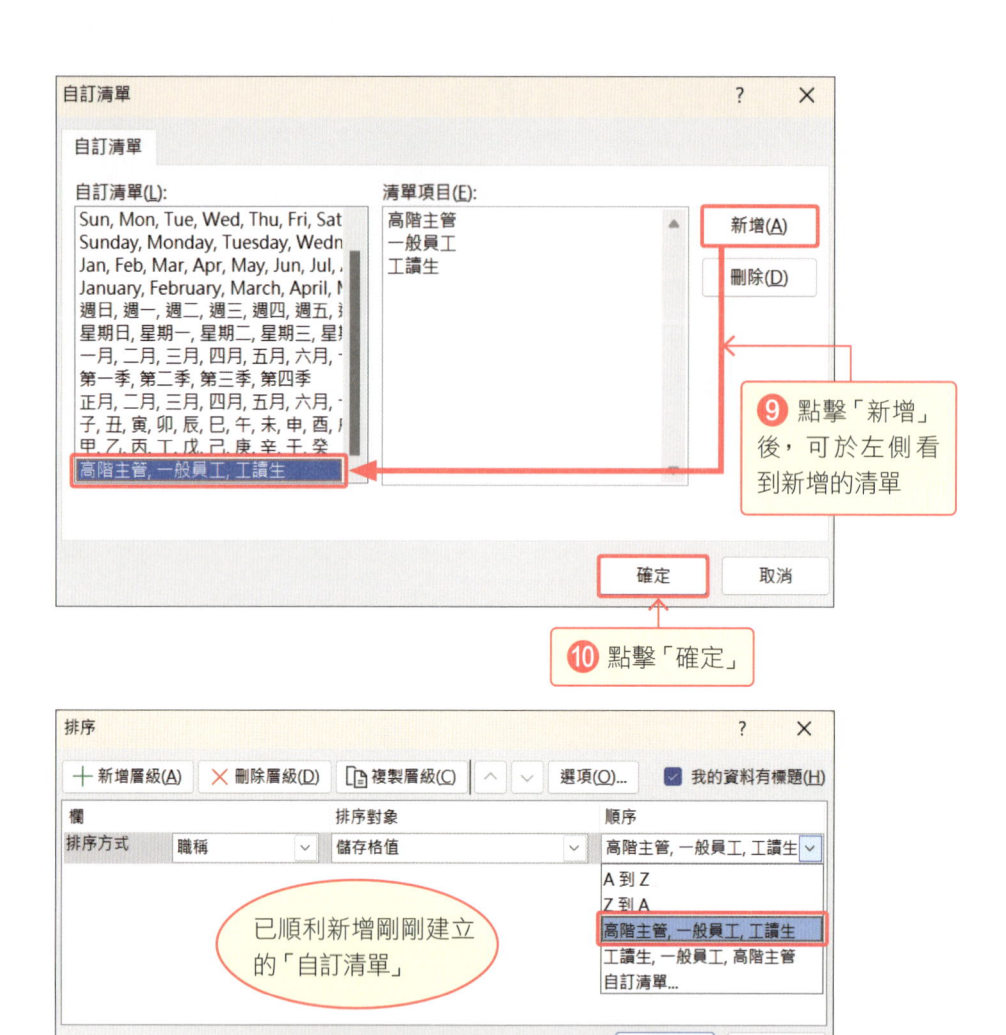

自訂清單(L):
Sun, Mon, Tue, Wed, Thu, Fri, Sat
Sunday, Monday, Tuesday, Wedn
Jan, Feb, Mar, Apr, May, Jun, Jul,
January, February, March, April,
週日, 週一, 週二, 週三, 週四, 週五,
星期日, 星期一, 星期二, 星期三, 星期
一月, 二月, 三月, 四月, 五月, 六月,
第一季, 第二季, 第三季, 第四季
正月, 二月, 三月, 四月, 五月, 六月,
子, 丑, 寅, 卯, 辰, 巳, 午, 未, 申, 酉,
甲, 乙, 丙, 丁, 戊, 己, 庚, 辛, 壬, 癸
高階主管, 一般員工, 工讀生

清單項目(E):
高階主管
一般員工
工讀生

❾ 點擊「新增」後，可於左側看到新增的清單

❿ 點擊「確定」

排序

排序方式: 職稱　　**排序對象:** 儲存格值　　**順序:** 高階主管, 一般員工, 工讀生

- A 到 Z
- Z 到 A
- **高階主管, 一般員工, 工讀生**
- 工讀生, 一般員工, 高階主管
- 自訂清單...

已順利新增剛剛建立的「自訂清單」

	A	B	C	D	E
1	姓名	部門	職稱	薪資	入職日期
2	張雅玲	市場部	高階主管	60,000	2023/09/15
3	李美惠	設計部	高階主管	40,000	2023/12/15
4	陳建華	IT 部	一般員工	70,000	2023/11/20
5	陳志明	市場部	一般員工	48,000	2023/05/15
6	林志強	設計部	一般員工	45,000	2023/10/01
7	林美珍	設計部	一般員工	42,000	2023/06/30
8	黃國強	銷售部	一般員工	55,000	2023/08/01
9	趙子豪	IT 部	工讀生	35,000	2023/07/20
10	王小明	市場部	工讀生	50,000	2024/01/01
11	吳佳佳	銷售部	工讀生	30,000	2023/04/01

▲ 如此一來，職稱就能按客製化排序了！

▶▶ 54 ｜用「篩選」快速找出所需資料

當表格資料變多時，如何快速找到符合條件的資料？利用篩選功能，讓你像 Google 一樣精準搜尋！接下來，會根據資料格式的不同，介紹三種常見的篩選情境，幫助你快速認識篩選功能。

情境 1 想知道「銷售部」有哪些員工？

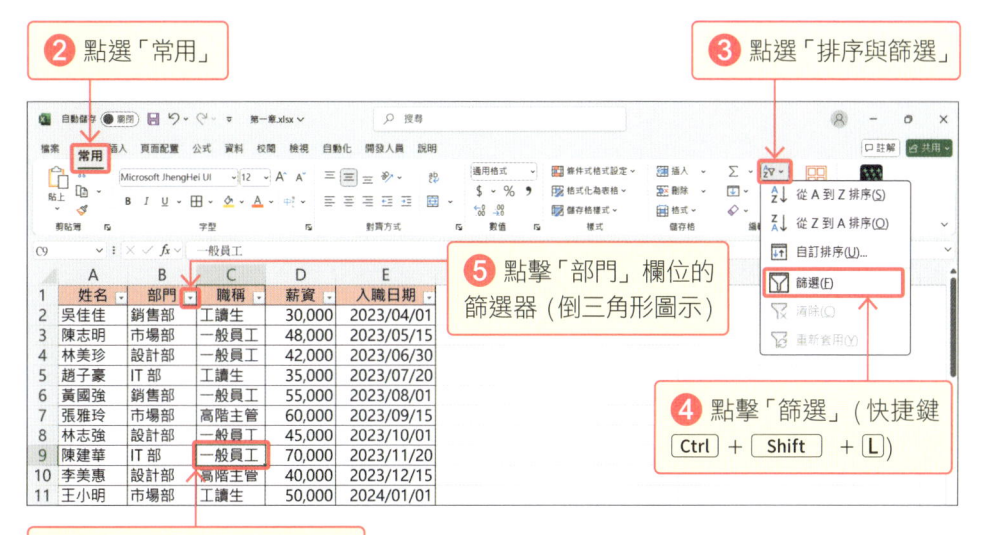

❷ 點選「常用」

❸ 點選「排序與篩選」

❺ 點擊「部門」欄位的篩選器（倒三角形圖示）

❹ 點擊「篩選」（快捷鍵 Ctrl + Shift + L）

❶ 選取資料中任一個儲存格

❻ 點擊「全選」以取消勾選所有項目

❼ 勾選「銷售部」

❽ 點擊「確定」

2-11

這樣就能成功找出銷售部的員工囉 (篩選出來的資料，列號會變成藍色)！如果要取消篩選，再次點擊「篩選」功能或是按 Ctrl + Shift + L 即可。

	A	B	C	D	E
1	姓名	部門	職稱	薪資	入職日期
2	吳佳佳	銷售部	工讀生	30,000	2023/04/01
6	黃國強	銷售部	一般員工	55,000	2023/08/01

情境 2　查找「薪資介於 40000 到 50000 元」的所有員工

一樣需要重複上述步驟 ❶ ~ ❺，只是要改成點擊「薪資欄位」的篩選器，接下來的操作請參考以下圖示說明。

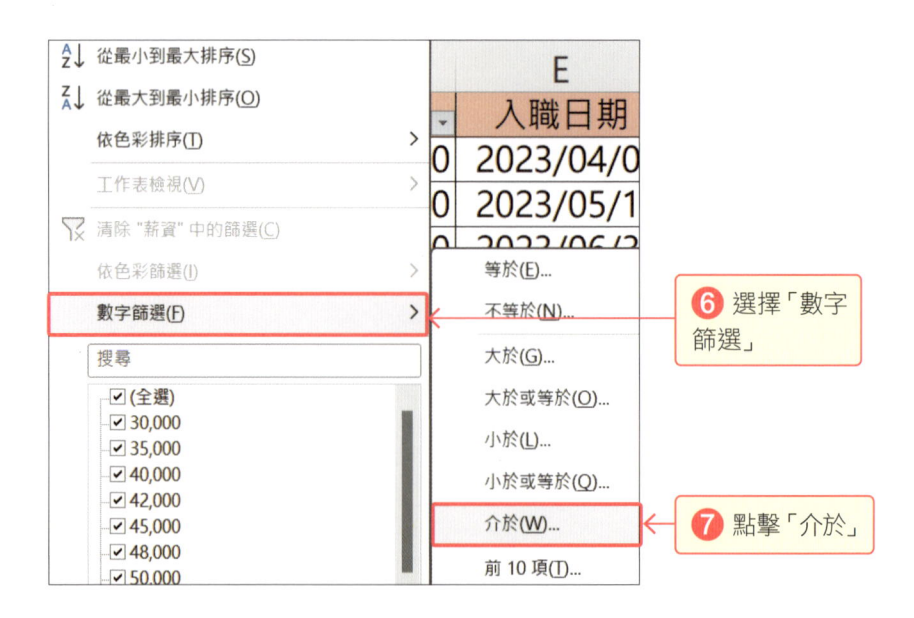

❻ 選擇「數字篩選」

❼ 點擊「介於」

2-12

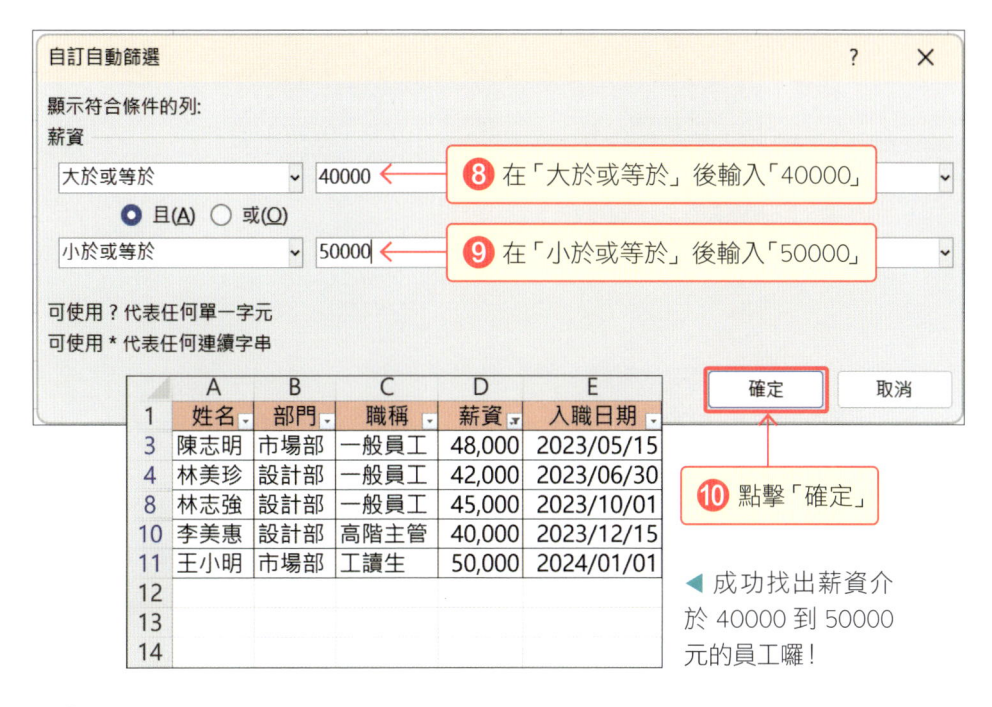

自訂自動篩選

顯示符合條件的列：

薪資

| 大於或等於 | 40000 | ❽ 在「大於或等於」後輸入「40000」 |

○ 且(A) ○ 或(O)

| 小於或等於 | 50000 | ❾ 在「小於或等於」後輸入「50000」 |

可使用 ? 代表任何單一字元
可使用 * 代表任何連續字串

	A	B	C	D	E
1	姓名	部門	職稱	薪資	入職日期
3	陳志明	市場部	一般員工	48,000	2023/05/15
4	林美珍	設計部	一般員工	42,000	2023/06/30
8	林志強	設計部	一般員工	45,000	2023/10/01
10	李美惠	設計部	高階主管	40,000	2023/12/15
11	王小明	市場部	工讀生	50,000	2024/01/01

❿ 點擊「確定」

◀ 成功找出薪資介於 40000 到 50000 元的員工囉！

情境 3　找出「2023/10/01 之後入職」的員工

讓我們重複上述步驟 ❶ ～ ❺，這次要改成點擊「入職日期」欄位的篩選器，接下來的操作請參考以下圖示說明。

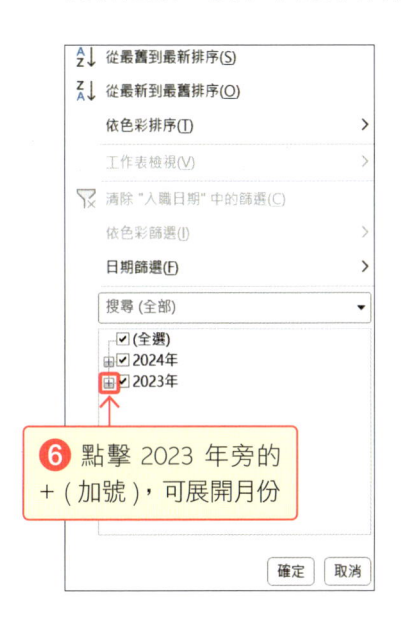

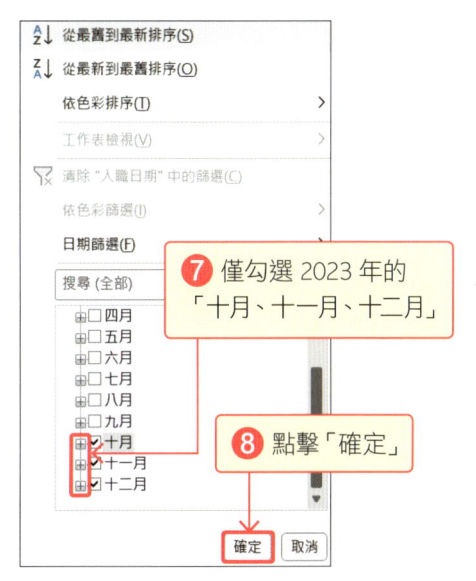

❻ 點擊 2023 年旁的 +（加號），可展開月份

❼ 僅勾選 2023 年的「十月、十一月、十二月」

❽ 點擊「確定」

2-13

▲ 順利找出「2023/10/01 之後入職」的員工們了！

Excel 的篩選功能十分萬能，除了能夠直接勾選項目來篩選，還能根據不同的資料格式 (文字、數字、日期)，進一步進行客製篩選，是不是很聰明呢？也可以透過搜尋欄，直接搜尋關鍵字，快速找到所需項目喔！

▲ Excel 會根據你的資料格式，來動態調整篩選選項，以滿足各種篩選需求！

▲ 在搜尋欄輸入關鍵字後，下方選項也會跟著動態調整！

▶▶ 55 | 快速找出紅色問題資料

透過手動或條件式格式設定，可以標記重要資料，像是使用紅字來表示「異常」資料。但如果想要快速找出這些異常資料，可以怎麼做呢？假設想要找出「姓名」欄位中，名字標記為紅色的資料：

重複上述步驟 ❶ ~ ❺ 來叫出篩選器，並且改為點擊「姓名」欄位的篩選器。

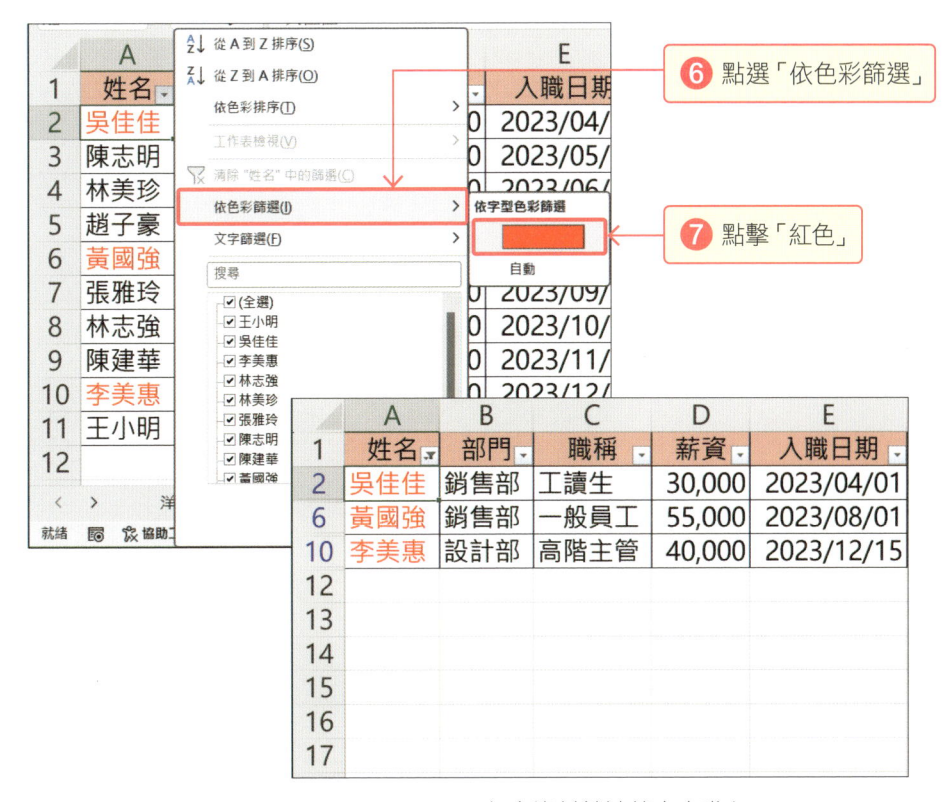

❻ 點選「依色彩篩選」

❼ 點擊「紅色」

▲ 紅字資料就被篩出來啦！

Excel 會自動偵測欄位裡有哪些顏色，並提供選項讓你點選，很聰明吧！無論是透過「字型色彩」或是「填滿色彩」，都可以篩選出有顏色的資料喔！

▶▶ 56 | 如何正確計算篩選後的資料？

當你對篩選後的資料進行計算，使用一般函數的函數 (如 SUM、AVERAGE 等)，會發現 Excel 會把「已經篩掉的資料」也納入一起計算。

如果使用 SUM 來計算薪資總和，可以看到篩選前後的結果相同：

	A	B	C	D	E
1	姓名	部門	職稱	薪資	入職日期
2	吳佳佳	銷售部	工讀生	30,000	2023/04/01
3	陳志明	市場部	一般員工	48,000	2023/05/15
4	林美珍	設計部	一般員工	42,000	2023/06/30
5	趙子豪	IT 部	工讀生	35,000	2023/07/20
6	黃國強	銷售部	一般員工	55,000	2023/08/01
7	張雅玲	市場部	高階主管	60,000	2023/09/15
8	林志強	設計部	一般員工	45,000	2023/10/01
9	陳建華	IT 部	一般員工	70,000	2023/11/20
10	李美惠	設計部	高階主管	40,000	2023/12/15
11	王小明	市場部	工讀生	50,000	2024/01/01
13			薪資總和	475,000	

▶ 篩選前

D13 =SUM(D2:D11)

	A	B	C	D	E
1	姓名	部門	職稱	薪資	入職日期
2	吳佳佳	銷售部	工讀生	30,000	2023/04/01
6	黃國強	銷售部	一般員工	55,000	2023/08/01
13			薪資總和	475,000	

▶ 篩選後

> 若只篩選出銷售部資料，薪資總和應是 85000 才對

這時候 SUBTOTAL 函數就能派上用場啦！它能專門針對篩選結果，進行各類型計算，再也不怕計算出錯囉！

> 輸入 SUBTOTAL 函數 (9 代表求和 SUM)

D13 =SUBTOTAL(9,D2:D11)

	A	B	C	D	E
1	姓名	部門	職稱	薪資	入職日期
2	吳佳佳	銷售部	工讀生	30,000	2023/04/01
6	黃國強	銷售部	一般員工	55,000	2023/08/01
13			薪資總和	85,000	

> 成功求得銷售部的薪資總和！

SUBTOTAL 函數是一個超級靈活的計算工具，除了**排除篩選掉的的資料**，來進行計算之外，還可以**選擇忽略隱藏的資料**。例如我手動隱藏了工讀生的資料，並且希望工讀生的薪資不加入計算，只需將第一個參數改為 109 即可。

① 手動隱藏工讀生的資料 (第 2、5、11 列)

② 從原本的 475,000 變成 360,000

	A	B	C	D	E
1	姓名	部門	職稱	薪資	入職日期
3	陳志明	市場部	一般員工	48,000	2023/05/15
4	林美珍	設計部	一般員工	42,000	2023/06/30
6	黃國強	銷售部	一般員工	55,000	2023/08/01
7	張雅玲	市場部	高階主管	60,000	2023/09/15
8	林志強	設計部	一般員工	45,000	2023/10/01
9	陳建華	IT 部	一般員工	70,000	2023/11/20
10	李美惠	設計部	高階主管	40,000	2023/12/15
12					
13			薪資總和	360,000	

D13 =SUBTOTAL(109,D2:D11)

小精靈：SUBTOTAL 函數語法為「=SUBTOTAL (function_num, ref1,[ref2], ...)」

- **function_num**：選擇要計算功能的編號，如求和、平均值等。編號 1~11 會計算「包含隱藏資料」的篩選結果，而編號 101~111 則是會「忽略隱藏資料」並計算出篩選結果。

- **ref1, ref2, ...**：要計算的資料範圍或儲存格引用，可以是一個或多個範圍。

函數與 function_num 對照表

函數	function_num 包含隱藏資料	function_num 忽略隱藏資料
AVERAGE	1	101
COUNT	2	102
COUNTA	3	103
MAX	4	104
MIN	5	105
PRODUCT	6	106
STDEV	7	107
STDEVP	8	108
SUM	9	109
VAR	10	110
VARP	11	111

2-17

▶▶ 57 ｜排序、篩選只對部分資料有效？

在操作篩選或排序時，表格中的某些資料卻「動也不動」？其實，這是因為篩選或排序功能，只能對資料表中「相鄰的範圍」生效！當有空白欄或列，Excel 就會認為這些資料屬於不同的區域，所以沒辦法讓整張表一起動起來。

舉例來說，我們想篩選出「設計部」的員工名單，但如果是選取 C5 儲存格，再使用篩選功能，會發現第 7 列空白列後的資料，都沒有被篩選到！

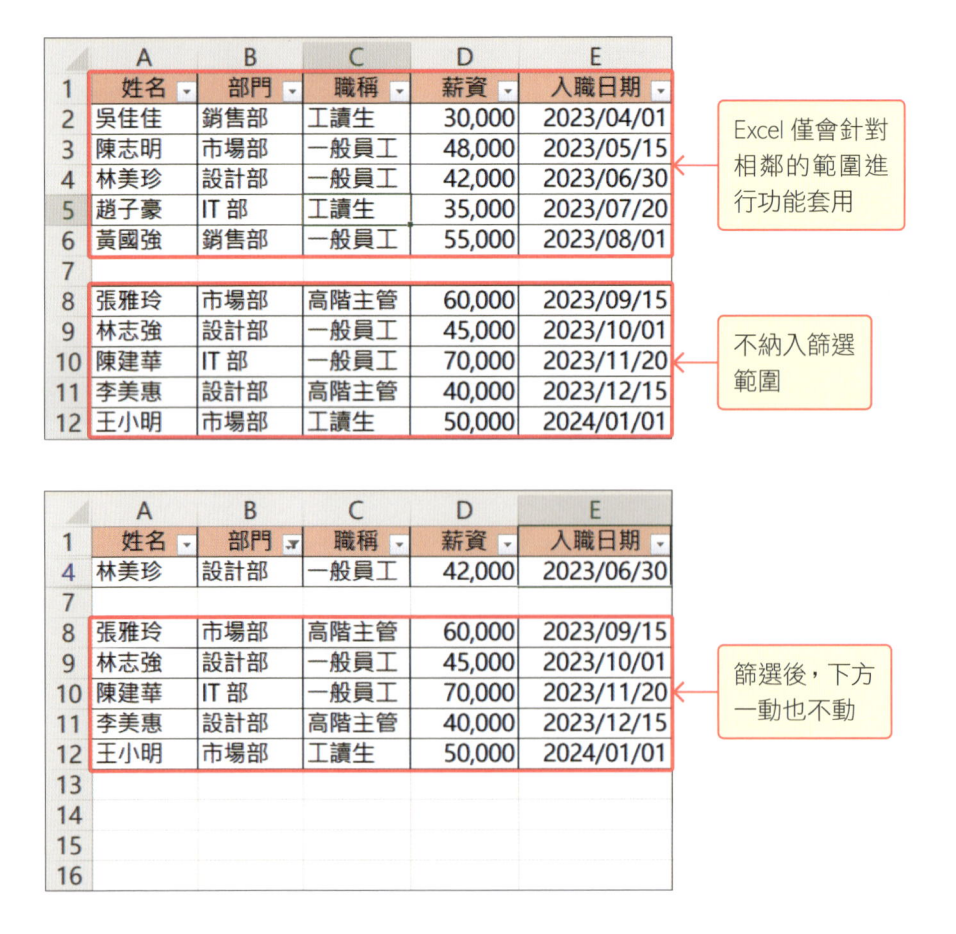

	A	B	C	D	E
1	姓名	部門	職稱	薪資	入職日期
2	吳佳佳	銷售部	工讀生	30,000	2023/04/01
3	陳志明	市場部	一般員工	48,000	2023/05/15
4	林美珍	設計部	一般員工	42,000	2023/06/30
5	趙子豪	IT 部	工讀生	35,000	2023/07/20
6	黃國強	銷售部	一般員工	55,000	2023/08/01
7					
8	張雅玲	市場部	高階主管	60,000	2023/09/15
9	林志強	設計部	一般員工	45,000	2023/10/01
10	陳建華	IT 部	一般員工	70,000	2023/11/20
11	李美惠	設計部	高階主管	40,000	2023/12/15
12	王小明	市場部	工讀生	50,000	2024/01/01

Excel 僅會針對相鄰的範圍進行功能套用

不納入篩選範圍

	A	B	C	D	E
1	姓名	部門	職稱	薪資	入職日期
4	林美珍	設計部	一般員工	42,000	2023/06/30
7					
8	張雅玲	市場部	高階主管	60,000	2023/09/15
9	林志強	設計部	一般員工	45,000	2023/10/01
10	陳建華	IT 部	一般員工	70,000	2023/11/20
11	李美惠	設計部	高階主管	40,000	2023/12/15
12	王小明	市場部	工讀生	50,000	2024/01/01
13					
14					
15					
16					

篩選後，下方一動也不動

面對這種情況，有兩種方法可以解決：

方法 1　刪除空白資料

進行排序、篩選前，先檢查資料間是否有空白列或欄，把他們通通消除，這樣資料就「連續」啦！

❶ 刪除第 7 列

	A	B	C	D	E
1	姓名	部門	職稱	薪資	入職日期
2	吳佳佳	銷售部	工讀生	30,000	2023/04/01
3	陳志明	市場部	一般員工	48,000	2023/05/15
4	林美珍	設計部	一般員工	42,000	2023/06/30
5	趙子豪	IT 部	工讀生	35,000	2023/07/20
6	黃國強	銷售部	一般員工	55,000	2023/08/01
7					
8	張雅玲	市場部	高階主管	60,000	2023/09/15
9	林志強	設計部	一般員工	45,000	2023/10/01
10	陳建華	IT 部	一般員工	70,000	2023/11/20
11	李美惠	設計部	高階主管	40,000	2023/12/15
12	王小明	市場部	工讀生	50,000	2024/01/01

	A	B	C	D	E
1	姓名	部門	職稱	薪資	入職日期
2	吳佳佳	銷售部	工讀生	30,000	2023/04/01
3	陳志明	市場部	一般員工	48,000	2023/05/15
4	林美珍	設計部	一般員工	42,000	2023/06/30
5	趙子豪	IT 部	工讀生	35,000	2023/07/20
6	黃國強	銷售部	一般員工	55,000	2023/08/01
7	張雅玲	市場部	高階主管	60,000	2023/09/15
8	林志強	設計部	一般員工	45,000	2023/10/01
9	陳建華	IT 部	一般員工	70,000	2023/11/20
10	李美惠	設計部	高階主管	40,000	2023/12/15
11	王小明	市場部	工讀生	50,000	2024/01/01
12					

❷ 變成連續資料

方法 2 先選取好套用範圍

如果空白資料不得不保留,那可以靠這招:

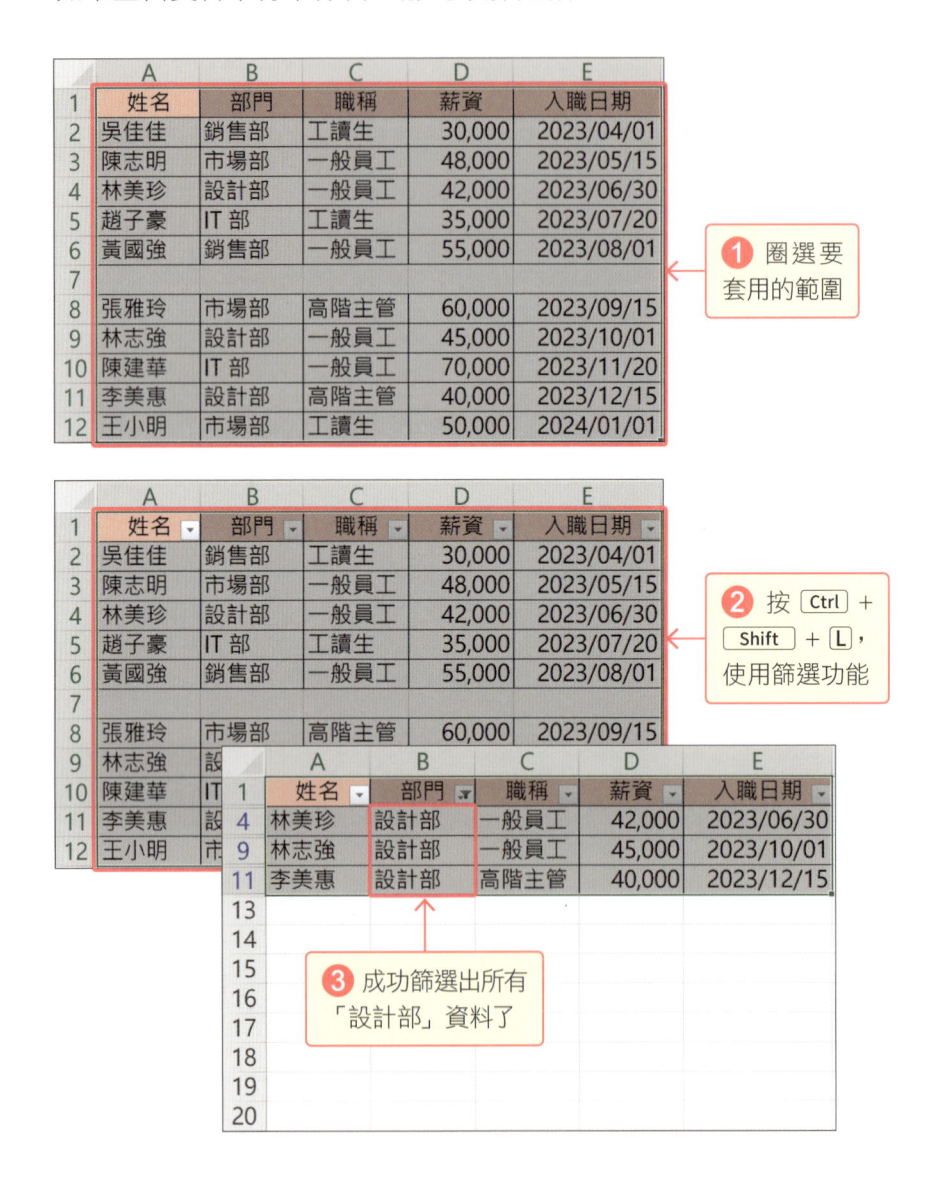

	A	B	C	D	E
1	姓名	部門	職稱	薪資	入職日期
2	吳佳佳	銷售部	工讀生	30,000	2023/04/01
3	陳志明	市場部	一般員工	48,000	2023/05/15
4	林美珍	設計部	一般員工	42,000	2023/06/30
5	趙子豪	IT 部	工讀生	35,000	2023/07/20
6	黃國強	銷售部	一般員工	55,000	2023/08/01
7					
8	張雅玲	市場部	高階主管	60,000	2023/09/15
9	林志強	設計部	一般員工	45,000	2023/10/01
10	陳建華	IT 部	一般員工	70,000	2023/11/20
11	李美惠	設計部	高階主管	40,000	2023/12/15
12	王小明	市場部	工讀生	50,000	2024/01/01

❶ 圈選要套用的範圍

❷ 按 Ctrl + Shift + L,使用篩選功能

	A	B	C	D	E
1	姓名	部門	職稱	薪資	入職日期
4	林美珍	設計部	一般員工	42,000	2023/06/30
9	林志強	設計部	一般員工	45,000	2023/10/01
11	李美惠	設計部	高階主管	40,000	2023/12/15

❸ 成功篩選出所有「設計部」資料了

上述是以「篩選」作為示範,當「排序」遇到問題時,也可使用相同方式來處理喔!

▶▶ 58 ｜ 合併儲存格不能用排序、篩選？

合併儲存格雖然能讓表格看起來更美觀，但它會破壞 Excel 的資料結構，導致篩選、排序功能無法正常運作。瞭解這個問題的原因，可以幫助你更好地規劃數據表格，避免不必要的麻煩！先來認識合併儲存格：

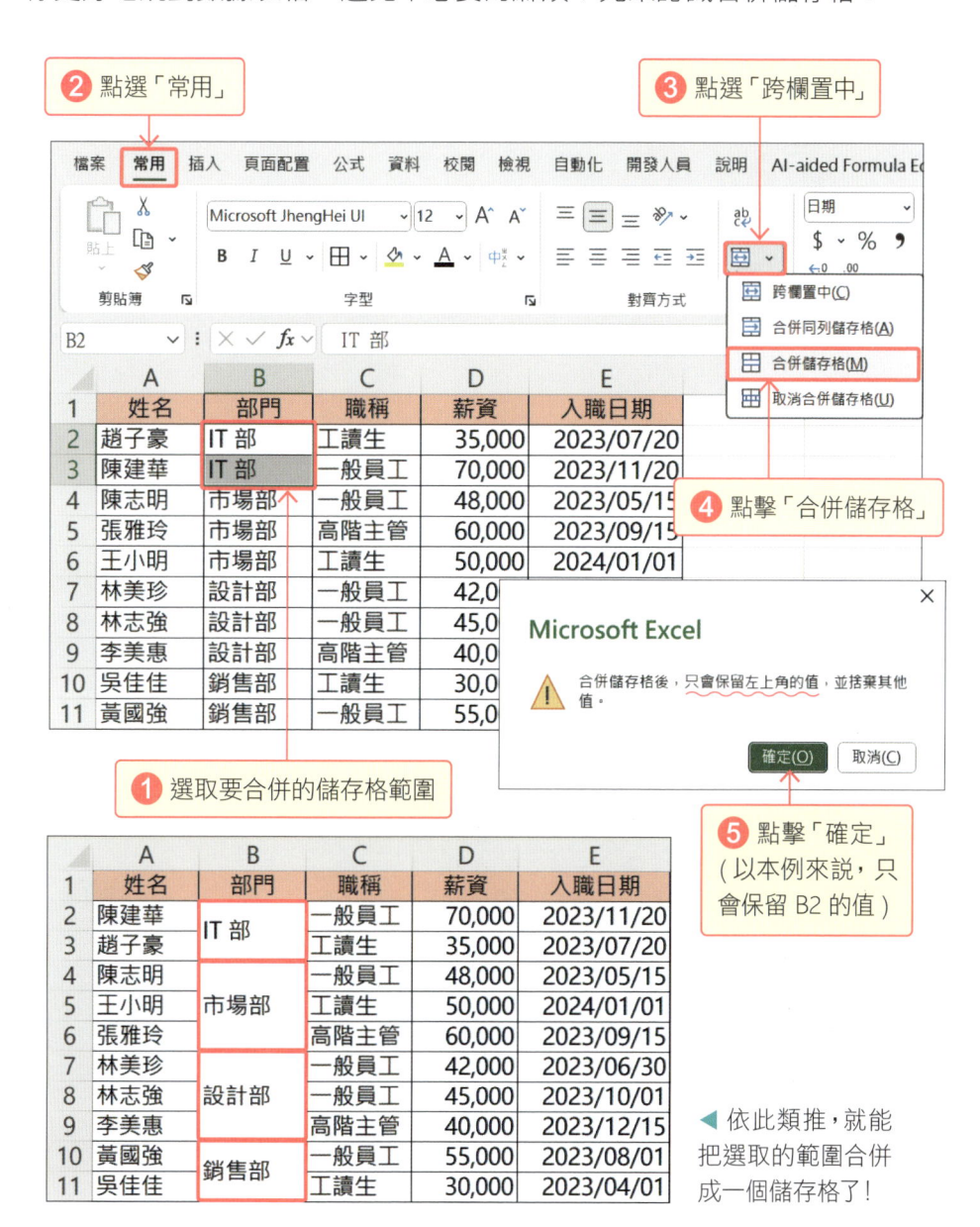

❷ 點選「常用」

❸ 點選「跨欄置中」

❹ 點擊「合併儲存格」

❶ 選取要合併的儲存格範圍

❺ 點擊「確定」（以本例來說，只會保留 B2 的值）

◀ 依此類推，就能把選取的範圍合併成一個儲存格了！

2-21

接著來看看篩選資料的時候會發生什麼事吧，假設要篩選出「設計部」的員工資料：

	A	B	C	D	E
1	姓名	部門	職稱	薪資	入職日期
7	林美珍	設計部	一般員工	42,000	2023/06/30

明明設計部有3位員工，怎麼只出現林美珍1位？

還記得在合併儲存格時跳出的警示嗎？警示告訴我們——「合併儲存格後，只會保留左上角的值，並捨棄其他值」。以設計部這區的儲存格為例，在 B7:B9 這個範圍中，只有 B7 儲存格有「設計部」，B8、B9 儲存格裡是空的，所以篩不出來。

不只篩選時會出錯，排序也會出錯喔！例如想要按薪資由高到低排序，會跳出以下這個錯誤：

	A	B	C	D	E
1	姓名	部門	職稱	薪資	入職日期
2	陳建華	IT 部	一般員工	70,000	
3	趙子豪		工讀生	35,000	
4	陳志明	市場部	一般員工	48,000	
5	王小明		工讀生	50,000	
6	張雅玲		高階主管	60,000	
7	林美珍	設計部	一般員工	42,000	2023/06/30
8	林志強		一般員工	45,000	2023/10/01
9	李美惠		高階主管	40,000	2023/12/15
10	黃國強	銷售部	一般員工	55,000	2023/08/01
11	吳佳佳		工讀生	30,000	2023/04/01

Microsoft Excel
若要這麼做，所有合併儲存格的大小都必須相同。
確定(O)

所以啊！在 Excel 裡千萬不要隨便使用合併儲存格。不僅排序、篩選會出錯，樞紐分析或是函數計算也都會出問題的！

2-2 讓檢視、篩選、填入公式更輕鬆的表格設計

▶▶ 59 | 資料轉表格，自帶篩選功能又美觀

當資料量大時，經常會因為全白的表格而眼花撩亂。透過將普通資料範圍轉為表格樣式，自動穿插條紋顏色的效果，不僅提升美觀度，還能讓你輕鬆檢視資料，減少出錯！

❷ 點選「插入」

❸ 點選「表格」(快捷鍵按 Ctrl + T)

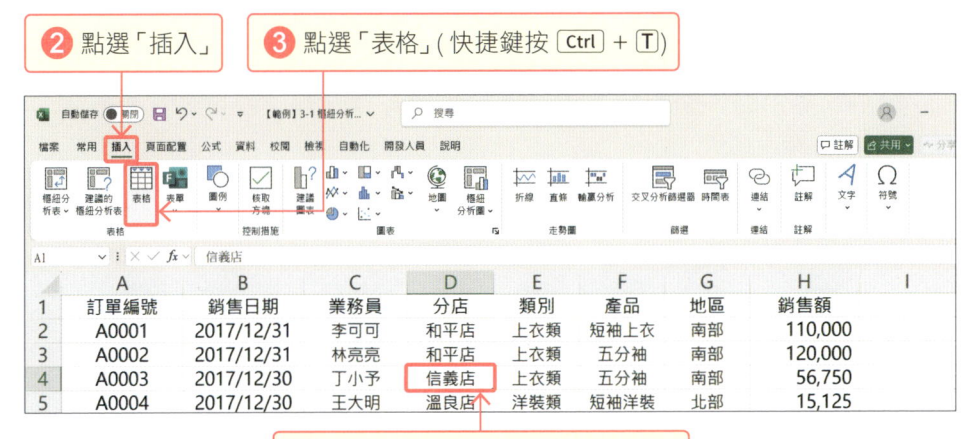

❶ 選取資料中任一個儲存格（也可以直接選取要建立表格的範圍）

❹ Excel 會自動偵測與選取儲存格相鄰的資料範圍（出現綠色虛線）

❺ 點擊「確定」

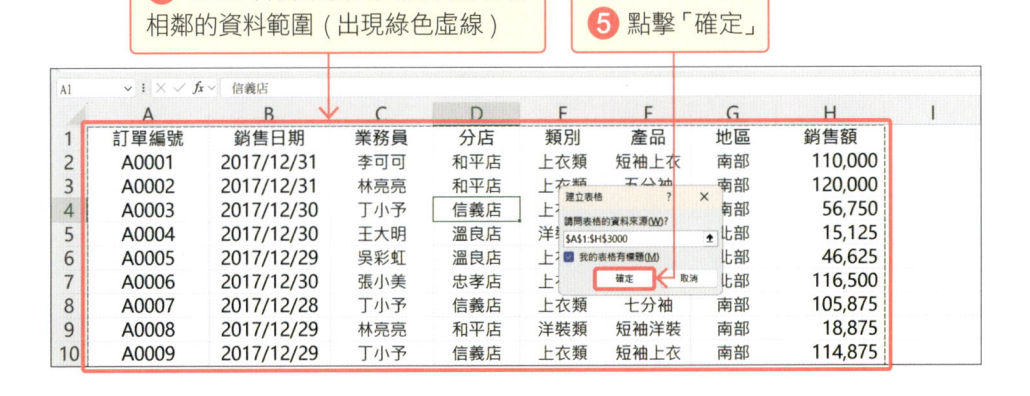

2-23

轉成表格後，就會自帶篩選功能，只需點擊箭頭即可快速篩選，超級方便！讓你不用再額外手動開啟篩選功能～而且還能獲得顏色交替呈現的美觀表格！

每一個小箭頭都是「篩選」功能

	A	B	C	D	E	F	G	H
1	訂單編號	銷售日期	業務員	分店	類別	產品	地區	銷售額
2	A0001	2017/12/31	李可可	和平店	上衣類	短袖上衣	南部	110,000
3	A0002	2017/12/31	林亮亮	和平店	上衣類	五分袖	南部	120,000
4	A0003	2017/12/30	丁小予	信義店	上衣類	五分袖	南部	56,750
5	A0004	2017/12/30	王大明	溫良店	洋裝類	短袖洋裝	北部	15,125
6	A0005	2017/12/29	吳彩虹	溫良店	上衣類	七分袖	北部	46,625
7	A0006	2017/12/30	張小美	忠孝店	上衣類	七分袖	北部	116,500
8	A0007	2017/12/28	丁小予	信義店	上衣類	七分袖	南部	105,875
9	A0008	2017/12/29	林亮亮	和平店	洋裝類	短袖洋裝	南部	18,975
10	A0009	2017/12/29	丁小予	信義店	上衣類	短袖上衣	南部	114,875

Excel 提供的表格設計，不只一種顏色和樣式喔！讓我們來看看可以怎麼調整設計～

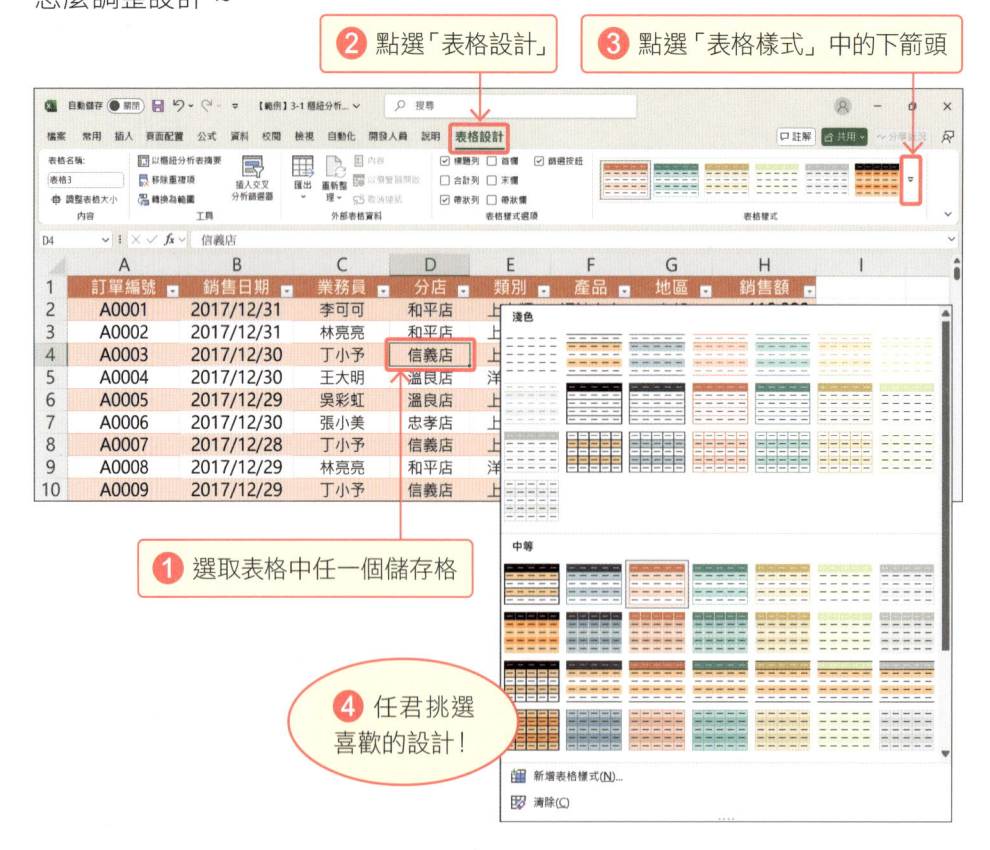

❷ 點選「表格設計」

❸ 點選「表格樣式」中的下箭頭

❶ 選取表格中任一個儲存格

❹ 任君挑選喜歡的設計！

▶ 2-24

▶▶ 60 │ 快速交叉篩選表格內容

轉表格後還能使用一個超方便的篩選神器——交叉分析篩選器！當資料包含多個欄位，例如「業務員」、「分店」、「產品」等，用一般篩選頻繁的切換、取消篩選，非常麻煩。有了交叉分析篩選器只要點一點，就能快速篩選與取消，快速呈現結果！

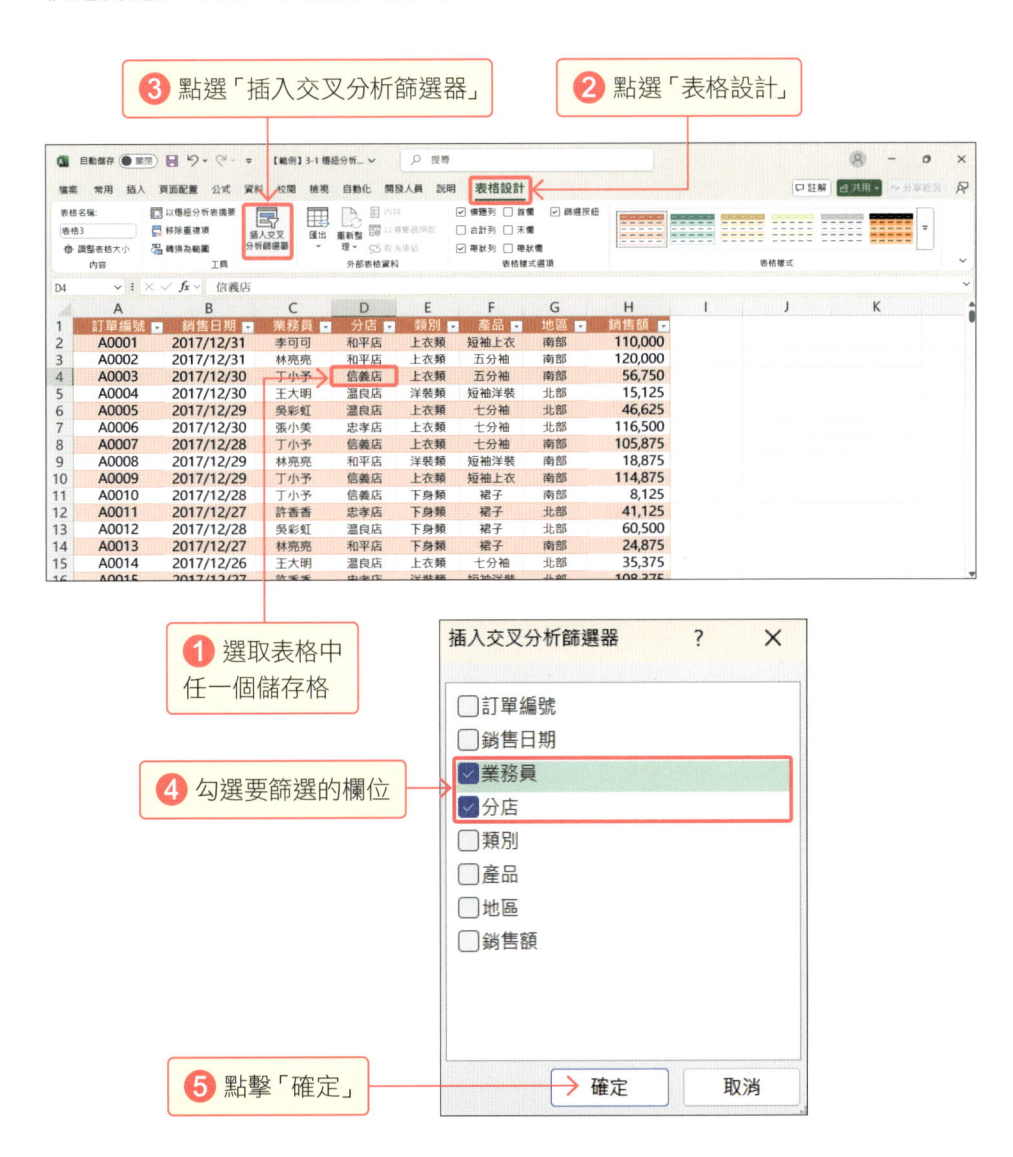

❸ 點選「插入交叉分析篩選器」

❷ 點選「表格設計」

❶ 選取表格中任一個儲存格

❹ 勾選要篩選的欄位

❺ 點擊「確定」

2-25

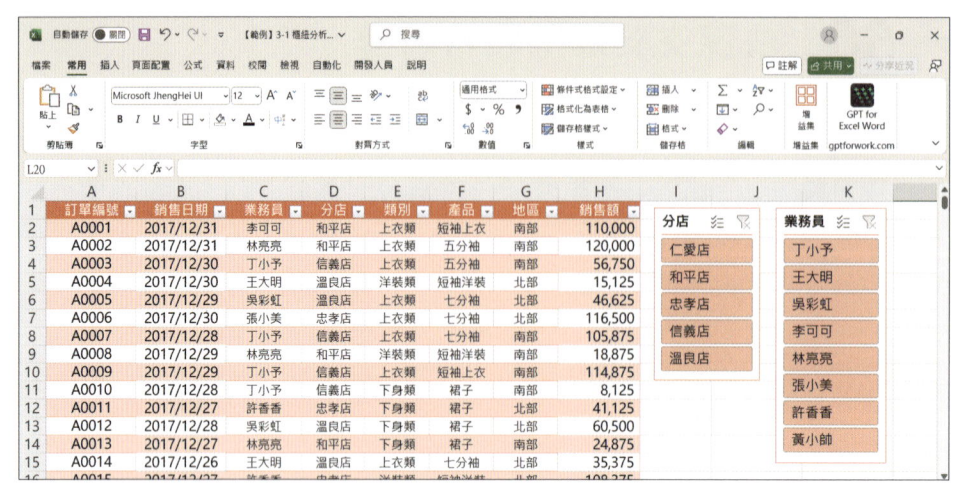

▲ 出現篩選器啦！

▲ 點擊「清除篩選」可清除篩選

▲ 點擊「多重篩選」可篩選多位業務員資料

▲ 點擊「和平店」以篩選和平店資料

想要刪除交叉分析篩選器，只要選取篩選器後，再按 Delete 即可喔！

2-26

61 | 格式和公式居然會自動延展？

當需要在既有資料中，插入新資料時，如果原本的欄位裡有公式計算，則會需要另外「複製」公式到新列，忘記複製的話，就會導致計算出錯。這時候一樣靠表格來處理！(內心 OS：表格也太好用了吧？)

① 在第 6 列插入一列新資料列

② 居然會自動複製公式，太神啦！

▲ 原本的 E 欄和 F 欄是有公式的！

除了新增資料列時，公式會自動複製，在新的資料欄裡面輸入公式後，公式也會自動套用到下方全部儲存格，就不用再自己複製了，超方便的！

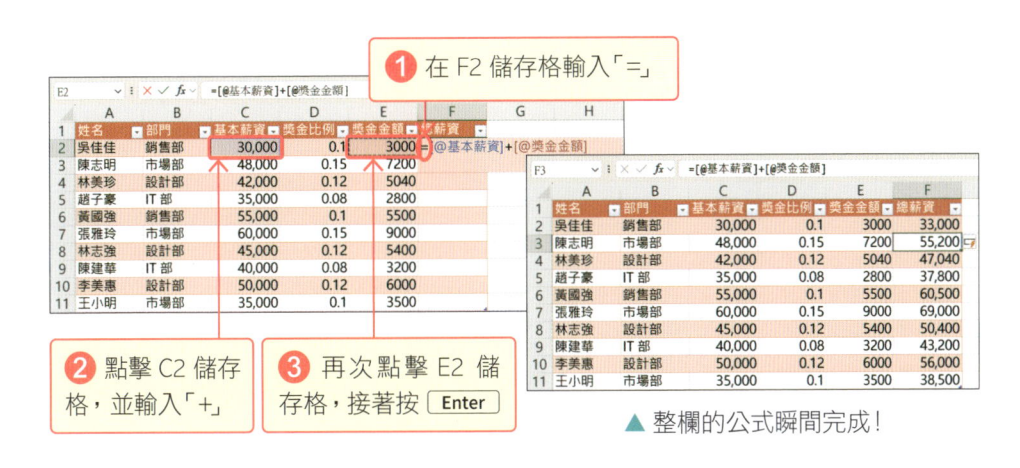

① 在 F2 儲存格輸入「=」

② 點擊 C2 儲存格，並輸入「+」

③ 再次點擊 E2 儲存格，接著按 Enter

▲ 整欄的公式瞬間完成！

除了公式會自動複製之外，在表格右邊 (或下方) 新增資料欄 (列)，也會自動延展樣式喔！

❶ 新增「備註」這一欄

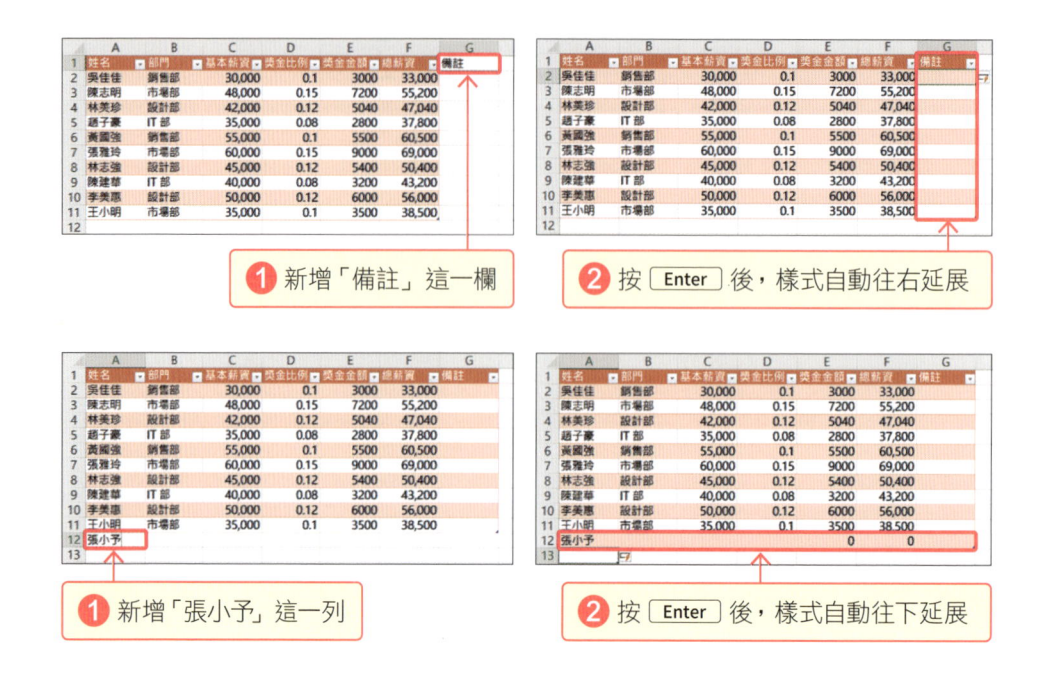

❷ 按 Enter 後,樣式自動往右延展

❶ 新增「張小予」這一列

❷ 按 Enter 後,樣式自動往下延展

▶ 62 | 不用輸入函數,即可進行合計

轉為表格樣式後,你可以一鍵啟用「合計列」,快速計算平均值、總和或其他統計結果,再也不用手動輸入函數。

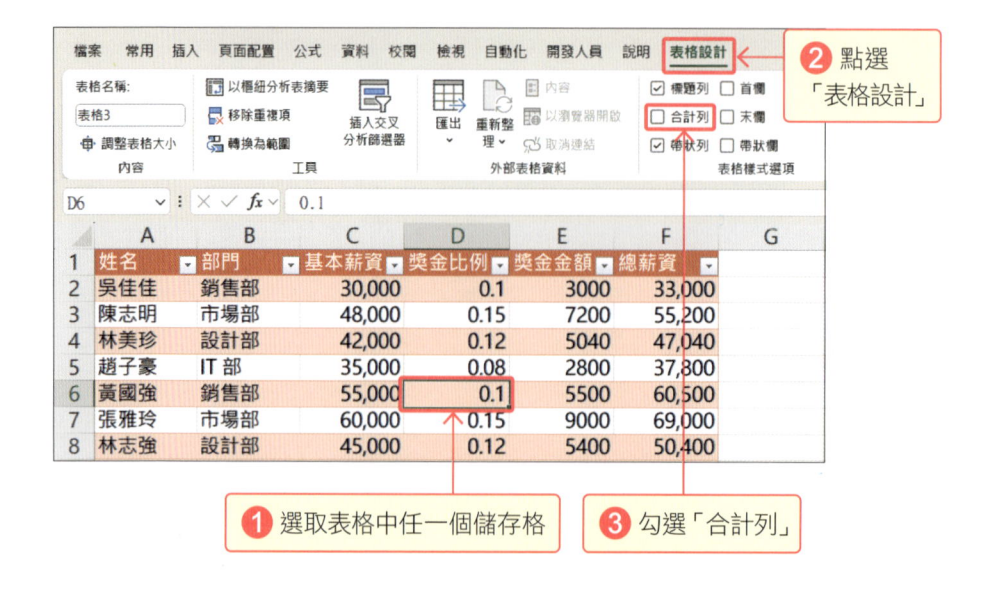

❷ 點選「表格設計」

❶ 選取表格中任一個儲存格

❸ 勾選「合計列」

▶ 2-28

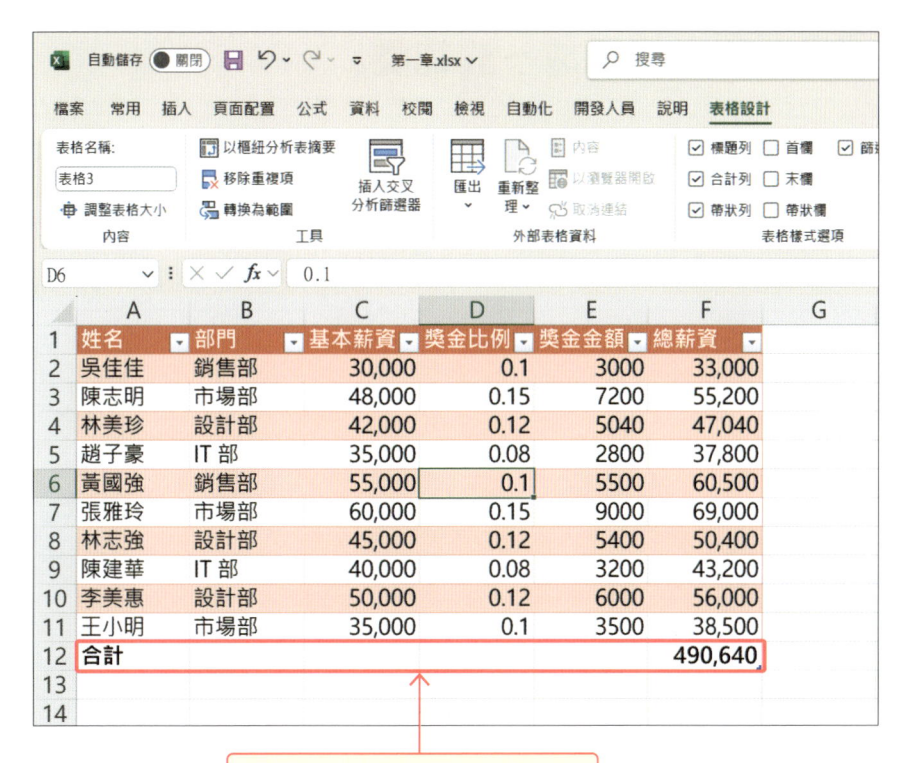

	A	B	C	D	E	F
1	姓名	部門	基本薪資	獎金比例	獎金金額	總薪資
2	吳佳佳	銷售部	30,000	0.1	3000	33,000
3	陳志明	市場部	48,000	0.15	7200	55,200
4	林美珍	設計部	42,000	0.12	5040	47,040
5	趙子豪	IT 部	35,000	0.08	2800	37,800
6	黃國強	銷售部	55,000	0.1	5500	60,500
7	張雅玲	市場部	60,000	0.15	9000	69,000
8	林志強	設計部	45,000	0.12	5400	50,400
9	陳建華	IT 部	40,000	0.08	3200	43,200
10	李美惠	設計部	50,000	0.12	6000	56,000
11	王小明	市場部	35,000	0.1	3500	38,500
12	合計					490,640

❹ 合計列出現在最下方啦！
(預設會出現最右欄的加總結果)

F12 =SUBTOTAL(109,[總薪資])

下拉選單選項：無、平均值、計數、計算數字項數、最大、最小、加總、標準差、變異數、其他函數...

❺ 點選 F12 儲存格
(即合計列的這個儲存格)

❻ 點擊儲存格旁的小箭頭，即可選擇其他計算的函數

第 2 章 快狠準的進階神技

2-29

63 | 將表格轉成一般範圍

如果想要把表格恢復成原本的樣貌怎麼做 (還原成什麼樣式都沒有的白淨樣貌)？

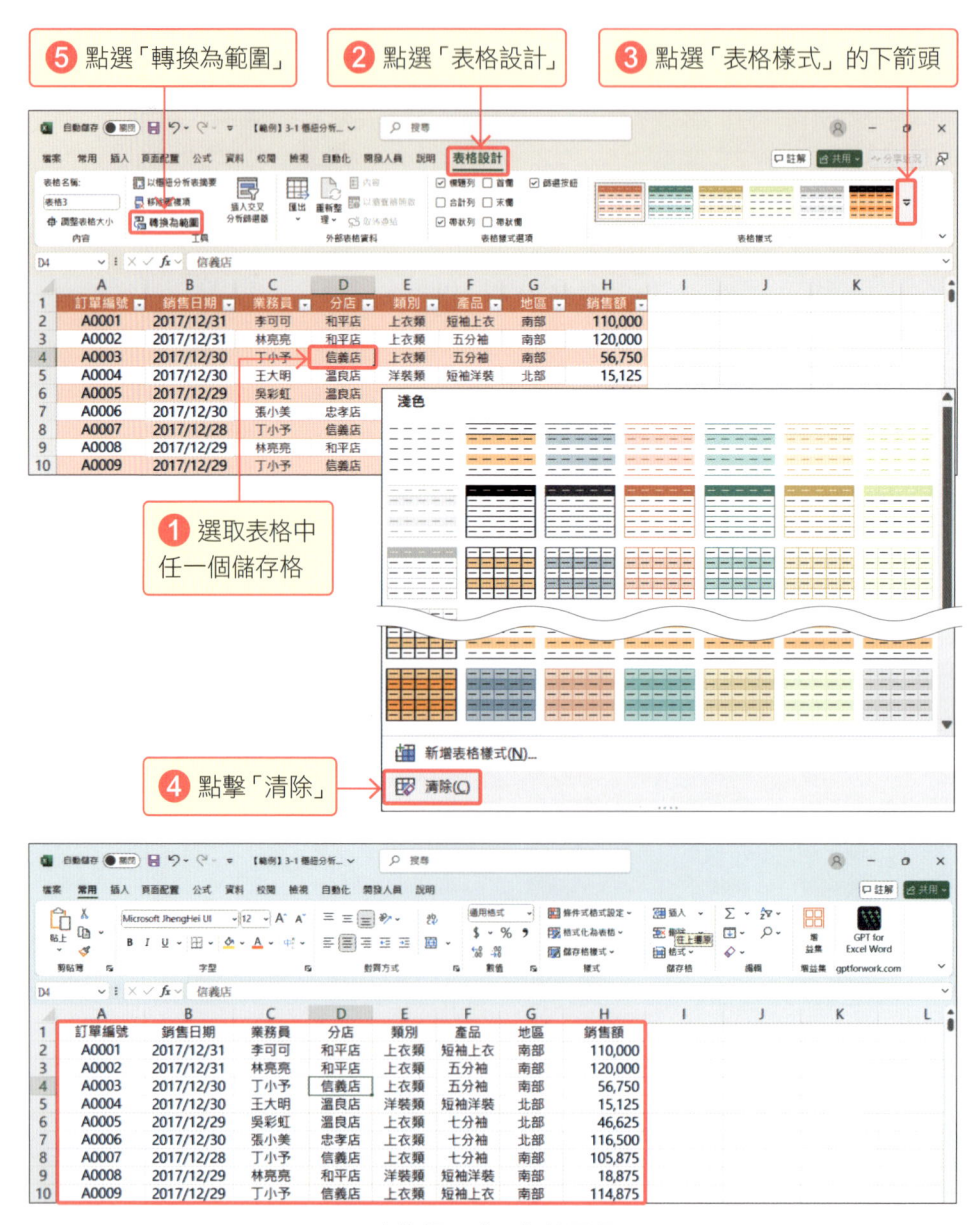

❺ 點選「轉換為範圍」
❷ 點選「表格設計」
❸ 點選「表格樣式」的下箭頭
❶ 選取表格中任一個儲存格
❹ 點擊「清除」

▲ 表格還原成一般範圍囉！

2-3　尋找與取代的小訣竅

▶▶ 64｜用「取代」快速批量修改錯字

如果表格中出現了大量錯別字怎麼辦？你該不會一個一個改吧？利用 Excel 的「尋找與取代」，快速修正這些錯別字。看到下面這個例子，不小心把「上衣」打成「上一」了，可以怎麼做呢？

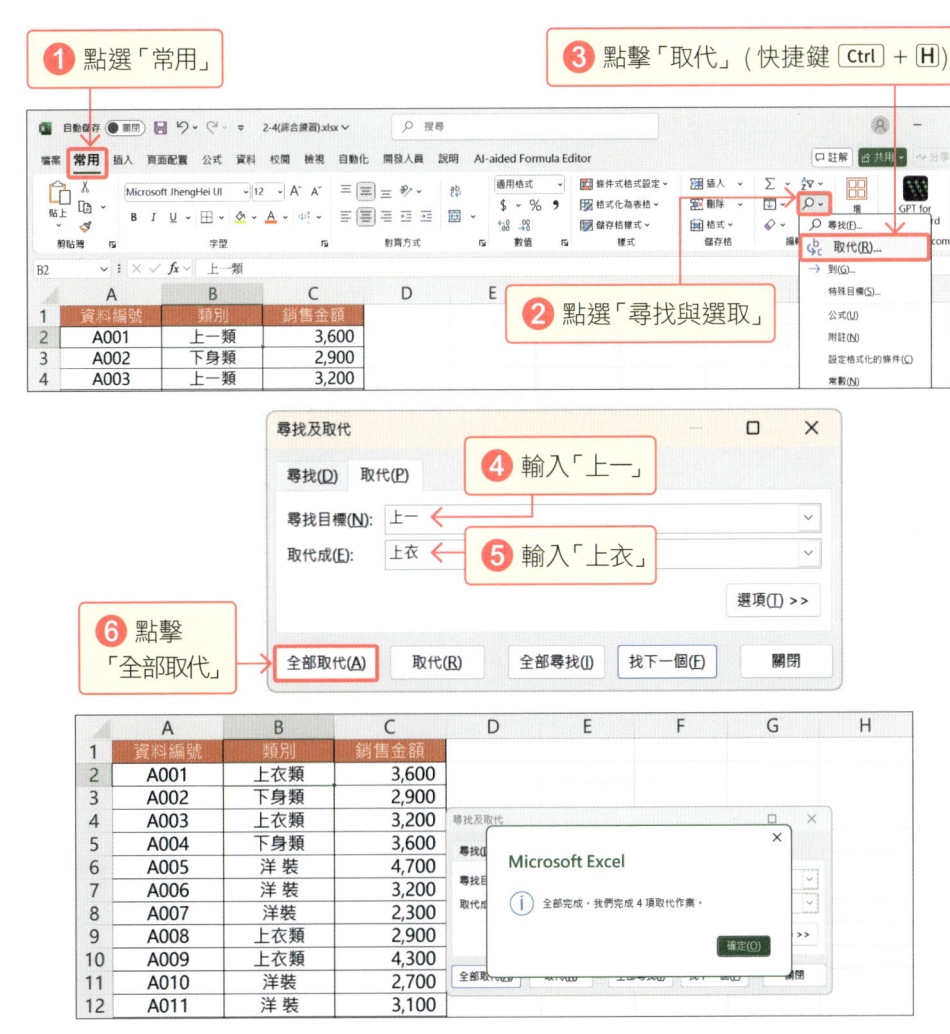

❶ 點選「常用」

❸ 點擊「取代」（快捷鍵 Ctrl + H）

❷ 點選「尋找與選取」

❹ 輸入「上一」

❺ 輸入「上衣」

❻ 點擊「全部取代」

▲錯別字就一次改好了！

▶▶ 65 ｜快速移除空白格

如果資料中有多餘空格，例如「洋 裝」，可以運用「全部取代」來批量清理多餘空白。如果希望針對特別範圍的資料進行取代，則先選取範圍後再進入取代功能即可。

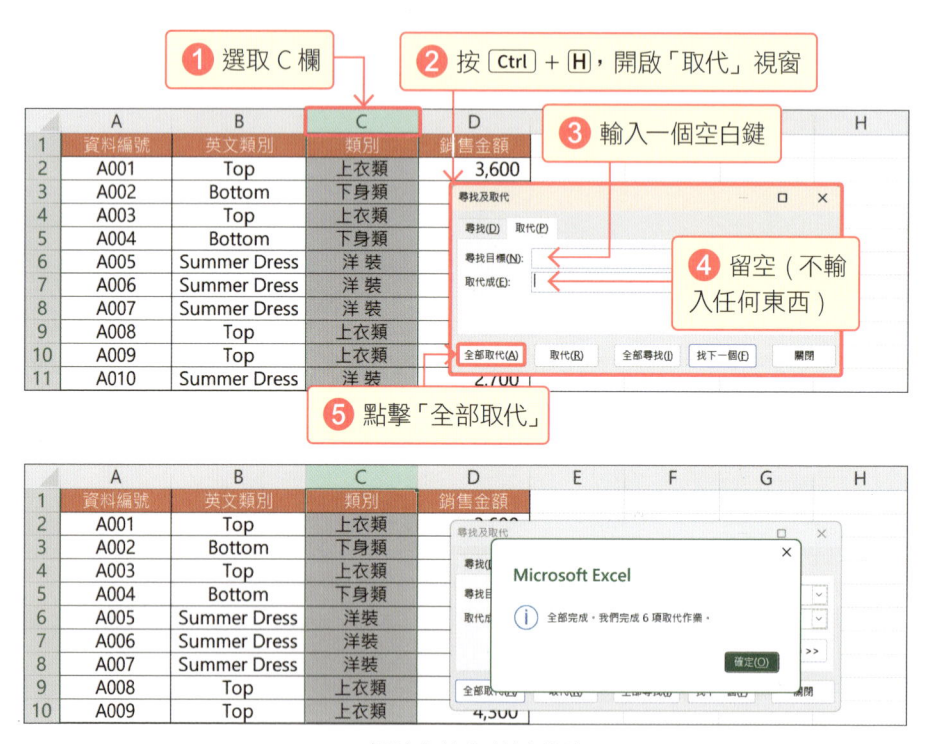

❶ 選取 C 欄
❷ 按 Ctrl + H，開啟「取代」視窗
❸ 輸入一個空白鍵
❹ 留空（不輸入任何東西）
❺ 點擊「全部取代」

▲ C 欄的空格全數被移除！

在本案例中，因為 B 欄的英文單字間也有空白，如果沒有先選 C 欄，直接取代，則 B 欄的空白也會被移除唷～

▶▶ 66 ｜如何移除英文單字間的多餘空格？

雖然空格可以用「取代」功能來移除，但是像下面這樣的英文資料，如果使用取代來移除空白格，單字間的空格也會被移除，這樣是不行的！這時候可以使用 TRIM 函數來處理喔！

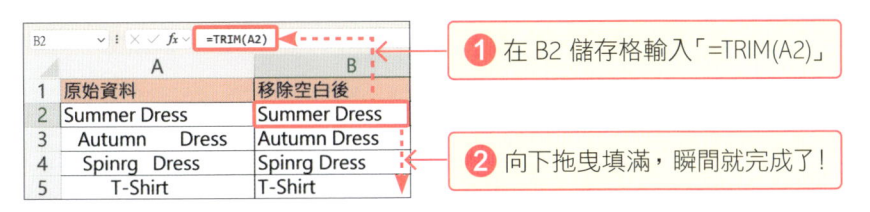

❶ 在 B2 儲存格輸入「=TRIM(A2)」

❷ 向下拖曳填滿，瞬間就完成了！

TRIM 函數語法為「=TRIM(text)」
- text：要移除多餘空格的儲存格。

▶▶ 67 ｜ 快速移除換行符號

想要在儲存格中進行換行，可以手動按 Alt + Enter 來添加換行符號。但如果今天想要刪除換行符號，你知道可以用取代功能一鍵完成嗎？帶你來看看這個超隱藏用法！

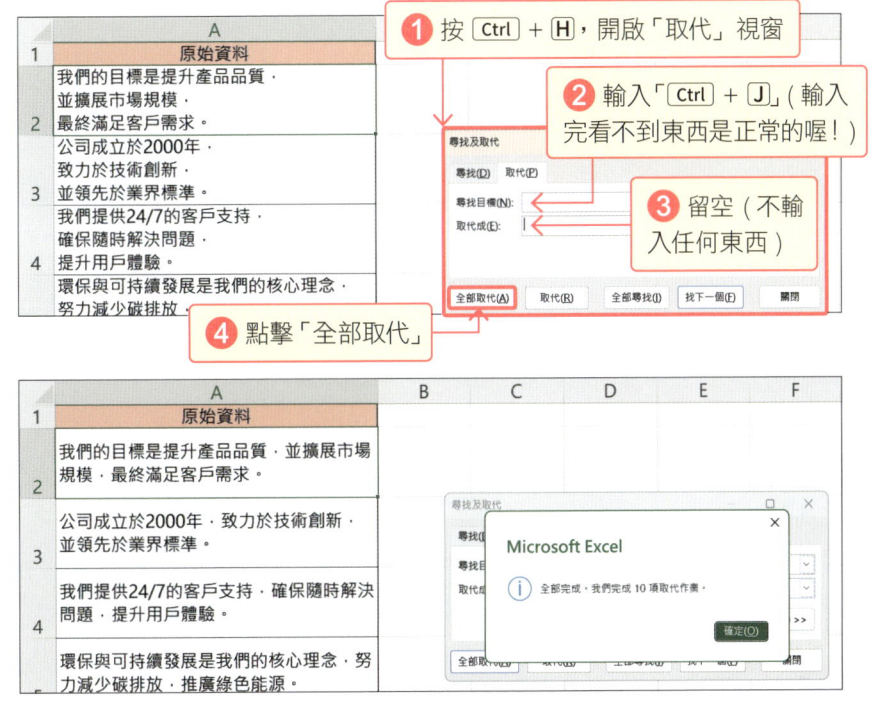

❶ 按 Ctrl + H，開啟「取代」視窗

❷ 輸入「Ctrl + J」（輸入完看不到東西是正常的喔！）

❸ 留空（不輸入任何東西）

❹ 點擊「全部取代」

▲ 換行符號通通被移除了！

▶▶ 68 ｜清理多餘的後綴符號

表格裡的產品名稱後總是附帶一些多餘的標註，例如「香蕉(A)」、「蘋果(B)」，甚至更長的括號描述？括號內的資料長度和內容都不一致，可以如何快速取代資料？這時候就要使用「*」號來幫忙。「*」在 Excel 中代表「任意長度的字串」，因此可透過使用「*」來尋找任意長度的字串。舉例來說，尋找目標輸入「c*t」，會找到以 c 開頭、t 結尾，而中間夾著任意數量字元 (包括 0 個) 的內容，像是 cat、cart、chest 等等。

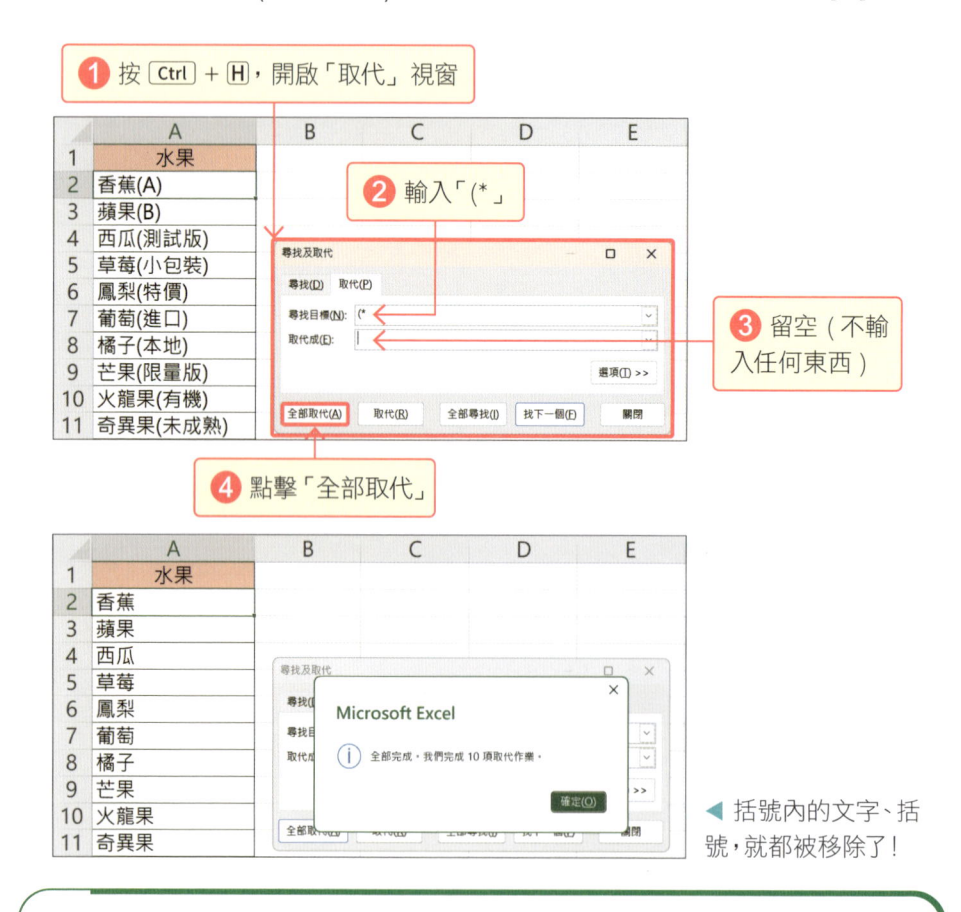

❶ 按 Ctrl + H，開啟「取代」視窗

❷ 輸入「(*」

❸ 留空 (不輸入任何東西)

❹ 點擊「全部取代」

◀ 括號內的文字、括號，就都被移除了！

小精靈：除了「*」之外，「?」在 Excel 裡也有特殊意義，「?」代表著任一字元，因此尋找目標輸入「c?t」，會找到以 c 開頭、t 結尾，而中間夾著一個字元的內容，像是 cat、cut 等等。

69 | 如何正確尋找問號符號

當你想尋找「?」，直接輸入會失敗！看看下面這個例子：

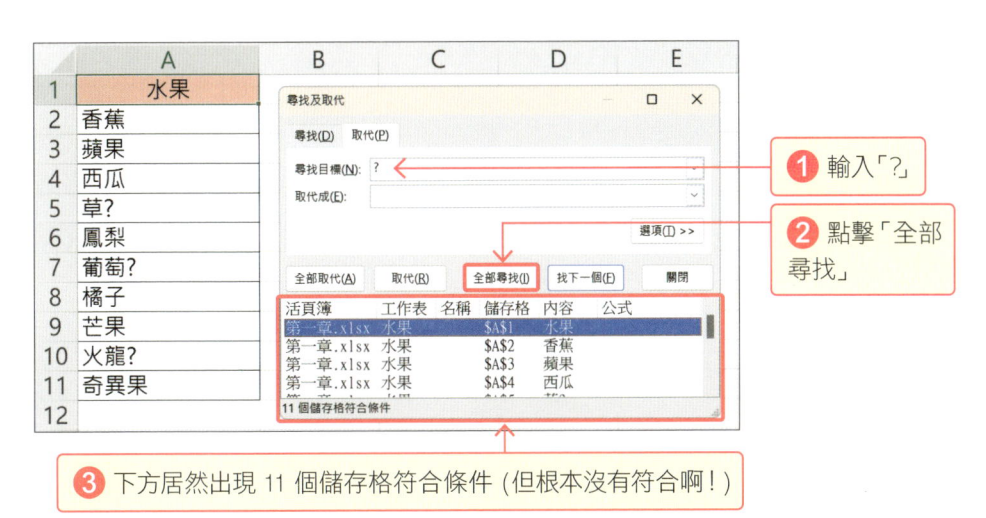

① 輸入「?」
② 點擊「全部尋找」
③ 下方居然出現 11 個儲存格符合條件（但根本沒有符合啊！）

這是因為在 Excel 中，「?」是一個特殊的萬用字元，它被賦予的意義是「任一字元」。因此若想精確尋找到包含 ? 的資料，在搜尋時，需要用特殊的方式處理——在問號前加上「~」。

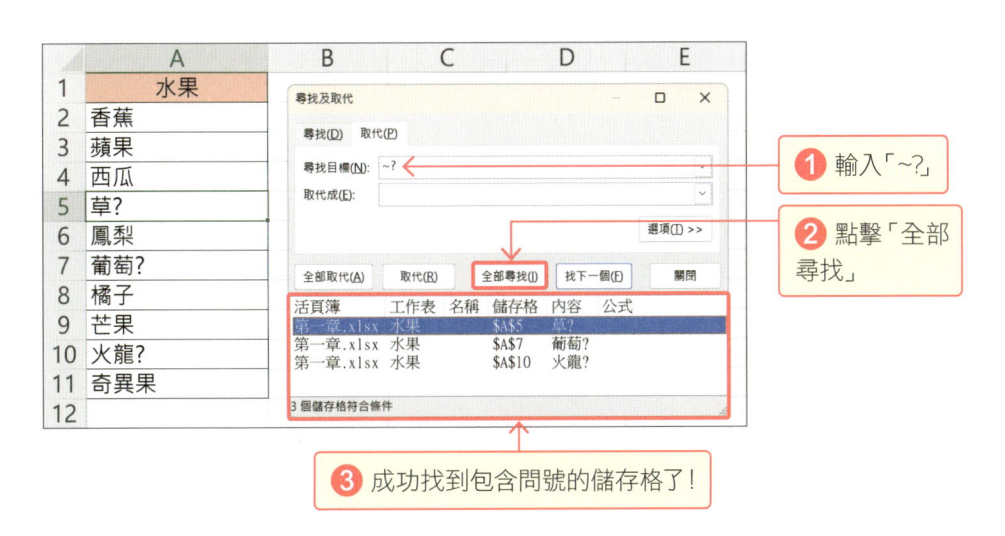

① 輸入「~?」
② 點擊「全部尋找」
③ 成功找到包含問號的儲存格了！

同理可知 ~ 當你想要搜尋「*」時，也需要在前方添加「~」喔！

2-4 輕鬆的資料清理與修正

▶ 70 ｜快速刪除空白資料列

檔案中如果有很多空白資料列，要一列一列慢慢刪除，是一件非常麻煩的事。尤其是面對數百筆甚至數千筆的資料時，逐行檢查會讓你頭昏眼花！但別擔心，利用 Excel 的「特殊目標」功能，只需幾個步驟，就能批量刪除空白資料列，還你一個乾淨整潔的表格！

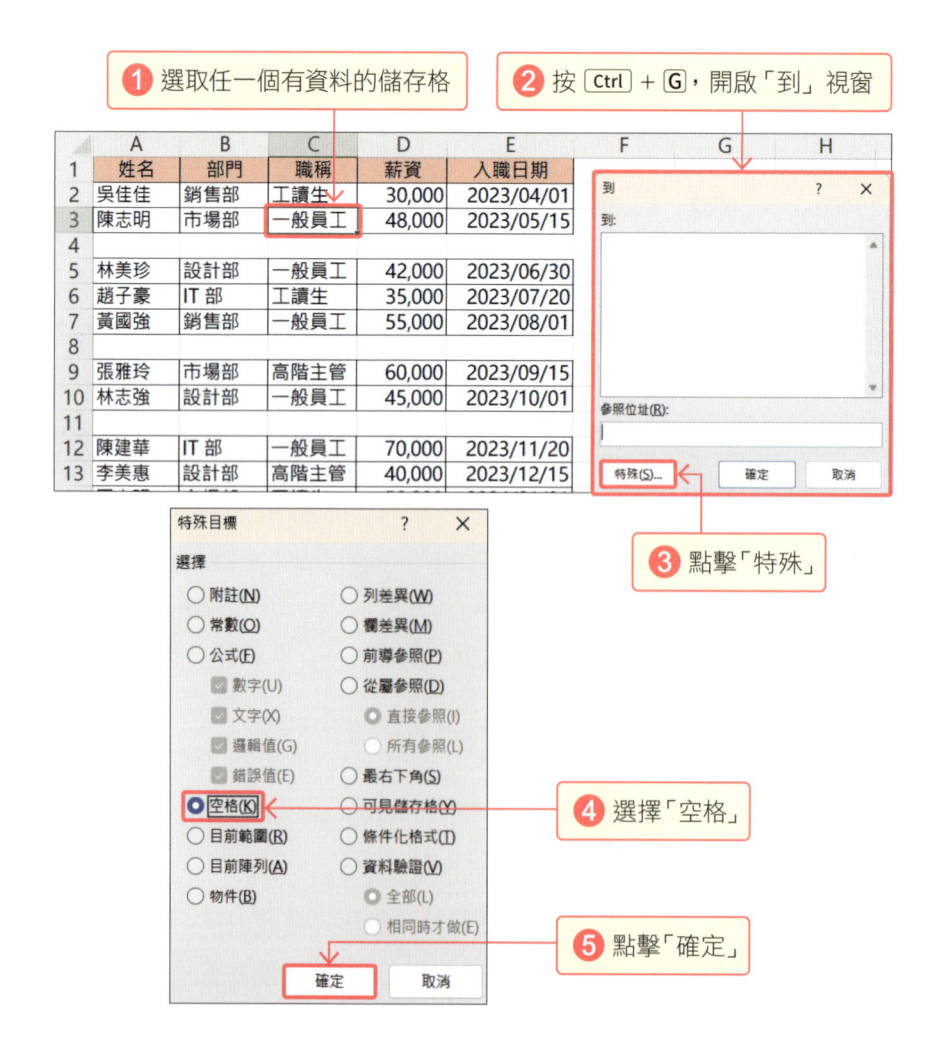

❶ 選取任一個有資料的儲存格

❷ 按 Ctrl + G，開啟「到」視窗

❸ 點擊「特殊」

❹ 選擇「空格」

❺ 點擊「確定」

> 所有空白資料列一次被選起來了！

❻ 在任一個空白列上，按右鍵

❼ 點擊「刪除」（快捷鍵 Ctrl + －）

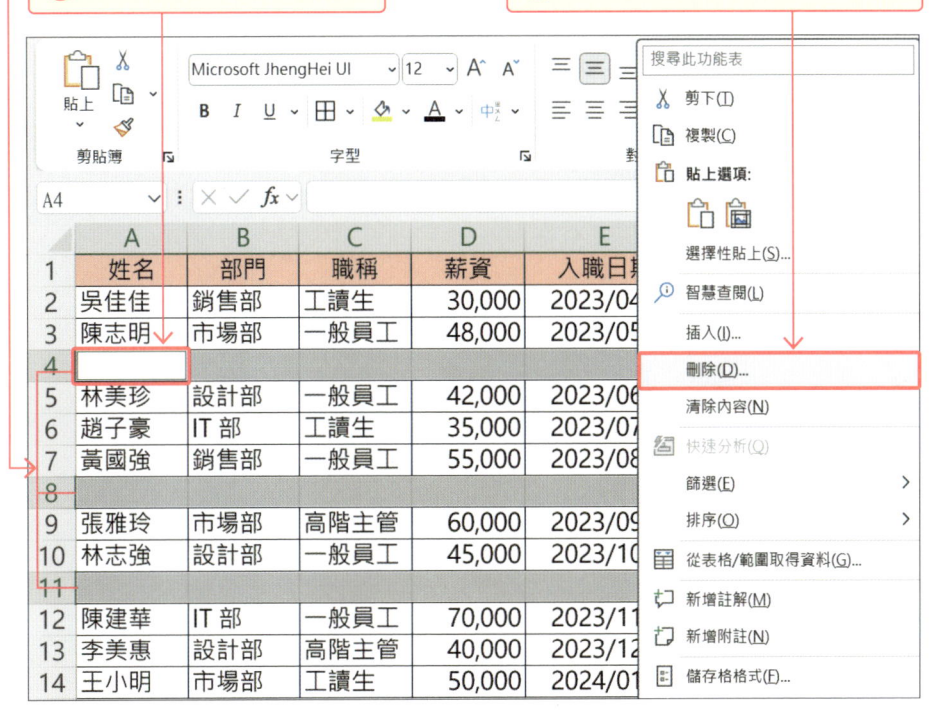

	A	B	C	D	E
1	姓名	部門	職稱	薪資	入職日期
2	吳佳佳	銷售部	工讀生	30,000	2023/04
3	陳志明	市場部	一般員工	48,000	2023/05
4					
5	林美珍	設計部	一般員工	42,000	2023/06
6	趙子豪	IT 部	工讀生	35,000	2023/07
7	黃國強	銷售部	一般員工	55,000	2023/08
8					
9	張雅玲	市場部	高階主管	60,000	2023/09
10	林志強	設計部	一般員工	45,000	2023/10
11					
12	陳建華	IT 部	一般員工	70,000	2023/11
13	李美惠	設計部	高階主管	40,000	2023/12
14	王小明	市場部	工讀生	50,000	2024/01

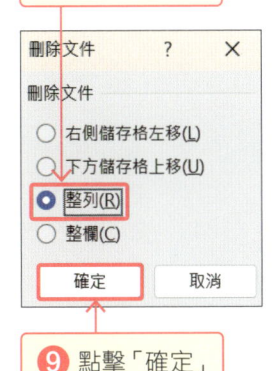

右鍵選單：
- 剪下(T)
- 複製(C)
- 貼上選項：
- 選擇性貼上(S)...
- 智慧查閱(L)
- 插入(I)...
- **刪除(D)...**
- 清除內容(N)
- 快速分析(Q)
- 篩選(E)
- 排序(O)
- 從表格/範圍取得資料(G)...
- 新增註解(M)
- 新增附註(N)
- 儲存格格式(F)...

❽ 選擇「整列」

刪除文件　　？　✕

刪除文件
- ◯ 右側儲存格左移(L)
- ◯ 下方儲存格上移(U)
- ⦿ **整列(R)**
- ◯ 整欄(C)

　確定　　　取消

❾ 點擊「確定」

	A	B	C	D	E
1	姓名	部門	職稱	薪資	入職日期
2	吳佳佳	銷售部	工讀生	30,000	2023/04/01
3	陳志明	市場部	一般員工	48,000	2023/05/15
4	林美珍	設計部	一般員工	42,000	2023/06/30
5	趙子豪	IT 部	工讀生	35,000	2023/07/20
6	黃國強	銷售部	一般員工	55,000	2023/08/01
7	張雅玲	市場部	高階主管	60,000	2023/09/15
8	林志強	設計部	一般員工	45,000	2023/10/01
9	陳建華	IT 部	一般員工	70,000	2023/11/20
10	李美惠	設計部	高階主管	40,000	2023/12/15
11	王小明	市場部	工讀生	50,000	2024/01/01
12					
13					
14					

▲ 所有空白資料列一次刪除了！

▶▶ 71 | 快速填滿取消合併後的空值

若很不幸的，你必須要處理大量「合併儲存格」，來看看如何快速解決這個麻煩！

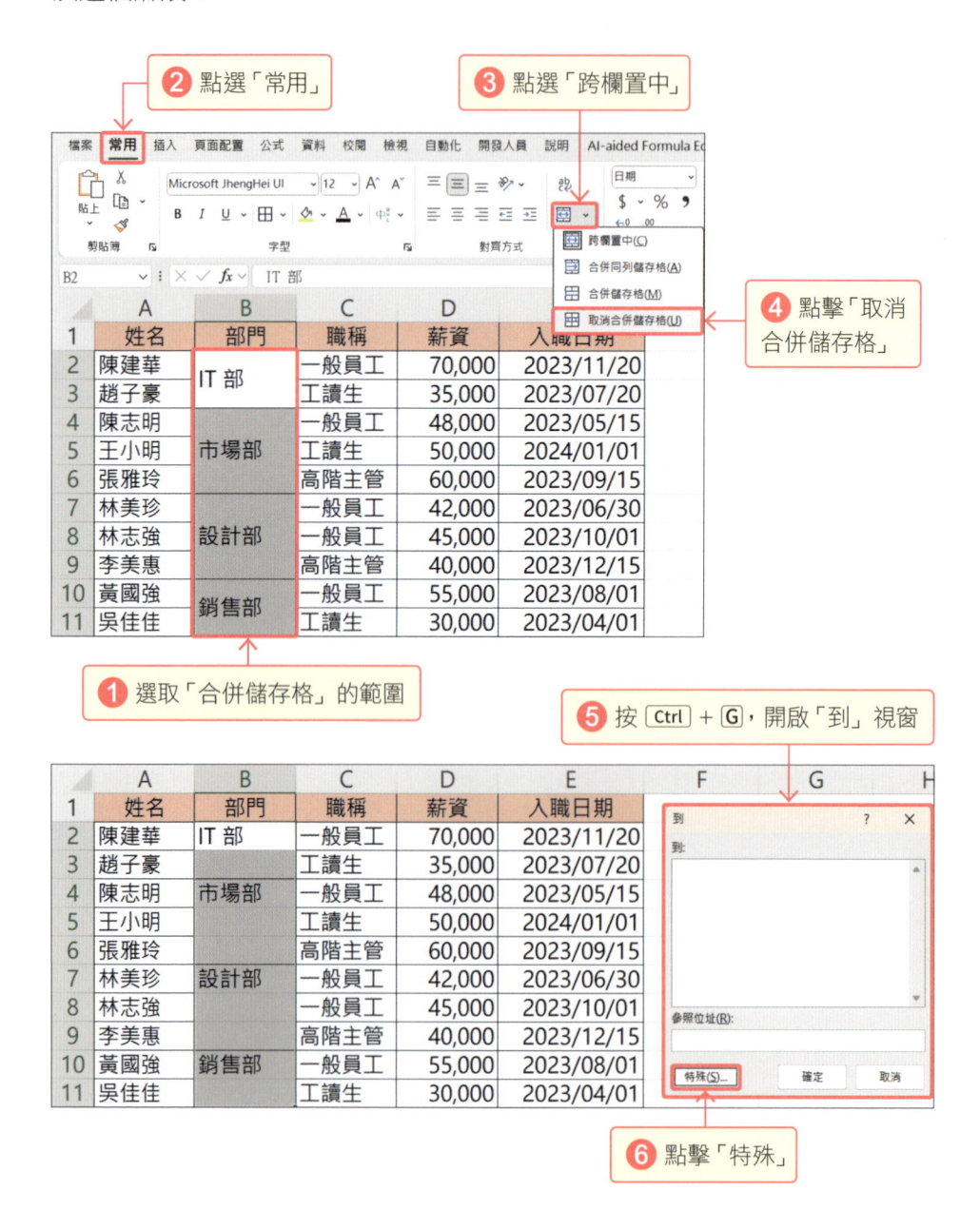

❷ 點選「常用」

❸ 點選「跨欄置中」

❹ 點擊「取消合併儲存格」

❶ 選取「合併儲存格」的範圍

❺ 按 Ctrl + G，開啟「到」視窗

❻ 點擊「特殊」

2-38

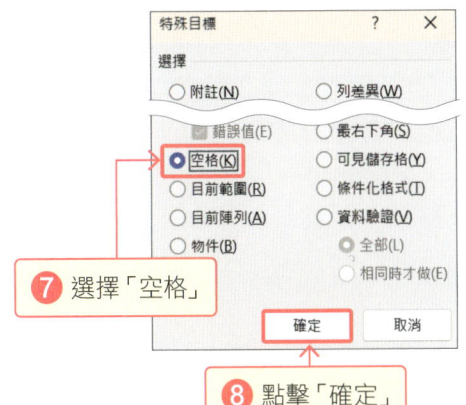

第 2 章 快狠準的進階神技

⑦ 選擇「空格」

⑧ 點擊「確定」

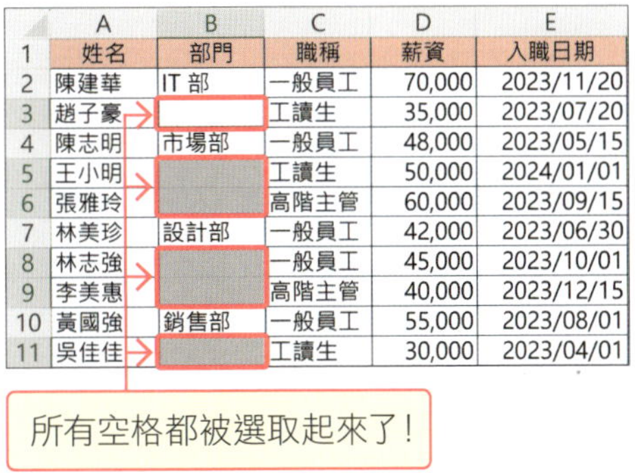

所有空格都被選取起來了！

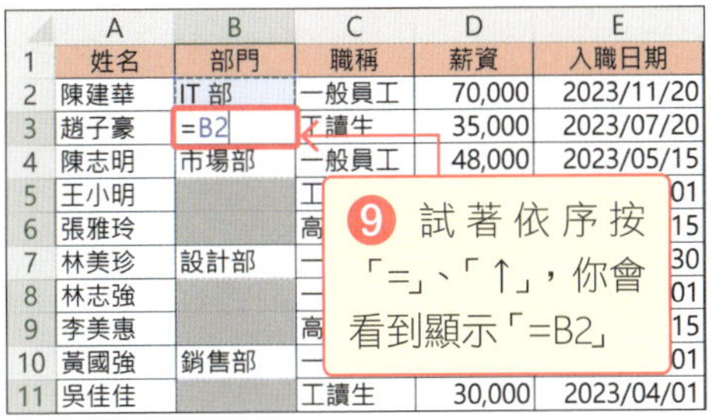

⑨ 試著依序按「=」、「↑」，你會看到顯示「=B2」

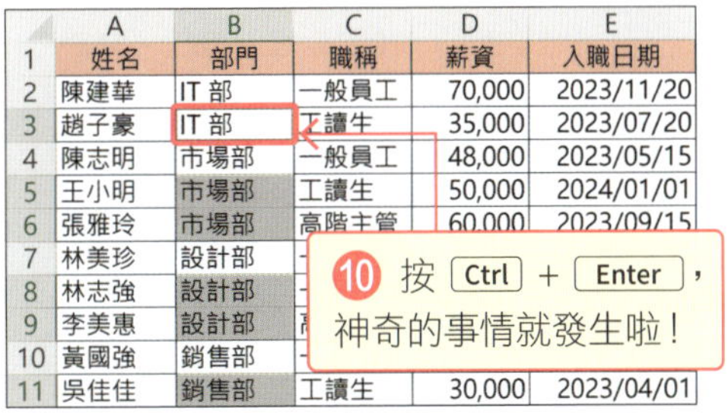

⑩ 按 Ctrl + Enter，神奇的事情就發生啦！

為什麼這麼神奇呢？因為依序按「=」、「↑」的意義是讓「每個空格等於上一個儲存格的值」，而使用 Ctrl + Enter 密技，則是可以同時在所有空格輸入公式，是不是很好用～

▶▶ 72 │ 快速將字元改為半形

ASC 函數可以將全形字元 (如全形英文字母、數字或標點符號) 轉換為半形字元，這在整理資料時非常實用，可以統一格式，方便進行篩選、比較或計算。

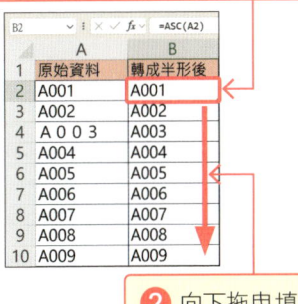

① 在 B2 儲存格輸入「=ASC(A2)」

② 向下拖曳填滿

> **小精靈**
> ASC 函數語法為「=ASC(text)」
> • text：需要轉換的全形文字或儲存格內容。

2-39

73 | 快速刪除重複資料

在處理大範圍資料時，重複項目可能影響分析的準確性。透過 Excel 的移除重複項功能，可以快速清理表格中的重複資料，保留唯一項目。看到下面這個例子，如果把「銷售日期」和「資料編號」都相同的資料，視為重複資料、僅保留一筆，可以這樣做。

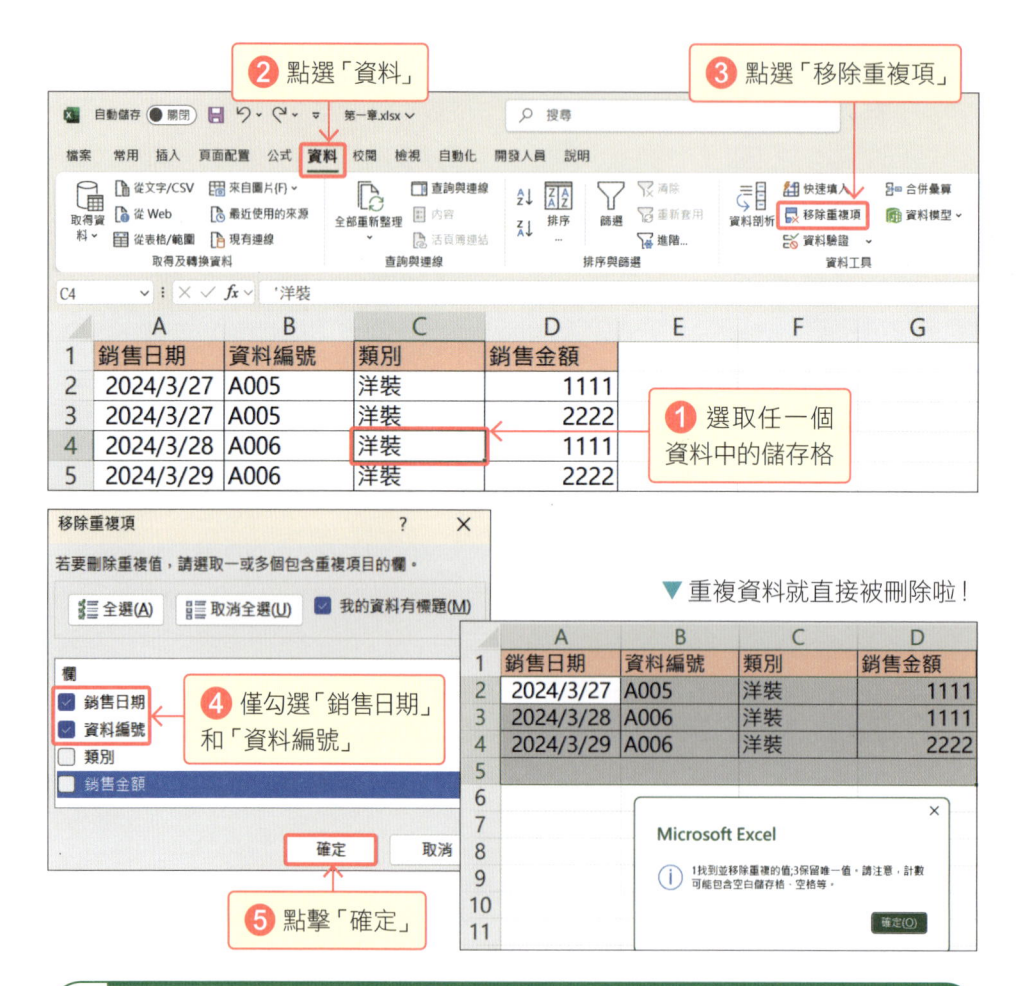

❷ 點選「資料」

❸ 點選「移除重複項」

❶ 選取任一個資料中的儲存格

❹ 僅勾選「銷售日期」和「資料編號」

❺ 點擊「確定」

▼ 重複資料就直接被刪除啦！

小提醒
- 在移除重複前，建議備份原始資料，以防誤操作導致資料丟失。
- 移除重複後，會保留最上面的一筆資料。

▶▶ 74 │ 文字日期轉正規日期

當輸入日期後，因格式問題被存為文字 (如「2023.01.01」)，會導致 Excel 無法正確辨識為日期格式，進一步影響排序、計算等功能。

> 若想要讓 Excel 自動識別日期，需要注意輸入的格式，使用斜線 (/) 或連接號 (-) 作為分隔，當然也可以直接使用「年、月、日」，像是 2024/10/5、2024-10-5、2024 年 10 月 5 日…等，才能被 Excel 自動識別為日期喔！
>
> 那要如何快速辨別輸入的資料是正規日期還是文字資料呢？最簡單的方式就是看資料是靠左對齊，還是靠右對齊。在 Excel 裡，只有文字預設會靠左對齊，數字和日期預設都會靠右~

靠左對齊	靠右對齊
2024.10.5	10月5日
2024 10 05	2024/10/5
文字資料	正規日期

遇到這種問題，可以透過取代、資料剖析來轉換，輕鬆轉為正規日期。

方法 1　取代：如果資料不是使用斜線 (/) 或連接號 (-) 作為分隔符號，如 2024.10.05，則可使用「取代」來調整資料。

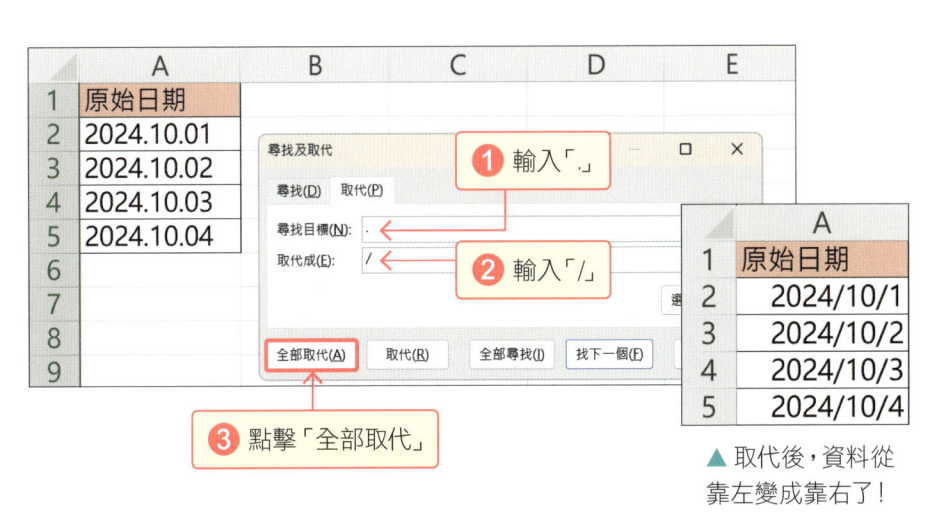

① 輸入「.」
② 輸入「/」
③ 點擊「全部取代」

▲ 取代後，資料從靠左變成靠右了！

2-41

方法 2 **資料剖析**：如果你的資料長的像下面這樣，各種格式都有，但是這些資料有一個共通點，就是年、月、日順序相同，那麼可以使用資料剖析轉換。

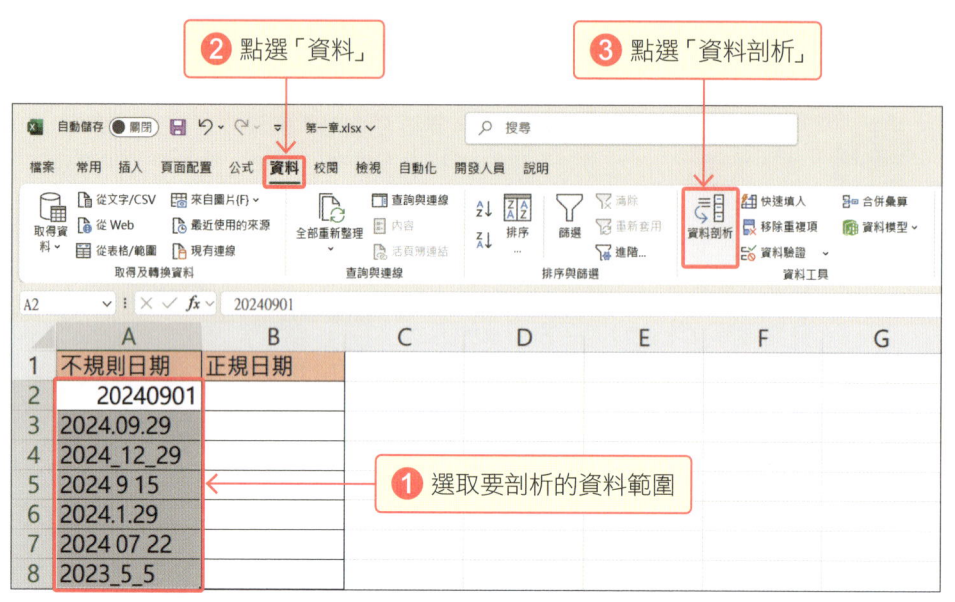

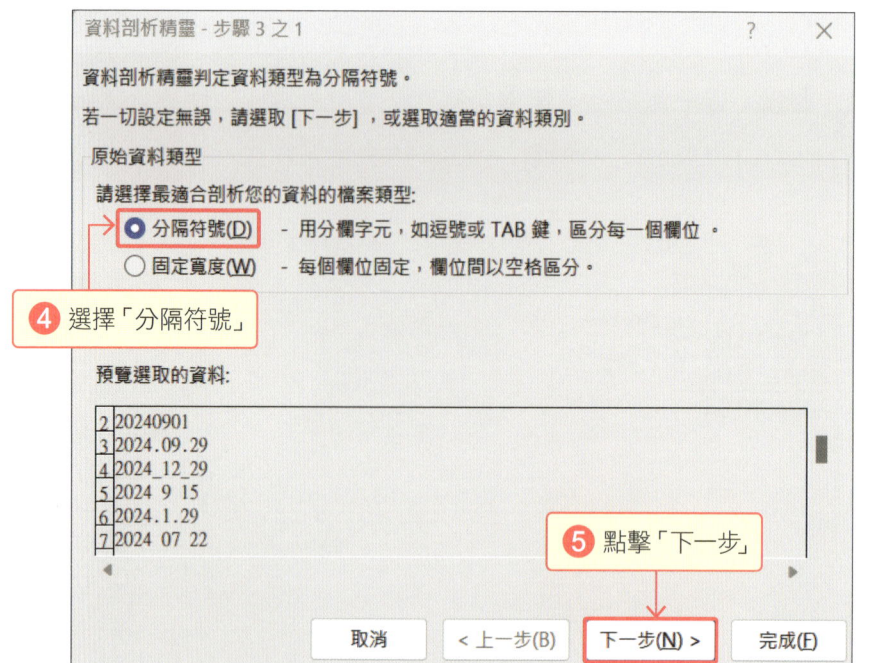

❷ 點選「資料」

❸ 點選「資料剖析」

❶ 選取要剖析的資料範圍

	A	B
1	不規則日期	正規日期
2	20240901	
3	2024.09.29	
4	2024_12_29	
5	2024 9 15	
6	2024.1.29	
7	2024 07 22	
8	2023_5_5	

❹ 選擇「分隔符號」

❺ 點擊「下一步」

2-42

第 2 章 快狠準的進階神技

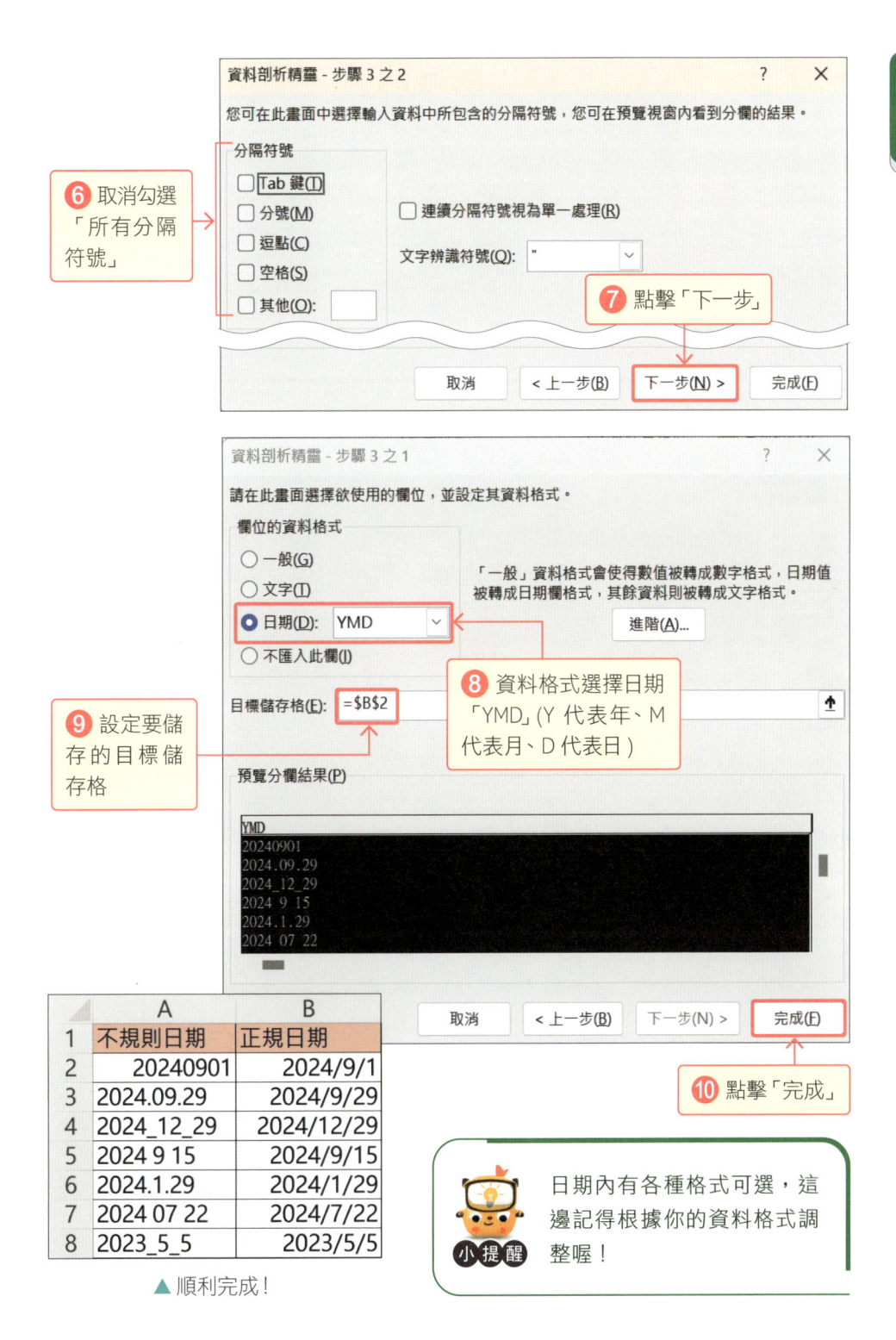

資料剖析精靈 - 步驟 3 之 2

您可在此畫面中選擇輸入資料中所包含的分隔符號，您可在預覽視窗內看到分欄的結果。

分隔符號
- ☐ Tab 鍵(T)
- ☐ 分號(M)
- ☐ 逗點(C)
- ☐ 空格(S)
- ☐ 其他(O)：

☐ 連續分隔符號視為單一處理(R)

文字辨識符號(Q)：" "

❻ 取消勾選「所有分隔符號」

❼ 點擊「下一步」

取消　< 上一步(B)　下一步(N) >　完成(F)

資料剖析精靈 - 步驟 3 之 1

請在此畫面選擇欲使用的欄位，並設定其資料格式。

欄位的資料格式
- ○ 一般(G)
- ○ 文字(T)
- ● 日期(D)： YMD
- ○ 不匯入此欄(I)

「一般」資料格式會使得數值被轉成數字格式，日期值被轉成日期欄格式，其餘資料則被轉成文字格式。

進階(A)...

❽ 資料格式選擇日期「YMD」(Y 代表年、M 代表月、D 代表日)

目標儲存格(E)： =$B$2

❾ 設定要儲存的目標儲存格

預覽分欄結果(P)：

```
YMD
20240901
2024.09.29
2024_12_29
2024 9 15
2024.1.29
2024 07 22
```

取消　< 上一步(B)　下一步(N) >　完成(F)

❿ 點擊「完成」

	A	B
1	不規則日期	正規日期
2	20240901	2024/9/1
3	2024.09.29	2024/9/29
4	2024_12_29	2024/12/29
5	2024 9 15	2024/9/15
6	2024.1.29	2024/1/29
7	2024 07 22	2024/7/22
8	2023_5_5	2023/5/5

▲ 順利完成！

> 小提醒：日期內有各種格式可選，這邊記得根據你的資料格式調整喔！

2-43

▶▶ 75 民國日期轉正規日期

在 Excel 中直接輸入民國格式的日期,是無法被辨識為正規日期的,接續若要進行分析或計算,就會遇到問題。如果你每一筆日期資料的順序相同,皆是以「年、月、日」排列,這裡提供三個方法讓你能將民國日期轉換為正規日期,可根據你的 Excel 版本、資料格式是否固定,來選擇合適的方式來處理。

> **小精靈 資料格式是否固定?**
>
> 假設資料中的年份都固定是 3 碼,而月份和日期都是 2 碼,像是「111/01/01」,這就是固定的資料格式。
>
> 倘若你的資料格式混雜了「111/01/01」、「99/3/1」等等,每一筆資料的年、月、日,並沒有固定幾碼,那就是不固定的資料格式喔!

方法 1　資料剖析:不管你資料格式是否固定,只要你的 Excel 資料剖析功能中,日期的資料格式有支援「EMD」,使用資料剖析會是最快的!

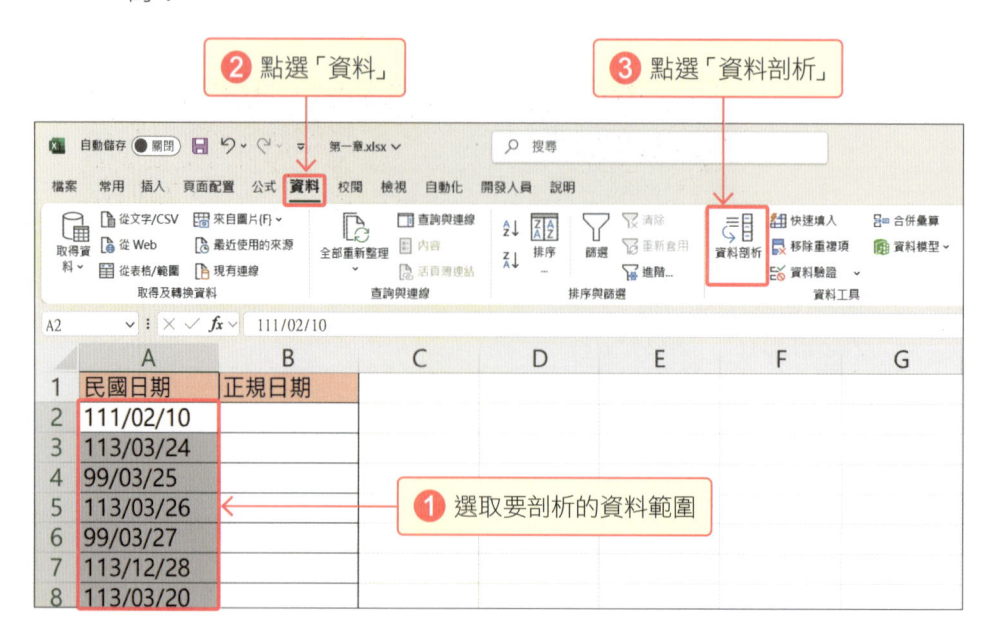

❷ 點選「資料」
❸ 點選「資料剖析」
❶ 選取要剖析的資料範圍

	A	B
1	民國日期	正規日期
2	111/02/10	
3	113/03/24	
4	99/03/25	
5	113/03/26	
6	99/03/27	
7	113/12/28	
8	113/03/20	

2-44

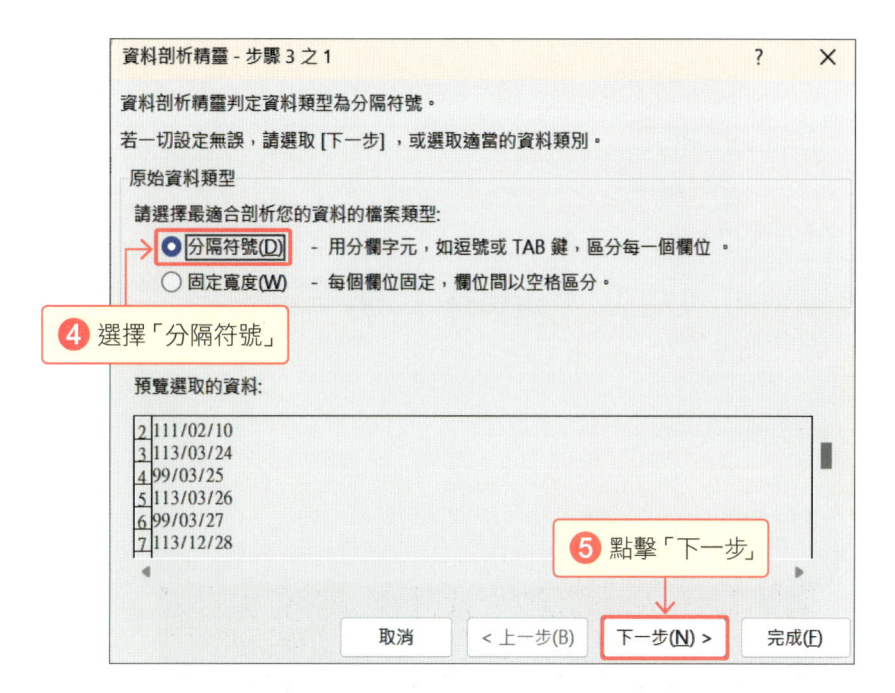

資料剖析精靈 - 步驟 3 之 1

資料剖析精靈判定資料類型為分隔符號。
若一切設定無誤，請選取 [下一步]，或選取適當的資料類別。

原始資料類型

請選擇最適合剖析您的資料的檔案類型：
- ◉ 分隔符號(D) - 用分欄字元，如逗號或 TAB 鍵，區分每一個欄位。
- ○ 固定寬度(W) - 每個欄位固定，欄位間以空格區分。

❹ 選擇「分隔符號」

預覽選取的資料：

```
2  111/02/10
3  113/03/24
4  99/03/25
5  113/03/26
6  99/03/27
7  113/12/28
```

❺ 點擊「下一步」

[取消] [< 上一步(B)] [**下一步(N) >**] [完成(F)]

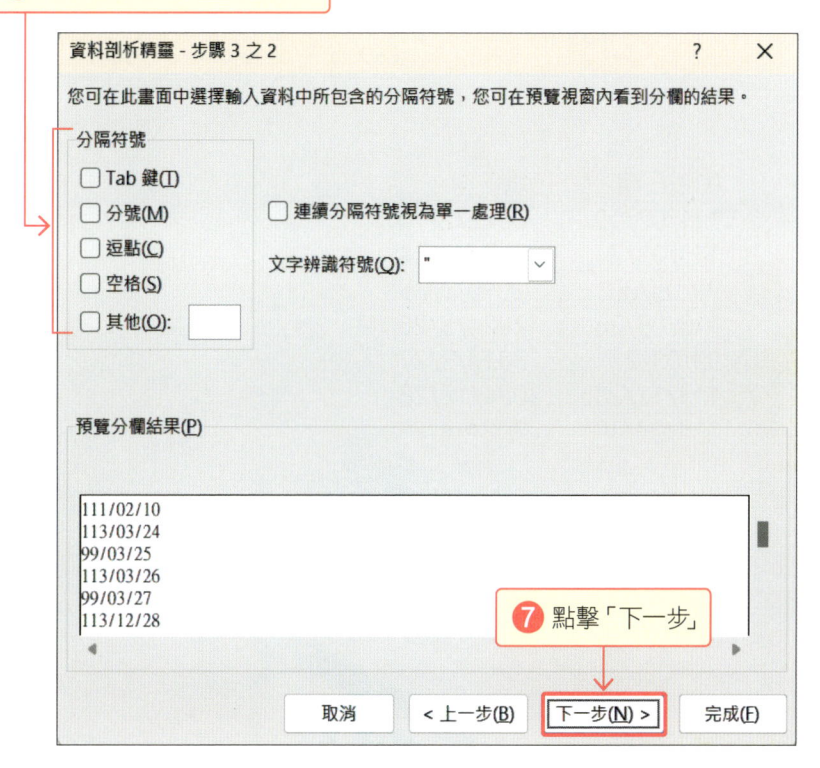

---

❻ 取消勾選「所有分隔符號」

資料剖析精靈 - 步驟 3 之 2

您可在此畫面中選擇輸入資料中所包含的分隔符號，您可在預覽視窗內看到分欄的結果。

分隔符號
- ☐ Tab 鍵(T)
- ☐ 分號(M)
- ☐ 逗點(C)
- ☐ 空格(S)
- ☐ 其他(O): [　]

☐ 連續分隔符號視為單一處理(R)

文字辨識符號(Q): [" ▾]

預覽分欄結果(P)

```
111/02/10
113/03/24
99/03/25
113/03/26
99/03/27
113/12/28
```

❼ 點擊「下一步」

[取消] [< 上一步(B)] [**下一步(N) >**] [完成(F)]

第 2 章　快狠準的進階神技

2-45

❽ 選擇「日期」中的「EMD」

❾ 設定要儲存的目標儲存格

❿ 點擊「完成」

▲ 轉換完成！

　　如果希望顯示為民國年，只要設定儲存格格式，調整「行事曆類型」即可喔！

設定儲存格格式

類別(C)：
通用格式
數值
貨幣
會計專用
日期
時間
百分比
分數
科學記號
文字
特殊
自訂

範例：2022/2/10

類型(T)：
中華民國101年3月14日
民國101年3月14日
101年3月14日
中華民國一〇一年三月十四日
民國一〇一年三月十四日
一〇一年三月十四日
101/3/14

地區設定(位置)(L)：繁體中文(台灣)

行事曆類型(A)：中華民國曆

☐ 根據選擇的行事曆輸入日期(I)

❶ 選擇「中華民國曆」
❷ 就會看到各式各樣的民國格式了！

方法 2

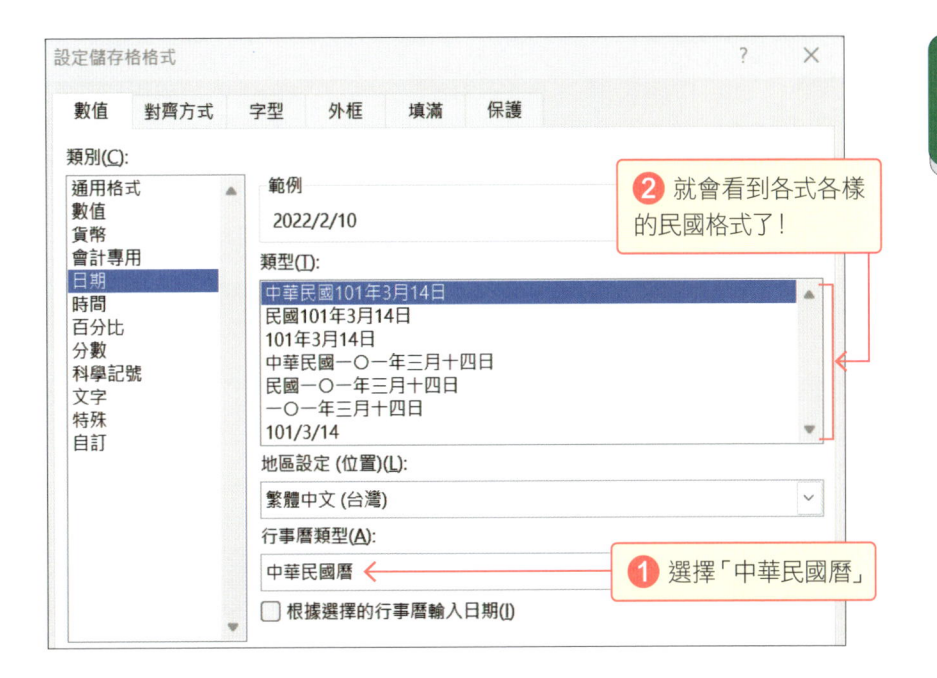

使用函數轉換：如果你的 Excel 版本並不支援「EMD」，而你的資料為固定格式，則可以使用 DATE、LEFT、MID、RIGHT 函數來處理。

B2 =DATE(LEFT(A2,3)+1911,MID(A2,5,2),RIGHT(A2,2))
　　　　　　ⓐ　　ⓑ　　　ⓒ　　ⓓ　　　　　ⓔ

	A	B
1	民國日期	正規日期
2	111/02/10	2022/2/10
3	113/03/24	2024/3/24
4	110/03/25	2021/3/25
5	113/03/26	2024/3/26
6	112/03/27	2023/3/27
7	113/12/28	2024/12/28
8	113/03/20	2024/3/20

ⓐ DATE：結合上述數值，將其轉為 Excel 可辨識的日期
ⓑ LEFT(A2,3)：提取民國年份（從左邊開始提取前 3 碼）
ⓒ +1911：將民國年份轉為西元年份
ⓓ MID(A2,5,2)：提取月份（從第 5 碼開始，提取 2 碼）
ⓔ RIGHT(A2,2)：提取日期（從右邊開始提取 2 碼）

> **小精靈**
>
> DATE 函數語法為「=DATE(year,month,day)」
> - year：指定年份的數值或儲存格內容，通常為四位數 (如 2024)。
> - month：指定月份的數值或儲存格內容，1 為一月，12 為十二月。
> - day：指定日期的數值或儲存格內容，1 為每月的第一天。
>
> MID 函數語法為「=MID(text,start_num,num_chars)」
> - text：要擷取的文字資料或儲存格內容。
> - start_num：從文字的第幾個字元開始擷取。
> - num_chars：要擷取的字元數。
>
> LEFT 函數語法為「=LEFT(text,num_chars)」
> - text：要擷取的文字資料或儲存格內容。
> - num_chars：從文字的左側開始，擷取的字元數。若未填入，預設擷取第一個字元。
>
> RIGHT 函數語法為「=RIGHT(text,num_chars)」
> - text：要擷取的文字資料或儲存格內容。
> - num_chars：從文字的右側開始，擷取的字元數。若未填入，預設擷取最後一個字元。

方法 3 **資料剖析 (拆分欄位) + 使用函數 (合併欄位)**：如果你的 Excel 版本不支援「EMD」，而你的資料又不是固定格式… 這時你可以使用資料剖析功能將年、月、日拆成三個欄位 (詳細作法請前往第 78 招查看)，再使用 DATE 函數將這三個欄位合併成一個日期資料。

E2 =DATE(B2+1911,C2,D2)

	A	B	C	D	E
1	民國日期	年	月	日	正規日期
2	111/2/10	111	2	10	2022/2/10
3	108/3/2	108	3	2	2019/3/2
4	99/3/25	99	3	25	2010/3/25
5	113/11/26	113	11	26	2024/11/26
6	99/7/6	99	7	6	2010/7/6
7	110/2/28	110	2	28	2021/2/28
8	113/10/20	113	10	20	2024/10/20

年份需「+ 1911」，將民國年份轉成西元年份

❷ 使用 DATE 函數，將年月日資料合併成一個欄位

❶ 先將民國日期拆成三個欄位

▶▶ 76 │解決開啟 CSV 檔案亂碼

如果你使用 Excel 打開 csv 檔案，出現了一堆亂碼，這通常是因為文件的編碼格式與 Excel 預設不一致所造成。透過正確的匯入文件方法，可以輕鬆解決這一問題。

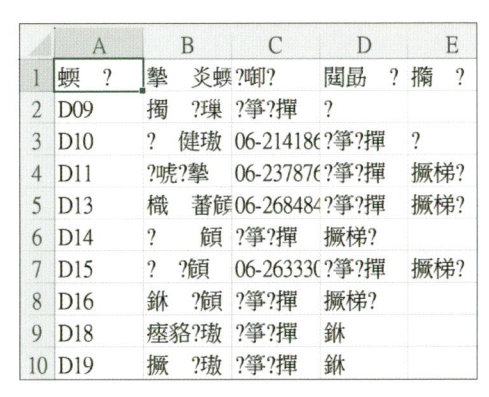

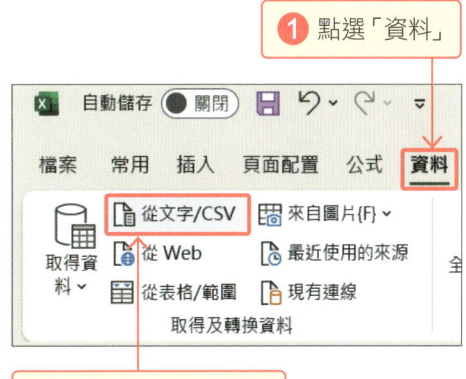

❶ 點選「資料」

❷ 點選「從文字/CSV」

❸ 選擇要匯入的 csv 檔

❹ 點擊「匯入」

❺ 選擇「65001: Unicode (UTF-8)」　❻ 選擇逗號（這需要根據原始資料調整）

❼ 點擊「載入」

▲ 亂碼消失～檔案可以正常顯示了！

上述示範是使用 365 版本，有些 Excel 版本會出現「資料剖析」的操作畫面，但步驟也是相似的喔！

(如果對資料剖析不熟悉，可以參考 2-5 小節的內容)

2-5 神速完成資料切割與合併

▶▶ 77 │ 一欄切割成多欄 (固定寬度)

在處理地址資料時，完整地址可能包含城市、行政區、街道等資訊。為了進一步分析，可以使用「資料剖析」功能，將地址拆分為多個欄位。這樣，就可以快速篩選或統計各行政區的資料了！

◆ 首先，需要選擇最適合剖析的資料類型。

要拆分的資料中，城市和行政區剛好都是三個字，因此我們選擇「固定寬度」作為剖析類型。

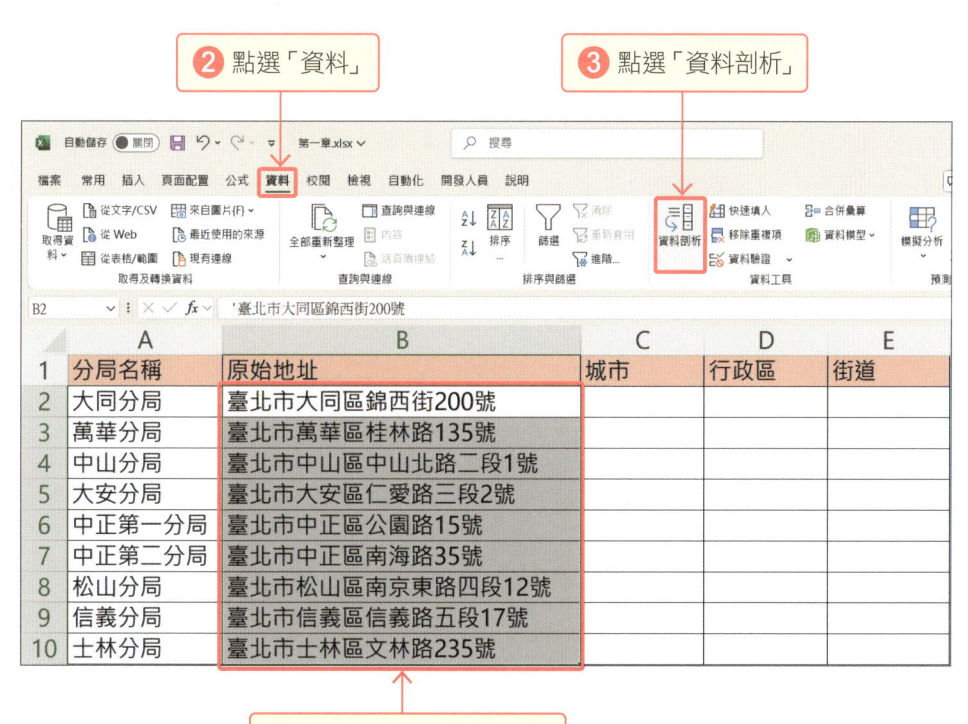

❷ 點選「資料」
❸ 點選「資料剖析」

	A	B	C	D	E
1	分局名稱	原始地址	城市	行政區	街道
2	大同分局	臺北市大同區錦西街200號			
3	萬華分局	臺北市萬華區桂林路135號			
4	中山分局	臺北市中山區中山北路二段1號			
5	大安分局	臺北市大安區仁愛路三段2號			
6	中正第一分局	臺北市中正區公園路15號			
7	中正第二分局	臺北市中正區南海路35號			
8	松山分局	臺北市松山區南京東路四段12號			
9	信義分局	臺北市信義區信義路五段17號			
10	士林分局	臺北市士林區文林路235號			

❶ 選取要拆分的資料範圍

第 2 章　快狠準的進階神技

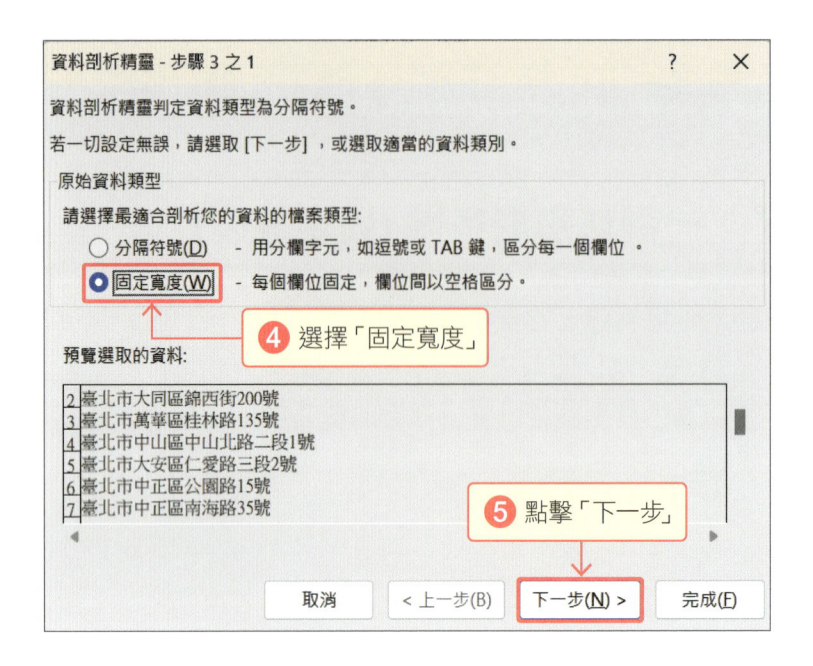

[資料剖析精靈 - 步驟 3 之 1 對話方塊]

④ 選擇「固定寬度」

⑤ 點擊「下一步」

◆ 接著,需要建立分欄線。

只需要點擊,就能建立分欄線;想要移動分欄線的位置,只需要直接拖曳即可;若要清除分欄線,則對著線條連續點擊兩下,就能清除。

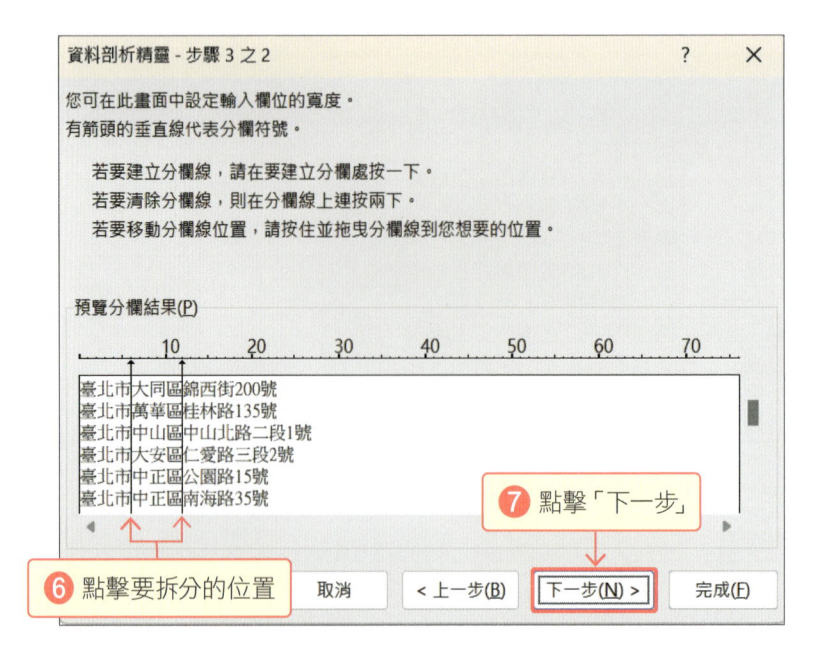

[資料剖析精靈 - 步驟 3 之 2 對話方塊]

⑥ 點擊要拆分的位置

⑦ 點擊「下一步」

2-52

◆ 最後，設定資料格式和要放的位置。

原始資料是文字，Excel 不會有誤判的問題，因此格式選擇預設的「一般」即可；目標儲存格則是「在拆分後，資料範圍的左上角儲存格」。

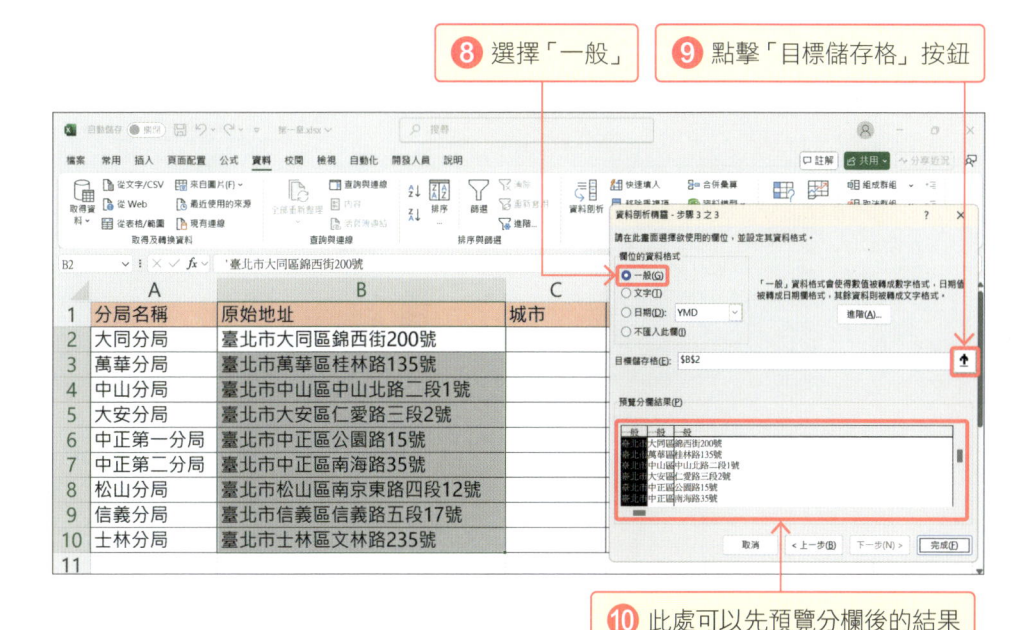

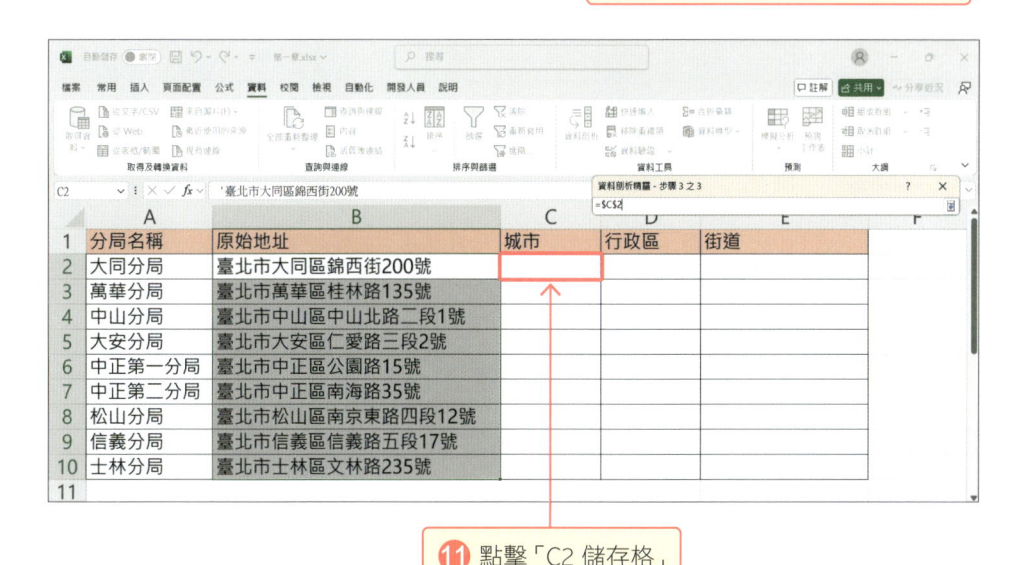

❽ 選擇「一般」

❾ 點擊「目標儲存格」按鈕

❿ 此處可以先預覽分欄後的結果

⓫ 點擊「C2 儲存格」

⓬ 按 Enter ，會顯示 =$C$2

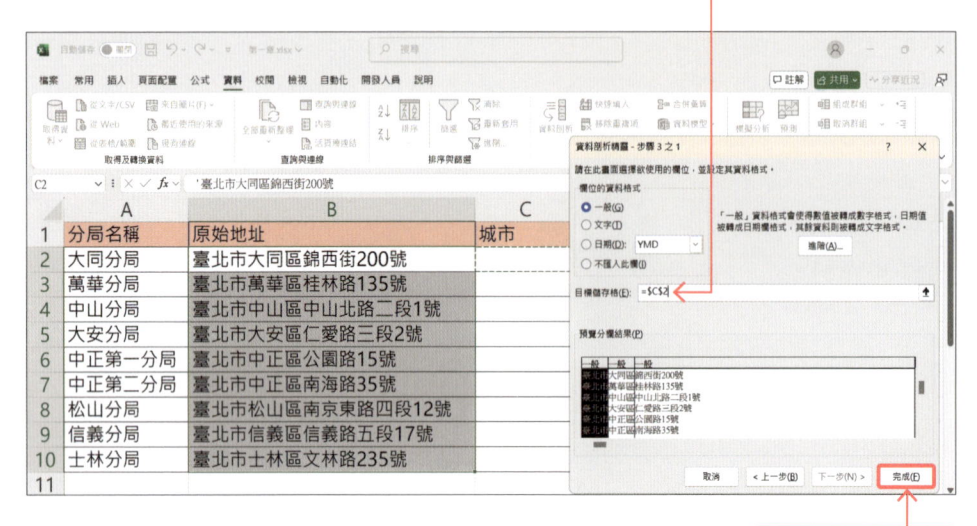

	A	B	C
1	分局名稱	原始地址	城市
2	大同分局	臺北市大同區錦西街200號	
3	萬華分局	臺北市萬華區桂林路135號	
4	中山分局	臺北市中山區中山北路二段1號	
5	大安分局	臺北市大安區仁愛路三段2號	
6	中正第一分局	臺北市中正區公園路15號	
7	中正第二分局	臺北市中正區南海路35號	
8	松山分局	臺北市松山區南京東路四段12號	
9	信義分局	臺北市信義區信義路五段17號	
10	士林分局	臺北市士林區文林路235號	

⓭ 點擊「完成」

	A	B	C	D	E
1	分局名稱	原始地址	城市	行政區	街道
2	大同分局	臺北市大同區錦西街200號	臺北市	大同區	錦西街200號
3	萬華分局	臺北市萬華區桂林路135號	臺北市	萬華區	桂林路135號
4	中山分局	臺北市中山區中山北路二段1號	臺北市	中山區	中山北路二段1號
5	大安分局	臺北市大安區仁愛路三段2號	臺北市	大安區	仁愛路三段2號
6	中正第一分局	臺北市中正區公園路15號	臺北市	中正區	公園路15號
7	中正第二分局	臺北市中正區南海路35號	臺北市	中正區	南海路35號
8	松山分局	臺北市松山區南京東路四段12號	臺北市	松山區	南京東路四段12號
9	信義分局	臺北市信義區信義路五段17號	臺北市	信義區	信義路五段17號
10	士林分局	臺北市士林區文林路235號	臺北市	士林區	文林路235號

▲ 一欄切割成多欄，也能漂漂亮亮！

▶▶ 78 │ 一欄切割成多欄 (分隔符號)

像是地址這種有規律可循的文字資料，處理起來相對容易。但是…有時候你可能會拿到這樣的資料：

	A
1	年,週,就診類別,年齡別,縣市,腸病毒健保就診人次,健保就診總人次
2	2008,14,住院,10-14,台中市,0,60
3	2008,14,住院,10-14,台北市,0,51
4	2008,14,住院,10-14,台東縣,0,2
5	2008,14,住院,10-14,台南市,0,11
6	2008,14,住院,10-14,宜蘭縣,0,12
7	2008,14,住院,10-14,花蓮縣,0,5
8	2008,14,住院,10-14,金門縣,0,1
9	2008,14,住院,10-14,南投縣,0,1
10	2008,14,住院,10-14,屏東縣,0,11
11	2008,14,住院,10-14,苗栗縣,0,1
12	2008,14,住院,10-14,桃園市,0,29
13	2008,14,住院,10-14,高雄市,0,27

所有的資訊都集中在同一個欄位裡，內容以逗號分隔，也有可能是用空格或其他符號。為了方便分析，你需要將它們拆分成獨立的欄位。這時候一樣可以用資料剖析喔！

◆ 首先，會需要選擇最適合剖析的資料類型。

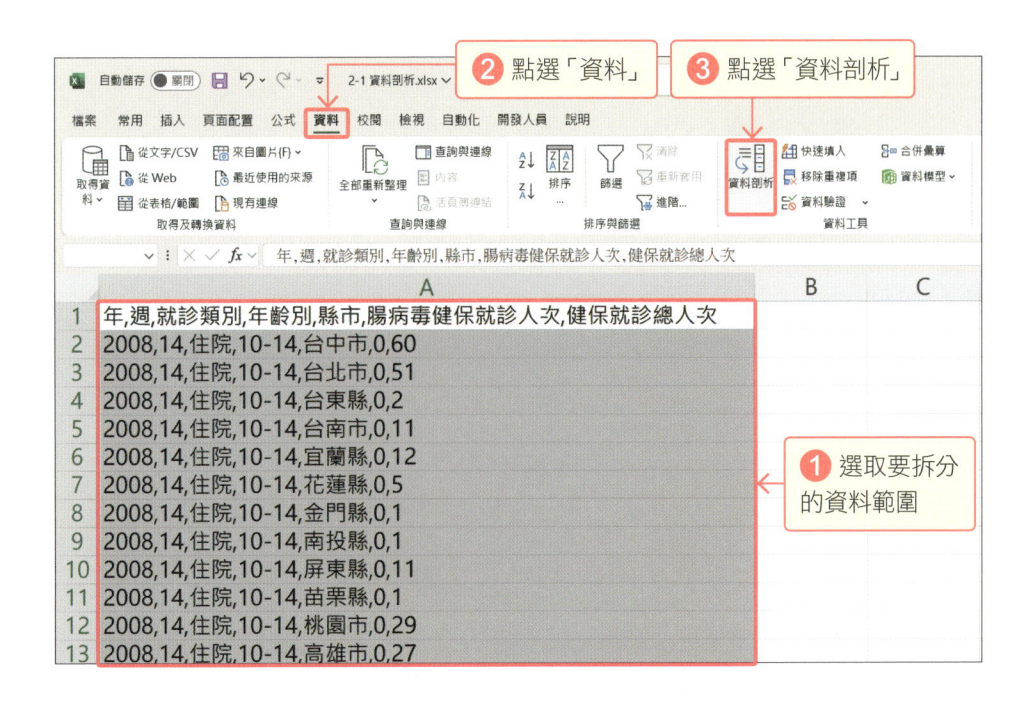

① 選取要拆分的資料範圍
② 點選「資料」
③ 點選「資料剖析」

2-55

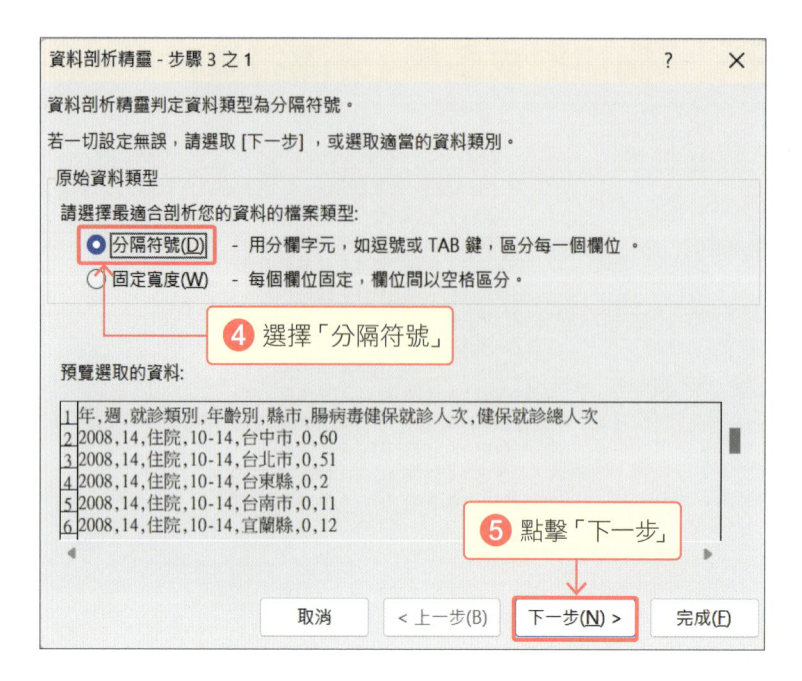

資料剖析精靈 - 步驟 3 之 1

資料剖析精靈判定資料類型為分隔符號。

若一切設定無誤，請選取 [下一步]，或選取適當的資料類別。

原始資料類型

請選擇最適合剖析您的資料的檔案類型：

- ◉ 分隔符號(D) － 用分欄字元，如逗號或 TAB 鍵，區分每一個欄位。
- ○ 固定寬度(W) － 每個欄位固定，欄位間以空格區分。

❹ 選擇「分隔符號」

預覽選取的資料：

```
1 年,週,就診類別,年齡別,縣市,腸病毒健保就診人次,健保就診總人次
2 2008,14,住院,10-14,台中市,0,60
3 2008,14,住院,10-14,台北市,0,51
4 2008,14,住院,10-14,台東縣,0,2
5 2008,14,住院,10-14,台南市,0,11
6 2008,14,住院,10-14,宜蘭縣,0,12
```

❺ 點擊「下一步」

取消　　< 上一步(B)　　下一步(N) >　　完成(F)

◆ 接著要選擇分隔符號。

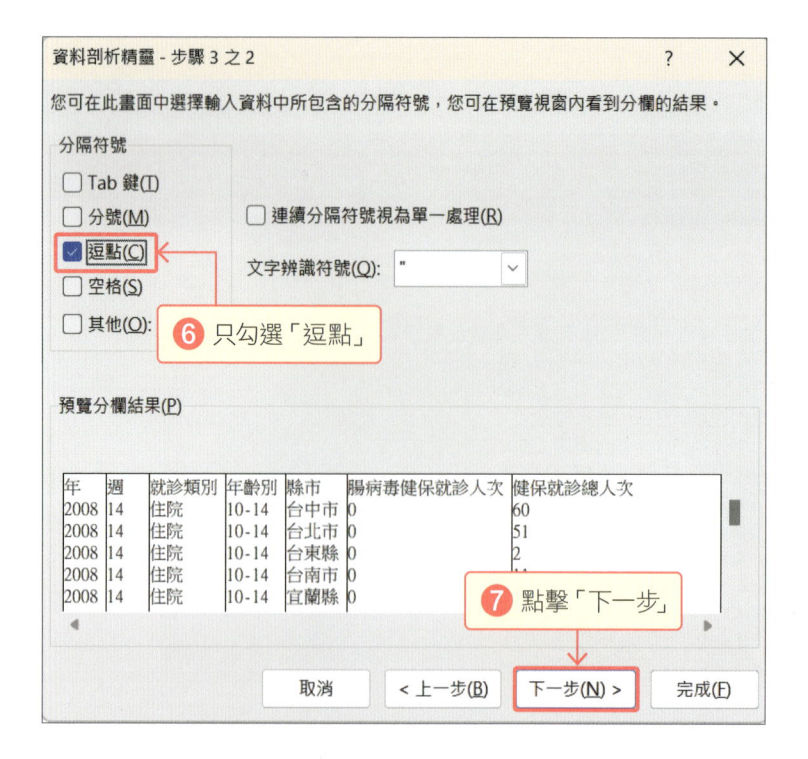

資料剖析精靈 - 步驟 3 之 2

您可在此畫面中選擇輸入資料中所包含的分隔符號，您可在預覽視窗內看到分欄的結果。

分隔符號

- ☐ Tab 鍵(T)
- ☐ 分號(M)
- ☑ 逗點(C)
- ☐ 空格(S)
- ☐ 其他(O):

☐ 連續分隔符號視為單一處理(R)

文字辨識符號(Q): "

❻ 只勾選「逗點」

預覽分欄結果(P)

年	週	就診類別	年齡別	縣市	腸病毒健保就診人次	健保就診總人次
2008	14	住院	10-14	台中市	0	60
2008	14	住院	10-14	台北市	0	51
2008	14	住院	10-14	台東縣	0	2
2008	14	住院	10-14	台南市	0	11
2008	14	住院	10-14	宜蘭縣	0	

❼ 點擊「下一步」

取消　　< 上一步(B)　　下一步(N) >　　完成(F)

◆ 最後，設定資料格式與資料位置。

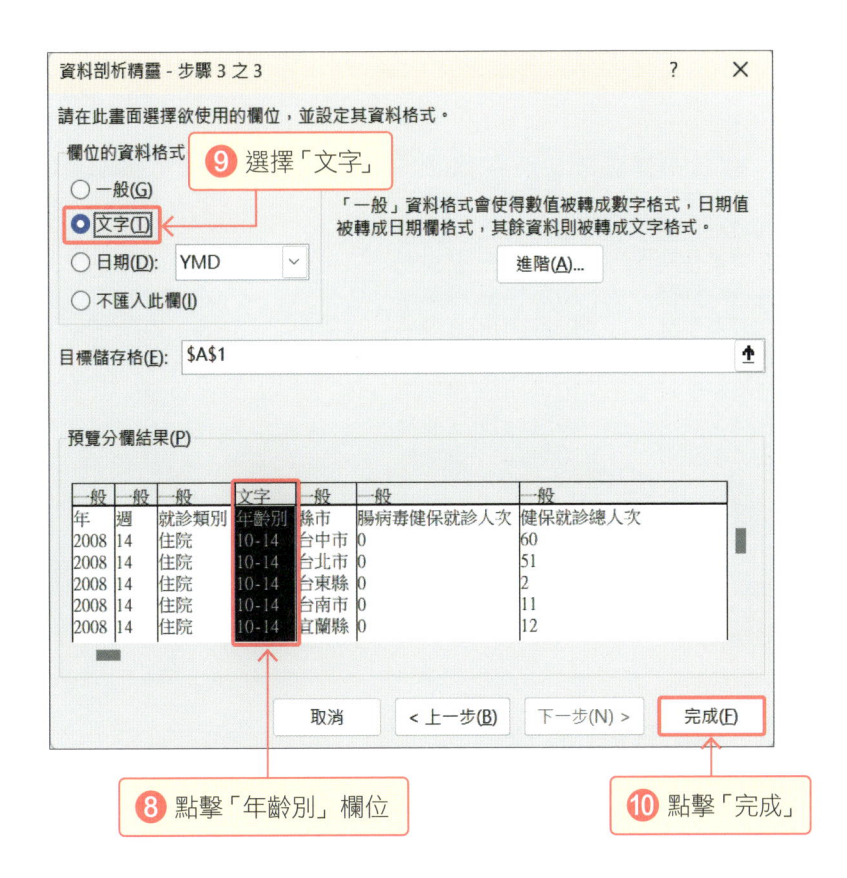

資料剖析精靈 - 步驟 3 之 3

請在此畫面選擇欲使用的欄位，並設定其資料格式。

欄位的資料格式：
- ○ 一般(G)　❾ 選擇「文字」
- ● 文字(T)
- ○ 日期(D)：YMD
- ○ 不匯入此欄(I)

「一般」資料格式會使得數值被轉成數字格式，日期值被轉成日期欄格式，其餘資料則被轉成文字格式。

進階(A)...

目標儲存格(E)：$A$1

預覽分欄結果(P)：

一般	一般	一般	文字	一般	一般	一般
年	週	就診類別	年齡別	縣市	腸病毒健保就診人次	健保就診總人次
2008	14	住院	10-14	台中市	0	60
2008	14	住院	10-14	台北市	0	51
2008	14	住院	10-14	台東縣	0	2
2008	14	住院	10-14	台南市	0	11
2008	14	住院	10-14	宜蘭縣	0	12

取消　< 上一步(B)　下一步(N) >　完成(F)

❽ 點擊「年齡別」欄位　　❿ 點擊「完成」

	A	B	C	D	E	F	G
1	年	週	就診類別	年齡別	縣市	腸病毒健保就診人次	健保就診總人次
2	2008	14	住院	10-14	台中市	0	60
3	2008	14	住院	10-14	台北市	0	51
4	2008	14	住院	10-14	台東縣	0	2
5	2008	14	住院	10-14	台南市	0	11
6	2008	14	住院	10-14	宜蘭縣	0	12
7	2008	14	住院	10-14	花蓮縣	0	5
8	2008	14	住院	10-14	金門縣	0	1
9	2008	14	住院	10-14	南投縣	0	1
10	2008	14	住院	10-14	屏東縣	0	11

▲ 這樣就快速完成囉！

請特別注意～為什麼會需要特別設定「年齡別」欄位的資料格式呢？此處的「10 - 14」是指 10 到 14 歲，但若直接在 Excel 裡輸入「10 - 14」，將被辨識為日期資料，結果會得到「10 月 14 日」。

	A	B	C	D	E	F	G
1	年	週	就診類別	年齡別	縣市	腸病毒健保就診人次	健保就診總人次
2	2008	14	住院	10月14日	台中市	0	60
3	2008	14	住院	10月14日	台北市	0	51
4	2008	14	住院	10月14日	台東縣	0	2
5	2008	14	住院	10月14日	台南市	0	11
6	2008	14	住院	10月14日	宜蘭縣	0	12
7	2008	14	住院	10月14日	花蓮縣	0	5
8	2008	14	住院	10月14日	金門縣	0	1
9	2008	14	住院	10月14日	南投縣	0	1
10	2008	14	住院	10月14日	屏東縣	0	11

應該要是「10 - 14」才對！

為了避免此情況發生，才必須調整「年齡別」的資料格式。如果有點不熟悉日期格式，可以閱讀第 74 招喔！

▶▶ 79 │ 使用函數合併資料

雖然 Ctrl + E 能快速完成合併資料 (第 82 招)，但當你有新的資料須要合併時，就必須再操作一次。接下來跟大家分享 2 個靈活的方法，使用「&」符號或 CONCAT 函數。

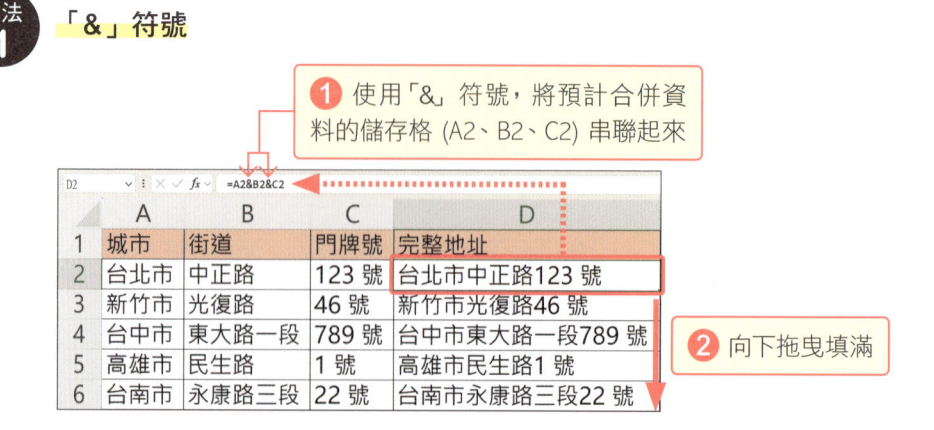

方法 1 「&」符號

❶ 使用「&」符號，將預計合併資料的儲存格 (A2、B2、C2) 串聯起來

D2　fx =A2&B2&C2

	A	B	C	D
1	城市	街道	門牌號	完整地址
2	台北市	中正路	123 號	台北市中正路123 號
3	新竹市	光復路	46 號	新竹市光復路46 號
4	台中市	東大路一段	789 號	台中市東大路一段789 號
5	高雄市	民生路	1 號	高雄市民生路1 號
6	台南市	永康路三段	22 號	台南市永康路三段22 號

❷ 向下拖曳填滿

方法 2　CONCAT 函數

如果需要合併多個儲存格或連續範圍，使用 CONCAT 函數更快喔！

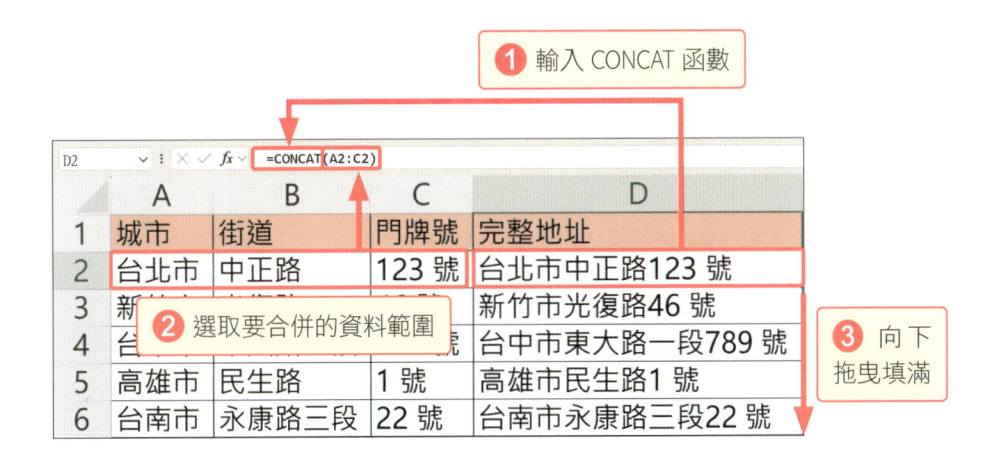

❶ 輸入 CONCAT 函數

	A	B	C	D
1	城市	街道	門牌號	完整地址
2	台北市	中正路	123 號	台北市中正路123 號
3	新竹市	光復路	46 號	新竹市光復路46 號
4	台中市	東大路一段	789 號	台中市東大路一段789 號
5	高雄市	民生路	1 號	高雄市民生路1 號
6	台南市	永康路三段	22 號	台南市永康路三段22 號

D2 =CONCAT(A2:C2)

❷ 選取要合併的資料範圍

❸ 向下拖曳填滿

> **小精靈**
>
> CONCAT 函數語法為「=CONCAT(text1, [text2], …)」
> - `text1`：要合併的文字或儲存格內容。這是必填項目，可以是單一儲存格位置或是範圍。
> - `[text2], …`：其他需要合併的文字或儲存格內容。這是選填項目，最多可以包含 253 個項目。

▶▶ 80 ｜使用函數快速換行

利用 Excel 的 CHAR(10) 函數插入換行符號，在文字中指定需要換行的位置，能達到整齊的排版效果。例如，將「姓名」與「地址」顯示在同一個儲存格內，但分行呈現。

❶ 使用「&」來合併儲存格，並在中間加入 CHAR(10) 函數

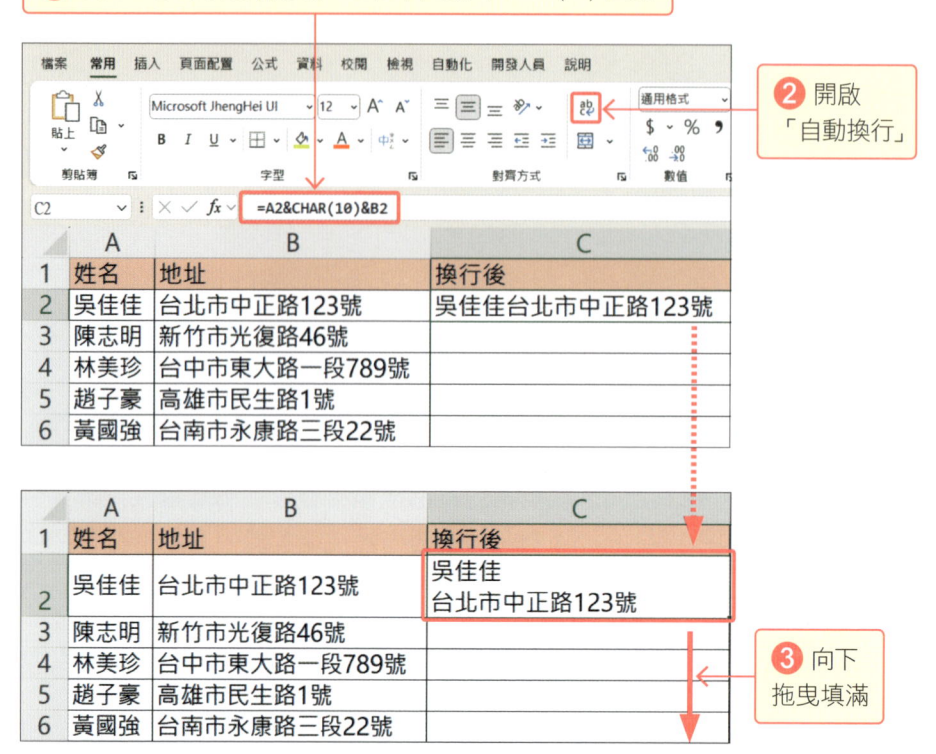

❷ 開啟「自動換行」

C2 =A2&CHAR(10)&B2

	A	B	C
1	姓名	地址	換行後
2	吳佳佳	台北市中正路123號	吳佳佳台北市中正路123號
3	陳志明	新竹市光復路46號	
4	林美珍	台中市東大路一段789號	
5	趙子豪	高雄市民生路1號	
6	黃國強	台南市永康路三段22號	

	A	B	C
1	姓名	地址	換行後
2	吳佳佳	台北市中正路123號	吳佳佳 台北市中正路123號
3	陳志明	新竹市光復路46號	
4	林美珍	台中市東大路一段789號	
5	趙子豪	高雄市民生路1號	
6	黃國強	台南市永康路三段22號	

❸ 向下拖曳填滿

	A	B	C
1	姓名	地址	換行後
2	吳佳佳	台北市中正路123號	吳佳佳 台北市中正路123號
3	陳志明	新竹市光復路46號	陳志明 新竹市光復路46號
4	林美珍	台中市東大路一段789號	林美珍 台中市東大路一段789號
5	趙子豪	高雄市民生路1號	趙子豪 高雄市民生路1號
6	黃國強	台南市永康路三段22號	黃國強 台南市永康路三段22號

▲ 整齊舒爽的完成了～

> 小提醒：記得開啟「自動換行」，讓儲存格內的文字換行效果能正確呈現！

2-60

2-6　內建 AI 自動辨識與處理

▶▶ 81 | Excel 也會變魔術？一秒提取資料

Excel 有一個非常聰明的功能，叫做快速填入 (Flash Fill)。它能根據你輸入的樣本自動辨識模式，瞬間完成批量資料填滿或格式調整。無需複雜的函數或 VBA code，就能幫你輕鬆完成提取、合併、清理、格式轉換等操作，讓資料整理更有效率！接下來會一一介紹各種用法。

當你想要提取字串中的部分資料，像是從產品名稱中提取編號，來看看怎麼使用快速填入一秒完成！

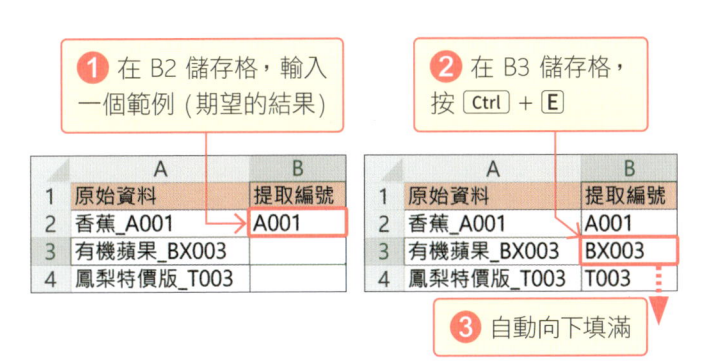

❶ 在 B2 儲存格，輸入一個範例 (期望的結果)

	A	B
1	原始資料	提取編號
2	香蕉_A001	A001
3	有機蘋果_BX003	
4	鳳梨特價版_T003	

❷ 在 B3 儲存格，按 Ctrl + E

	A	B
1	原始資料	提取編號
2	香蕉_A001	A001
3	有機蘋果_BX003	BX003
4	鳳梨特價版_T003	T003

❸ 自動向下填滿

Excel 會自動識別並向下填入，一秒完成資料提取！Ctrl + E 是快速填入功能的快捷鍵，快速填入功能也可以在「資料」下找到。它的圖示上有一個閃電標誌，很符合它的功能效果呢！

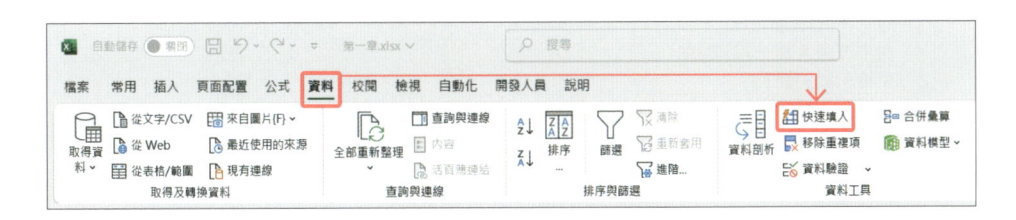

> **小提醒**：這個功能要 2013 以後的 Excel 版本才支援喔！

▶ 82 一秒合併資料

在客戶資料中，地址通常分為多個欄位 (如「城市」、「街道」、「門牌號」)，但在寄送郵件時，你需要將它們合併為一個完整的地址。這時候，一樣可以靠快速填入一秒完成！

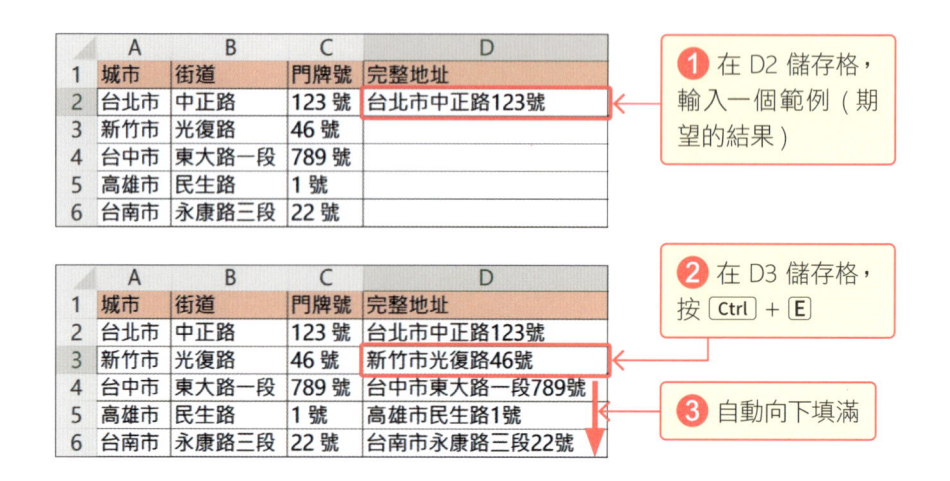

	A	B	C	D
1	城市	街道	門牌號	完整地址
2	台北市	中正路	123 號	台北市中正路123號
3	新竹市	光復路	46 號	
4	台中市	東大路一段	789 號	
5	高雄市	民生路	1 號	
6	台南市	永康路三段	22 號	

❶ 在 D2 儲存格，輸入一個範例 (期望的結果)

	A	B	C	D
1	城市	街道	門牌號	完整地址
2	台北市	中正路	123 號	台北市中正路123號
3	新竹市	光復路	46 號	新竹市光復路46號
4	台中市	東大路一段	789 號	台中市東大路一段789號
5	高雄市	民生路	1 號	高雄市民生路1號
6	台南市	永康路三段	22 號	台南市永康路三段22號

❷ 在 D3 儲存格，按 Ctrl + E

❸ 自動向下填滿

一秒合併完成！若是想要反過來，一秒拆分資料也是沒問題的喔！拆成三個欄位的話，需要個別在每個欄位進行 Ctrl + E 喔！

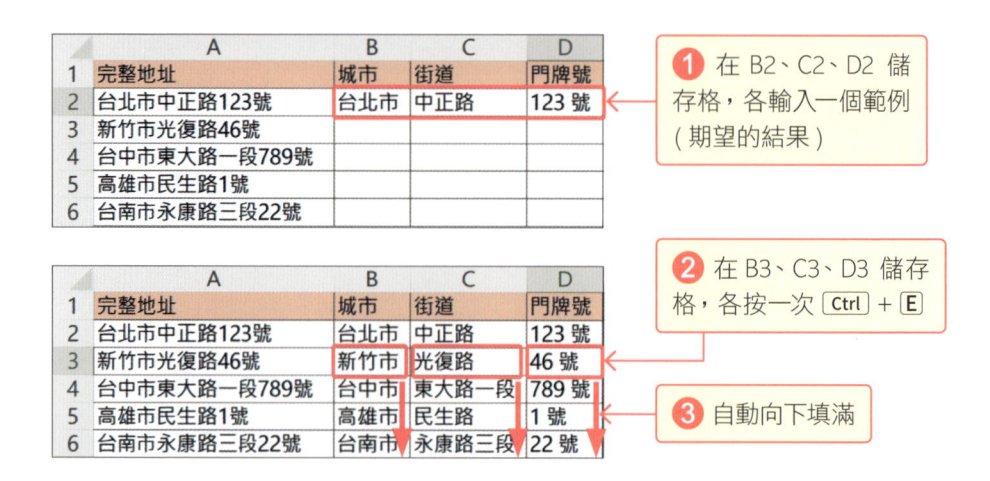

	A	B	C	D
1	完整地址	城市	街道	門牌號
2	台北市中正路123號	台北市	中正路	123 號
3	新竹市光復路46號			
4	台中市東大路一段789號			
5	高雄市民生路1號			
6	台南市永康路三段22號			

❶ 在 B2、C2、D2 儲存格，各輸入一個範例 (期望的結果)

	A	B	C	D
1	完整地址	城市	街道	門牌號
2	台北市中正路123號	台北市	中正路	123 號
3	新竹市光復路46號	新竹市	光復路	46 號
4	台中市東大路一段789號	台中市	東大路一段	789 號
5	高雄市民生路1號	高雄市	民生路	1 號
6	台南市永康路三段22號	台南市	永康路三段	22 號

❷ 在 B3、C3、D3 儲存格，各按一次 Ctrl + E

❸ 自動向下填滿

▶▶ 83 ｜一秒格式化手機號碼

在處理手機號碼資料時，為了更易讀，你希望將一串連續的數字轉換為標準格式，如「0000-000-000」。除了調整儲存格格式，也可以使用快速填入，瞬間完成格式化。

❶ 在 B2 儲存格，輸入一個範例 (期望的結果)

	A	B
1	原始資料	整理後
2	0912345578	0912-345-578
3	0981645479	
4	0900345280	
5	0901345781	
6	0902354699	

❷ 在 B3 儲存格，按 Ctrl + E

	A	B
1	原始資料	整理後
2	0912345578	0912-345-578
3	0981645479	0981-645-479
4	0900345280	0900-345-280
5	0901345781	0901-345-781
6	0902354699	0902-354-699

❸ 自動向下填滿

快速填入功能可以根據資料，自動識別模式，但結果是靜態 (一次性)的。也就是說，如果原始資料更改，就需重新使用快速填入。如果你的資料變動性很大，建議直接調整儲存格格式，或是使用公式 (像是 TEXT 函數)，以本案例來說，你會需要在 B2 儲存格填入 =TEXT(B2, "0000-000-000")，然後往下填充函數，快去試試吧～

▶▶ 84 ｜一秒完成自動換行

在生成標籤或寄送名單時，通常需要將「姓名」與「地址」合併顯示，但希望姓名和地址分為兩行。透過快速填入，能快速實現這種帶換行的合併格式。

	A	B	C
1	姓名	地址	換行後
2	吳佳佳	台北市中正路123號	吳佳佳 台北市中正路123號
3	陳志明	新竹市光復路46號	
4	林美珍	台中市東大路一段789號	
5	趙子豪	高雄市民生路1號	
6	黃國強	台南市永康路三段22號	

❶ 在 C2 儲存格，輸入一個範例（小提示：按 Alt + Enter 可以換行）

	A	B	C
1	姓名	地址	換行後
2	吳佳佳	台北市中正路123號	吳佳佳 台北市中正路123號
3	陳志明	新竹市光復路46號	陳志明 新竹市光復路46號
4	林美珍	台中市東大路一段789號	林美珍 台中市東大路一段789號
5	趙子豪	高雄市民生路1號	趙子豪 高雄市民生路1號
6	黃國強	台南市永康路三段22號	黃國強 台南市永康路三段22號

❷ 在 C3 儲存格，按 Ctrl + E

❸ 自動向下填滿

▶▶ 85 一秒完成資料去識別化

在處理個人資料時，隱藏身份證字號的部分資訊（如後 5 碼以星號顯示），這樣可以有效保護隱私，同時保留辨識性。這種去識別化處理，也可以透過快速填入輕鬆完成。

❶ 在 C2 儲存格，輸入一個範例

	A	B	C
1	姓名	身分證字號	去識別化後
2	吳佳佳	F112233445	F1122*****
3	陳志明	A113366443	
4	林美珍	D234567890	
5	趙子豪	A145667733	
6	黃國強	F345678943	

❷ 在 C3 儲存格，按 Ctrl + E

	A	B	C
1	姓名	身分證字號	去識別化後
2	吳佳佳	F112233445	F1122*****
3	陳志明	A113366443	A1133*****
4	林美珍	D234567890	D2345*****
5	趙子豪	A145667733	A1456*****
6	黃國強	F345678943	F3456*****

❸ 自動向下填滿

86 快速填入失敗怎麼辦？

讓我們看看這個失敗的例子，首先在 B2 儲存格輸入一個範例 (許O漢)，然後在 B3 儲存格按 `Ctrl` + `E`。結果居然幫大家改名了…名字結尾都是漢！

	A	B
1	人名	去識別化
2	許光漢	許O漢
3	林柏宏	林O漢
4	吳慷仁	吳O漢
5	王柏傑	王O漢
6	阮經天	阮O漢 ← !
7	胡伶	胡O漢
8	林品彤	林O漢
9	鍾雪瑩	鍾O漢

如果快速填入不能正確辨識你的需求時，該怎麼辦？不要擔心！Excel 只是需要更多的樣本來學習規律，提供額外的範例，就能更精確地了解你的需求、快速完成填充。

❶ 在 B2、B3 儲存格，都各輸入一個範例

	A	B
1	人名	去識別化
2	許光漢	許O漢
3	林柏宏	林O宏
4	吳慷仁	
5	王柏傑	
6	阮經天	
7	胡伶	
8	林品彤	
9	鍾雪瑩	

❷ 在 B4 儲存格，按 `Ctrl` + `E`

	A	B
1	人名	去識別化
2	許光漢	許O漢
3	林柏宏	林O宏
4	吳慷仁	吳O仁
5	王柏傑	王O傑
6	阮經天	阮O天
7	胡伶	胡O
8	林品彤	林O彤
9	鍾雪瑩	鍾O瑩

❸ 自動向下填滿

成功去識別化，也讓大家恢復本名囉！

2-7 自動化檢查與標註

透過 Excel 的「條件式格式設定」功能,可以幫助你在茫茫資料大海中,快速找到重點資料!以下整理了幾個循序漸進的實用技巧,從簡單的介面設定操作,到使用進階公式技巧,讓你輕鬆掌握「條件式格式設定」功能。

▶▶ 87 | 快速找出重複內容

「咦,這個編號怎麼重複了?」在輸入資料時,有時候會不小心填錯資料,導致輸入了重複的資料。這時條件式格式就像一位細心的小天使,能迅速幫你抓出重複的資料,避免用肉眼慢慢逐筆檢查的麻煩。

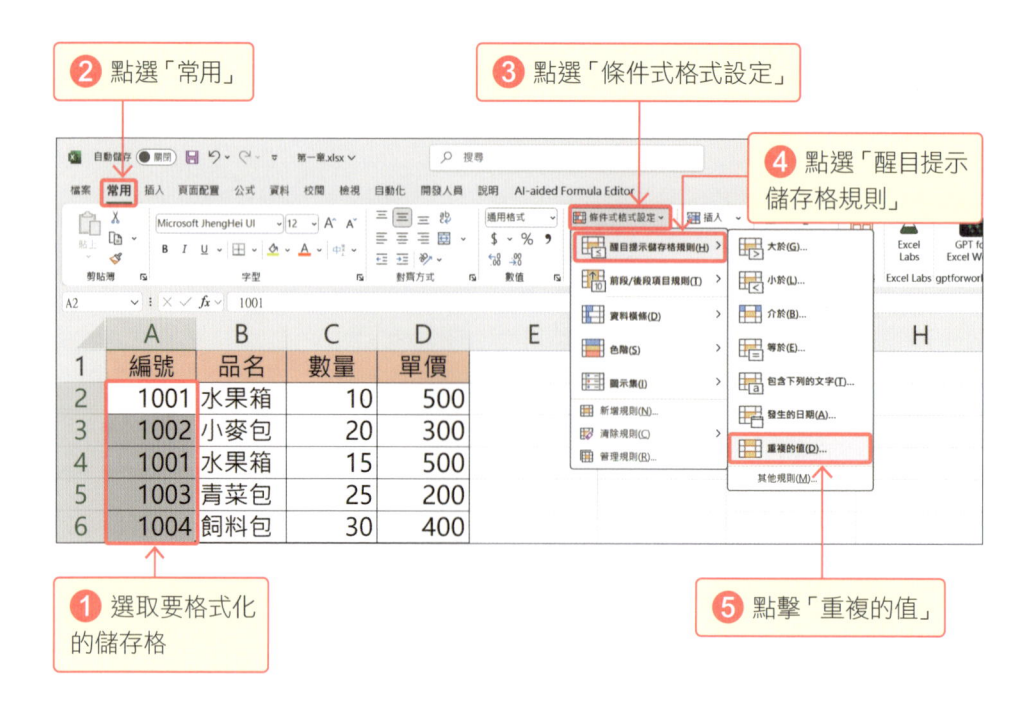

❶ 選取要格式化的儲存格
❷ 點選「常用」
❸ 點選「條件式格式設定」
❹ 點選「醒目提示儲存格規則」
❺ 點擊「重複的值」

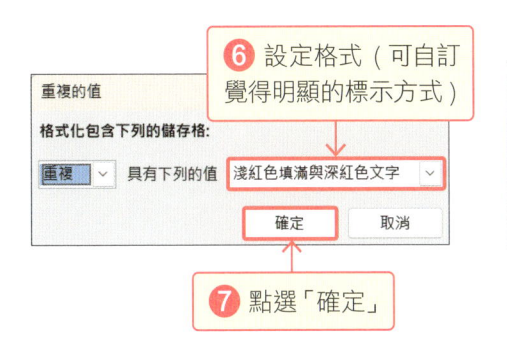

❻ 設定格式（可自訂覺得明顯的標示方式）

❼ 點選「確定」

	A	B	C	D
1	編號	品名	數量	單價
2	1001	水果箱	10	500
3	1002	小麥包	20	300
4	1001	水果箱	15	500
5	1003	青菜包	25	200
6	1004	飼料包	30	400

▲ 一眼就能看到重複項目啦！

▶▶ 88 │ 再也不怕資料漏填啦！

同事填寫資料表單時，總會不小心漏掉某些資料，檢查起來總是讓你眼花撩亂？透過條件式格式，讓遺漏填寫的儲存格將自動亮起來，像一盞盞小燈，提醒大家補上缺漏資料，是不是超方便？

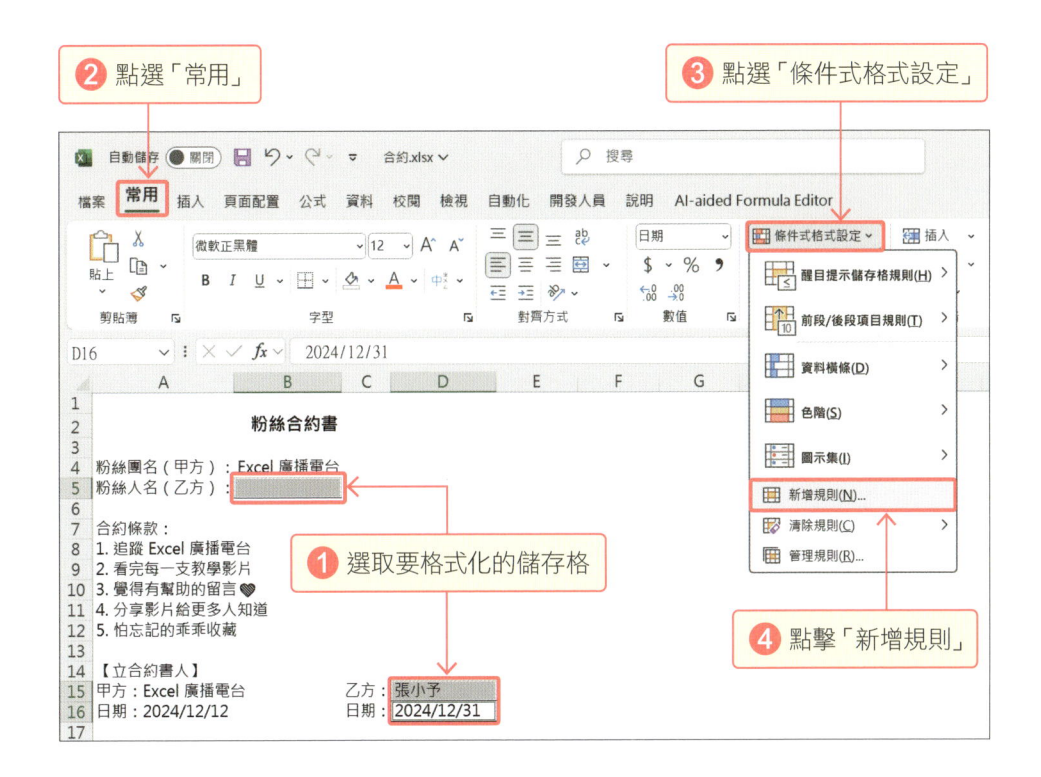

❷ 點選「常用」

❸ 點選「條件式格式設定」

❶ 選取要格式化的儲存格

❹ 點擊「新增規則」

2-67

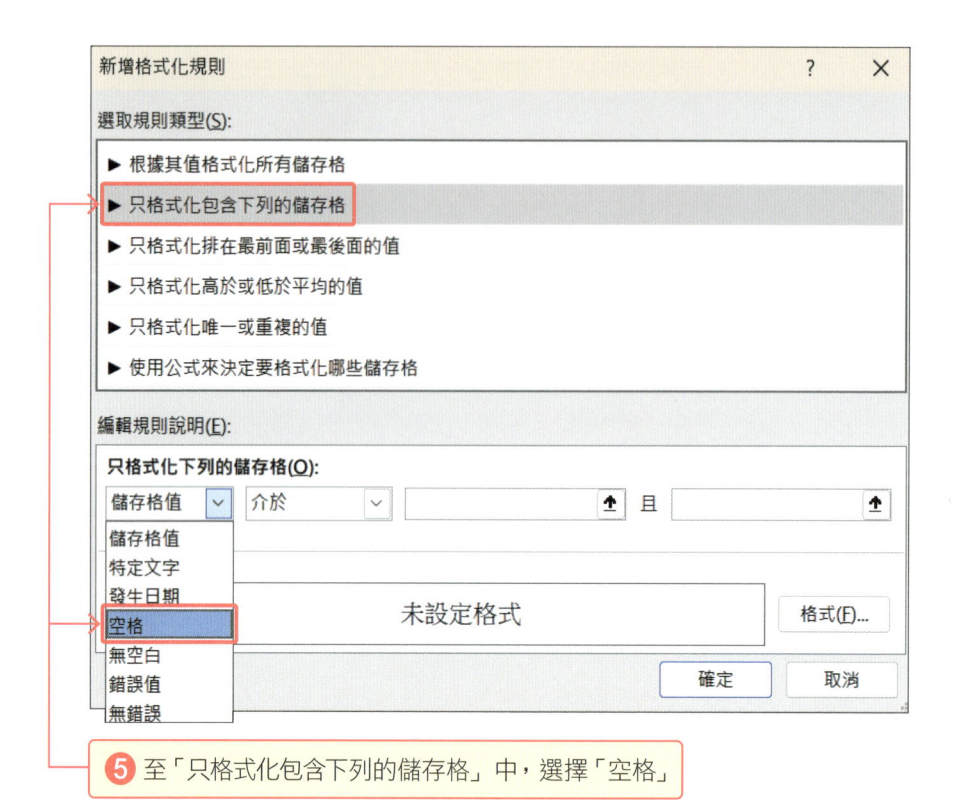

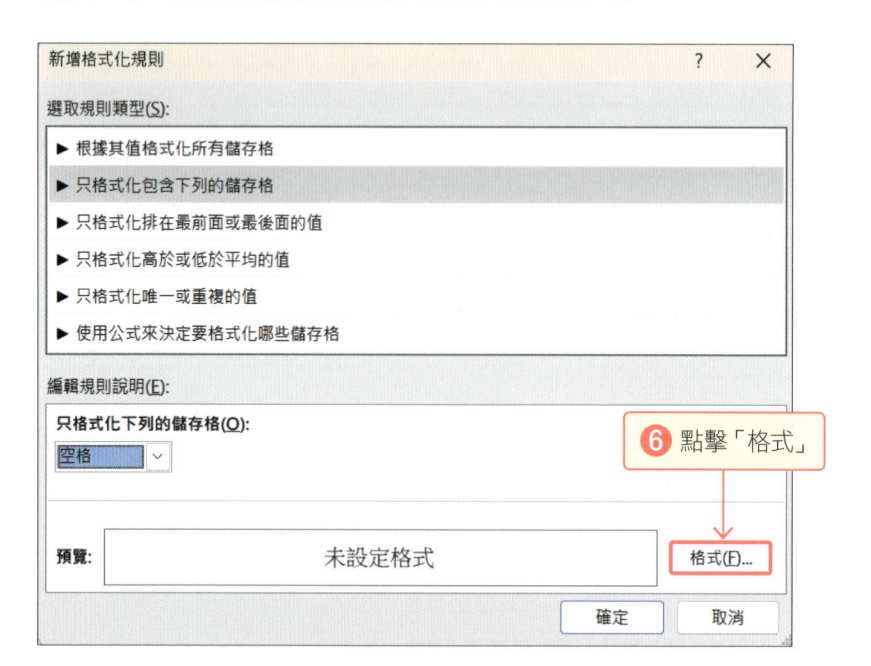

❺ 至「只格式化包含下列的儲存格」中，選擇「空格」

❻ 點擊「格式」

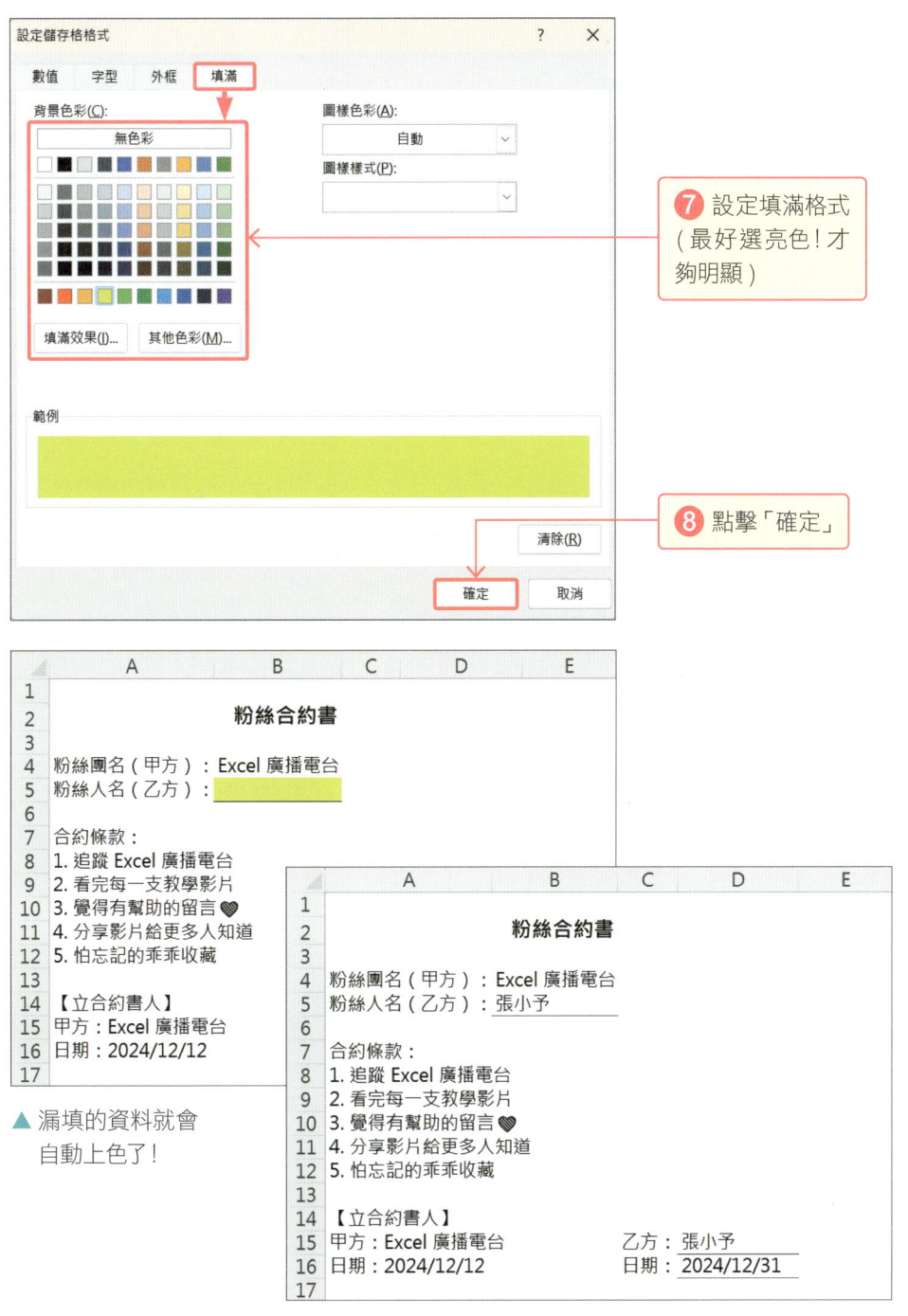

❼ 設定填滿格式（最好選亮色！才夠明顯）

❽ 點擊「確定」

▲ 漏填的資料就會自動上色了！

▲ 如果有填上資料，黃底就會消失喔

▶▶ 89 庫存低於總量時自動標註

「庫存快不夠啦！」當需要監控商品庫存時，條件式格式就是一個貼心的補貨提醒小助手。當庫存不足時，自動標示庫存數量不足的商品，快速提醒需要補貨。

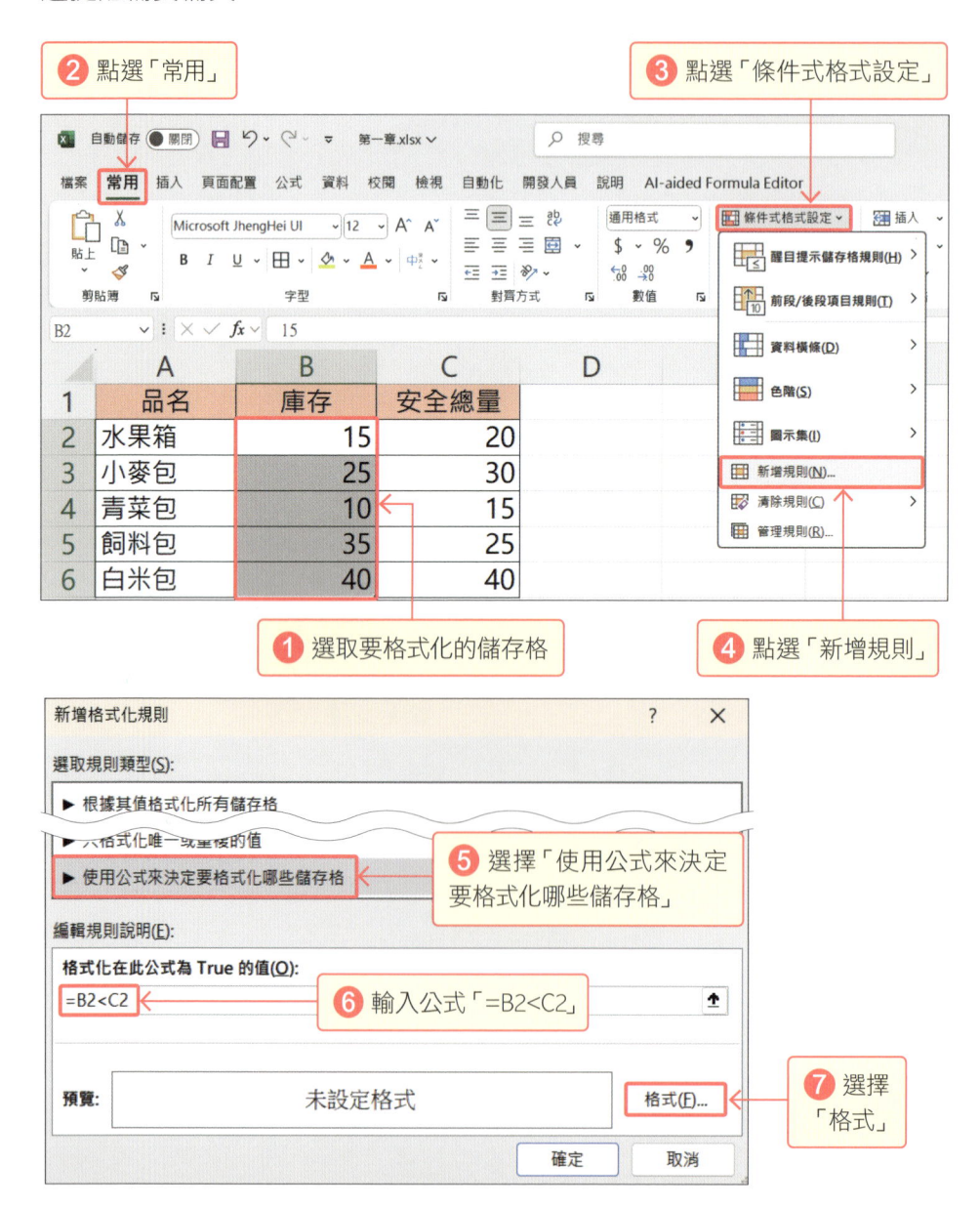

❷ 點選「常用」

❸ 點選「條件式格式設定」

❶ 選取要格式化的儲存格

❹ 點選「新增規則」

❺ 選擇「使用公式來決定要格式化哪些儲存格」

❻ 輸入公式「=B2<C2」

❼ 選擇「格式」

2-70

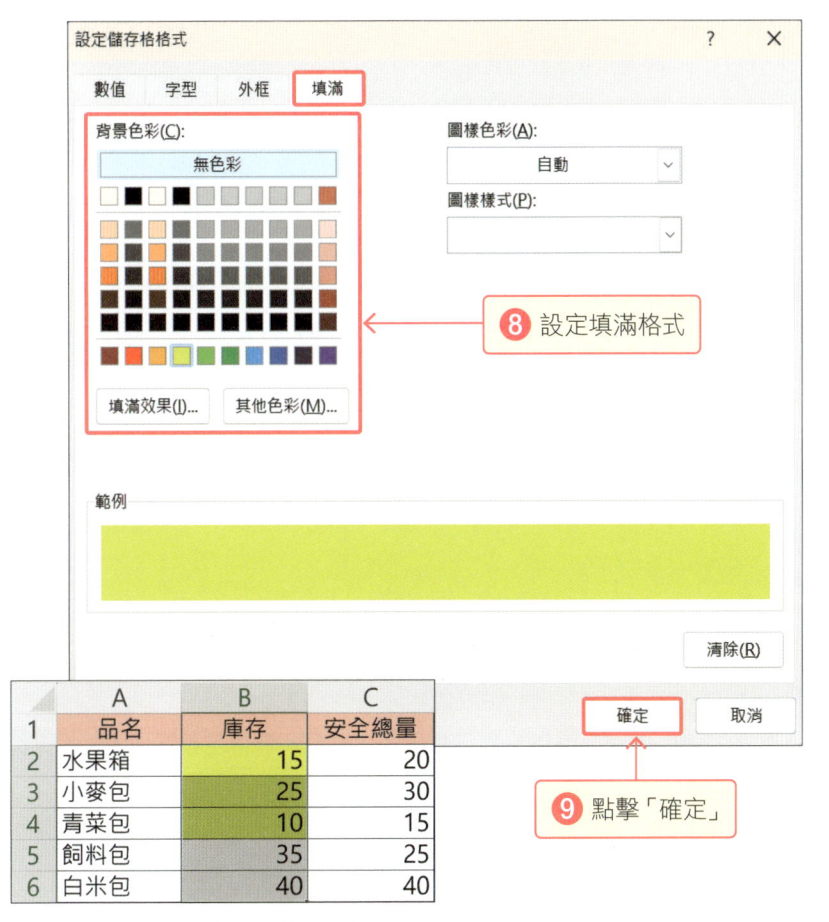

▲ 當庫存小於安全總量，會顯示黃底，就一目了然啦！

你可能會好奇為什麼公式是「=B2<C2」，這樣 Excel 怎麼知道要檢查其他列的資料？例如第 3 列以後的？

這必須要聊到使用 Excel 公式的一個重要觀念——相對參照。

在 Excel 中，相對參照指的是當你複製或套用公式時，儲存格的引用會根據相對位置自動調整。例如，當你在 B2 儲存格輸入「=A2+1」，然後將公式往下拖曳到 B3 儲存格，公式會自動變成「=A3+1」，而不是固定引用 A2。

❶ 輸入 =A2+1

❷ 往下拖曳，將公式複製到 B3

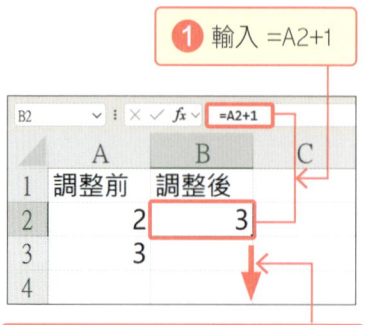

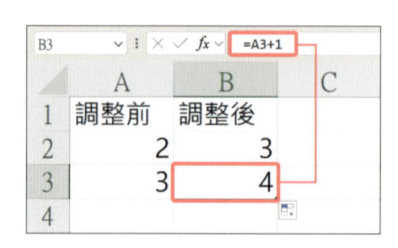

▲ B3 儲存格中的公式為 =A3+1

因此應用在條件式格式時，當我們輸入「=B2<C2」作為條件，Excel 會以選取範圍的第一列作為起點，並根據範圍的每一列自動調整 B2 和 C2，變成 B3、C3，B4、C4，依此類推。

> **相對參照 vs. 絕對參照 vs. 混合參照**
>
> 在 Excel 中，想將公式複製到其他位置時，參照方式會影響公式的變動方式。
>
> 延續前面的例子，觀察它在不同參照方式下，複製到其他儲存格後會產生哪些變化：
>
> - 相對參照 (**=A2+1**)
>
>   會根據位置變動，調整儲存格的參照 (列、欄都是變動的)。
>
>   舉例 1～複製到 B3 後，公式變成 **=A3+1**。
>
>   舉例 2～複製到 C2 後，公式變成 **=B2+1**。
>
> - 絕對參照 (**=$A$2+1**)
>
>   無論公式被複製到哪裡，參照的儲存格都不會變動 (鎖定了 A 欄和第 2 列)。
>
>   舉例 1～複製到 B3 後，公式依然是 **=$A$2+1**。
>
>   舉例 2～複製到 C2 後，公式依然是 **=$A$2+1**。
>
> - 混合參照 (**=$A2+1** 或 **=A$2+1**)
>
>   「欄」或「列」擇一鎖定，參照的儲存格只有部分變動。

NEXT

- 在 B2 儲存格輸入 **=$A2+1** (鎖定 A 欄，但不鎖定列)

舉例 1 ~ 複製到 B3 後，公式變成 **=$A3+1** (列變了，但欄不變)

舉例 2 ~ 複製到 C2 後，公式依然是 **=$A2+1**

- 在 B2 儲存格輸入 **=A$2+1** (鎖定第 2 列，但不鎖定欄)

舉例 3 ~ 複製到 B3 後，公式依然是 **=A$2+1**

舉例 4 ~ 複製到 C2 後，公式變成 **=B$2+1** (欄變了，但列不變)

另外 ~ 想要快速設定參照的話，只需點擊 F4，不用自己慢慢手動打 **$** 符號喔！

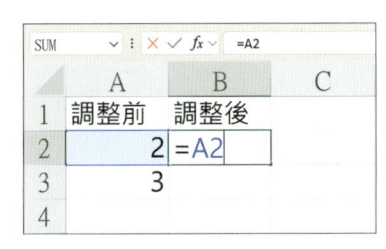

▲ 輸入 =A2

▲ 按 F4，A2 變成 $A$2

▲ 再按一次 F4，$A$2 變 A$2

▲ 再按一次 F4，A$2 變成 $A2

▶▶ 90 ｜自動標示週末

　　管理排班時，清晰區分週末與工作日能讓班表更直觀。透過條件式格式，能讓班表中的週末快速被看到！這次來試試看如何讓整列符合條件的資料一起上色吧！

❷ 點選「常用」

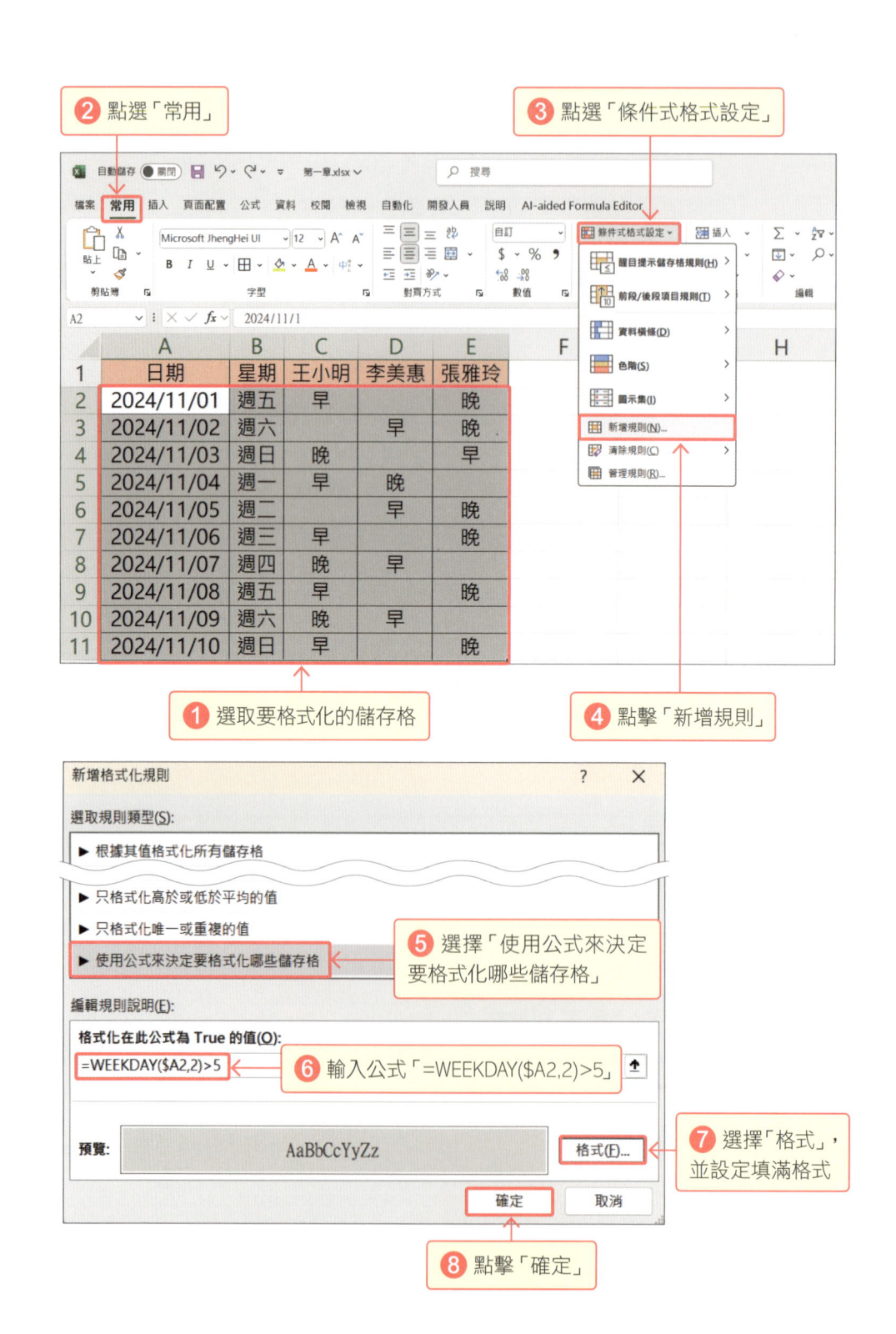

❸ 點選「條件式格式設定」

❶ 選取要格式化的儲存格

❹ 點擊「新增規則」

	A	B	C	D	E
1	日期	星期	王小明	李美惠	張雅玲
2	2024/11/01	週五	早		晚
3	2024/11/02	週六		早	晚
4	2024/11/03	週日	晚		早
5	2024/11/04	週一	早	晚	
6	2024/11/05	週二		早	晚
7	2024/11/06	週三	早		晚
8	2024/11/07	週四	晚	早	
9	2024/11/08	週五	早		晚
10	2024/11/09	週六	晚	早	
11	2024/11/10	週日	早		晚

❺ 選擇「使用公式來決定要格式化哪些儲存格」

❻ 輸入公式「=WEEKDAY($A2,2)>5」

❼ 選擇「格式」，並設定填滿格式

❽ 點擊「確定」

▶ 2-74

	A	B	C	D	E
1	日期	星期	王小明	李美惠	張雅玲
2	2024/11/01	週五	早		晚
3	2024/11/02	週六		早	晚
4	2024/11/03	週日	晚		早
5	2024/11/04	週一	早	晚	
6	2024/11/05	週二		早	晚
7	2024/11/06	週三	早		晚
8	2024/11/07	週四	晚	早	
9	2024/11/08	週五	早		晚
10	2024/11/09	週六	晚	早	
11	2024/11/10	週日	早		晚

◀ 如此一來整列資料都上色了！

> **小精靈**
>
> WEEKDAY 函數語法為「=WEEKDAY(serial_number, [return_type])」
>
> - **serial_number**：要計算星期幾的日期，可以是日期或儲存格位置。此處會將日期轉換成「星期幾」的數值，轉換方式依設定的 return_type 來決定。
>
> - **return_type**：決定「星期幾」所傳回數字的對應方式。Excel 提供了多種選擇，常見的兩種如下：
>
> | return_type | 說明 | 星期一 | 星期二 | 星期三 | 星期四 | 星期五 | 星期六 | 星期日 |
> |---|---|---|---|---|---|---|---|---|
> | 1（預設值） | 星期日為1，星期六為7 | 2 | 3 | 4 | 5 | 6 | 7 | 1 |
> | 2 | 星期一為1，星期日為7 | 1 | 2 | 3 | 4 | 5 | 6 | 7 |
>
> 此處案例的公式為 =WEEKDAY($A2,2)>5，代表 return_type 參數設定為 2。也就是說，星期一到星期日的數值轉換，依序為 1～7。而當數值 >5 時 (即星期六、星期日)，底色顯示為灰底。
>
> 另外，請注意 WEEKDAY 函數中，使用 $ 符號將 A 欄鎖住了 (絕對參照)，列則保持相對參照！意思是我們只檢查「A 欄」的資料，每一列則是根據「A 欄」的資料，來決定是否「整列」都調整底色。

91 ｜合約到期提醒

管理多份合約時，如何確保不會遺漏即將到期的合約？利用條件式格式，Excel 可以自動幫你標記已過期、即將到期的合約，避免因疏忽而影響業務！透過填滿提醒，讓你輕鬆掌握續約時程！

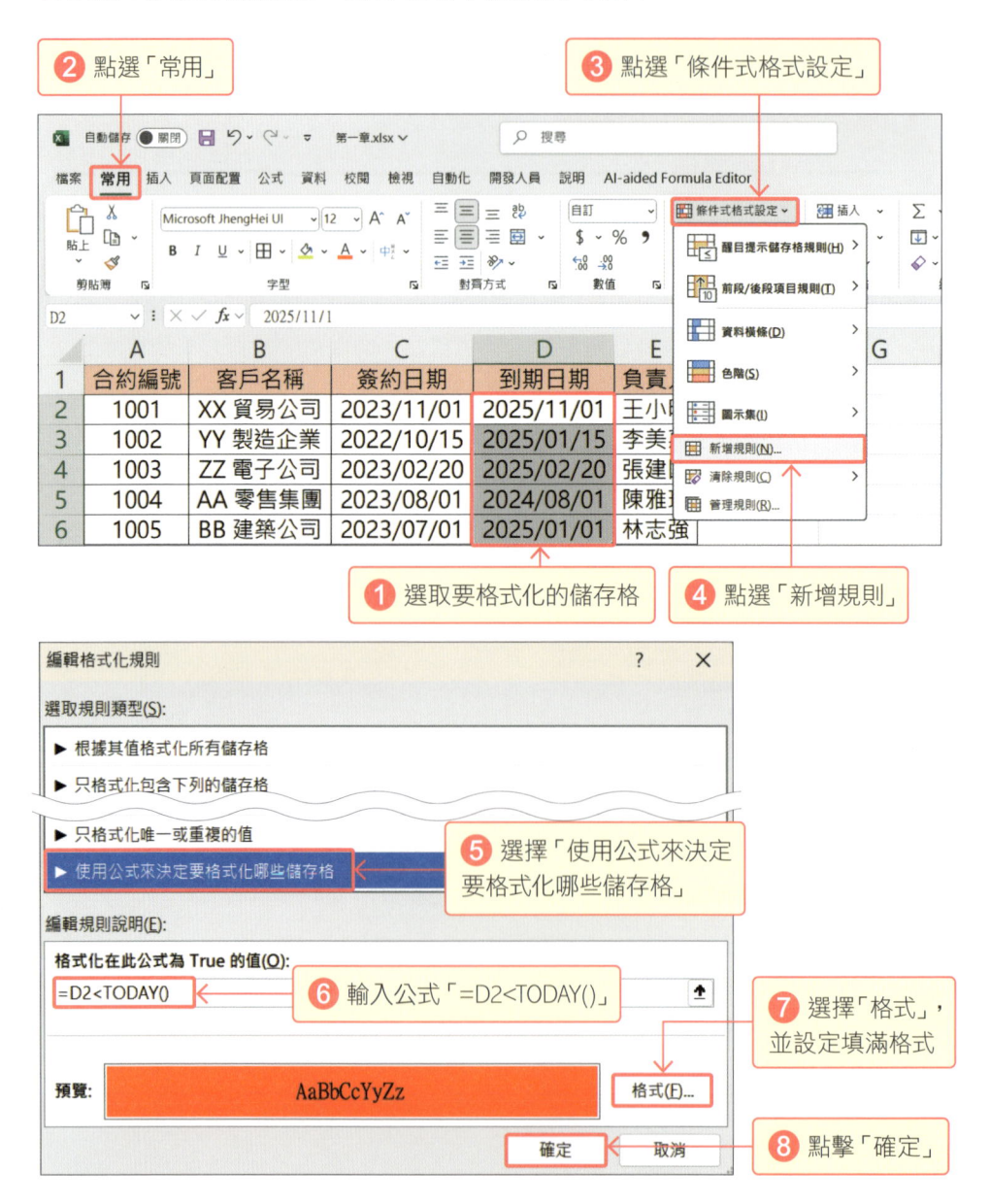

❷ 點選「常用」

❸ 點選「條件式格式設定」

	A	B	C	D	E
1	合約編號	客戶名稱	簽約日期	到期日期	負責人
2	1001	XX 貿易公司	2023/11/01	2025/11/01	王小明
3	1002	YY 製造企業	2022/10/15	2025/01/15	李美
4	1003	ZZ 電子公司	2023/02/20	2025/02/20	張建
5	1004	AA 零售集團	2023/08/01	2024/08/01	陳雅
6	1005	BB 建築公司	2023/07/01	2025/01/01	林志強

❶ 選取要格式化的儲存格

❹ 點選「新增規則」

❺ 選擇「使用公式來決定要格式化哪些儲存格」

❻ 輸入公式「=D2<TODAY()」

❼ 選擇「格式」，並設定填滿格式

❽ 點擊「確定」

2-76

	A	B	C	D	E
1	合約編號	客戶名稱	簽約日期	到期日期	負責人
2	1001	XX 貿易公司	2023/11/01	2025/11/01	王小明
3	1002	YY 製造企業	2022/10/15	2025/01/15	李美惠
4	1003	ZZ 電子公司	2023/02/20	2025/02/20	張建國
5	1004	AA 零售集團	2023/08/01	2024/08/01	陳雅玲
6	1005	BB 建築公司	2023/07/01	2025/01/01	林志強

◀ 假設今天是 2024/12/30，今天以前的日期被標示出來了！

TODAY 函數語法為「=TODAY()」

直接輸入 =TODAY() 即可使用，用來傳回當天的日期 (電腦顯示的當天日期)，格式為 YYYY/MM/DD 或 YYYY-MM-DD (取決於儲存格格式設定)。

- **延伸應用 1：=[日期儲存格] < TODAY()**

  D2<TODAY() 可用來檢查 D2 儲存格內的日期，是否為今天以前的日期。若是將 < (小於) 替換為 > (大於) 將顯示是否為未來日期；若替換或加入 = (等於) 即可顯示是否包含當天。

- **延伸應用 2：=AND([日期儲存格] >= TODAY(), [日期儲存格] - TODAY() <= 30)**

  此處用 AND 函數來測試多個條件，只有當所有條件都滿足時，結果才會是 TRUE，否則返回 FALSE。本案例設定的這兩個條件，可用來檢查 D2 儲存格內的日期是否為「未來 30 天內到期的項目」。

  第一個條件為 D2>=TODAY()，用來確保該日期必須在今天以後，才算是「即將」到期。

  第二個條件為 D2-TODAY()<=30，確保該日期和今天的天數差在 30 天以內。

  如此一來，標示已過期的項目可使用 D2<TODAY()；標示未來 30 天內到期的項目則使用 AND(D2>=TODAY(), D2-TODAY()<=30)。

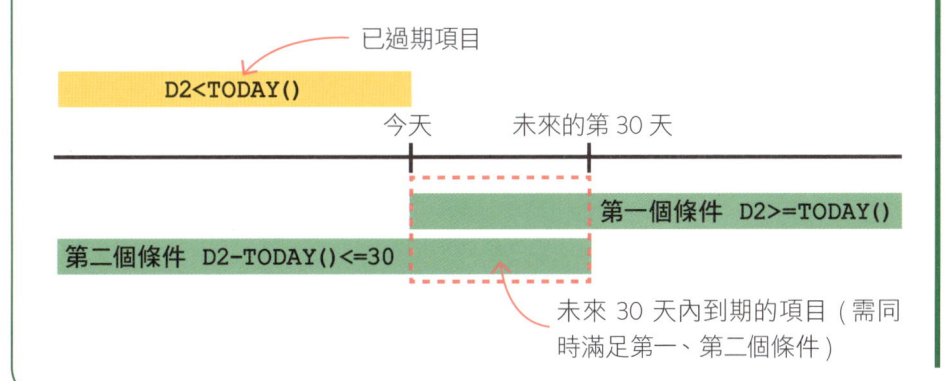

已過期項目 → D2<TODAY()

今天 ── 未來的第 30 天

第一個條件 D2>=TODAY()
第二個條件 D2-TODAY()<=30

未來 30 天內到期的項目（需同時滿足第一、第二個條件）

92 ｜找出兩表的資料差異

修改資料時，常常需要比對修改前後的表格，檢查哪些資料發生了變動。如果手動逐一核對，不僅耗時還容易出錯。利用 Excel 的條件式格式，讓修改後的表格自動標出變更的資料，快速掌握兩表的差異！

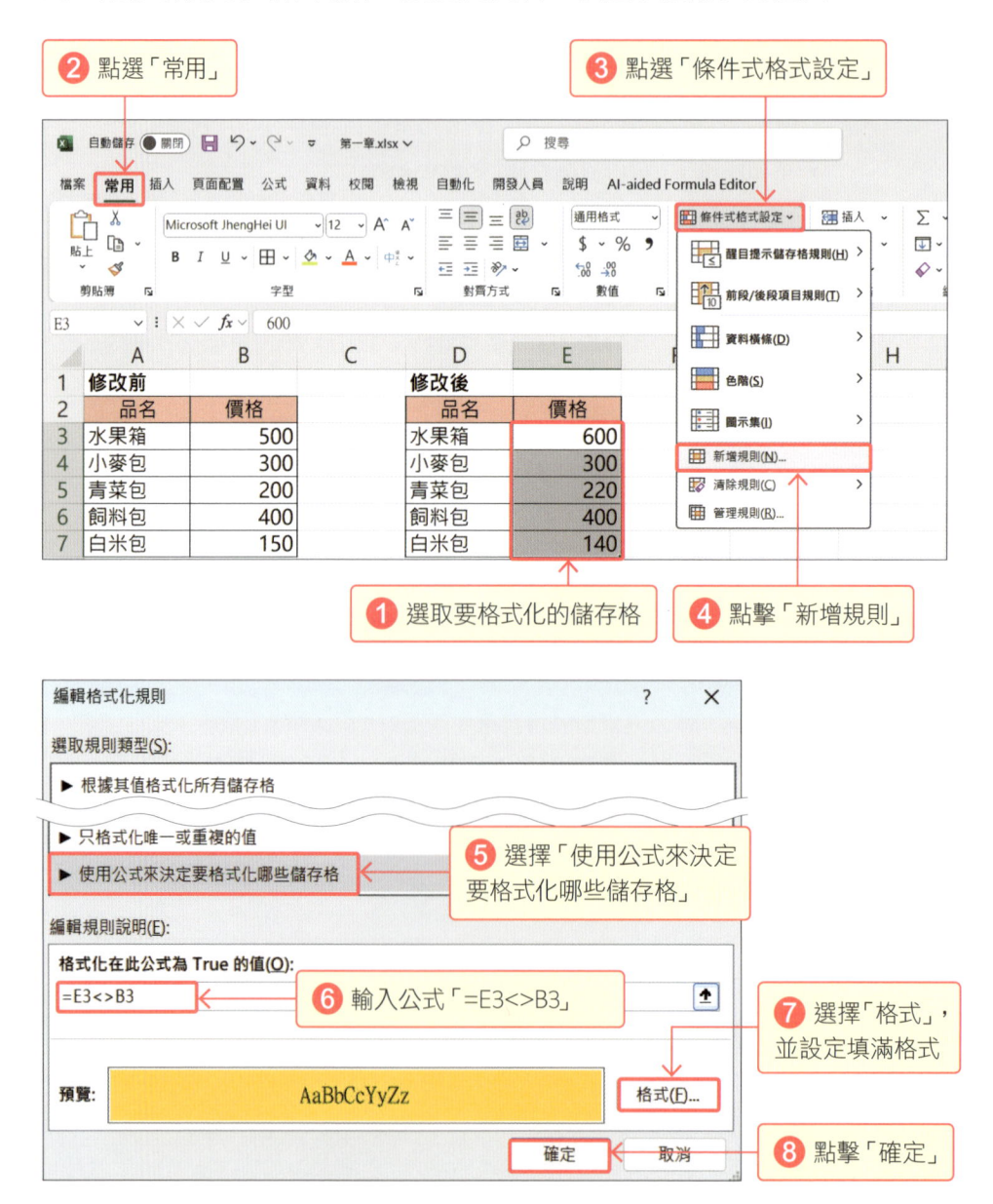

❷ 點選「常用」

❸ 點選「條件式格式設定」

	A	B	C	D	E
1	修改前			修改後	
2	品名	價格		品名	價格
3	水果箱	500		水果箱	600
4	小麥包	300		小麥包	300
5	青菜包	200		青菜包	220
6	飼料包	400		飼料包	400
7	白米包	150		白米包	140

❶ 選取要格式化的儲存格

❹ 點擊「新增規則」

編輯格式化規則

選取規則類型(S)：
▶ 根據其值格式化所有儲存格
▶ 只格式化唯一或重複的值
▶ 使用公式來決定要格式化哪些儲存格

❺ 選擇「使用公式來決定要格式化哪些儲存格」

編輯規則說明(E)：
格式化在此公式為 True 的值(O)：
=E3<>B3

❻ 輸入公式「=E3<>B3」

預覽： AaBbCcYyZz　格式(F)...

❼ 選擇「格式」，並設定填滿格式

❽ 點擊「確定」

	A	B	C	D	E
1	修改前			修改後	
2	品名	價格		品名	價格
3	水果箱	500		水果箱	600
4	小麥包	300		小麥包	300
5	青菜包	200		青菜包	220
6	飼料包	400		飼料包	400
7	白米包	150		白米包	140

▲ 修改後資料變動處，自動標示出來了！

什麼是 <> ?

小精靈

`<>` 是 Excel 的一個比較運算子，表示「不等於」。當公式中出現 `A1<>B1`，意思是「如果 A1 的值不等於 B1 的值，那麼條件成立 (傳回 TRUE)」。在條件式格式中，`<>` 常被用來比較兩個儲存格的內容是否相同，幫助我們快速標示差異。

比較運算子	意義	範例	結果
=	等於	=A1=B1	如果 A1 和 B1 的值相等，傳回 TRUE。反之，傳回 FALSE
<>	不等於	=A1<>B1	如果 A1 和 B1 的值不相等，傳回 TRUE。反之，傳回 FALSE
>	大於	=A1>B1	如果 A1 的值大於 B1，傳回 TRUE。反之，傳回 FALSE
<	小於	=A1<B1	如果 A1 的值小於 B1，傳回 TRUE。反之，傳回 FALSE
>=	大於或等於	=A1>=B1	如果 A1 的值大於或等於 B1，傳回 TRUE。反之，傳回 FALSE
<=	小於或等於	=A1<=B1	如果 A1 的值小於或等於 B1，傳回 TRUE。反之，傳回 FALSE

▶▶ 93 一秒找出兩欄差異

當需要比對兩欄的資料內容是否一致時,除了靠條件式格式設定,分享一招更快的!

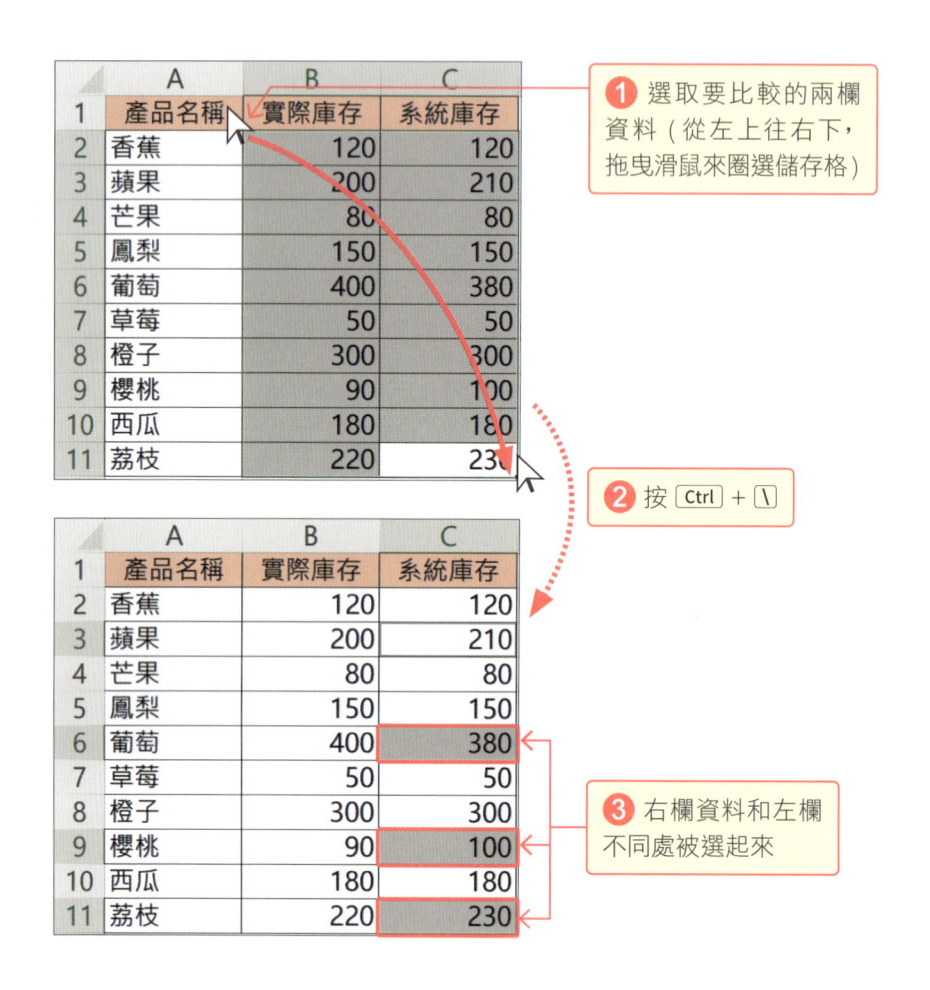

	A	B	C
1	產品名稱	實際庫存	系統庫存
2	香蕉	120	120
3	蘋果	200	210
4	芒果	80	80
5	鳳梨	150	150
6	葡萄	400	380
7	草莓	50	50
8	橙子	300	300
9	櫻桃	90	100
10	西瓜	180	180
11	荔枝	220	230

❶ 選取要比較的兩欄資料(從左上往右下,拖曳滑鼠來圈選儲存格)

❷ 按 Ctrl + \

	A	B	C
1	產品名稱	實際庫存	系統庫存
2	香蕉	120	120
3	蘋果	200	210
4	芒果	80	80
5	鳳梨	150	150
6	葡萄	400	380
7	草莓	50	50
8	橙子	300	300
9	櫻桃	90	100
10	西瓜	180	180
11	荔枝	220	230

❸ 右欄資料和左欄不同處被選起來

> **小提醒** 如果是用滑鼠由右上往左下選取,則左欄資料和右欄不同處會被選起來!也就是說,你圈選的起始位置,會影響到標示位置。

2-8 樞紐分析與報表製作

▶▶ 94 | 不用函數的分析之術

不用寫複雜函數，樞紐分析幫你一秒統計資料，快速生成小計與總計，輕鬆看懂數據趨勢！

◆ 首先，需要先準備好結構化資料表

	A	B	C	D	E	F	G	H
1	訂單編號	銷售日期	業務員	分店	類別	產品	地區	銷售額
2	A0001	2017/12/31	李可可	和平店	上衣類	短袖上衣	南部	110,000
3	A0002	2017/12/31	林亮亮	和平店	上衣類	五分袖	南部	120,000
4	A0003	2017/12/30	丁小予	信義店	上衣類	五分袖	南部	56,750
5	A0004	2017/12/29	吳彩虹	溫良店	上衣類	七分袖	北部	46,625
6	A0005	2017/12/30	張小美	忠孝店	上衣類	七分袖	北部	116,500
7	A0006	2017/12/28	丁小予	信義店	上衣類	七分袖	南部	105,875
8	A0007	2017/12/30	王大明	溫良店	洋裝類	短袖洋裝	北部	15,125
9	A0008	2017/12/29	林亮亮	和平店	洋裝類	短袖洋裝	南部	18,875
10	A0009	2017/12/27	許香香	忠孝店	洋裝類	短袖洋裝	北部	108,375

◆ 接下來，建立樞紐分析表。

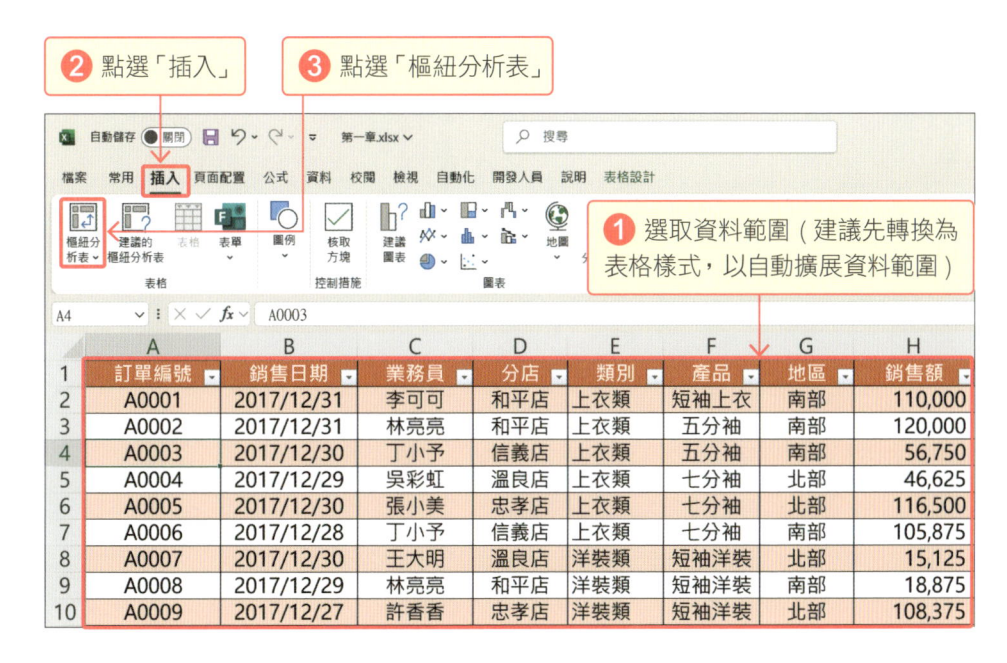

❷ 點選「插入」
❸ 點選「樞紐分析表」
❶ 選取資料範圍（建議先轉換為表格樣式，以自動擴展資料範圍）

> 因為有先建立表格，所以出現「表格1」(表格的名稱)，否則會顯示為一般範圍 $A$1:$H$3000

4 選擇新增工作表

5 點擊「確定」

顯示所有欄位資料

樞紐分析表出現在新工作表了！

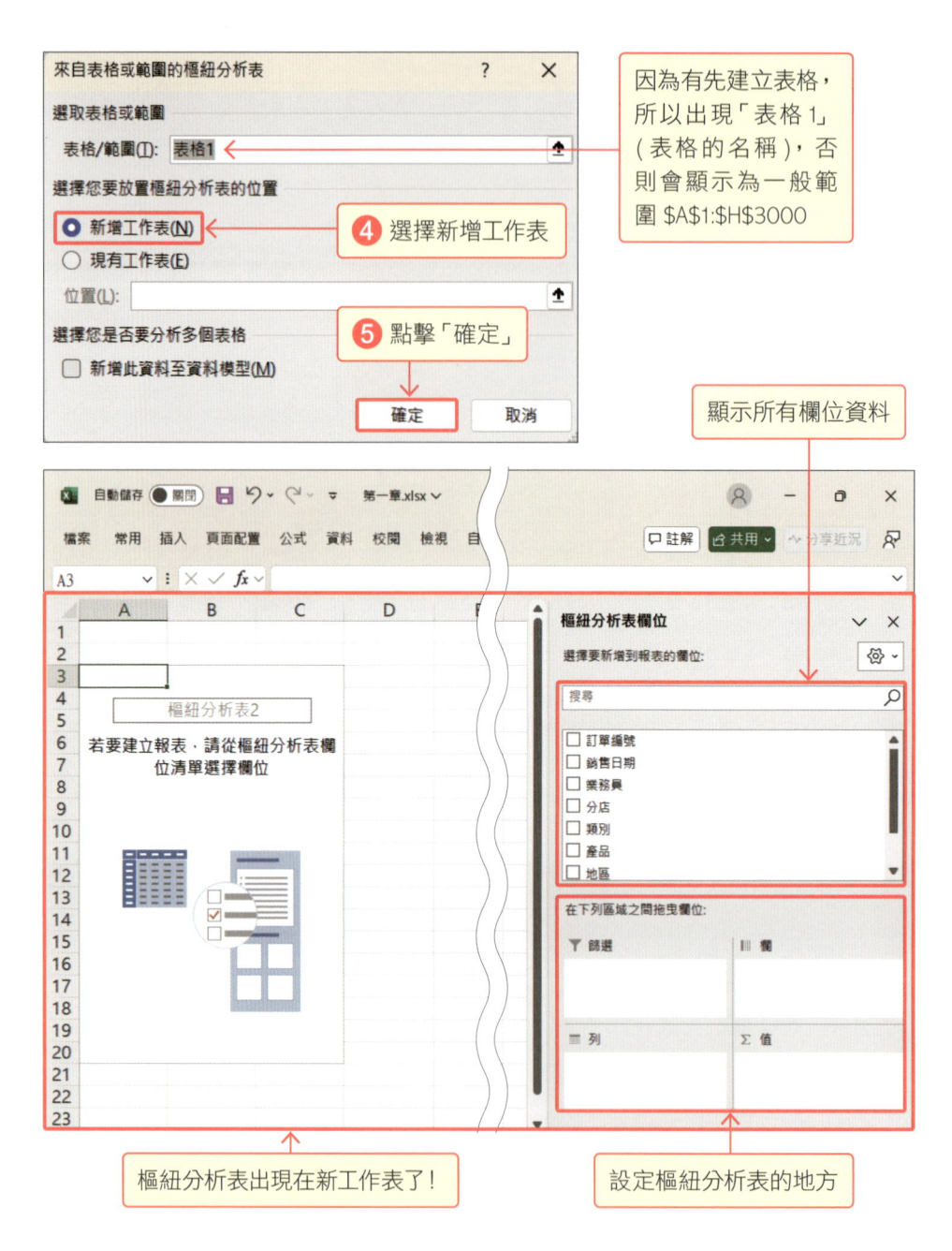

設定樞紐分析表的地方

◆ 我們已經完成了初始設定，接下來就可以使用樞紐分析表功能。

　　舉例來說，如果想要把列設為分店、欄是類別，計算結果是銷售額的加總，以利進行交叉分析，可以依照下方步驟操作：

❶ 把「分店」往下拖曳到「列」區域

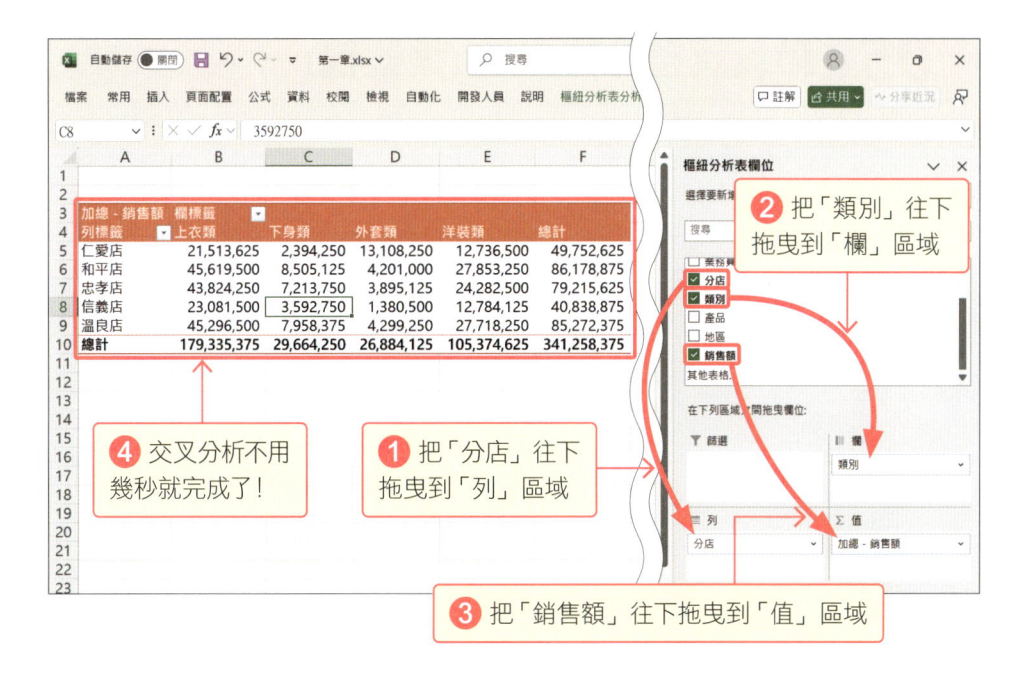

❷ 把「類別」往下拖曳到「欄」區域

❸ 把「銷售額」往下拖曳到「值」區域

❹ 交叉分析不用幾秒就完成了！

如果想用函數來做交叉分析……很容易一不小心就出錯了呢！

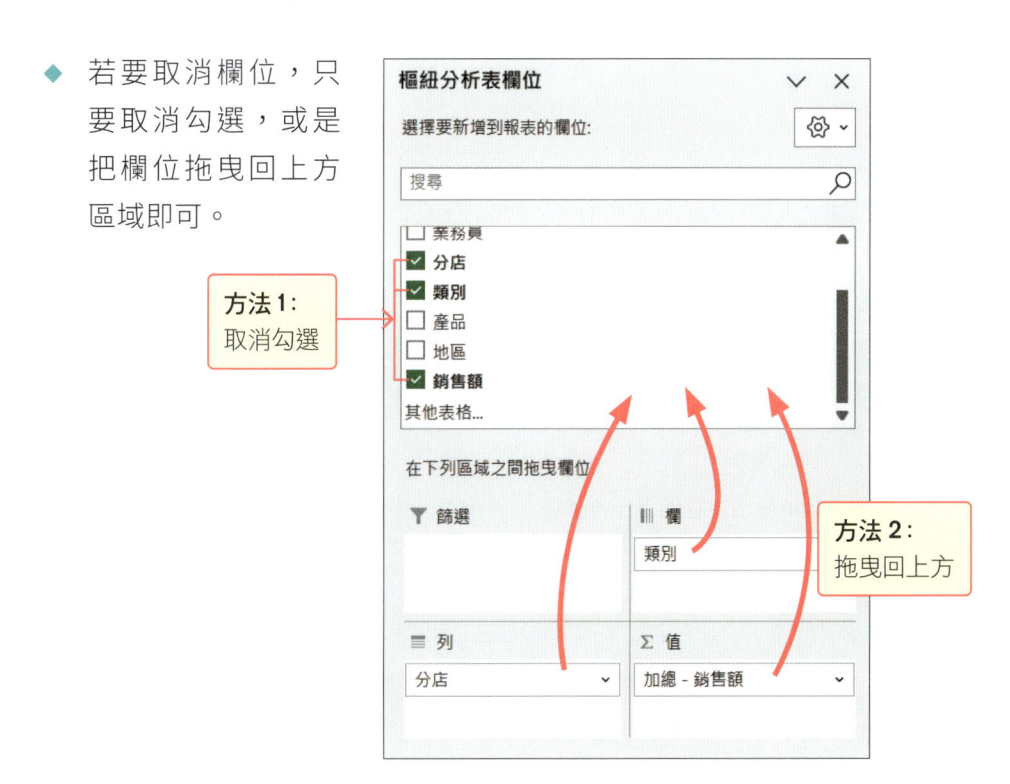

◆ 若要取消欄位，只要取消勾選，或是把欄位拖曳回上方區域即可。

方法 1：取消勾選

方法 2：拖曳回上方

2-83

▶▶ 95 ｜輕鬆調整計算方式 (摘要值)

不想只看總和？切換摘要值 (計算方式)，分析更多角度，像是平均值、最大值、最小值都能一秒切換！

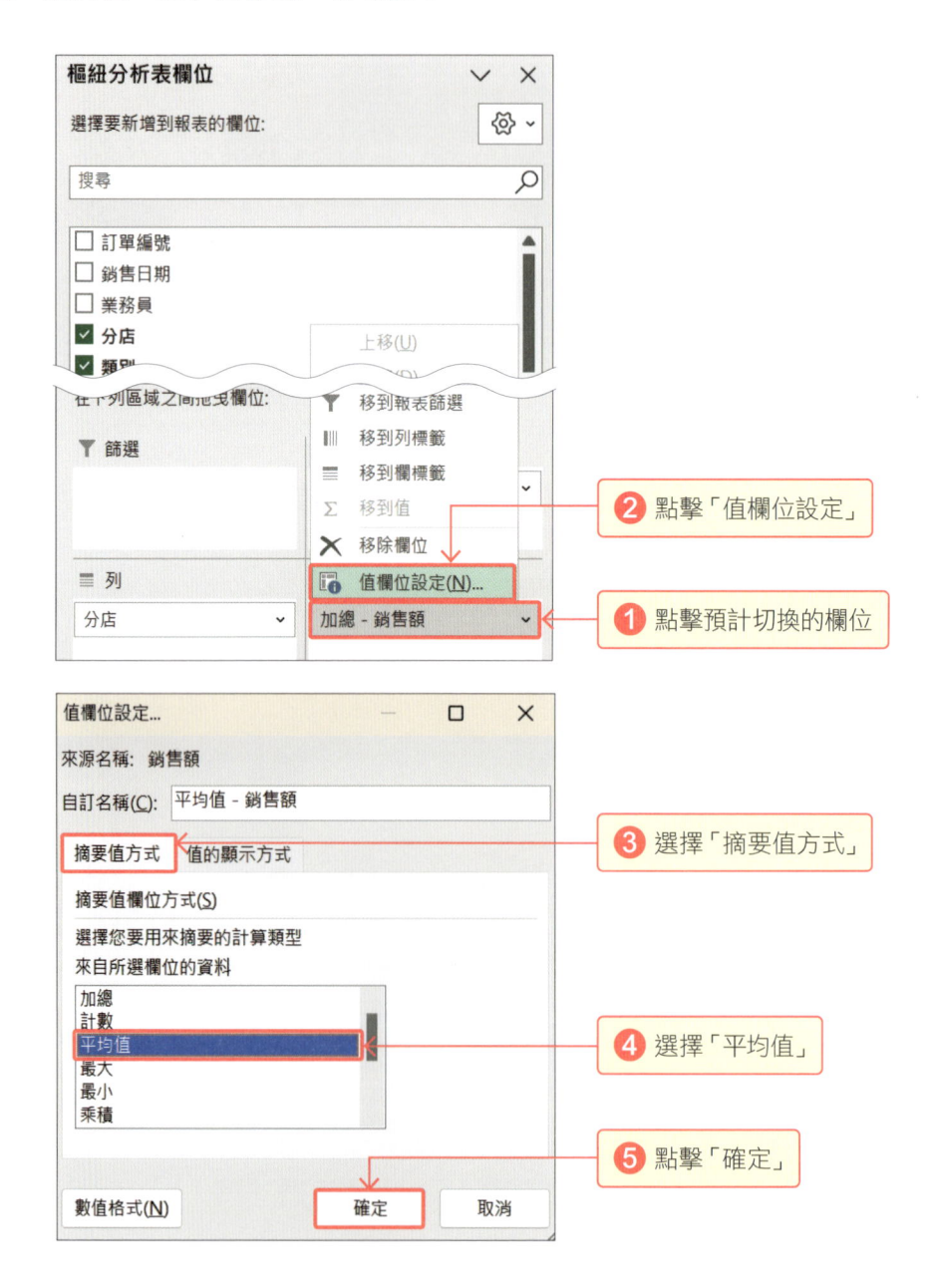

❶ 點擊預計切換的欄位

❷ 點擊「值欄位設定」

❸ 選擇「摘要值方式」

❹ 選擇「平均值」

❺ 點擊「確定」

> 只需透過介面調整摘要值,就能神速完成計算方式的切換

平均值 - 銷售額	欄標籤				
列標籤	上衣類	下身類	外套類	洋裝類	總計
仁愛店	107,568	95,770	819,266	108,859	138,974
和平店	111,267	119,790	107,718	107,128	110,486
忠孝店	108,476	126,557	108,198	104,666	108,663
信義店	106,366	128,313	98,607	111,166	109,195
溫良店	113,810	120,581	116,196	107,853	112,497
總計	**110,089**	**120,098**	**189,325**	**107,416**	**113,791**

　　如果你新增了多個值欄位,可以一次比較總和、平均與其他計算方式,讓我們往下看看怎麼操作!

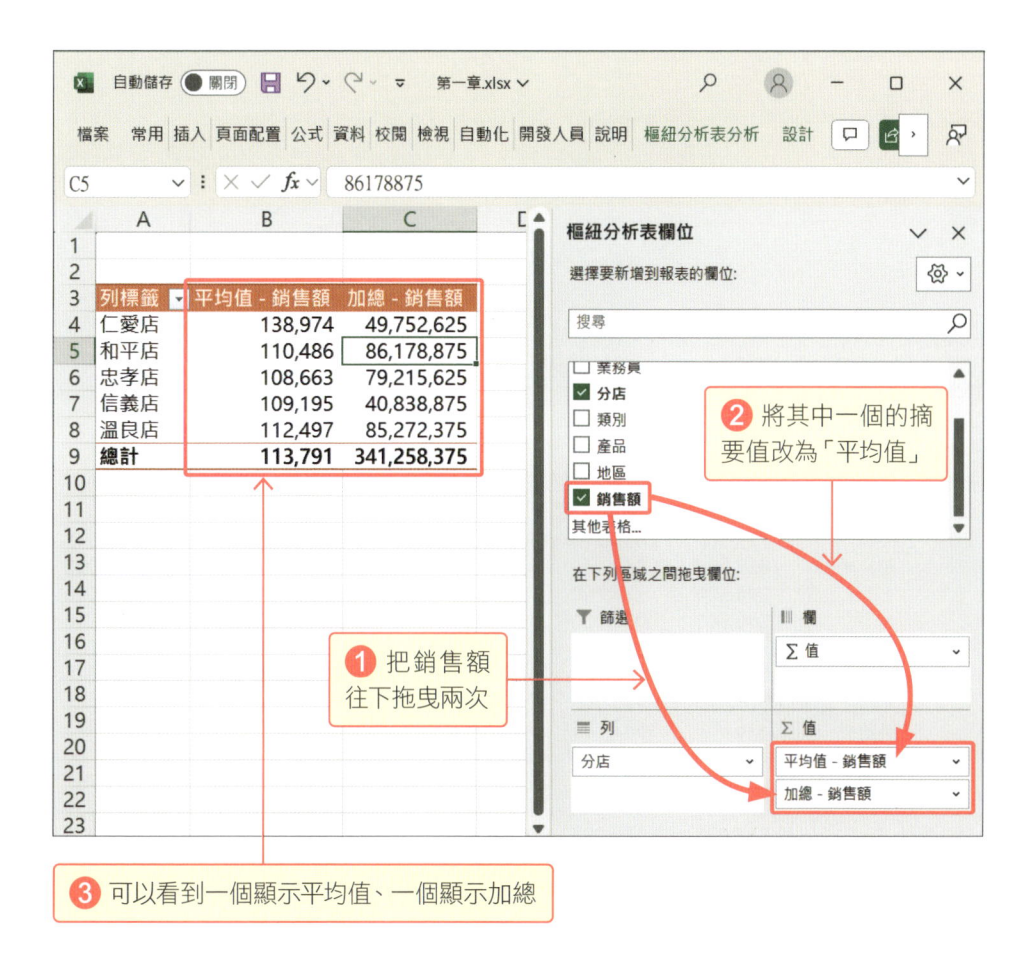

① 把銷售額往下拖曳兩次

② 將其中一個的摘要值改為「平均值」

③ 可以看到一個顯示平均值、一個顯示加總

第 2 章　快狠準的進階神技

2-85

96 輕鬆產生年季月報表

當你手上有 2017 ~ 2020 年間的 3000 多筆銷售紀錄，可以如何快速分出年、季、月的統計資料？只要準備好正確的日期格式資料即可！

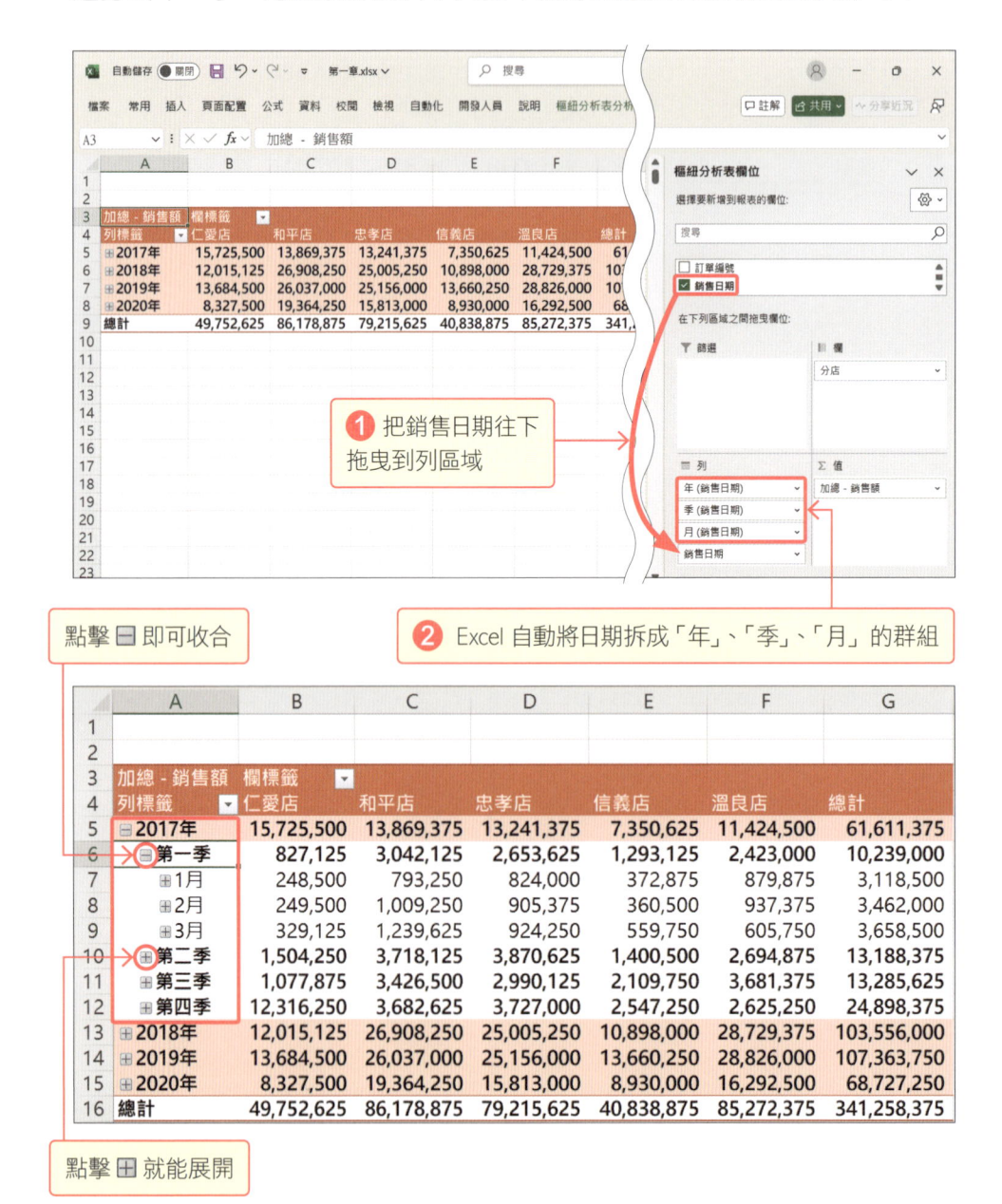

❶ 把銷售日期往下拖曳到列區域

❷ Excel 自動將日期拆成「年」、「季」、「月」的群組

點擊 ⊟ 即可收合

點擊 ⊞ 就能展開

列標籤	仁愛店	和平店	忠孝店	信義店	溫良店	總計
⊟2017年	15,725,500	13,869,375	13,241,375	7,350,625	11,424,500	61,611,375
⊖第一季	827,125	3,042,125	2,653,625	1,293,125	2,423,000	10,239,000
⊞1月	248,500	793,250	824,000	372,875	879,875	3,118,500
⊞2月	249,500	1,009,250	905,375	360,500	937,375	3,462,000
⊞3月	329,125	1,239,625	924,250	559,750	605,750	3,658,500
⊖第二季	1,504,350	3,718,125	3,870,625	1,400,500	2,694,875	13,188,375
⊞第三季	1,077,875	3,426,500	2,990,125	2,109,750	3,681,375	13,285,625
⊞第四季	12,316,250	3,682,625	3,727,000	2,547,250	2,625,250	24,898,375
⊞2018年	12,015,125	26,908,250	25,005,250	10,898,000	28,729,375	103,556,000
⊞2019年	13,684,500	26,037,000	25,156,000	13,660,250	28,826,000	107,363,750
⊞2020年	8,327,500	19,364,250	15,813,000	8,930,000	16,292,500	68,727,250
總計	49,752,625	86,178,875	79,215,625	40,838,875	85,272,375	341,258,375

如果你的日期沒有自動建成群組，可以先檢查原始資料的日期資料是否為正規日期格式，如果是正規格式，但還是無法自動建立群組，請嘗試手動建立群組。

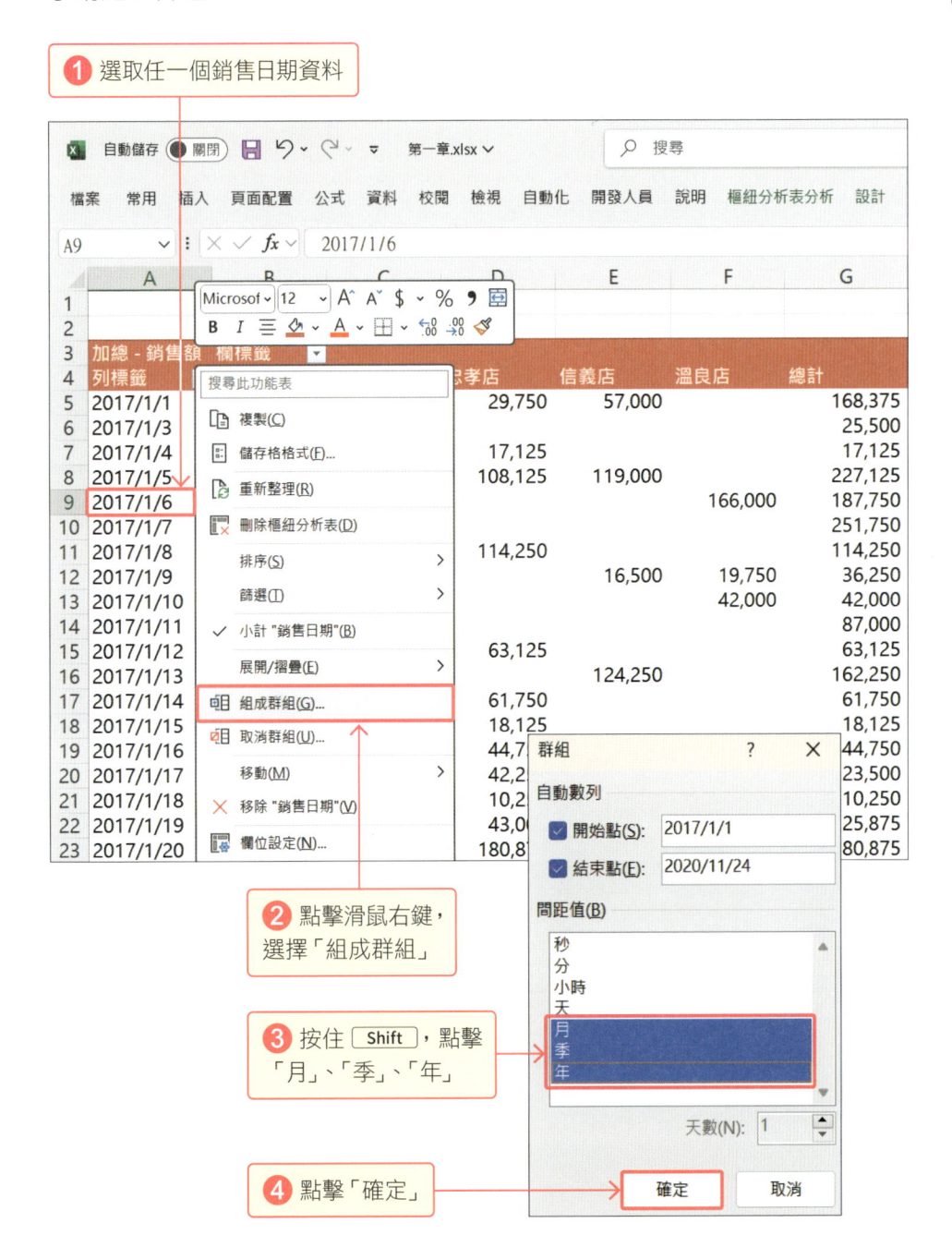

❶ 選取任一個銷售日期資料

❷ 點擊滑鼠右鍵，選擇「組成群組」

❸ 按住 Shift ，點擊「月」、「季」、「年」

❹ 點擊「確定」

	A	B	C	D	E	F	G
1							
2							
3	加總 - 銷售額	欄標籤					
4	列標籤	仁愛店	和平店	忠孝店	信義店	溫良店	總計
5	⊟2017年	15,725,500	13,869,375	13,241,375	7,350,625	11,424,500	61,611,375
6	⊟第一季	827,125	3,042,125	2,653,625	1,293,125	2,423,000	10,239,000
7	1月	248,500	793,250	824,000	372,875	879,875	3,118,500
8	2月	249,500	1,009,250	905,375	360,500	937,375	3,462,000
9	3月	329,125	1,239,625	924,250	559,750	605,750	3,658,500
10	⊟第二季	1,504,250	3,718,125	3,870,625	1,400,500	2,694,875	13,188,375
11	4月	251,875	1,210,875	1,392,000	455,875	982,500	4,293,125
12	5月	434,750	1,247,875	1,124,575	480,750	600,000	3,887,750
13	6月	817,625	1,259,375	1,354,250	463,875	1,112,375	5,007,500
14	⊟第三季	1,077,875	3,426,500	2,990,125	2,109,750	3,681,375	13,285,625
15	7月	466,250	1,101,500	1,154,625	526,375	1,168,000	4,416,750
16	8月	317,250	1,320,875	966,125	488,500	1,210,500	4,303,250
17	9月	294,375	1,004,125	869,375	1,094,875	1,302,875	4,565,625
18	⊟第四季	12,316,250	3,682,625	3,727,000	2,547,250	2,625,250	24,898,375
19	10月	539,250	933,625	1,066,875	688,625	1,104,125	4,332,500
20	11月	11,651,625	1,265,125	1,388,675	1,046,750	731,625	16,084,000
21	12月	125,375	1,483,875	1,271,250	811,875	789,500	4,481,875

◀ 一樣成功建立群組囉！

▶▶ 97 顯示佔比欄位，更好比較分析 (值的顯示方式)

光看銷售額的加總不夠清晰？加上「佔比」欄位，快速看出不同分店銷售額的相對比例！

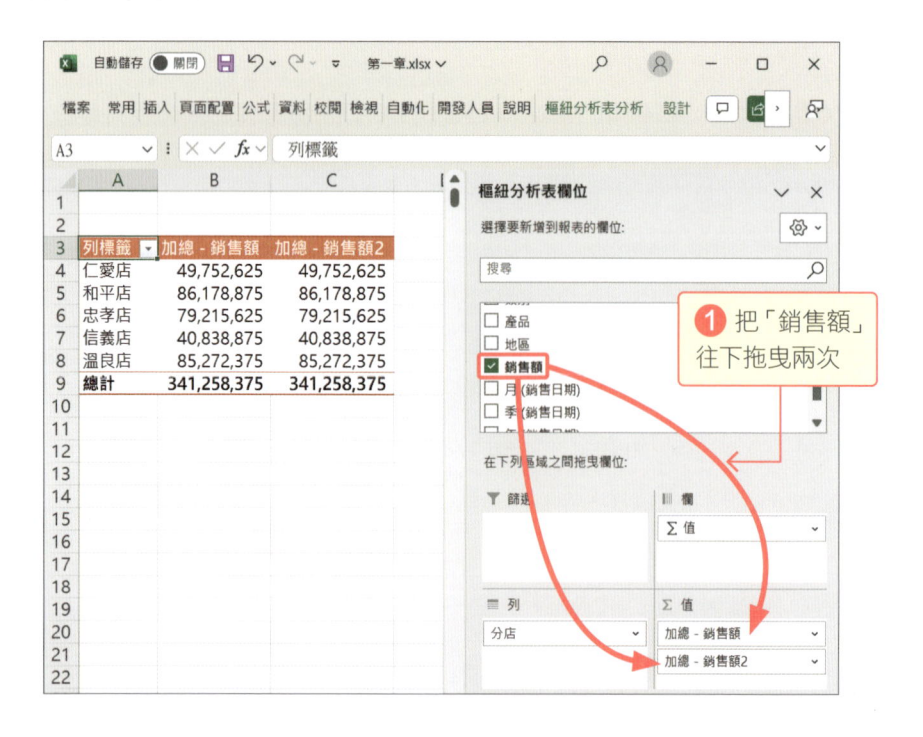

❶ 把「銷售額」往下拖曳兩次

2-88

❷ 選取任一個要調整的欄位資料

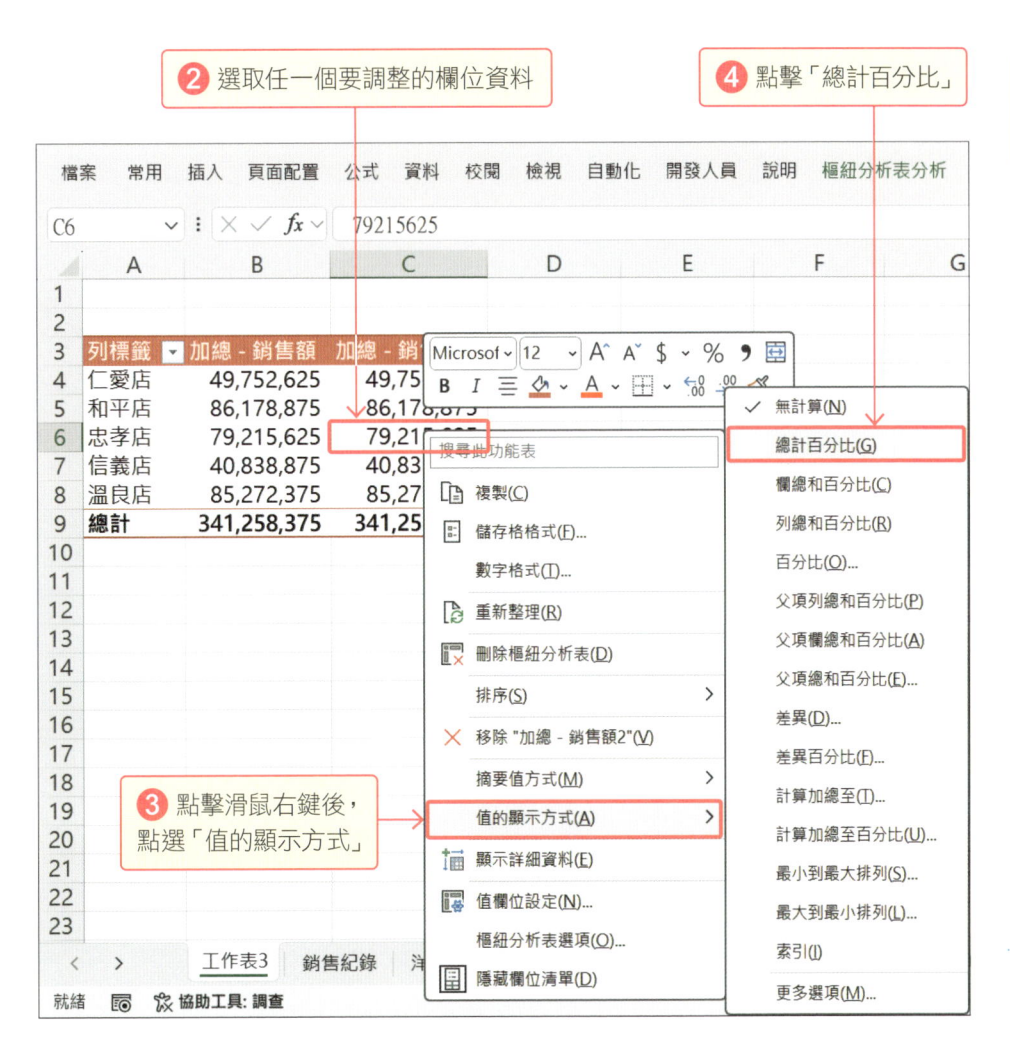

❹ 點擊「總計百分比」

	A	B	C
3	列標籤	加總 - 銷售額	加總 - 銷
4	仁愛店	49,752,625	49,75
5	和平店	86,178,875	86,178,875
6	忠孝店	79,215,625	79,21
7	信義店	40,838,875	40,83
8	溫良店	85,272,375	85,27
9	總計	341,258,375	341,25

右鍵選單：
- 複製(C)
- 儲存格格式(F)...
- 數字格式(T)...
- 重新整理(R)
- 刪除樞紐分析表(D)
- 排序(S)
- 移除 "加總 - 銷售額2"(V)
- 摘要值方式(M)
- 值的顯示方式(A)
- 顯示詳細資料(E)
- 值欄位設定(N)...
- 樞紐分析表選項(O)...
- 隱藏欄位清單(D)

值的顯示方式子選單：
- ✓ 無計算(N)
- 總計百分比(G)
- 欄總和百分比(C)
- 列總和百分比(R)
- 百分比(O)...
- 父項列總和百分比(P)
- 父項欄總和百分比(A)
- 父項總和百分比(E)...
- 差異(D)...
- 差異百分比(F)...
- 計算加總至(T)...
- 計算加總至百分比(U)...
- 最小到最大排列(S)...
- 最大到最小排列(L)...
- 索引(I)
- 更多選項(M)...

❸ 點擊滑鼠右鍵後，點選「值的顯示方式」

	A	B	C
3	列標籤	加總 - 銷售額	加總 - 銷售額2
4	仁愛店	49,752,625	14.58%
5	和平店	86,178,875	25.25%
6	忠孝店	79,215,625	23.21%
7	信義店	40,838,875	11.97%
8	溫良店	85,272,375	24.99%
9	總計	341,258,375	100.00%

▲ 可以同時看到原始數字和佔比了！

▶▶ 98 ｜資料更新必須重新整理！

當原始資料發生變動時，樞紐分析表不會自動更新。使用重新整理功能，一鍵讓樞紐分析表即時反映最新資料，保證分析結果準確無誤！

類型 1　修改原始資料內容

如果你只是把原始資料的某個數字從 1000 改成 2000，沒有「新增」資料範圍，那麼直接點擊重新整理即可。

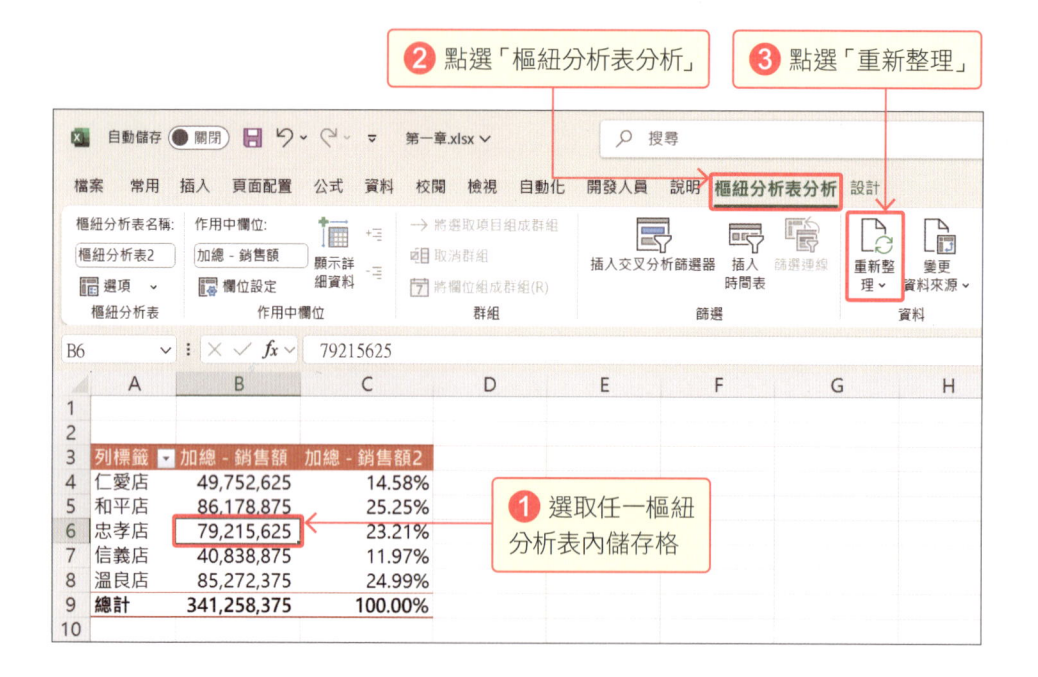

❷ 點選「樞紐分析表分析」
❸ 點選「重新整理」
❶ 選取任一樞紐分析表內儲存格

類型 2　新增原始資料列

當你的原始資料範圍有變動，例如從 3000 筆新增至 4000 筆，如果你的資料有事先轉成表格，那麼直接點擊「重新整理」即可。還記得嗎？表格會自動延展範圍，所以無須手動調整。

但若沒有事先轉成表格，那就必須手動變更資料來源的範圍。

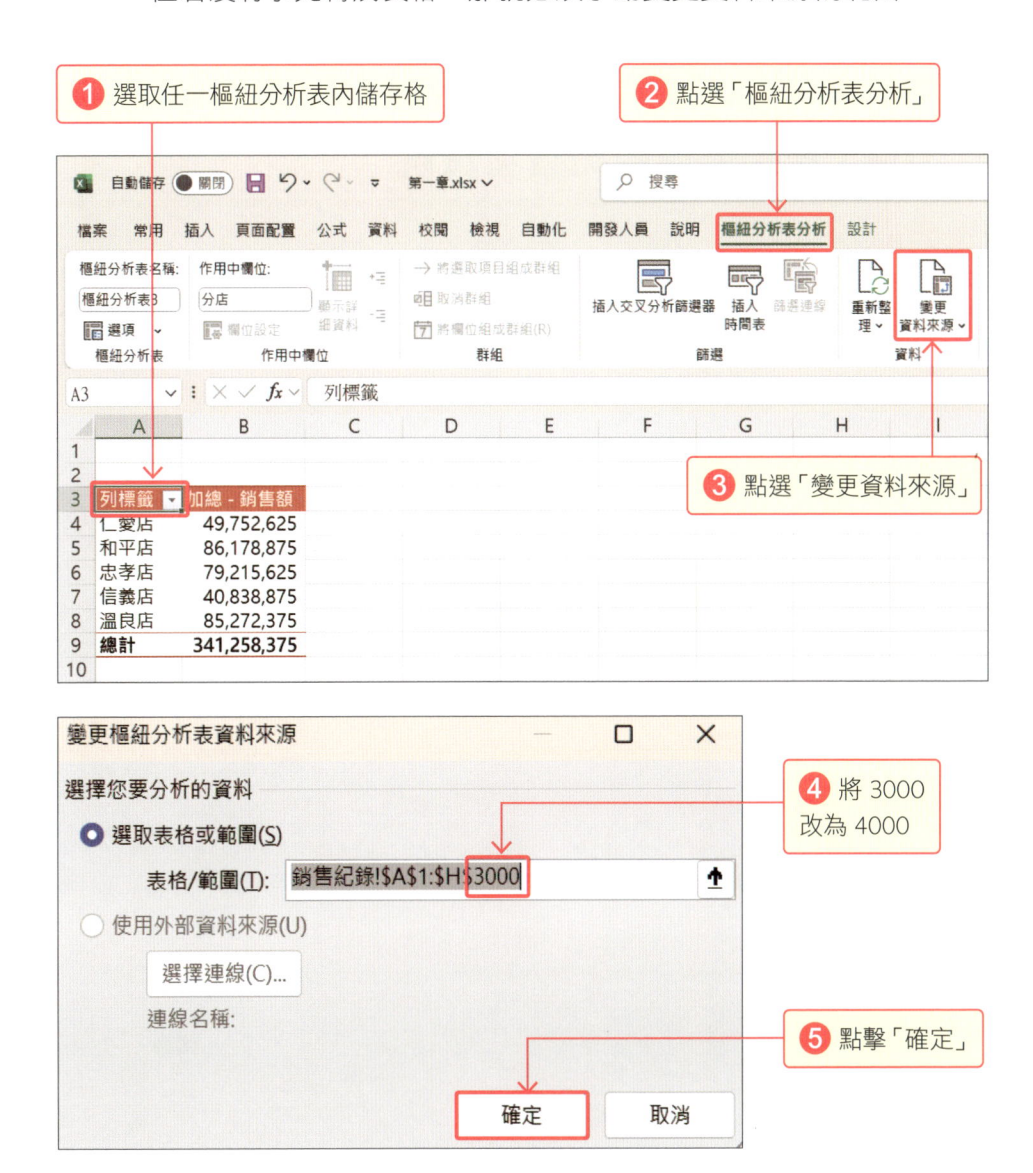

① 選取任一樞紐分析表內儲存格

② 點選「樞紐分析表分析」

③ 點選「變更資料來源」

④ 將 3000 改為 4000

⑤ 點擊「確定」

如此一來，新增的資料才會被分析到喔！

2-9 提高閱讀性的檢視方式

▶ 99 │ 凍結表頭輕鬆查看資料

當你在瀏覽大量資料時，是否經常因為表頭或關鍵欄位消失而迷失方向？Excel 的「凍結窗格」功能可以幫助你鎖定特定欄或列，無論滾動到表格的哪一處，表頭和欄位都能一直看到，讓資料檢視更有效率！根據要凍結的位置，分成 2 種設定方式，接下來一一和大家介紹。

類型 1　凍結首列

❶ 點選「檢視」　❷ 點選「凍結窗格」　❸ 點擊「凍結頂端列」

即使往下捲動頁面，第 1 列都固定在最上面

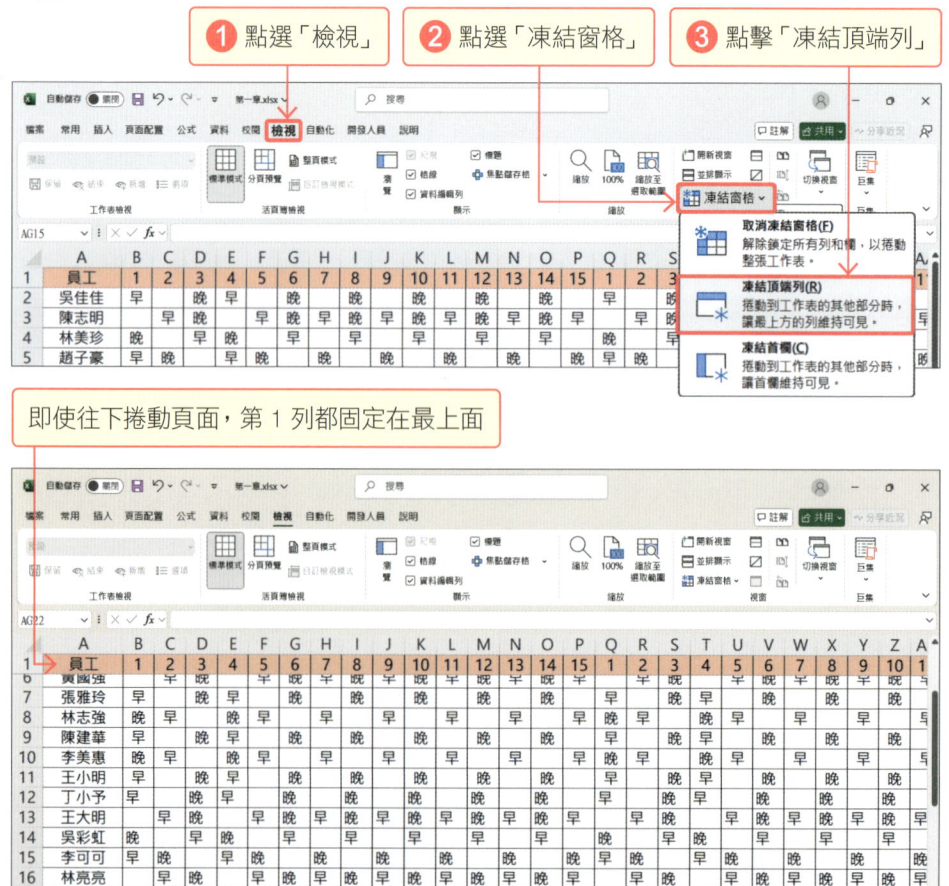

2-92

要固定第一欄的話，則是改為點擊「凍結首欄」即可。

「凍結頂端列」和「凍結首欄」不能同時使用，也就是說「凍結頂端列」後，再設定「凍結首欄」的話，「凍結頂端列」會失效。那如果想同時凍結首欄和首列呢？讓我們繼續往下看。

類型 2　同時凍結欄和列

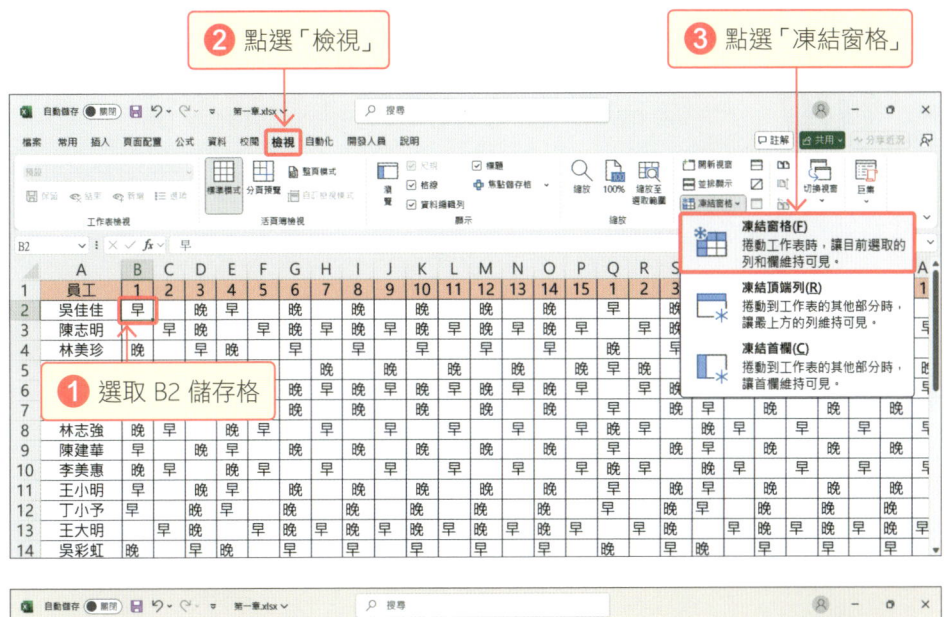

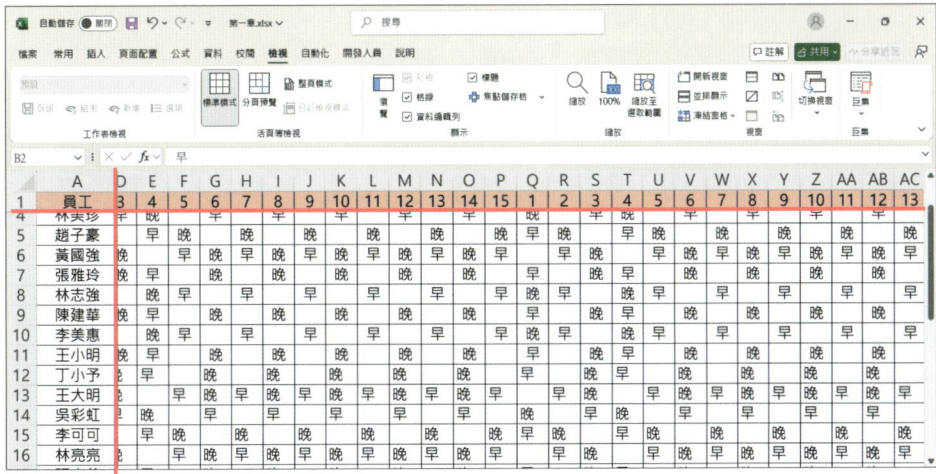

❷ 點選「檢視」

❸ 點選「凍結窗格」

❶ 選取 B2 儲存格

▲ B2 儲存格的左側欄 (A 欄)、上方列 (第 1 列) 都會被固定

第 2 章　快狠準的進階神技

2-93

猜猜看，如果要凍結前兩欄和首列，應該選取哪個儲存格來設定凍結呢？答案是 C2 喔！

想要取消凍結，只需要點擊「取消凍結窗格」即可。

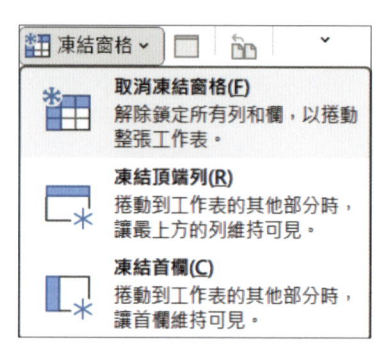

▶ 100 ｜一個檔案也可以開兩個視窗檢視

當你需要比對兩張工作表的資料時，反覆切換視窗是不是讓人頭疼？結合「並排顯示」和「同步捲動」功能，可以讓兩張工作表同時上下滾動，輕鬆對齊並快速檢查差異！

類型 1 兩張工作表在同一個檔案裡

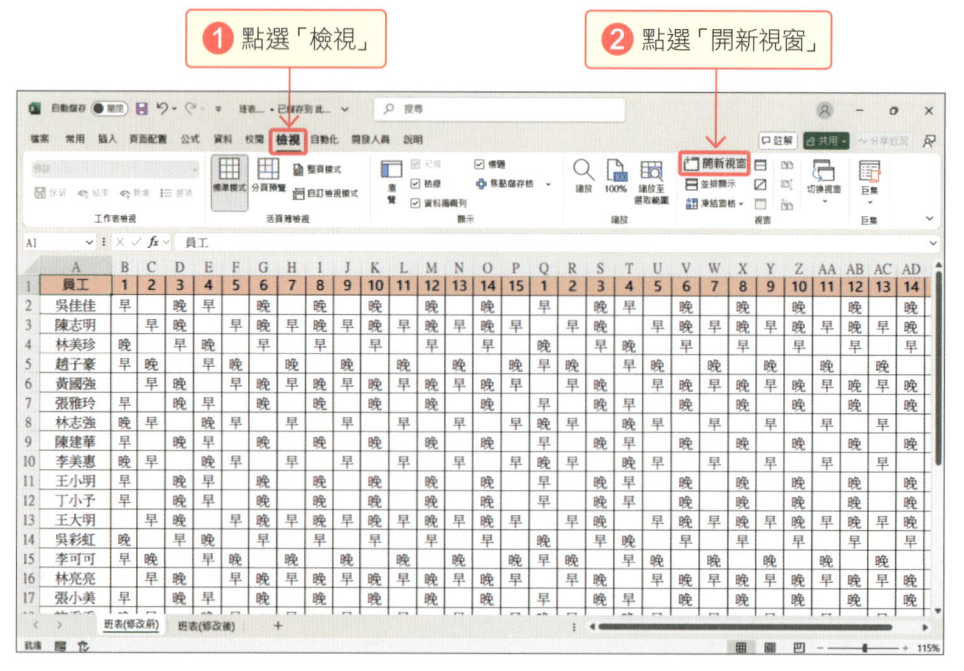

❶ 點選「檢視」
❷ 點選「開新視窗」

❸ 出現兩個視窗，分別為「班表 - 1」、「班表 - 2」

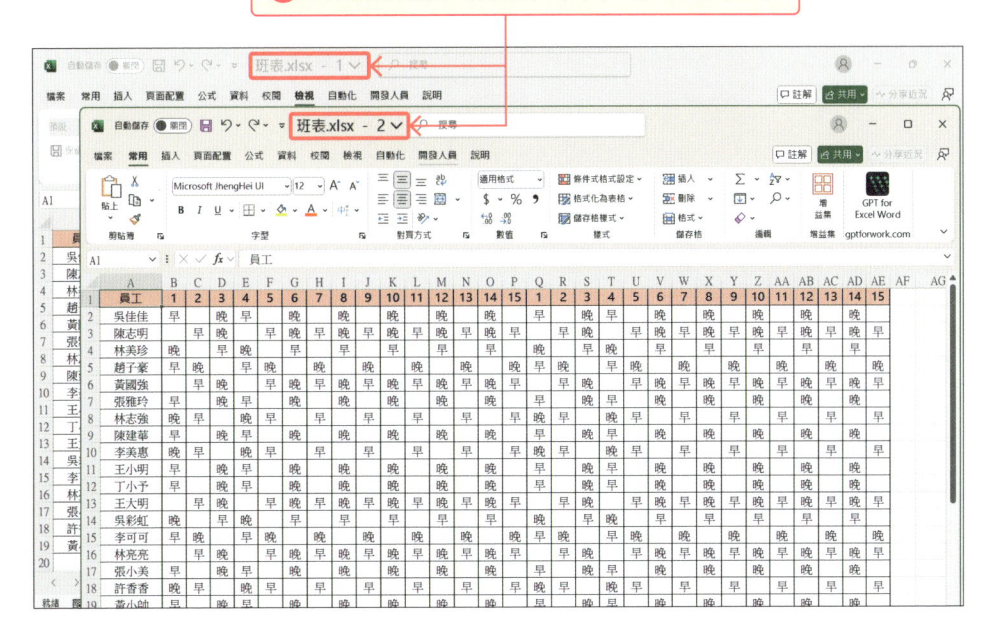

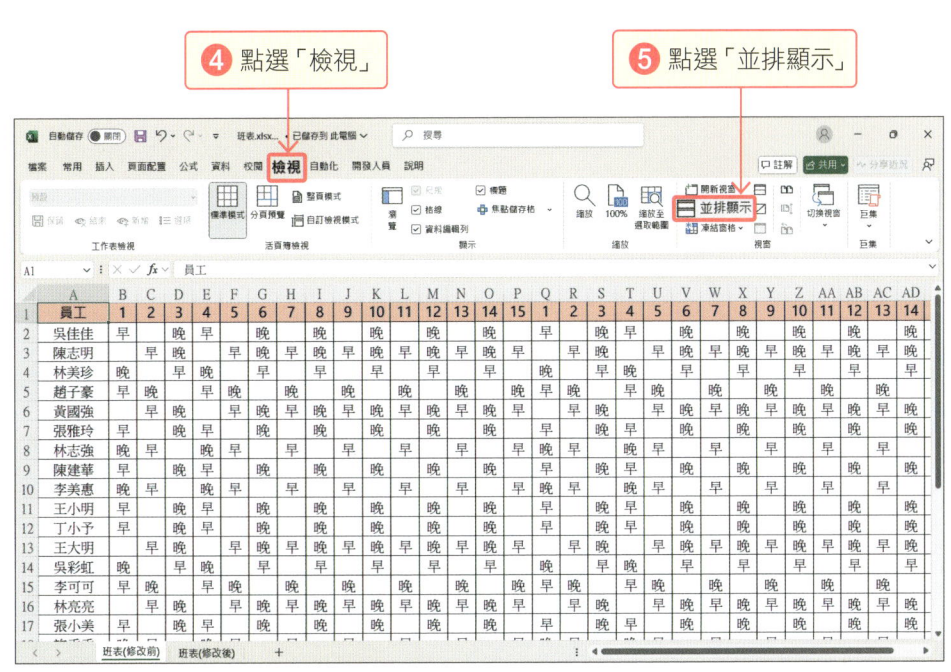

❹ 點選「檢視」

❺ 點選「並排顯示」

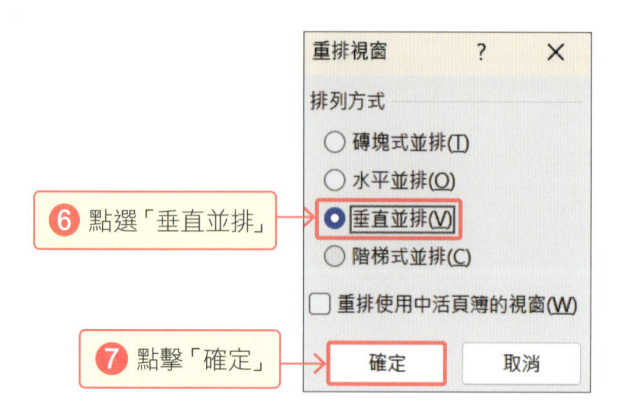

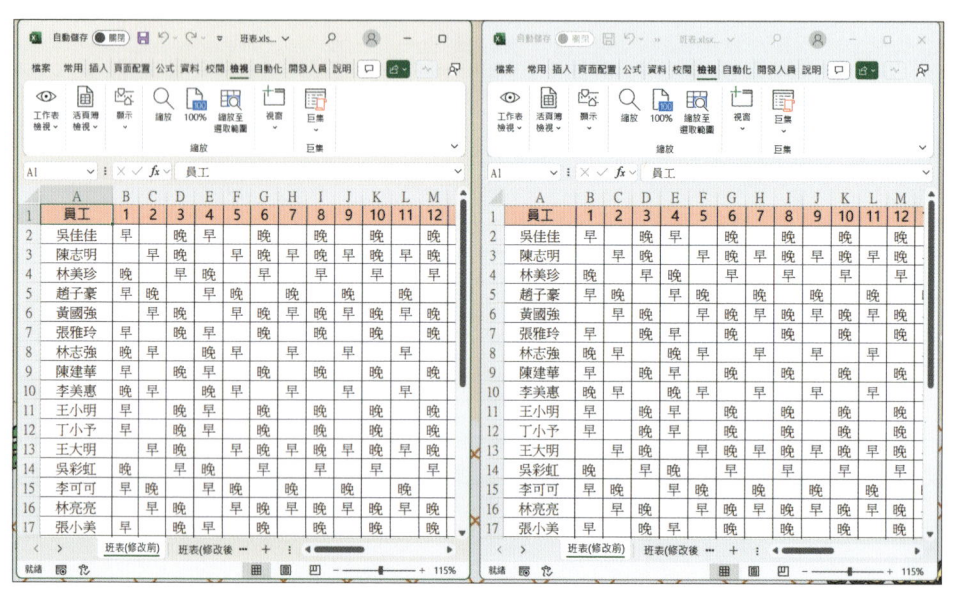

▲ 兩個視窗順利「並排顯示」

　　如果你希望兩邊視窗可以同步捲動，只需要點擊「並排檢視」，下方的「同步捲動」就會自動開啟。如此一來，捲動任一個視窗，另一個也會跟著捲動了！

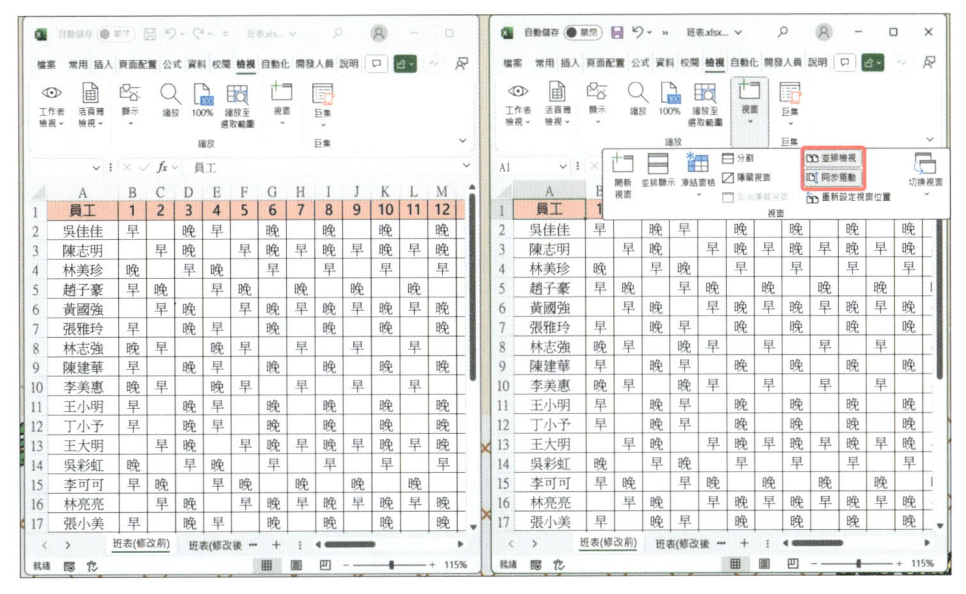

▲ 點擊「並排檢視」，「同步捲動」會自動開啟

> 前者是並排「顯示」，後者是並排「檢視」，功能有點不一樣唷！如果你很明確需要用到同步捲動的功能，也可以直接在開新視窗後，就點選並排「檢視」～

類型 2　兩張工作表在不同檔案裡

如果要比較的工作表分別在不同的檔案裡，那要怎麼辦呢？先打開要同時檢視的檔案，接下來從上面的第 4 步驟開始，接續的步驟都相同喔！

MEMO

3

CHAPTER

AI 救場的美技

- 3-1 生成函數
- 3-2 資料處理
- 3-3 資料分析與視覺化
- 3-4 GPT for Excel──直接在 Excel 裡用 AI！

ChatGPT

ChatGPT 是一款功能強大的 AI 工具，只需要輸入自然語言問題，就能獲得 AI 生成的解答。在學習 Excel 的路上，或是上班函數生不出來的時候，ChatGPT 就是你的最強助手。無論是生成函數、排除錯誤、資料清理、分析建議，甚至建立圖表等，通通都能靠 ChatGPT 搞定！

3-1 生成函數

　　當你在處理 Excel 報表時，是否曾遇到這些情況：「想找出一組數值的平均值，卻不知道該使用哪個函數？」、「想根據多個條件篩選資料，但完全不知道該如何組合函數？」

　　這些都是職場人士在使用 Excel 時常遇到的困擾。此時，ChatGPT 就能成為你的職場利器！透過簡單的自然語言描述你的需求，例如「幫我計算某產品在特定月份的總銷售額」或是「生成一個條件函數，判斷分數是否及格」等，ChatGPT 即可快速生成精確的函數，讓你事半功倍。無論是基本函數如 SUM，還是進階應用如 INDEX 和 MATCH 的組合，ChatGPT 都能提供最佳解決方案，讓你徹底告別函數選用的煩惱！

　　想像 ChatGPT 是你的 Excel 老師，而你只需要用自己習慣的描述口吻（也就是「自然語言」）來提問即可。不過當提問不夠清楚的時候，ChatGPT 可能需要來回多次才能明白你的需求，這樣可是會耽誤寶貴的時間！所以，提問精準，才能一招命中，讓函數一次搞定！

3-1-1 │ 六大檢核要素 CLEAR-V

參考六大檢核要素 CLEAR-V 的提問架構,可以檢核你的描述是否足夠清楚。

六大檢核要素 CLEAR-V

1. **C (Condition)**:條件或規律
2. **L (Location)**:明確資料範圍和格式
3. **E (Example)**:提供範例以增強 ChatGPT 對資料的理解 (敘述或直接附上截圖)
4. **A (Action)**:描述需要 ChatGPT 執行的動作
5. **R (Result)**:函數輸出的位置和格式
6. **V (Version)**:使用的 Excel 版本 (Google Sheet 也可唷!)

如何使用這六大檢核要素?讓我們來看看以下這個提問示範:

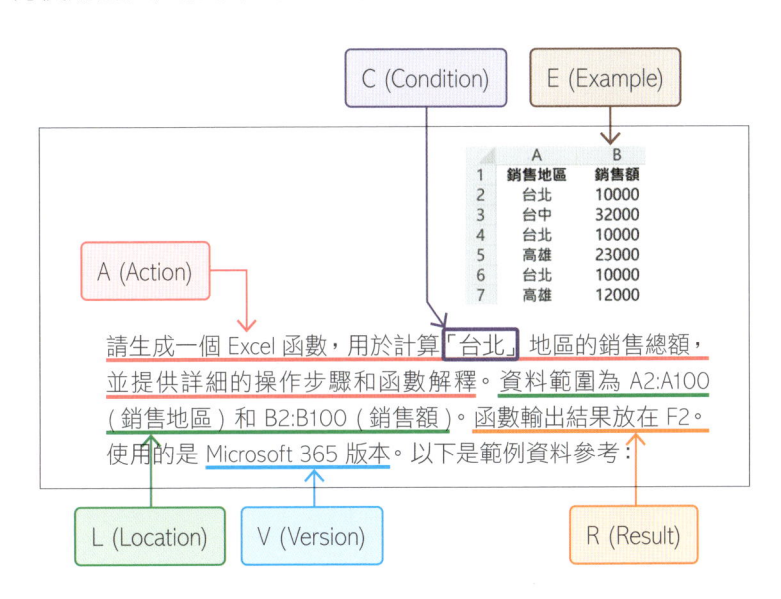

	A	B
1	銷售地區	銷售額
2	台北	10000
3	台中	32000
4	台北	10000
5	高雄	23000
6	台北	10000
7	高雄	12000

請生成一個 Excel 函數,用於計算「台北」地區的銷售總額,並提供詳細的操作步驟和函數解釋。資料範圍為 A2:A100 (銷售地區) 和 B2:B100 (銷售額)。函數輸出結果放在 F2。使用的是 Microsoft 365 版本。以下是範例資料參考:

- C (Condition): 「台北」
- E (Example): 表格截圖
- A (Action): 請生成一個 Excel 函數⋯並提供詳細的操作步驟和函數解釋
- L (Location): A2:A100⋯B2:B100
- V (Version): Microsoft 365
- R (Result): F2

依據六大檢核要素來向 ChatGPT 提問後，ChatGPT 會請你在 Excel 檔案的 F2 處，填入 =SUMIF(A2:A100, "台北", B2:B100)。

這六大檢核要素是輔助精準提問的大原則，但在不同的需求下，不見得每次提問都會用到六大檢核要素。例如，在這個範例中，不提供 Result 或 Version，也是能得到一樣的答案。

3-1-2 | 五種經典的函數應用情境

看到這裡，對於生成函數的六大檢核要素還是掌握不到訣竅嗎？接下來將帶你透過五種經典的函數應用情境來學習，讓 ChatGPT 給出工作常用到的函數：

▼ 五種經典的函數應用情境

	情境	描述
1	快速計算與統計	針對資料範圍進行數值運算，包括加總、平均值、最大值、最小值等基本操作
2	條件計算與分類	基於條件對資料進行計算或分類，適用於多條件加總、計數或資料分級
3	查找與匹配	用於根據特定條件或輸入查找對應值，適合快速檢索資料或跨表查詢
4	資料整理與生成	對資料格式進行清理、重組或生成特定格式的規律資料
5	條件格式化資料	根據條件自動變更儲存格格式

其中，在第 2 個情境 (條件計算與分類)，可分為常見的「分類並加總」、「分類並標註」兩種應用；而第 4 個情境 (資料整理與生成)，常用的兩種應用分別為「生成規律性編碼」、「生成新格式」。接下來，你會看到七個不同的案例，透過案例來一步步教你提問的小技巧，讓你能快速生成完美函數，一起來輕鬆學習吧！

❶ 快速計算與統計

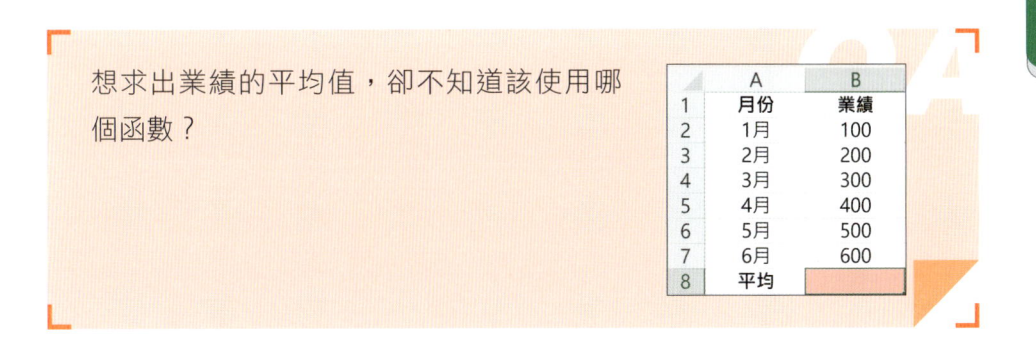

想求出業績的平均值,卻不知道該使用哪個函數?

	A	B
1	月份	業績
2	1月	100
3	2月	200
4	3月	300
5	4月	400
6	5月	500
7	6月	600
8	平均	

看到這個例子,你腦海中浮現出哪個函數?如果你已經想到 AVERGE 函數,代表你對 Excel 的函數有一定的認識了。還是你其實腦袋空空、沒有任何想法?那這是一個很好的練習!試著問問看 ChatGPT 吧!提供要計算的資料範圍,以及說明進行何種計算,ChatGPT 就會生函數給你。

在 ChatGPT 輸入以下提問:

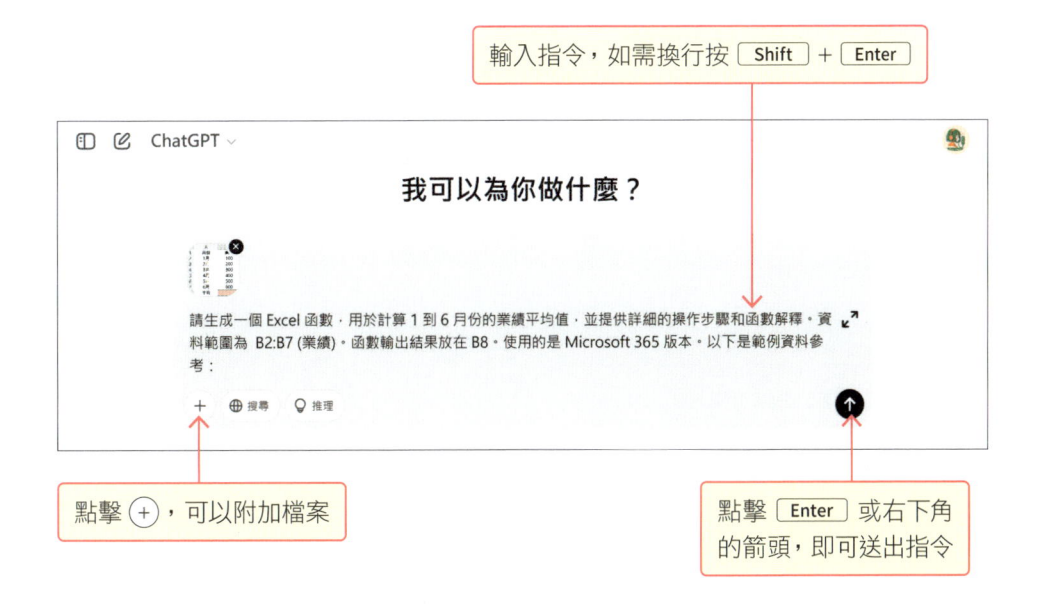

> 請生成一個 Excel 函數,用於計算 1 到 6 月份的業績平均值,並提供詳細的操作步驟和函數解釋。資料範圍為 B2:B7 (業績)。函數輸出結果放在 B8。使用的是 Microsoft 365 版本。以下是範例資料參考:

輸入指令,如需換行按 Shift + Enter

點擊 ⊕,可以附加檔案

點擊 Enter 或右下角的箭頭,即可送出指令

讓我們來看看當中是如何運用六大檢核要素 (六大檢核要素標註於圖上；這個範例不需提供 Condition)：

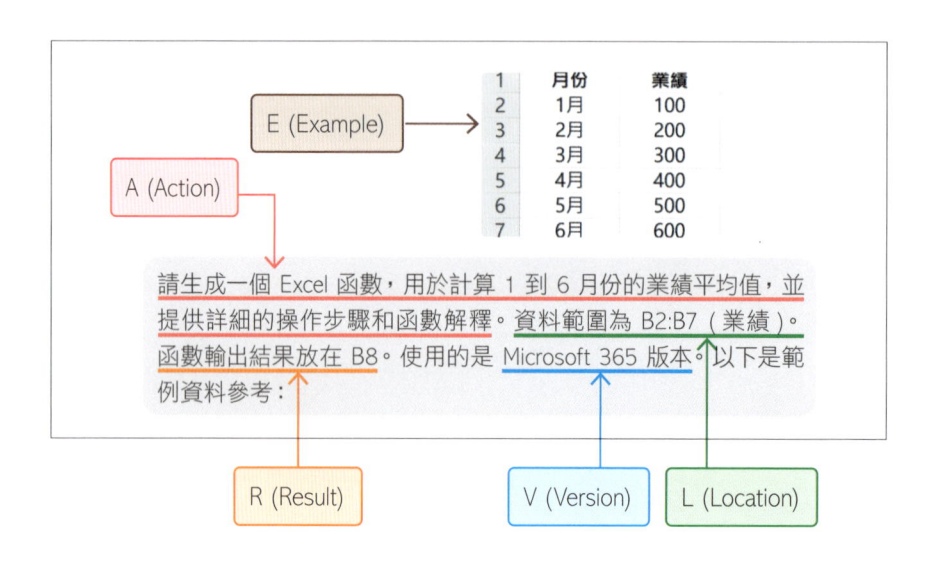

```
              ┌─────────────┐     1   月份    業績
              │ E (Example) │ →   2   1月    100
              └─────────────┘     3   2月    200
                                  4   3月    300
    ┌────────────┐                5   4月    400
    │ A (Action) │                6   5月    500
    └────────────┘                7   6月    600
          │
          ↓
   請生成一個 Excel 函數，用於計算 1 到 6 月份的業績平均值，並
   提供詳細的操作步驟和函數解釋。資料範圍為 B2:B7（業績）。
   函數輸出結果放在 B8。使用的是 Microsoft 365 版本。以下是範
   例資料參考：
```

| R (Result) | V (Version) | L (Location) |

可以看到 ChatGPT 提供了清楚的操作步驟和函數解釋：

以下是計算1到6月份業績平均值的步驟與函數解釋，基於你提供的資料範圍 $B2:B7$：

操作步驟

1. 打開 Excel 並檢查資料範圍
   - 確保數據範圍是正確的，即月份在 $A2:A7$，對應的業績數值在 $B2:B7$。

2. 選擇目標儲存格
   - 點選儲存格 $B8$（該儲存格用於存放平均值）。

3. 輸入公式
   - 在儲存格 $B8$ 中輸入以下公式：

   ```excel
   =AVERAGE(B2:B7)
   ```

   點擊「複製程式碼」

4. 按下 Enter 鍵
   - 按下 Enter 鍵後，Excel 將自動計算並顯示 $B2:B7$ 中所有數值的平均值。

> **函數解釋**
>
> - `AVERAGE` 函數：
>   - 作用：計算指定範圍內數值的平均值。
>   - 語法：
>     ```excel
>     AVERAGE(number1, [number2], ...)
>     ```
>   - `number1, number2, ...` 是你想計算平均值的數字或範圍。
>   - 在這裡，我們指定的範圍是 $B2:B7$。
> - 範例結果：
>   - 如果 $B2:B7$ 的數值分別為 100、200、300、400、500 和 600，則計算如下：
>
> $$\text{平均值} = (100 + 200 + 300 + 400 + 500 + 600)/6 = 300$$
>
>   - 所以 $B8$ 的輸出結果為 300。

只需點擊「複製程式碼」按鈕，將函數貼回 Excel，就成功獲得業績平均值啦！

	A	B
1	月份	業績
2	1月	100
3	2月	200
4	3月	300
5	4月	400
6	5月	500
7	6月	600
8	平均	350

B8 =AVERAGE(B2:B7)

❷ 條件計算與分類：應用1（分類並加總）

當需要根據條件將資料分類並加總，例如計算「各地區的銷售額總和」，可以怎麼問呢？

	A	B	C	D	E
1	銷售地區	銷售額		地區	銷售額加總
2	台北	10000		台北	
3	台中	32000		台中	
4	台北	10000		高雄	
5	高雄	23000			
6	台北	10000			
7	高雄	12000			

有時候需要計算「符合特定條件」的資料，就像這個例子一樣，必須根據各個地區計算出對應的銷售額加總。像這樣的案例，也難不倒 ChatGPT。和前個情境的差別在於，在計算時多了條件限制。

在 ChatGPT 輸入以下提問 (六大檢核要素標註於圖上)：

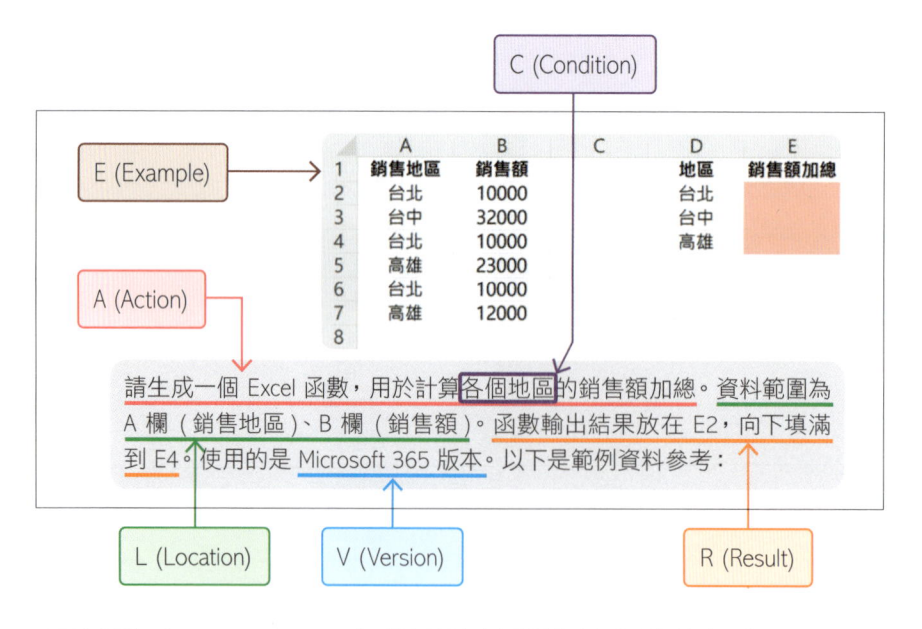

請生成一個 Excel 函數，用於計算<u>各個地區</u>的銷售額加總。資料範圍為 A 欄（銷售地區）、B 欄（銷售額）。函數輸出結果放在 E2，向下填滿到 E4。使用的是 Microsoft 365 版本。以下是範例資料參考：

- E (Example)
- A (Action)
- L (Location)
- V (Version)
- C (Condition)
- R (Result)

可以看到 ChatGPT 先從圖片判斷範例資料的欄位配置，而且分析正確！並且自動引用了 D 欄地區資料作為函數需要的條件值「=SUMIFS(B:B, A:A, D2)」，而不是用字串寫死，如「=SUMIFS(B:B, A:A, "台北")」，這提高了函數應用上的靈活性。是不是很聰明？

▶ 3-8

要在 Microsoft 365 Excel 中計算每個地區的銷售額加總，可以使用 **SUMIFS** 函數。以下是詳細步驟和公式說明：

1. **範例資料的配置**：
    - A欄是「銷售地區」。
    - B欄是「銷售額」。
    - D欄列出要計算的「地區」。
    - E欄需要顯示對應地區的「銷售額加總」。

2. **公式設置**：在 E2 輸入以下公式，然後向下填滿到 E4：

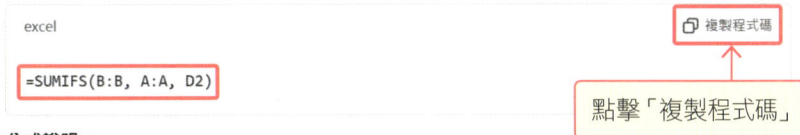

    ```excel
    =SUMIFS(B:B, A:A, D2)
    ```

    點擊「複製程式碼」

3. **公式說明**：
    - **SUMIFS** 是一個條件加總函數。
    - 第一個參數 `B:B` 是銷售額的範圍（要加總的範圍）。
    - 第二個參數 `A:A` 是條件範圍（銷售地區的範圍）。
    - 第三個參數 `D2` 是條件值（對應的地區名稱）。

4. **執行結果**：
    - 當公式填滿到 E4 時，E欄會顯示各個地區的銷售額總和。

點擊「複製程式碼」按鈕，將函數貼回 Excel，就成功獲得不同地區的銷售額總和啦！

	A	B	C	D	E
1	銷售地區	銷售額		地區	銷售額加總
2	台北	10000		台北	30000
3	台中	32000		台中	32000
4	台北	10000		高雄	35000
5	高雄	23000			
6	台北	10000			
7	高雄	12000			

你可能會好奇，有沒有提供範例圖有差嗎？當你沒有把握是否能以「純文字」的方式完整描述所需給 ChatGPT，那麼就花點時間附上資料截圖吧！把那些「不知道該如何說的」，或甚至「不知道這個要說的」，讓 ChatGPT 自己讀圖理解吧！

❸ 條件計算與分類：應用 2（分類並標註）

想根據交貨日期與實際到貨日期，快速將交貨狀態分類為「延遲、準時或提前」，該如何設計函數呢？

	A	B	C
1	預定交貨日期	實際到貨日期	狀態
2	2024/11/1	2024/11/2	
3	2024/11/3	2024/11/3	
4	2024/11/5	2024/11/4	
5	2024/11/7	2024/11/8	
6	2024/11/9	2024/11/9	

前個例子是根據條件進行計算，在這個例子中，則是根據條件將資料分成三大類。告訴 ChatGPT 要根據哪些條件進行分類，並將不同類別的判斷條件一一說明清楚，接下來就能靠它提供的函數，進行自動分類啦！

在 ChatGPT 輸入以下提問 (六大檢核要素標註於圖上)：

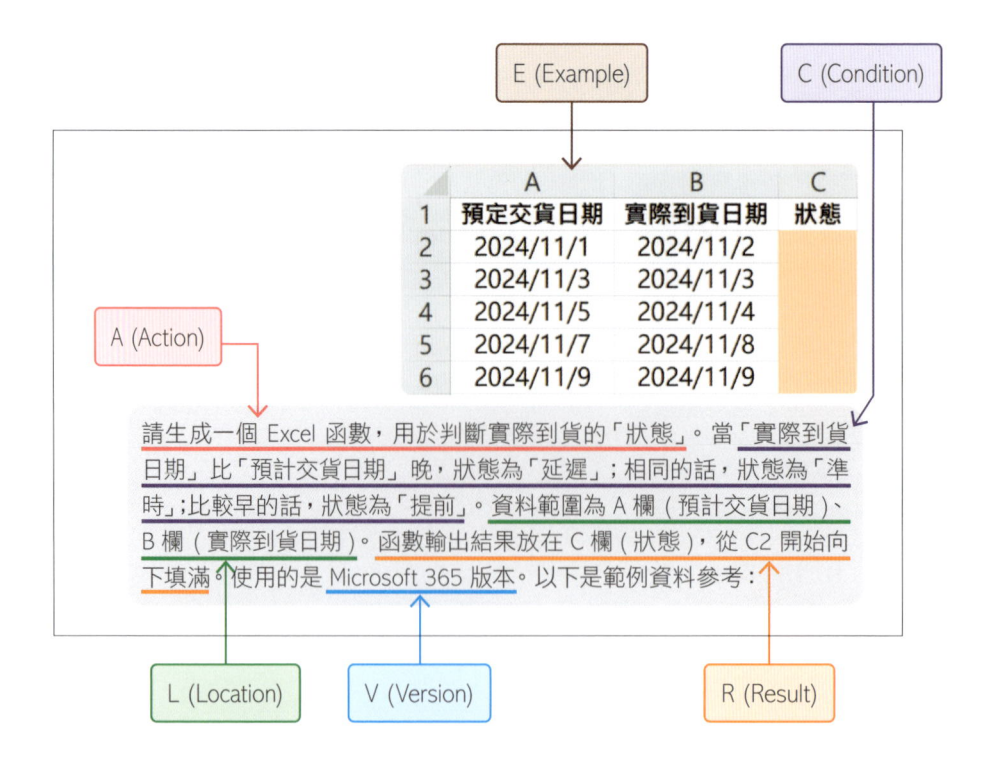

E (Example)　　　　C (Condition)

	A	B	C
1	預定交貨日期	實際到貨日期	狀態
2	2024/11/1	2024/11/2	
3	2024/11/3	2024/11/3	
4	2024/11/5	2024/11/4	
5	2024/11/7	2024/11/8	
6	2024/11/9	2024/11/9	

A (Action)

請生成一個 Excel 函數，用於判斷實際到貨的「狀態」。當「實際到貨日期」比「預計交貨日期」晚，狀態為「延遲」；相同的話，狀態為「準時」；比較早的話，狀態為「提前」。資料範圍為 A 欄（預計交貨日期）、B 欄（實際到貨日期）。函數輸出結果放在 C 欄（狀態），從 C2 開始向下填滿。使用的是 Microsoft 365 版本。以下是範例資料參考：

L (Location)　　V (Version)　　R (Result)

3-10

ChatGPT 提供了函數與說明：

在 Microsoft Excel 365 中，您可以使用 `IF` 函數來判斷「狀態」，並根據條件設定「延遲」、「準時」或「提前」。以下是具體公式和步驟：

1. 在 **C2** 單元格輸入以下公式：

```excel
=IF(B2>A2,"延遲",IF(B2=A2,"準時","提前"))
```

點擊「複製程式碼」

2. 然後將公式向下拖曳填滿到 **C6**。

說明：

- `B2` 是「實際到貨日期」。
- `A2` 是「預計交貨日期」。
- `IF(B2>A2,"延遲",...)`：如果實際到貨日期晚於預計交貨日期，狀態為「延遲」。
- `IF(B2=A2,"準時",...)`：如果實際到貨日期等於預計交貨日期，狀態為「準時」。
- 如果以上條件都不符合（即實際到貨日期早於預計交貨日期），狀態為「提前」。

完成後，**C2:C6** 將顯示每筆記錄的「狀態」。

將 ChatGPT 提供的函數貼回 Excel，從 C2 開始向下拖曳到 C6，輕輕鬆鬆求出交貨狀態啦！

	A	B	C
1	預定交貨日期	實際到貨日期	狀態
2	2024/11/1	2024/11/2	延遲
3	2024/11/3	2024/11/3	準時
4	2024/11/5	2024/11/4	提前
5	2024/11/7	2024/11/8	延遲
6	2024/11/9	2024/11/9	準時

C2 =IF(B2>A2,"延遲",IF(B2=A2,"準時","提前"))

❹ 查找與匹配

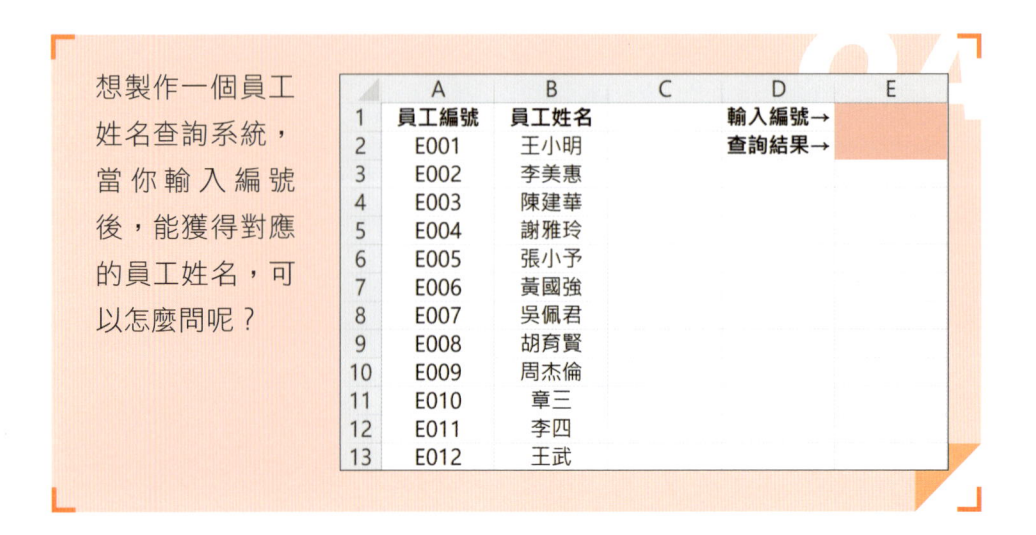

想製作一個員工姓名查詢系統，當你輸入編號後，能獲得對應的員工姓名，可以怎麼問呢？

	A	B	C	D	E
1	員工編號	員工姓名		輸入編號→	
2	E001	王小明		查詢結果→	
3	E002	李美惠			
4	E003	陳建華			
5	E004	謝雅玲			
6	E005	張小予			
7	E006	黃國強			
8	E007	吳佩君			
9	E008	胡育賢			
10	E009	周杰倫			
11	E010	章三			
12	E011	李四			
13	E012	王武			

在 ChatGPT 輸入以下提問 (六大檢核要素標註於圖上)：

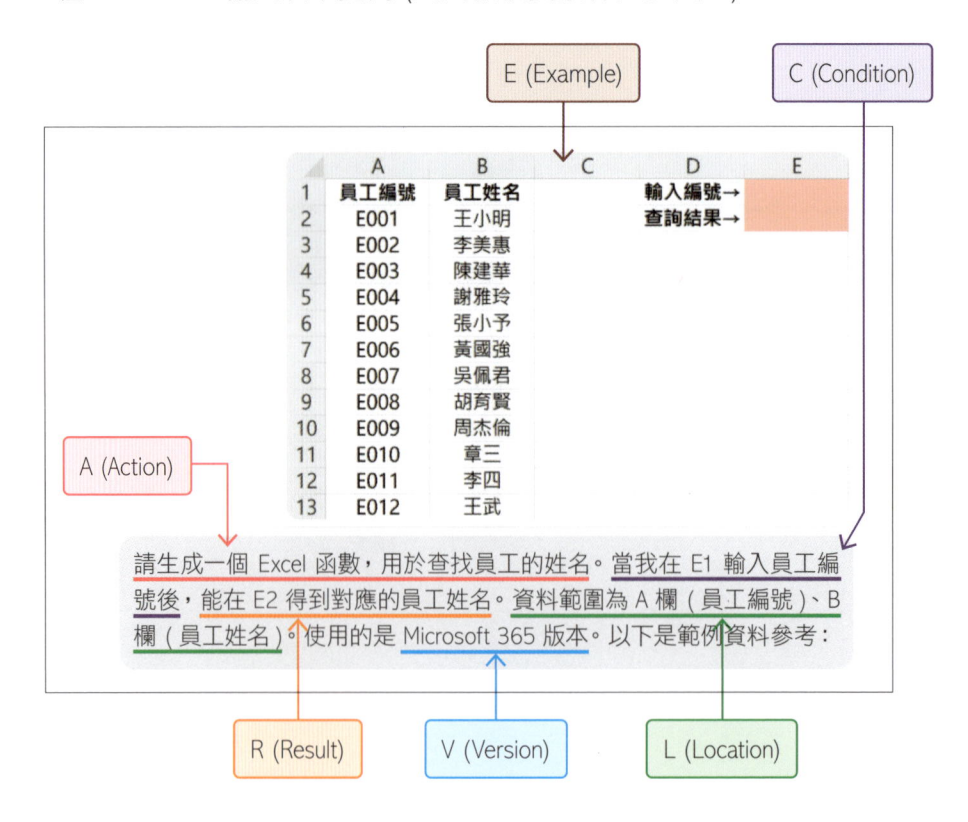

A (Action) / **R (Result)** / **V (Version)** / **L (Location)** / **E (Example)** / **C (Condition)**

請生成一個 Excel 函數，用於查找員工的姓名。當我在 E1 輸入員工編號後，能在 E2 得到對應的員工姓名。資料範圍為 A 欄（員工編號）、B 欄（員工姓名）。使用的是 Microsoft 365 版本。以下是範例資料參考：

3-12

來看看 ChatGPT 的回答吧：

> 您可以在單元格 **E2** 輸入以下公式，根據 **E1** 中的員工編號，查找對應的員工姓名：
>
> ```excel
> =IFERROR(XLOOKUP(E1, A2:A13, B2:B13, "未找到對應姓名"), "")
> ```
>
> 點擊「複製程式碼」
>
> **解釋：**
>
> 1. **E1**：輸入員工編號的地方。
> 2. **A2:A13**：員工編號範圍。
> 3. **B2:B13**：員工姓名範圍。
> 4. **"未找到對應姓名"**：若找不到對應的員工編號，顯示的自定義錯誤訊息。
> 5. **IFERROR**：用來避免出現錯誤訊息（如 #N/A）。
>
> **操作步驟：**
>
> 1. 確保資料表格範圍正確。
> 2. 在 **E1** 輸入要查詢的員工編號，例如「E003」。
> 3. 按下 Enter，**E2** 將顯示對應的員工姓名，例如「陳建華」。
>
> 這個公式特別適用於 Microsoft 365 或 Excel 2021 的版本，因為它使用了 **XLOOKUP** 函數。如果您使用的是更舊版本，請告訴我，我可以提供替代解決方案！

將函數貼回至 Excel 後，就能來驗收成果囉！在 E1 輸入員工編號，成功在 E2 看到對應的員工姓名了！

	A	B	C	D	E
1	員工編號	員工姓名		輸入編號→	E005
2	E001	王小明		查詢結果→	張小予
3	E002	李美惠			
4	E003	陳建華			
5	E004	謝雅玲			
6	E005	張小予			

E2 儲存格公式：`=IFERROR(XLOOKUP(E1, A2:A13, B2:B13, "未找到對應姓名"), "")`

ChatGPT 不僅提供了一個正確的函數，甚至還預知了「可能查不到」的情況，預先做好了錯誤處理。試著輸入看看一個不存在的員工編號：

	A	B	C	D	E	F
1	員工編號	員工姓名		輸入編號→	A001	
2	E001	王小明		查詢結果→	未找到對應姓名	
3	E002	李美惠				
4	E003	陳建華				
5	E004	謝雅玲				
6	E005	張小予				

E2 儲存格公式：`=IFERROR(XLOOKUP(E1, A2:A13, B2:B13, "未找到對應姓名"), "")`

希望 Excel 能根據你輸入的資料，回傳對應的資料結果，是十分經典的例子！描述你的查找流程給 ChatGPT，輸入了什麼資料，能得到什麼資料，讓它提供合適的查找函數給你。

告訴 ChatGPT～你使用的 Excel 是哪一個版本

ChatGPT 提供的函數 **XLOOKUP**，只適用於 Microsoft 365 和 Excel 2021。那麼如果提問時說明使用的版本是 Excel 2013，會得到一樣的函數嗎？讓我們來試試看：

	A	B	C	D	E
1	員工編號	員工姓名		輸入編號→	
2	E001	王小明		查詢結果→	
3	E002	李美惠			
4	E003	陳建華			
5	E004	謝雅玲			
6	E005	張小予			
7	E006	黃國強			
8	E007	吳佩君			
9	E008	胡育賢			
10	E009	周杰倫			
11	E010	章三			
12	E011	李四			
13	E012	王武			

> 請生成一個 Excel 函數，用於查找員工的姓名。當我在 E1 輸入員工編號後，能在 E2 得到對應的員工姓名。資料範圍為 A 欄 (員工編號) 和 B 欄 (員工姓名)。使用的是 **Excel 2013 版本**。以下是範例資料參考：

ChatGPT 提供了 **VLOOKUP** 函數的解法：

NEXT

3-14

在 Excel 2013 版本中，您可以在 **E2** 使用以下 **VLOOKUP** 函數來查找對應的員工姓名：

```excel
=IFERROR(VLOOKUP(E1, A2:B13, 2, FALSE), "未找到對應姓名")
```

函數說明：

1. **E1**：輸入您要查找的員工編號。
2. **A2:B13**：員工編號和姓名的數據範圍。
3. **2**：表示從數據範圍中的第 2 列（即員工姓名）提取結果。
4. **FALSE**：表示執行精確匹配查找。
5. **IFERROR**：避免當查無結果時出現錯誤，返回自定義的提示訊息「未找到對應姓名」。

操作步驟：

1. 確保員工資料位於 A 和 B 欄。
2. 將上述公式複製到 **E2**。
3. 在 **E1** 中輸入員工編號（例如 "E003"）。
4. 按下 Enter，E2 將顯示對應的員工姓名（例如 "陳建華"）。

這個公式兼容 Excel 2013，適合舊版本使用。若有其他問題，請隨時告訴我！

VLOOKUP 適用於 Excel 2013，且也能成功獲得正確的查找結果：

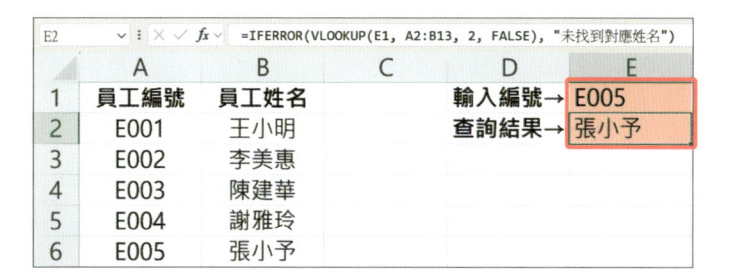

	A	B	C	D	E
1	員工編號	員工姓名		輸入編號→	E005
2	E001	王小明		查詢結果→	張小予
3	E002	李美惠			
4	E003	陳建華			
5	E004	謝雅玲			
6	E005	張小予			

由此可知，在提問時**提供「Excel 版本」資訊是非常關鍵的一步**，沒有提供的話，將會花費許多時間進行排除錯誤。

❺ 資料整理與生成：應用 1（生成規律性編碼）

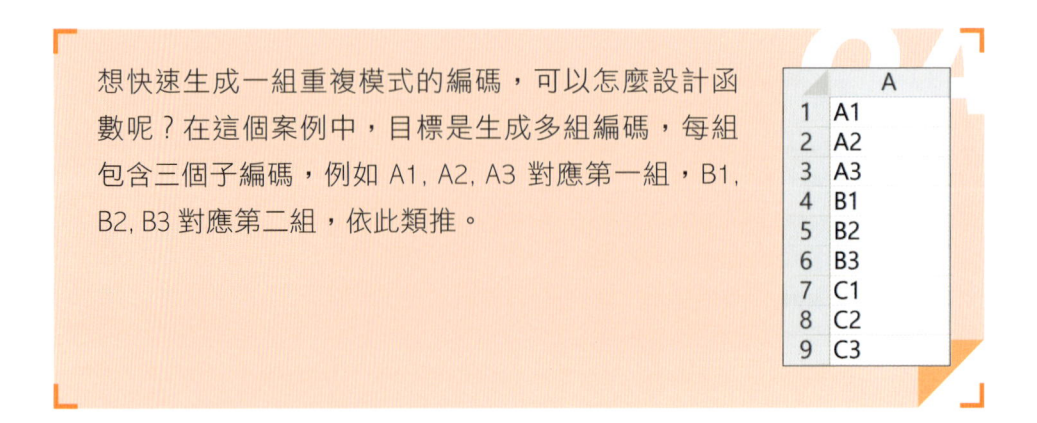

> 想快速生成一組重複模式的編碼，可以怎麼設計函數呢？在這個案例中，目標是生成多組編碼，每組包含三個子編碼，例如 A1, A2, A3 對應第一組，B1, B2, B3 對應第二組，依此類推。
>
> | | A |
> |---|---|
> | 1 | A1 |
> | 2 | A2 |
> | 3 | A3 |
> | 4 | B1 |
> | 5 | B2 |
> | 6 | B3 |
> | 7 | C1 |
> | 8 | C2 |
> | 9 | C3 |

將編碼的規律清楚的告訴 ChatGPT，千萬別傻傻自己慢慢編碼喔！看到這，邀請你先想一想，如果是你，會如何描述這個需求呢？想好後，往下看看我是怎麼做的吧！

在 ChatGPT 輸入以下提問 (六大檢核要素標註於圖上；這個範例不需提供 Location)：

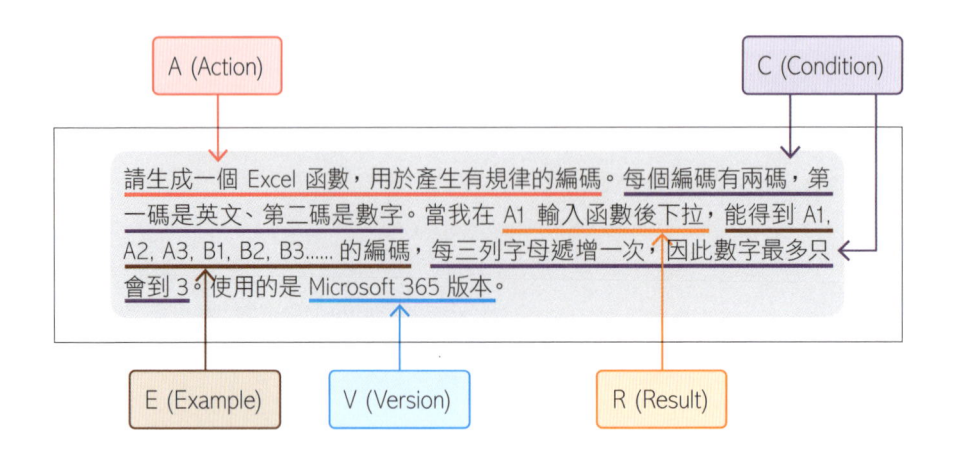

```
A (Action)                                           C (Condition)

請生成一個 Excel 函數，用於產生有規律的編碼。每個編碼有兩碼，第
一碼是英文、第二碼是數字。當我在 A1 輸入函數後下拉，能得到 A1,
A2, A3, B1, B2, B3…… 的編碼，每三列字母遞增一次，因此數字最多只
會到 3。使用的是 Microsoft 365 版本。

E (Example)     V (Version)          R (Result)
```

ChatGPT 提供了一個組合了四種不同函數的超長函數，這可不是一般人能輕輕鬆鬆就想的到的吧？

▶ 3-16

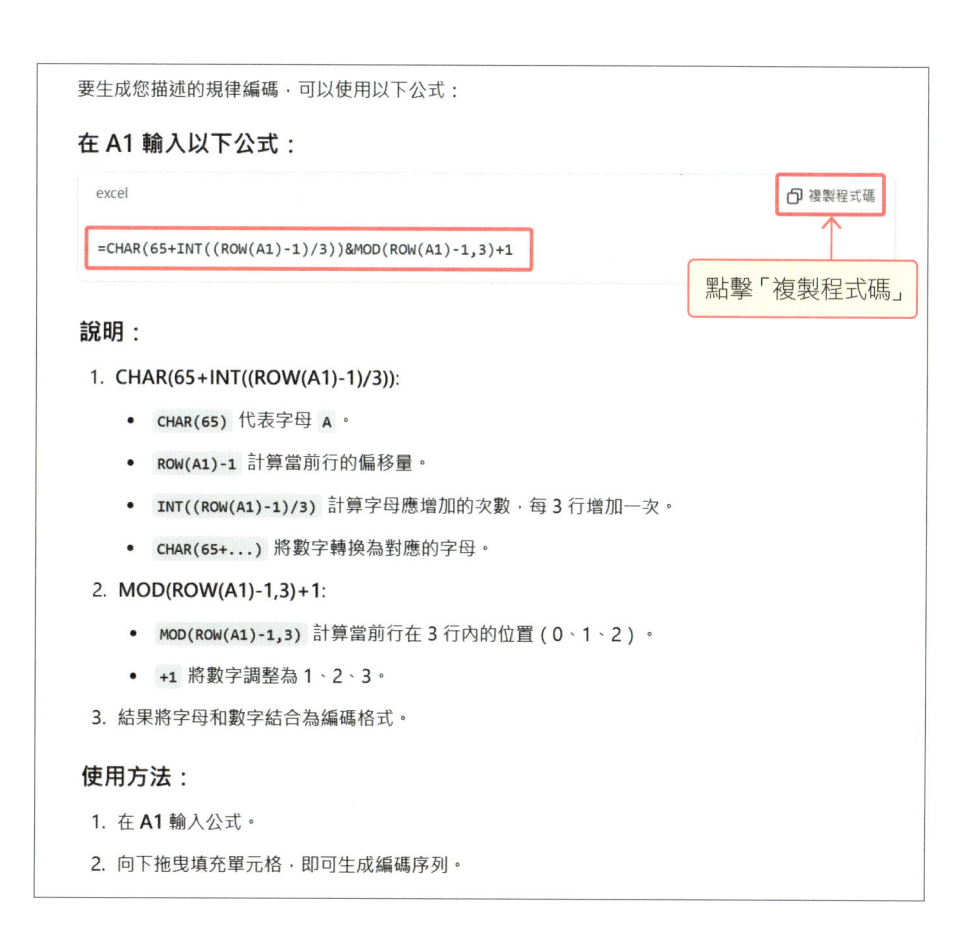

要生成您描述的規律編碼，可以使用以下公式：

在 A1 輸入以下公式：

```excel
=CHAR(65+INT((ROW(A1)-1)/3))&MOD(ROW(A1)-1,3)+1
```

點擊「複製程式碼」

說明：

1. `CHAR(65+INT((ROW(A1)-1)/3))`：
   - `CHAR(65)` 代表字母 `A`。
   - `ROW(A1)-1` 計算當前行的偏移量。
   - `INT((ROW(A1)-1)/3)` 計算字母應增加的次數，每 3 行增加一次。
   - `CHAR(65+...)` 將數字轉換為對應的字母。

2. `MOD(ROW(A1)-1,3)+1`：
   - `MOD(ROW(A1)-1,3)` 計算當前行在 3 行內的位置（0、1、2）。
   - `+1` 將數字調整為 1、2、3。

3. 結果將字母和數字結合為編碼格式。

使用方法：

1. 在 **A1** 輸入公式。
2. 向下拖曳填充單元格，即可生成編碼序列。

將函數貼回 A1，並開始下拉到你所需要的位置，成功！

	A	B	C	D
1	A1			
2	A2			
3	A3			
4	B1			
5	B2			
6	B3			
7	C1			
8	C2			
9	C3			

3-17

有時候可能會遇到「不知道怎麼描述規律」的難題，這時候直接提供「期待生成結果的截圖」，讓 ChatGPT 根據圖片自己找出規律，就不用自己燒腦啦！來看看下面這個例子：

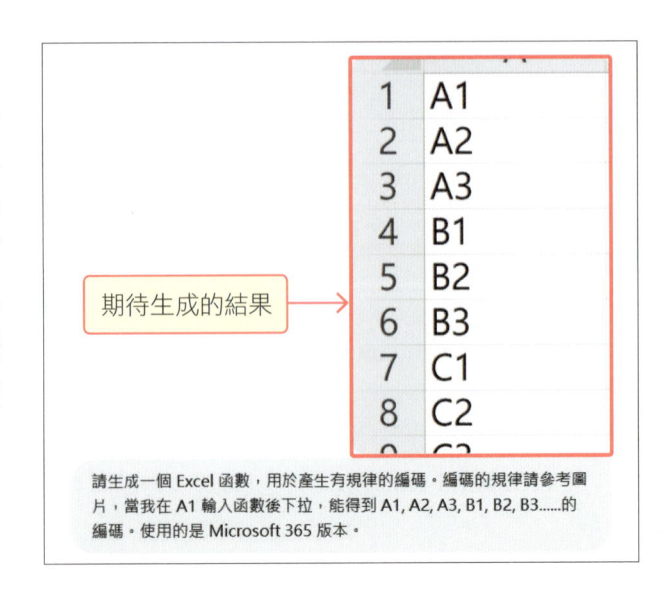

1	A1
2	A2
3	A3
4	B1
5	B2
6	B3
7	C1
8	C2

期待生成的結果 →

請生成一個 Excel 函數，用於產生有規律的編碼。編碼的規律請參考圖片，當我在 A1 輸入函數後下拉，能到 A1, A2, A3, B1, B2, B3......的編碼。使用的是 Microsoft 365 版本。

這樣一樣能獲得成功的函數喔，省去許多「描述規律」的時間，有夠讚！

要在 Excel 中生成如圖片所示的規律編碼（A1, A2, A3, B1, B2, B3, C1, C2, C3......），可以使用以下公式：

1. **在 A1 輸入以下公式：**

   ```excel
   =CHAR(65 + INT((ROW(A1)-1)/3)) & MOD(ROW(A1)-1, 3) + 1
   ```

   點擊「複製程式碼」

2. **公式說明：**
   - `CHAR(65 + INT((ROW(A1)-1)/3))`：`CHAR(65)` 代表字母 "A"，隨著公式向下填滿，`INT((ROW(A1)-1)/3)` 會生成 0, 1, 2 對應 A, B, C 等字母。
   - `MOD(ROW(A1)-1, 3) + 1`：計算數字部分 (1, 2, 3 的循環)。
   - `ROW(A1)`：取得當前儲存格的行號，用於生成規律。

3. **使用方式：**
   - 在 **A1** 輸入公式。
   - 向下拖曳公式即可生成 A1, A2, A3, B1, B2, B3, C1, C2, C3 的規律編碼。

這樣就可以按照所需規律生成編碼了！

❻ 資料整理與生成：應用 2 (生成新格式)

想要將民國日期整理為沒有斜線的格式，並補足年、月、日的位數(不足位數補零)，例如：100/1/1 轉換成 1000101、99/12/2 轉換成 0991202。

	A	B
1	民國日期	需求結果
2	100/1/1	1000101
3	99/12/2	0991202
4	100/12/12	1001212
5	100/1/31	1000131
6	100/12/2	1001202
7	99/1/1	0990101
8	99/12/12	0991212
9	99/1/31	0990131

每家公司的「日期格式」需求都不同，我時常收到學員來信詢問日期格式整理的問題。這類的需求看似簡單，但時常因為「資料規律複雜」，因此不一定能使用 Excel 既有的資料剖析或是儲存格格式功能來調整。像是在這個案例中，原始資料 A 欄 (民國日期) 年、月、日的格式不統一，例如：年份有的 3 碼、有的 2 碼，手動處理不僅費時費力，還容易出錯。這時候函數就是最好的解決方案！將整理資料的規則清楚的告訴 ChatGPT：

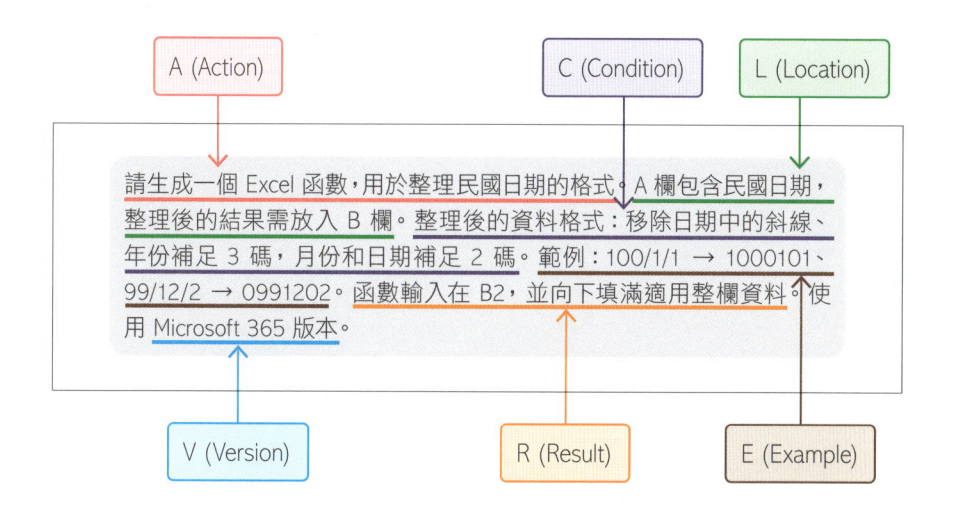

> 請生成一個 Excel 函數，用於整理民國日期的格式。A 欄包含民國日期，整理後的結果需放入 B 欄。整理後的資料格式：移除日期中的斜線、年份補足 3 碼，月份和日期補足 2 碼。範例：100/1/1 → 1000101、99/12/2 → 0991202。函數輸入在 B2，並向下填滿適用整欄資料。使用 Microsoft 365 版本。

- A (Action)
- C (Condition)
- L (Location)
- V (Version)
- R (Result)
- E (Example)

ChatGPT 完美的掌握到規則，提供了一個超～長的函數：

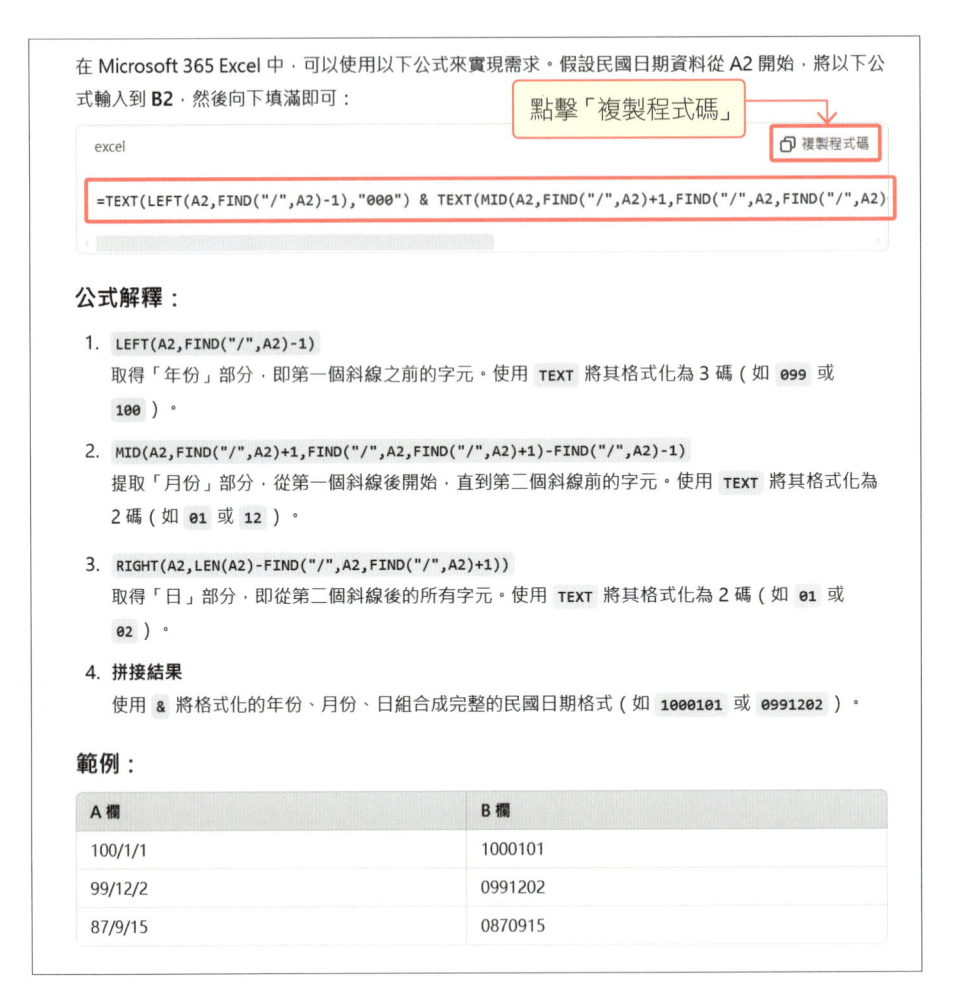

在 Microsoft 365 Excel 中，可以使用以下公式來實現需求。假設民國日期資料從 A2 開始，將以下公式輸入到 B2，然後向下填滿即可：

點擊「複製程式碼」

```
=TEXT(LEFT(A2,FIND("/",A2)-1),"000") & TEXT(MID(A2,FIND("/",A2)+1,FIND("/",A2,FIND("/",A2)
```

公式解釋：

1. `LEFT(A2,FIND("/",A2)-1)`
   取得「年份」部分，即第一個斜線之前的字元。使用 `TEXT` 將其格式化為 3 碼（如 `099` 或 `100`）。

2. `MID(A2,FIND("/",A2)+1,FIND("/",A2,FIND("/",A2)+1)-FIND("/",A2)-1)`
   提取「月份」部分，從第一個斜線後開始，直到第二個斜線前的字元。使用 `TEXT` 將其格式化為 2 碼（如 `01` 或 `12`）。

3. `RIGHT(A2,LEN(A2)-FIND("/",A2,FIND("/",A2)+1))`
   取得「日」部分，即從第二個斜線後的所有字元。使用 `TEXT` 將其格式化為 2 碼（如 `01` 或 `02`）。

4. **拼接結果**
   使用 `&` 將格式化的年份、月份、日組合成完整的民國日期格式（如 `1000101` 或 `0991202`）。

範例：

A 欄	B 欄
100/1/1	1000101
99/12/2	0991202
87/9/15	0870915

將函數貼回 Excel 後，成功獲得所需資料：

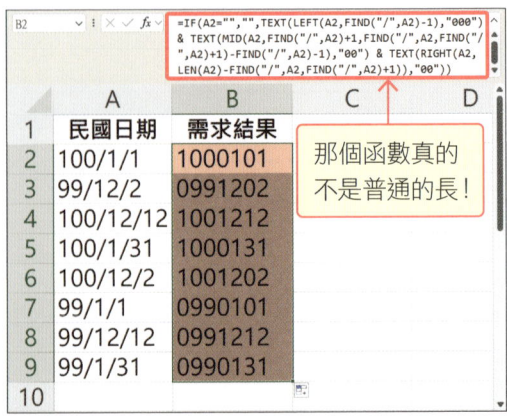

那個函數真的不是普通的長！

	A	B
1	民國日期	需求結果
2	100/1/1	1000101
3	99/12/2	0991202
4	100/12/12	1001212
5	100/1/31	1000131
6	100/12/2	1001202
7	99/1/1	0990101
8	99/12/12	0991212
9	99/1/31	0990131

❼ 條件格式化資料

Excel 的「條件式格式設定」功能非常方便，它能自動幫符合條件的資料加上醒目提示。預設的介面就有很多設定可以選擇，例如：標註出大於、小於某個值的儲存格，或是標註重複的值等等。

但有時候有些情況比較特殊，既有的功能無法滿足，必須使用函數才能處理，這也能請 ChatGPT 幫忙生成函數。看到下面這個例子：讓「即將到期」的項目以不同顏色呈現，能快速識別需要優先處理的項目。

> 在處理報表時，你是否遇過這樣的情況：某些項目即將到期，但你得一筆一筆檢查日期，才能找出這些資料，非常耗時？

	A	B
1	項目	到期日
2	合約-01	2024/12/19
3	合約-02	2024/12/30
4	合約-03	2024/12/12
5	合約-04	2024/12/20
6	合約-05	2024/12/15

在 ChatGPT 輸入以下提問 (六大檢核要素標註於圖上)：

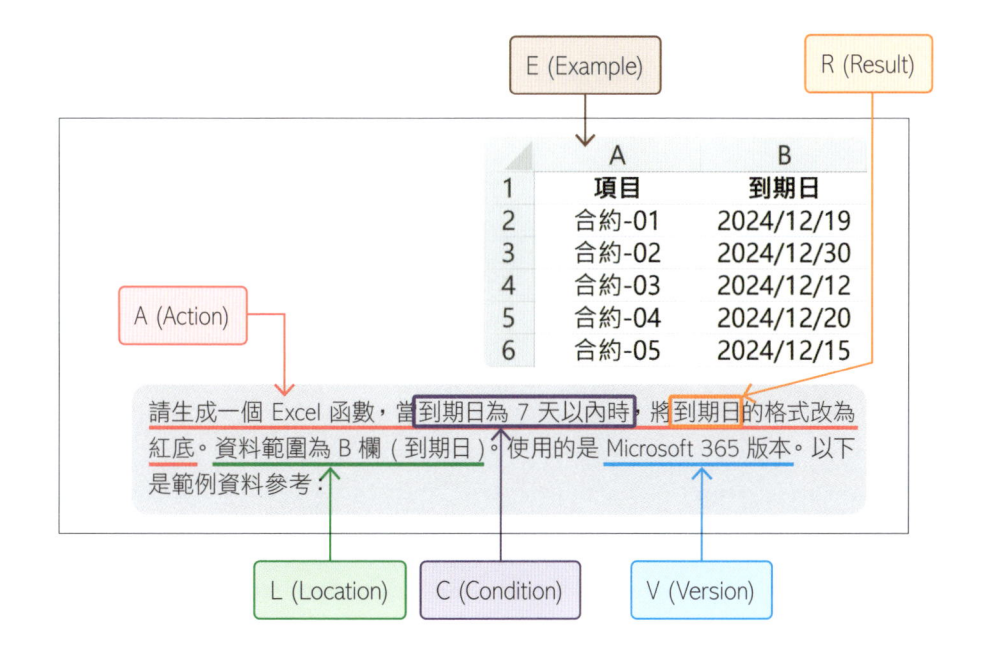

E (Example)
R (Result)
A (Action)

請生成一個 Excel 函數，當到期日為 7 天以內時，將到期日的格式改為紅底。資料範圍為 B 欄 (到期日)。使用的是 Microsoft 365 版本。以下是範例資料參考：

L (Location)　C (Condition)　V (Version)

ChatGPT 提供了清楚的操作步驟，從選取範圍開始，到進入條件式格式設定，引導如何使用函數來格式化儲存格，一點也不馬虎：

你可以使用「**條件格式化**」功能，搭配以下 Excel 函數，在 B 欄自動判斷哪些到期日在 7 天內，並將其設為紅底。請依下列步驟操作：

✅ **步驟說明（Microsoft 365）：**

1. 選取 **B2:B100**（或你資料範圍內的 B 欄）
2. 點選「**常用**」>「**條件格式**」>「**新增規則**」
3. 選擇「使用公式來決定要格式化的儲存格」
4. 在公式欄中輸入以下公式：

```excel
=AND(B2<>"", B2-TODAY()<=7, B2>=TODAY())
```

點擊「複製」

5. 點「格式化」，在「填滿」選擇紅色底色
6. 按「確定」套用

📌 **說明：**

- `B2<>""`：避免格式化空白儲存格
- `B2-TODAY()<=7`：檢查是否在未來 7 天內
- `B2>=TODAY()`：避免標記已過期的日期

依據步驟操作後，最終成功讓「即將於 7 天以內到期」的日期資料 (假設今天是 2024 年 12 月 12 日)，自動顯示紅底：

	A	B	C	D
1	項目	到期日	今天：	2024/12/12
2	合約-01	2024/12/19		
3	合約-02	2024/12/30		
4	合約-03	2024/12/12		
5	合約-04	2024/12/20		
6	合約-05	2024/12/15		
7	合約-06	2025/1/1		
8	合約-07	2025/1/2		
9	合約-08	2024/12/14		
10	合約-09	2024/12/25		
11	合約-10	2024/12/26		
12	合約-11	2024/12/19		
13	合約-12	2024/12/28		
14	合約-13	2024/12/16		
15	合約-14	2024/12/30		

看到這邊,你感受到 ChatGPT 的強大了嗎?生成函數這麼複雜的事情,透過 ChatGPT 的幫助竟然變得如此輕鬆!無論是簡單的總和計算,還是多條件分類的進階應用,甚至是規律生成資料的繁瑣任務,ChatGPT 都能快速提供精確的函數和詳細的操作步驟,幫你省下大把時間。

生成函數重點回顧

提問時記得使用六大要素 CLEAR-V 檢核你的描述,越詳細的描述,ChatGPT 的回應就越精準:

1. **C (Condition)**:條件或規律
2. **L (Location)**:明確資料範圍和格式
3. **E (Example)**:提供範例以增強 ChatGPT 對資料的理解 (敘述或直接附上截圖)
4. **A (Action)**:描述需要 ChatGPT 執行的動作
5. **R (Result)**:函數輸出的位置和格式
6. **V (Version)**:使用的 Excel 版本 (Google Sheet 也可唷!)

遇到複雜公式函數需求時,不妨試著將問題拆解,分步驟告訴 ChatGPT,這樣公式函數的準確度會更高喔~

附加你的資料截圖或是預期結果截圖,能讓 ChatGPT 更好的掌握你的需求!

接下頁

以下為五大情境應用的常見函數，下次卡關時，不妨參考此表詢問 ChatGPT 吧！

情境	舉例	常用函數
快速計算與統計	計算一欄數字的總和	SUM、AVERAGE、MAX、MIN、COUNT、COUNTA
	計算一組數字的平均值	
	找出最大值或最小值	
	統計銷售記錄的數量 (如有幾筆銷售資料)	
條件計算與分類	計算地區是「北區」的銷售總額	SUMIF、AVERAGEIF、COUNTIF、IF、FREQUENCY、VLOOKUP
	計算女性客戶的平均購買金額	
	統計 A 欄中值大於 100 的數量	
	根據分數範圍分類 (如大於 90 顯示「優秀」，低於 60 顯示「不及格」)	
	計算每個分數區間內的學生人數	
	根據銷售額將客戶分為不同等級	
查找與匹配	根據訂單編號查找對應的商品名稱或價格	XLOOKUP、VLOOKUP、HLOOKUP、INDEX、MATCH、FILTER
	查找姓名為「王小明」且分數大於 80 的資料	
	篩選出台北地區的所有銷售記錄	
資料整理與生成	自動生成有規律的編碼	TEXT、LEFT、MID、RIGHT、FIND、ROW、SUBSTITUTE、SEARCH、CONCAT、CONCATENATE
	將姓名資料分隔為兩部分 (姓與名)	
	將日期統一整理成標準格式	
	替換文字中的部分內容	
	從資料提取特定段落	
條件格式化資料	將即將到期的訂單顯示黃色標記	TODAY、ISERROR、ISBLANK、SEARCH、COUNTIFS、AND、OR、不等式 (<、>、<=、<>……)
	將錯誤資料顯示為紅字	
	找出兩欄資料不一致的項目	
	將包含缺失值的單元格設為橘色	
	將非工作日標示成紅色	

截至目前為止所提到的，只是 ChatGPT 能幫助你的一部分，除了生成函數之外，接下來你將看到它如何在資料整理、資料分析、甚至生成圖表中發揮驚人的威力。

3-2　資料處理

在 Excel 處理資料時，是否曾經遇到這樣的情況：「多個表格需要合併，慢慢複製貼上好沒效率？」、「需要分類和整理資料，但逐筆操作效率太低？」這些都是在職場中整理資料時常見的挑戰。

資料處理，往往是資料分析的第一步，做好這一步，不僅能提升效率，還能為後續的資料分析和視覺化奠定堅實的基礎。

在這裡，ChatGPT 將再次展現它的強大能力！無論是合併多份表格、拆分內容到多個欄位，還是快速分類大量資料，只需簡單描述需求(用非常平易近人的口吻！)，ChatGPT 就能幫你整理資料！讓我們開始這趟資料處理的旅程吧～

▶▶ 3-2-1 建立結構化資料表

假設你今天有一份會議的逐字稿紀錄，整理出會後 ToDo (待辦事項)往往是最關鍵的，如何快速將 ToDo 的重點，包含任務內容、負責人、截止日期快速的建立成一份追蹤表，除了「自己來」，交給 ChatGPT 是最不浪費時間的。來看看如何叫 ChatGPT 幫你做！

請將以下會議逐字稿，整理成會後 ToDo 表格，表格包含「負責人、任務描述、截止日期、狀態」四個欄位。

會議逐字稿：

主持人（Alice）：大家好，現在是2025年1月15日上午10點，我們今天的主題是討論Q1的行銷計畫。首先，我們來看一下行銷預算。根據上週的資料分析，我們的數位廣告投入需要增加。

Emily：我同意，但我們需要確保這部分預算的效益能被量化。可以請資料分析部門提供更詳細的廣告點擊率和轉化率報告嗎？

以下是會議後的 ToDo 表格：

負責人	任務描述	截止日期	狀態
David	聯繫資料分析部門，提交詳細廣告點擊率和轉化率報告	2025年1月18日	未完成
Emily	確認產品發布會場地，提供最終決定	2025年1月19日	未完成
Kevin	準備產品發布會的投影片和視覺設計	根據場地確認後	未開始

只要把逐字稿丟給它，可以是直接貼上文字，或是上傳檔案都行。重點來了！「請它整理成表格，並清楚告訴它需要的欄位有哪些」它就能整理出有結構的表格給你。你可以直接將表格內容，複製貼回 Excel 做後續進度追蹤，有夠方便！

這個技巧不僅適用於整理「會議逐字稿」，在其他情境下也能大幅提升效率。以下是一些具體的應用場景，幫助你延展這項技能的使用範圍：

◆ **客戶回饋整理**：假設你收到了一堆來自客戶的意見 (可能是來自問卷調查、社群媒體或客服記錄)，這些資料可能凌亂且缺乏結構。你可以將這些原始資料丟 ChatGPT，請它幫你整理成「客戶姓名、意見內容、反饋日期、優先處理程度」等欄位的清單，便於團隊快速執行。

◆ **學術研究資料歸納**：在學術研究中，訪談或觀察記錄經常產生大量非結構化資料。這些資料可以通過 ChatGPT 整理成清單或資料表，包含「受訪者編號、觀察日期、行為摘要」等欄位，方便進一步分析。

◆ **網路爬蟲結果清理**：如果你從網頁爬取了一些資料，這些資料往往是非結構化的，例如產品名稱、價格和描述混雜在一起。ChatGPT 可以幫你提取並整理成清楚的表格，用於進一步的分析和比較。

資料的整理和結構化，不再需要花費大量的時間與人力。無論是處理會議紀錄、客戶反饋，還是學術研究，ChatGPT 都可以成為你強大的助手。只要你清楚告訴它需求，它就能用最快速、最準確的方式，幫你把凌亂的資料整理成井然有序的表格。

學會這項技能，你的資料處理效率將大幅提升，從此不再為資料整理而苦惱！快試試，讓 ChatGPT 幫助你處理更多工作吧！

▶▶ 3-2-2 │ 七種經典的 ChatGPT 資料整理情境

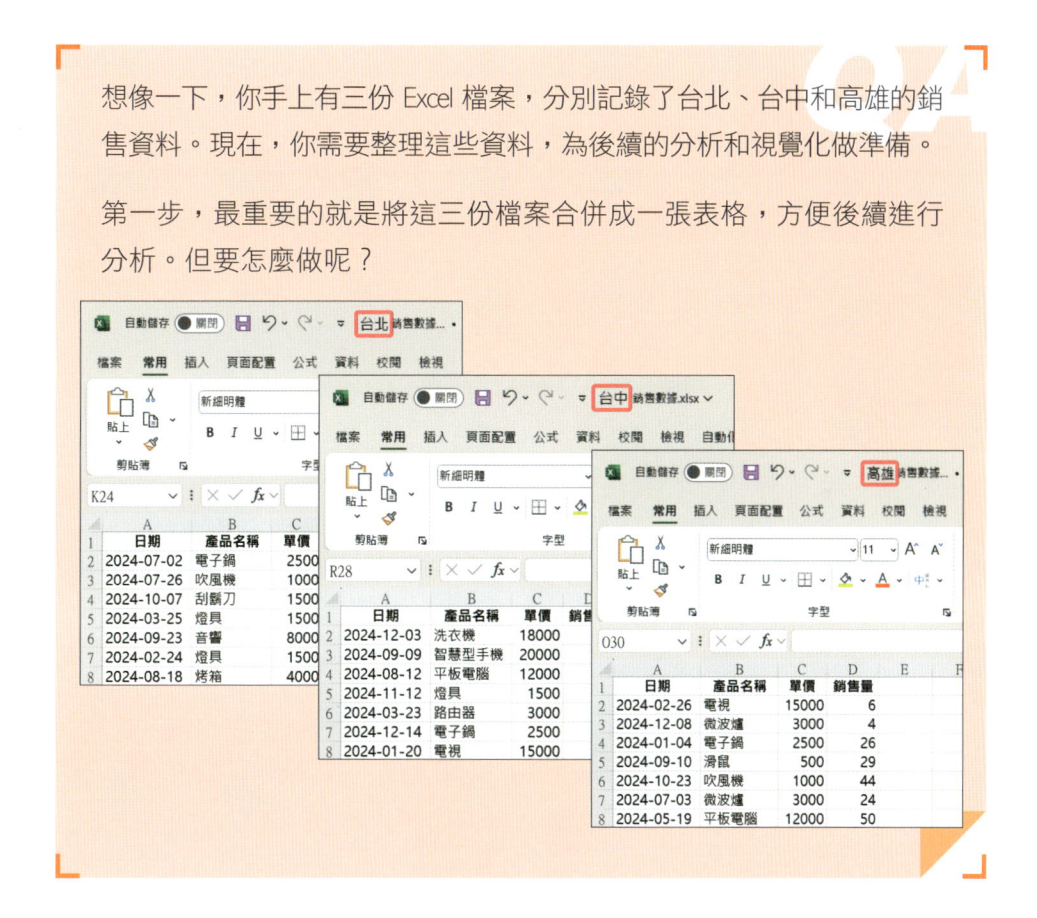

❶ 合併表格

想像一下，你手上有三份 Excel 檔案，分別記錄了台北、台中和高雄的銷售資料。現在，你需要整理這些資料，為後續的分析和視覺化做準備。

第一步，最重要的就是將這三份檔案合併成一張表格，方便後續進行分析。但要怎麼做呢？

我們可以看到上方檔案的欄位設計都是一樣的 (如日期、產品名稱等)，每一筆銷售資料也都清楚地一列一列記錄起來，屬於結構化的資料表。這樣的格式非常適合直接進行合併處理，只要把它們整合在一起，就能快速進行樞紐分析。來看看如何請 ChatGPT 幫你合併表格～

需要上傳這三份檔案，並輸入指令：**將三份檔案合併，新增「城市」欄位，並提供 Excel 檔案下載，檔案命名為「合併銷售數據」**。

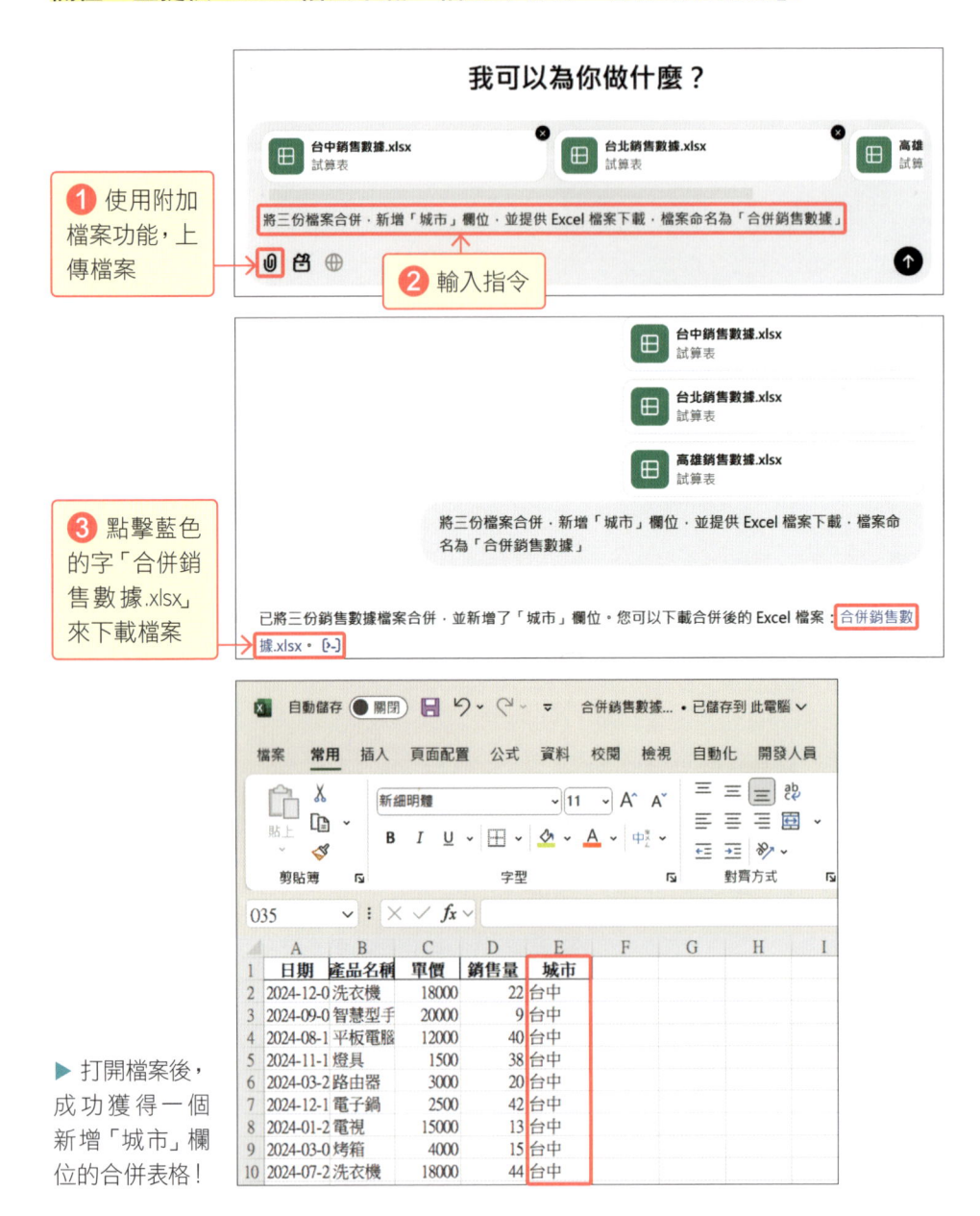

❶ 使用附加檔案功能，上傳檔案

❷ 輸入指令

❸ 點擊藍色的字「合併銷售數據.xlsx」來下載檔案

▶ 打開檔案後，成功獲得一個新增「城市」欄位的合併表格！

新增「城市」欄位是為了後續分析時，能辨識每一筆資料是來自於哪個地區的銷售紀錄，因此是不可或缺的步驟喔！

若你是使用付費版的 ChatGPT，上傳檔案後看到的畫面，會和上面的圖示略有不同。不會看到綠色的檔案圖示，而是能直接看到檔案內的表格內容，三個檔案就能看到三個表格。

台中銷售數據 Sheet1				
	日期	產品名稱	單價	銷售量
1	2024-12-03	洗衣機	18000	22
2	2024-09-09	智慧型手機	20000	9
3	2024-08-12	平板電腦	12000	40
4	2024-11-12	燈具	1500	38
5	2024-03-23	路由器	3000	20
6	2024-12-14	電子鍋	2500	42

台北銷售數據 Sheet1				
	日期	產品名稱	單價	銷售量
1	2024-07-02	電子鍋	2500	33
2	2024-07-26	吹風機	1000	31
3	2024-10-07	刮鬍刀	1500	9
4	2024-03-25	燈具	1500	40
5	2024-09-23	音響	8000	10
6	2024-02-24	燈具	1500	44

高雄銷售數據 Sheet1				
	日期	產品名稱	單價	銷售量
16	2024-03-19	吹風機	1000	26
17	2024-09-16	冰箱	25000	44
18	2024-08-16	烤箱	4000	41
19	2024-09-20	微波爐	3000	15
20	2024-06-23	筆記型電腦	30000	48

> 將三份檔案合併，新增「城市」欄位，並提供 Excel 檔案下載，檔案命名為「合併銷售數據」。

已將三份銷售數據合併並新增「城市」欄位，您可以下載合併後的 Excel 檔案：合併銷售數據.xlsx

　　之所以能在 ChatGPT 的介面上直接看到表格，這是因為付費版的 ChatGPT 提供了一個強大的功能，官方稱它是 Interactive Table，中文是互動式表格。

互動式表格 (Interactive Table) 簡介

互動式表格是 ChatGPT 在 2024 年 5 月推出的超強功能，這項功能允許你直接在 ChatGPT 裡與資料互動，非常適合用於資料整理。你可以在 ChatGPT 中預覽整理後的資料，進行多次調整，直到滿意為止，再將調整好的結果一次性下載成 Excel 檔案，真的非常實用。

讓我們用同樣的案例來看看～這次不請 ChatGPT 提供下載的 Excel 檔案，你會直接在 ChatGPT 介面中看到合併好的資料！

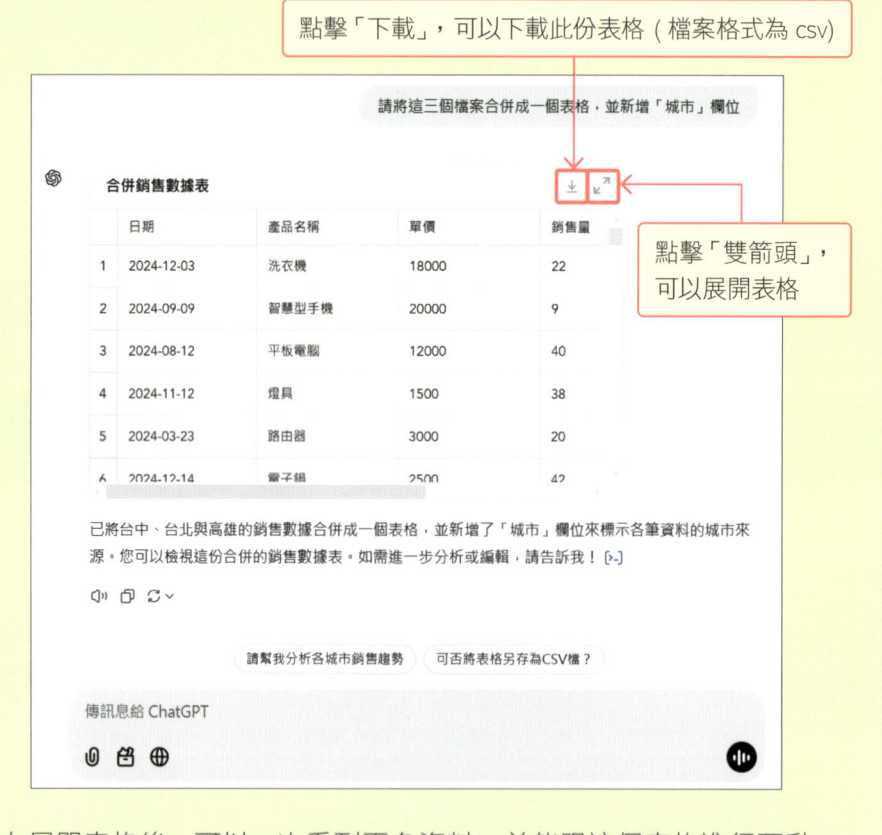

點擊「下載」，可以下載此份表格 (檔案格式為 csv)

點擊「雙箭頭」，可以展開表格

在展開表格後，可以一次看到更多資料，並能跟這個表格進行互動。如果想要收合表格，只需要再次點擊雙箭頭按鈕即可。

接下頁

3-30

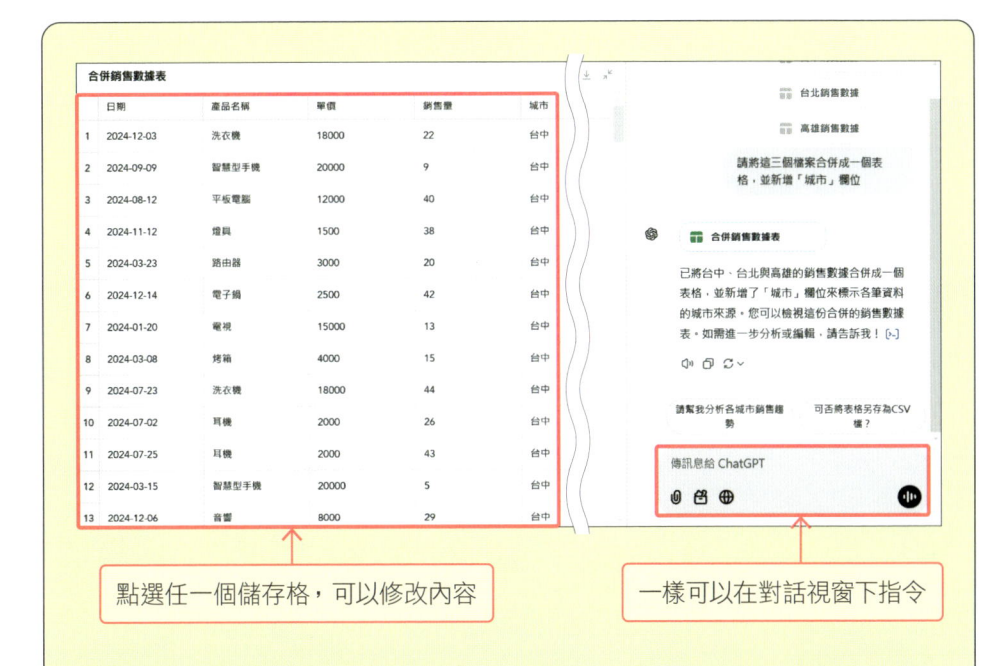

點選任一個儲存格，可以修改內容　　　　　　一樣可以在對話視窗下指令

在互動式表格的介面中，與 ChatGPT 對話，可以更容易、更清楚的表達需求：

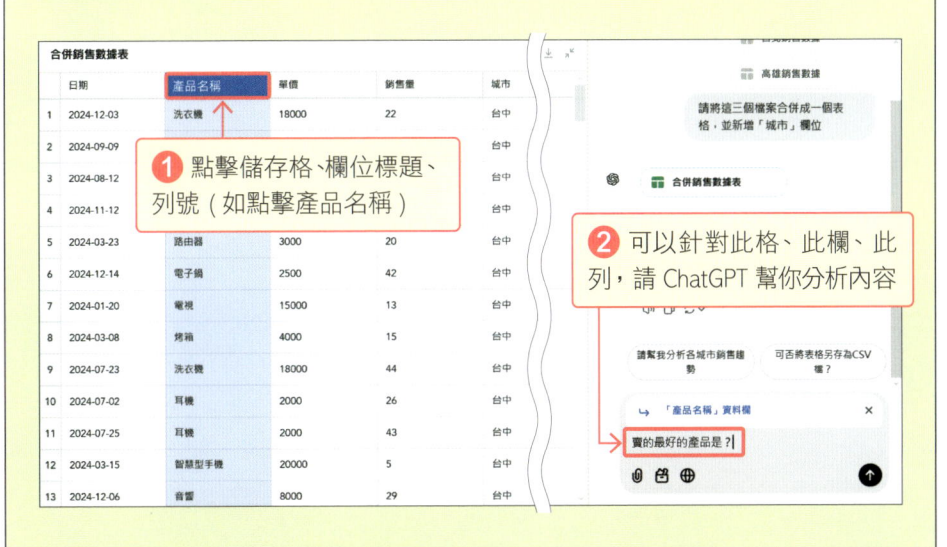

❶ 點擊儲存格、欄位標題、列號（如點擊產品名稱）

❷ 可以針對此格、此欄、此列，請 ChatGPT 幫你分析內容

另外，如果上傳的檔案內有多個工作表，你可以點選介面上的箭頭按鈕，就能直接切換、讀取不同工作表的資料：

接下頁

3-31

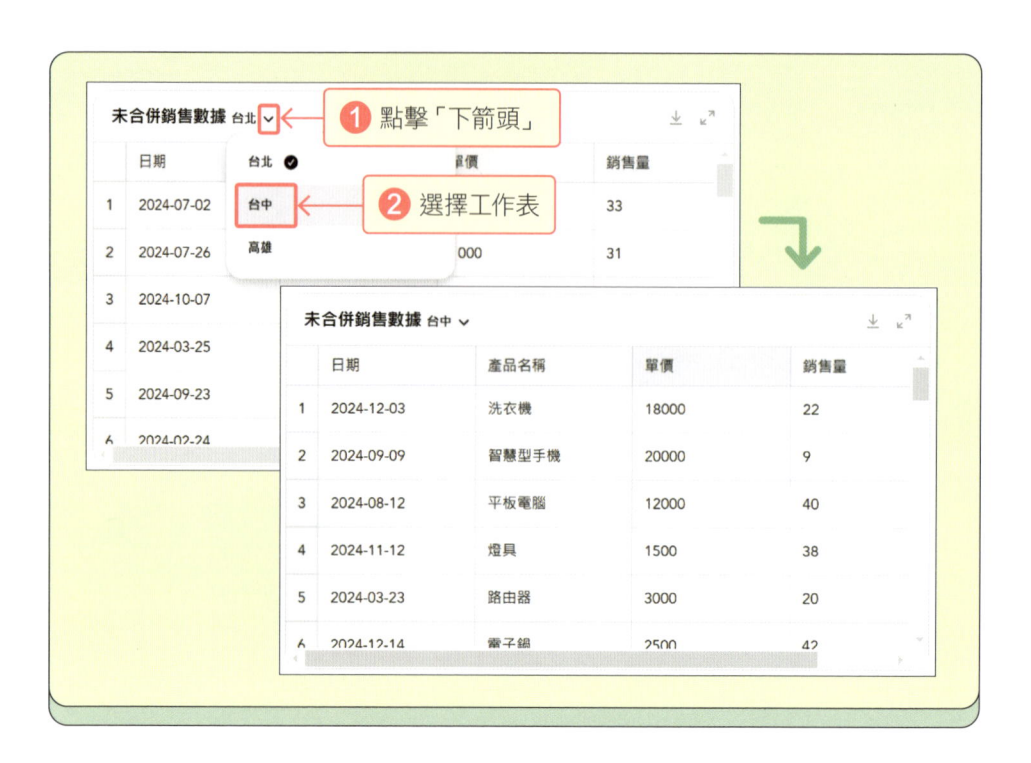

認識完「互動式表格」的基礎功能，接下來，我們都會用互動式表格來說明其他類型的資料處理，一起讓工作事半功倍吧！

> **註**：在本書撰寫的時候，免費版使用者還無法使用互動式表格，但就算不能使用互動式表格，以下介紹的資料處理都還是能完成，只是如果想要請 ChatGPT 再次調整表格，就需要下載檔案、再次上傳、重新對 ChatGPT 下指令。雖然有一點麻煩，但還是比自己手動還輕鬆～

❷ 拆分表格

Q4 ChatGPT 能把多個小表格合併成一個大表格，那反過來可以嗎？

你只需要上傳檔案，並輸入指令：**根據「城市」欄位將資料拆成「台北、台中、高雄」三個表格**。

3-32

	產品名稱	單價	銷售量	城市
1	洗衣機	18000	22	台
2	智慧型手機	20000	9	台
3	平板電腦	12000	40	台
4	燈具	1500	38	台
5	路由器	3000	20	台
6	電子鍋	2500	42	台

根據「城市」欄位將資料拆成「台北、台中、高雄」三個表格

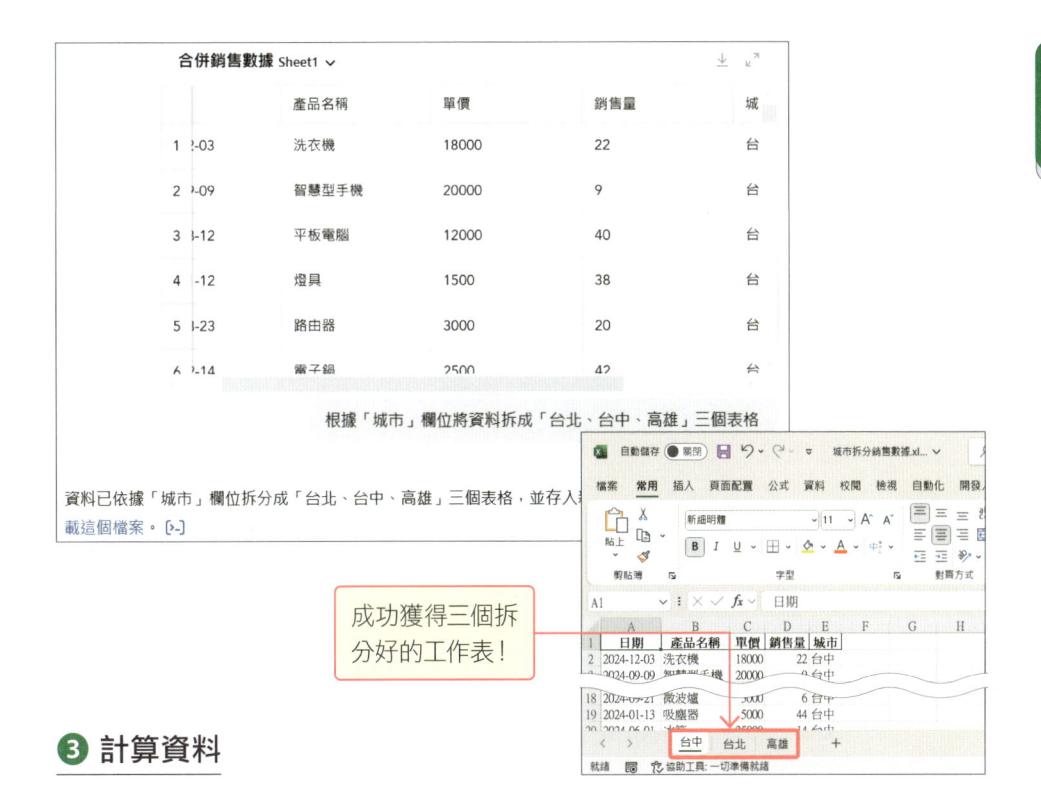

資料已依據「城市」欄位拆分成「台北、台中、高雄」三個表格，並存入⋯⋯載這個檔案。

成功獲得三個拆分好的工作表！

❸ 計算資料

下面這份資料表中，只有「銷售量」和「單價」欄位，若想在資料裡新增「銷售金額」欄位，也就是將「單價 × 銷售量」的結果獨立紀錄在一個欄位，可以怎麼做呢？

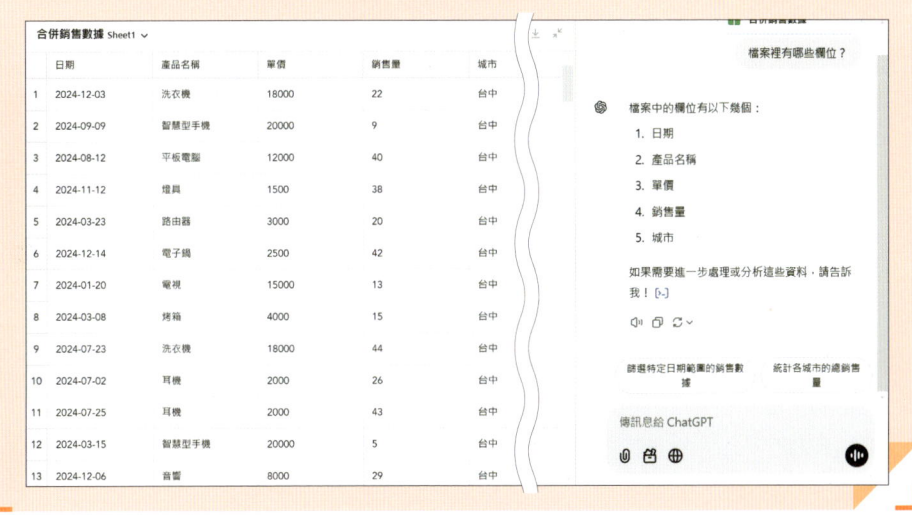

	日期	產品名稱	單價	銷售量	城市
1	2024-12-03	洗衣機	18000	22	台中
2	2024-09-09	智慧型手機	20000	9	台中
3	2024-08-12	平板電腦	12000	40	台中
4	2024-11-12	燈具	1500	38	台中
5	2024-03-23	路由器	3000	20	台中
6	2024-12-14	電子鍋	2500	42	台中
7	2024-01-20	電視	15000	13	台中
8	2024-03-08	烤箱	4000	15	台中
9	2024-07-23	洗衣機	18000	44	台中
10	2024-07-02	耳機	2000	26	台中
11	2024-07-25	耳機	2000	43	台中
12	2024-03-15	智慧型手機	20000	5	台中
13	2024-12-06	音響	8000	29	台中

檔案裡有哪些欄位？

檔案中的欄位有以下幾個：

1. 日期
2. 產品名稱
3. 單價
4. 銷售量
5. 城市

如果需要進一步處理或分析這些資料，請告訴我！

3-33

透過點選表格的指定欄位 (單價、銷售量)，並下指令：**將單價與銷售量相乘的結果，建立在新的欄位「銷售金額」**。

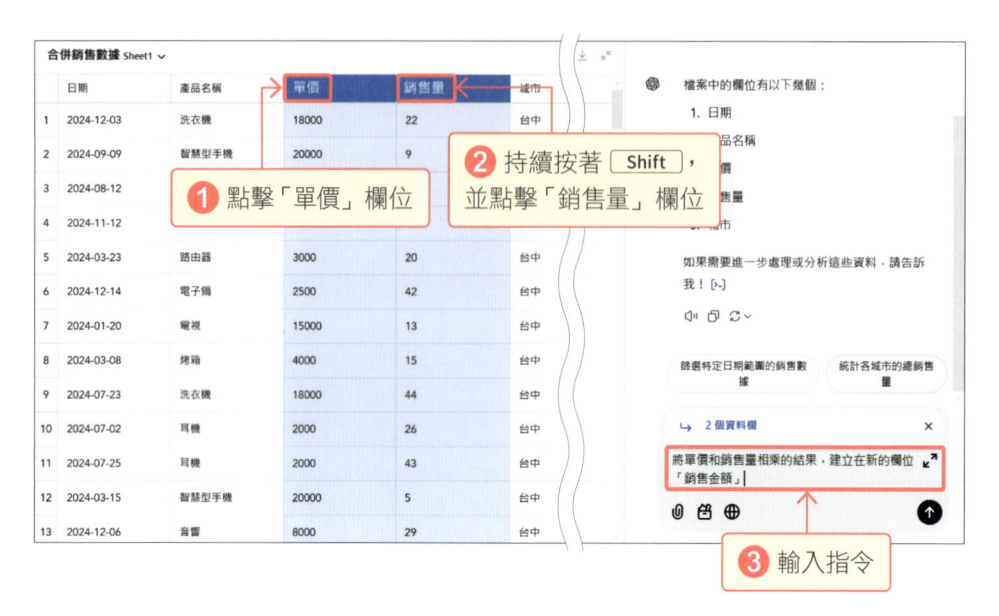

▲ 成功新增「銷售金額」欄位

動動手就能叫 ChatGPT 幫你完成計算，還新增了正確的欄位，是不是很方便呢？

3-34

❹ 分類資料

> 如果要根據單價,將銷售資料分為「高單價、中單價、低單價」三種類別,ChatGPT 也能使命必達嗎?

讓我們來試試看,首先需要點擊「單價」欄位,接著下指令:**根據單價將資料分成「高單價、中單價、低單價」三種類別,低於 5000 元是低單價,5000 ~ 15000 元是中單價,超過 15000 元是高單價,新增一個欄位到資料表中記錄類別。**

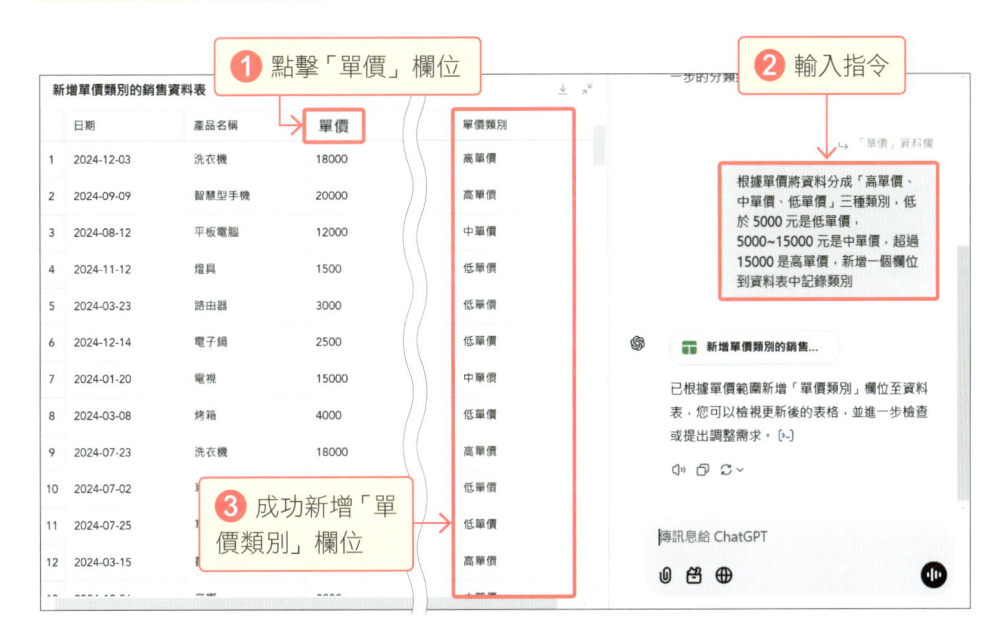

① 點擊「單價」欄位
② 輸入指令
③ 成功新增「單價類別」欄位

這項功能不僅適用於單價分類,還能應用在更多場景,例如:

◆ **問卷回饋分析**:將回饋內容分類為「正面」、「負面」或「中立」。
◆ **客戶資料管理**:根據購買次數將客戶分類為「高頻」、「中頻」和「低頻」客戶。
◆ **物流資料分類**:根據配送時間將訂單分為「準時」、「延遲」和「提前」。

如此一來,不用寫函數,就能將資料進一步分類了!太神啦~

❺ 切割資料

Q/A

在處理資料時,要怎麼快速將一段完整文字拆成多個欄位?

例如:將一整段完整地址,拆分成「郵遞區號」、「縣市+區域」和「街道名稱」3 個欄位。而且常常會遇到資料中的郵遞區號,有一部分只有 3 碼、另一部分是 5 碼,若是手動操作不僅耗時耗力,還可能因為不同格式而增加出錯機率。

	A
1	地址
2	70953 臺南市安南區溪心里海佃路2段796號1樓
3	701 臺南市東區大同里大同路一段137號
4	701 臺南市東區成大里育樂街156之1號1樓
5	70243 臺南市南區大忠里大同路二段502號
6	702 臺南市南區佛壇里明興路1350號1樓
7	70268 臺南市南區鹽埕里新興路433號
8	700 臺南市中西區藥王里金華路4段68號1、2樓
9	709 臺南市安南區州北里安和路5段159號
10	709 臺南市安南區淵東里本原街3段137號1樓
11	709 臺南市安南區海佃里海佃路1段217號1樓
12	701 臺南市東區大智里崇德三十街88號1樓
13	70046 臺南市中西區永華里府前路1段164號1樓

只需要輸入指令:**請將「地址」欄位根據「郵遞區號」、「縣市+區域」及「街道」拆分成三個欄位。**

❶ 輸入指令

❷ 成功拆成三個欄位

▶ 3-36

資料切割功能，還可以應用於多種場景，例如：

- **姓名拆分**：將全名拆分為「姓」與「名」
- **產品代號拆分**：將「A001 - 電腦」拆分成「A001」與「電腦」
- **時間拆分**：從「2024 / 11 / 26 15:30:00」中拆分出「日期」與「時間」

這些時刻，ChatGPT 都能派上用場，快速完成這些繁瑣的任務！

❻ 匹配資料

有時我們會需要將某個工作表的資料，整理進另一個工作表中。

例如：原本工作表 1 的地址都沒有郵遞區號。怎麼根據工作表 2 的郵遞區號清單，來新增所有地址的郵遞區號呢？

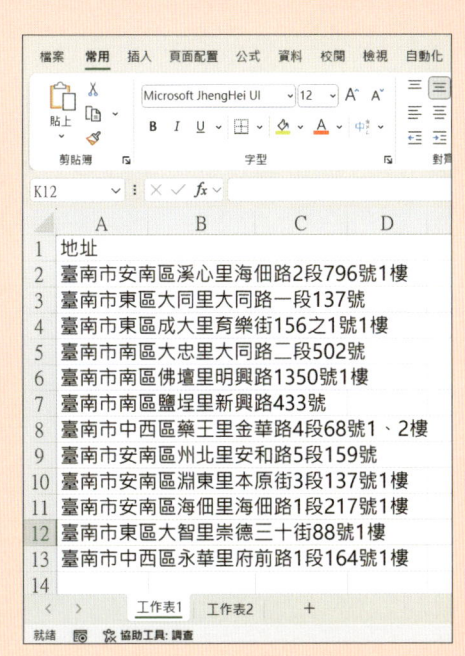

▲ 工作表 1：沒有郵遞區號　　▲ 工作表 2：郵遞區號清單

若使用 Excel 處理，會需要先將地址的「區域」先獨立出來，再使用查找函數進行資料匹配。但是請 ChatGPT 幫忙呢？來看看它有多快！

輸入指令：**「工作表 2」包含「行政區與對應的郵遞區號資訊」，根據「工作表 2」將對應的郵遞區號新增至「工作表 1」中，新增一個欄位記錄每個地址對應的郵遞區號。**

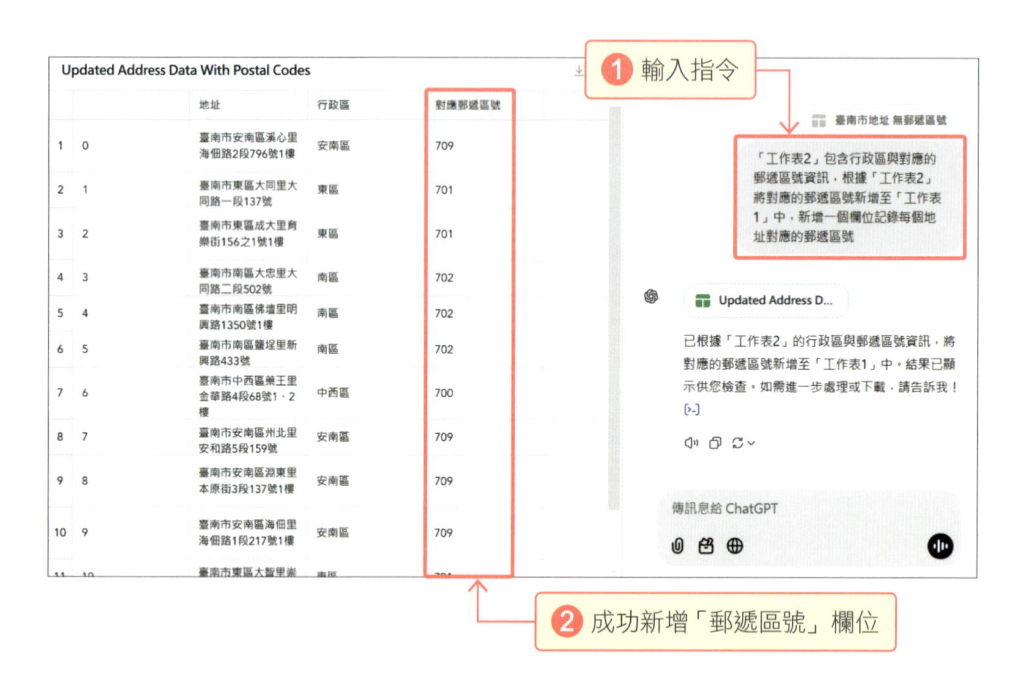

在這個案例中，使用 Excel 和 ChatGPT 進行資料匹配的效率差很多~你感受到了嗎？很驚豔吧！

❼ 用 VBA 自動化重複操作

在處理大量資料的過程中，手動整理資料不僅費時費力，還容易出錯。這時候，不需要透過互動式表格，讓 Excel 的 VBA (Visual Basic for Applications) 派上用場！透過 VBA，可以實現許多繁瑣的重複操作，例如比對兩張工作表中的資料，並自動將重覆的資料提取到第三張表，這種流程不再需要逐行檢查，也不用自己慢慢複製貼上。

但問題來了──並不是每個人都懂程式碼。學 VBA 雖然有用，但對於初學者來說，寫出正確的程式碼可能需要花上不少時間。

不用擔心，ChatGPT 是你的最佳幫手！只要清楚描述需求，ChatGPT 就能幫你生成完整的 VBA 程式碼，讓你專注於分析結果，而不用特別學習撰寫程式碼。

接下來，將示範如何使用 ChatGPT，輕鬆解決這個資料整理問題。首先，要把自己的需求描述清楚：

> 我有兩張 Excel 工作表：
>
> 一張名為「工作表1」，包含資料欄位：ID、姓名、職位、部門。
> 另一張名為「工作表2」，包含資料欄位：ID、姓名、職位、部門。
>
> 我想找出兩張工作表中「四個欄位內容完全相同」的資料，並將這些資料提取到一張新建的工作表（工作表3），保留所有欄位。請提供完整的 Excel VBA 程式碼。

ChatGPT 便能依據需求，撰寫一段 Excel VBA 程式碼：

以下是完整的 Excel VBA 程式碼，該程式會比較「工作表1」和「工作表2」中的資料，找出「ID、姓名、職位、部門」四個欄位完全相同的資料，並將這些資料複製到新建的「工作表3」。

```vba
Sub CompareAndExtractMatchingRows()
    Dim ws1 As Worksheet
    Dim ws2 As Worksheet
    Dim ws3 As Worksheet
    Dim lastRow1 As Long
    Dim lastRow2 As Long
    Dim matchRow As Long
    Dim i As Long, j As Long
    Dim matchFound As Boolean

    ' 設定工作表
    Set ws1 = ThisWorkbook.Sheets("工作表1")
    Set ws2 = ThisWorkbook.Sheets("工作表2")
    ' 創建工作表3
    Set ws3 = ThisWorkbook.Sheets.Add
```

～～～～～～～～～～～～～～～～～～～～

```vba
    Next i

    MsgBox "匹配的資料已複製到工作表3。", vbInformation
End Sub
```

使用步驟：

1. 打開包含「工作表1」和「工作表2」的 Excel 檔案。
2. 按 `Alt + F11` 打開 VBA 編輯器。
3. 在 VBA 編輯器中，選擇 `插入` > `模組`。
4. 將上述程式碼複製並貼上到新模組中。
5. 按 `F5` 執行程式碼。

程式碼執行完畢後，「工作表3」將會包含所有兩張工作表中完全匹配的資料。

　　ChatGPT 提供了一長串的程式碼，請不要害怕！看不懂也沒關係，先把程式碼複製起來。關鍵在最後面的操作步驟！只要跟著操作步驟執行，就能得到想要的結果。

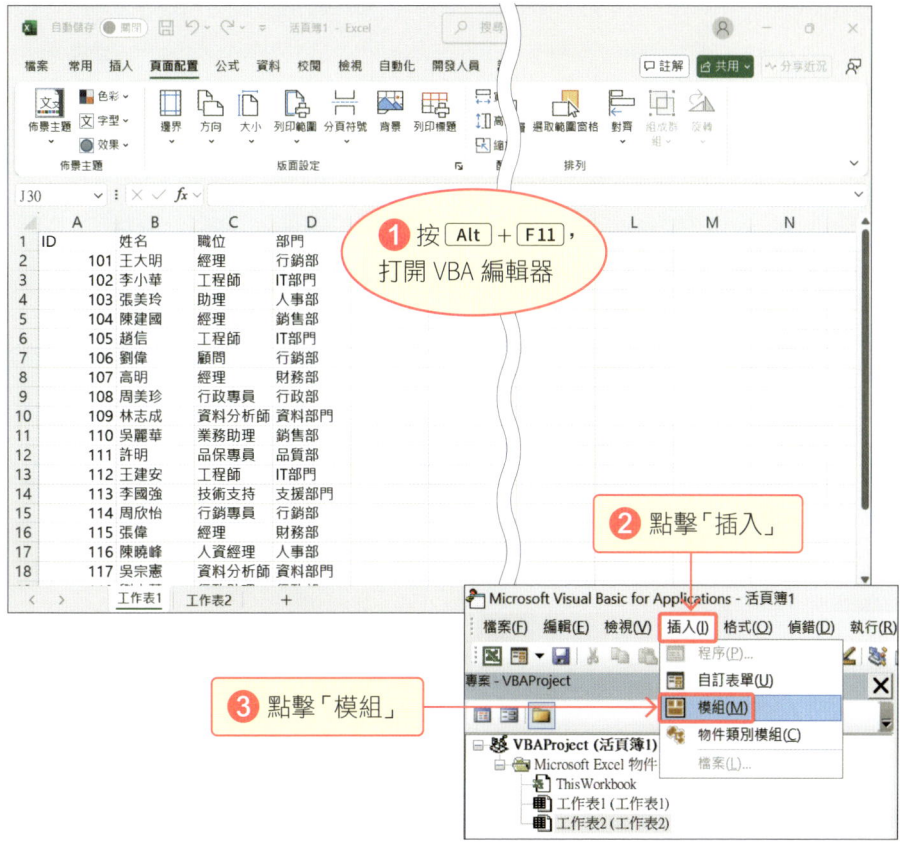

① 按 Alt + F11，打開 VBA 編輯器

② 點擊「插入」

③ 點擊「模組」

④ 按 Ctrl + V，將程式碼貼進 VBA 編輯器

⑤ 按 F5 執行程式碼

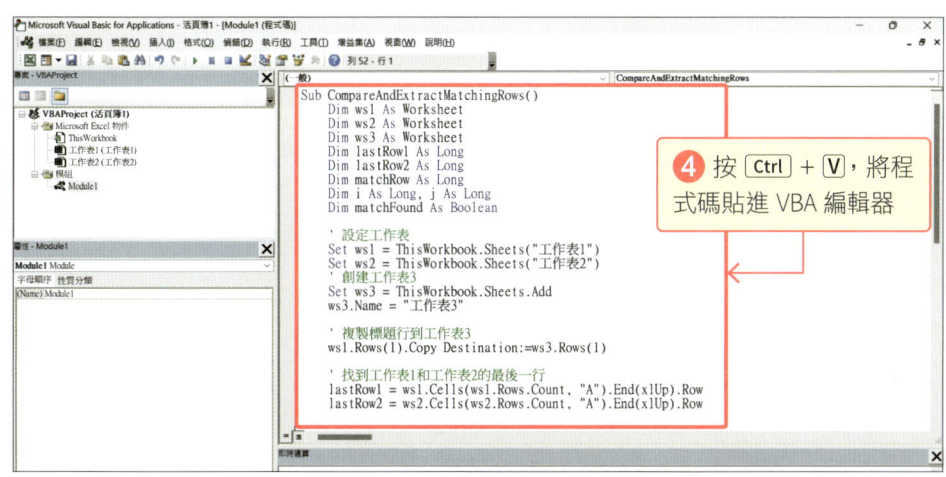

3-41

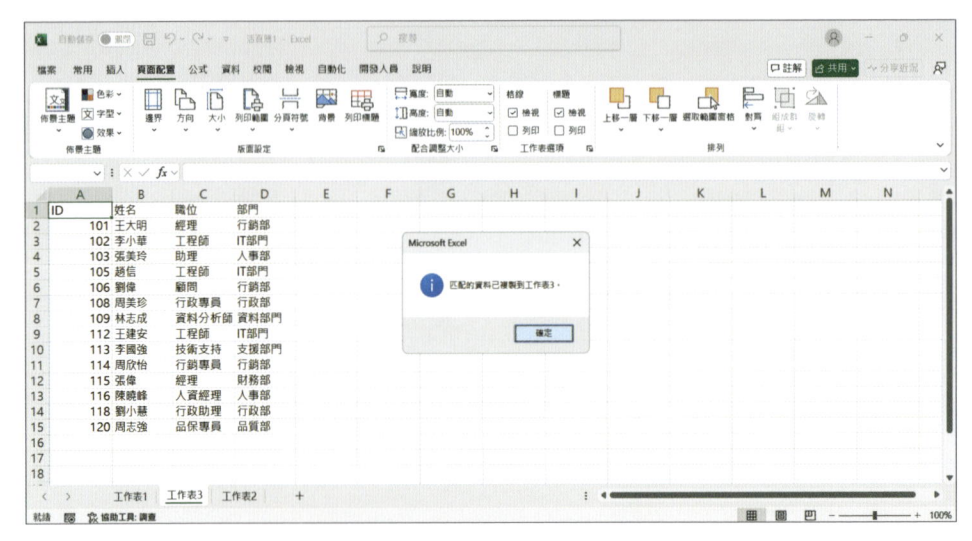

▲ 重複資料就出現在工作表 3 啦！

　　透過以上示範可以看到，VBA 能讓 Excel 自動執行重複操作，大幅提升資料處理的效率。但更重要的是，即使你不熟悉 VBA，ChatGPT 也能幫助你撰寫適合的 VBA 程式碼，讓你能夠專注於資料分析，而不是花時間從頭學習程式語言，畢竟這不是很好上手的，對吧？

> **小提醒**　包含 VBA 的 Excel 檔案需儲存為 .XLSM 格式，否則 VBA 內容將會遺失，且無法復原。
>
> 檔案名稱(N): 訂單與用戶資料.xlsm
> 存檔類型(T): Excel 啟用巨集的活頁簿 (*.xlsm)

　　處理資料一直是職場中的關鍵挑戰，但透過 ChatGPT 的協助，這些看似繁瑣的工作變得如此簡單高效！不管是合併多個表格、快速分類資料、計算或拆分資料、VBA 等等，ChatGPT 都能用最快的方式幫你搞定，讓你事半功倍。這不僅為資料分析和視覺化做好了萬全的準備，還幫你省下了大量的時間和精力。

資料處理的每一步，都是為更深入的資料洞察打下基礎。接下來，你將看到 ChatGPT 如何幫助你從資料中挖掘出關鍵的商業洞見，以及如何將資料轉化為一目了然的圖表，讓你的工作表現更加亮眼！準備好，進入資料分析和視覺化的精彩篇章吧！

3-3　資料分析與視覺化

在傳統 Excel 操作中，分析大量資料通常需要使用函數、樞紐分析表，甚至進階的 Power BI 或 Tableau。然而，許多使用者可能不熟悉這些工具，導致分析過程繁瑣且耗時。

透過 ChatGPT，你就像擁有一位資料分析助理一樣，有它來協助處理 Excel 檔案，透過簡單的對話即可完成資料分析與視覺化。舉例來說，假設你手邊有兩張工作表，一張是訂單表，一張是用戶表。訂單表內有多個欄位，記錄了某間公司在 2023 年的所有訂單資訊，包含產品、數量、銷售額等。而用戶表則是記錄了與用戶相關的資訊，包含用戶姓名、地區等。來看看 ChatGPT 如何找出關鍵洞見吧！

> **小提醒**
> 請務必確保這兩張工作表是結構化資料表，以獲得最佳結果。結構化資料表的要素如下 (詳見第 2 章)：
> - **標題清晰**：資料的第一列必須是欄位名稱，且欄位名稱不得重複。
> - **每一欄的資料一致**：每一欄應代表相同格式的資料，例如「銷售額」欄應只包含數值，不能混雜文字。
> - **每一列為一筆資料**：每列代表一個完整的記錄，需確保每一筆資訊都是清晰明確的。
> - **連續範圍**：資料中間沒有空白欄或列，否則可能會導致 Excel 無法正確識別整體資料範圍。
> - **連續資料**：資料中間不應有多餘的空格或分隔，避免分析過程中出現錯誤。

3-3-1 讀取資料與基本分析

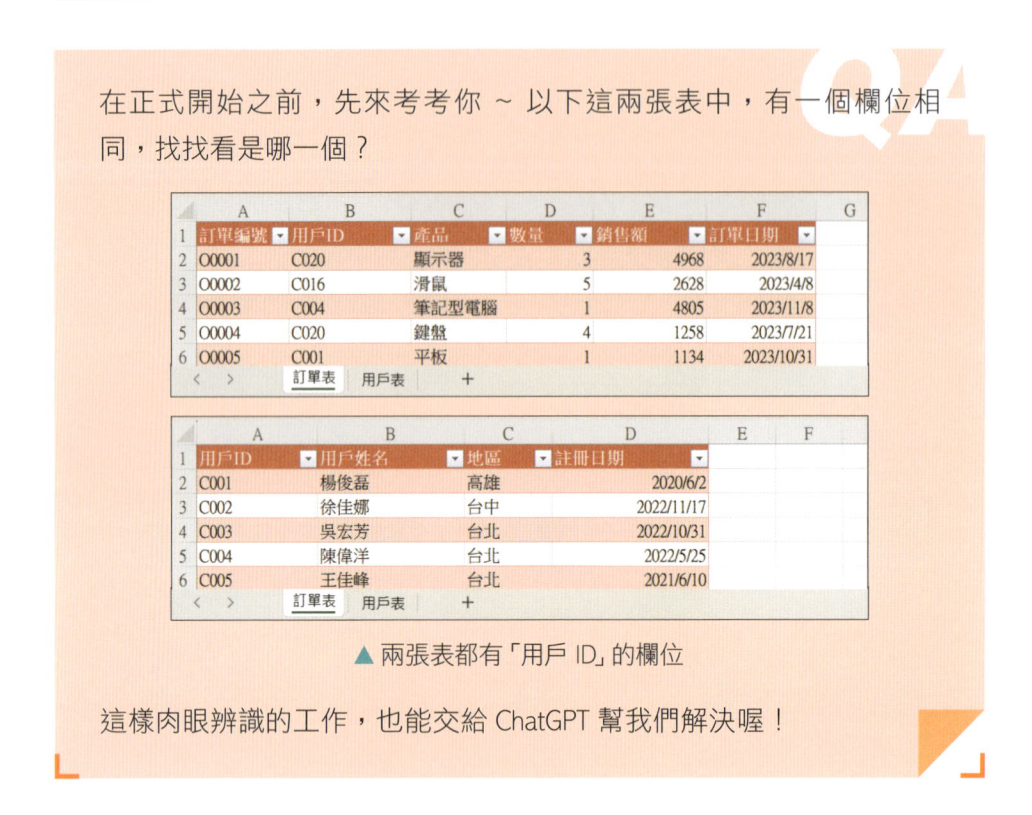

在正式開始之前，先來考考你～以下這兩張表中，有一個欄位相同，找找看是哪一個？

	A	B	C	D	E	F	G
1	訂單編號	用戶ID	產品	數量	銷售額	訂單日期	
2	O0001	C020	顯示器	3	4968	2023/8/17	
3	O0002	C016	滑鼠	5	2628	2023/4/8	
4	O0003	C004	筆記型電腦	1	4805	2023/11/8	
5	O0004	C020	鍵盤	4	1258	2023/7/21	
6	O0005	C001	平板	1	1134	2023/10/31	

訂單表　用戶表

	A	B	C	D	E	F
1	用戶ID	用戶姓名	地區	註冊日期		
2	C001	楊俊磊	高雄	2020/6/2		
3	C002	徐佳娜	台中	2022/11/17		
4	C003	吳宏芳	台北	2022/10/31		
5	C004	陳偉洋	台北	2022/5/25		
6	C005	王佳峰	台北	2021/6/10		

訂單表　用戶表

▲ 兩張表都有「用戶 ID」的欄位

這樣肉眼辨識的工作，也能交給 ChatGPT 幫我們解決喔！

❶ 讀取資料

將包含「訂單表」和「用戶表」的檔案，上傳到 ChatGPT 之後，輸入指令：**先讀取檔案內的資料內容，告訴我你看到了什麼。**

我可以為你做什麼？

📊 訂單與用戶資料.xlsx
試算表

先讀取檔案內的資料內容，告訴我你看到了什麼

來看看 ChatGPT 讀取資料有多精確吧！

> 這個 Excel 檔案包含兩個工作表：「訂單表」和「用戶表」。
>
> **訂單表**
> - **訂單編號**（唯一識別每筆訂單）
> - **用戶ID**（對應購買該訂單的用戶）
> - **產品**（商品名稱，如顯示器、滑鼠、筆記型電腦等）
> - **數量**（該訂單購買的商品數量）
> - **銷售額**（該訂單的總金額）
> - **訂單日期**（該筆訂單的交易日期）
>
> 示例數據：
>
> | 訂單編號 | 用戶ID | 產品 | 數量 | 銷售額 | 訂單日期 |
> |---|---|---|---|---|---|
> | O0001 | C020 | 顯示器 | 3 | 4968 | 2023-08-17 |
> | O0002 | C016 | 滑鼠 | 5 | 2628 | 2023-04-08 |
> | O0003 | C004 | 筆記型電腦 | 1 | 4805 | 2023-11-08 |
>
> **用戶表**
> - **用戶ID**（唯一識別每個用戶）
> - **用戶姓名**（使用者的名字）
> - **地區**（使用者所在地區，如高雄、台中、台北）
> - **註冊日期**（該用戶註冊平台的時間）
>
> 示例數據：
>
> | 用戶ID | 用戶姓名 | 地區 | 註冊日期 |
> |---|---|---|---|
> | C001 | 楊俊磊 | 高雄 | 2020-06-02 |
> | C002 | 徐佳娜 | 台中 | 2022-11-17 |
> | C003 | 吳宏芳 | 台北 | 2022-10-31 |
>
> 這兩張表可以透過 **用戶ID** 來關聯，從而分析不同用戶的購買行為。你想對這些數據做什麼樣的分析呢？

- ChatGPT 正確列出檔案中兩張工作表分別有哪些欄位
- 展示了表格的範例
- 發現了兩張工作表中有一個欄位相同（用戶ID），並提出可透過此欄位建立關聯、分析

是不是很厲害！確認資料讀取正確後，就可以建立兩張工作表的關聯，進一步分析不同用戶的購買行為。接著請 ChatGPT 來分析資料吧！

❷ 統計分析與摘要

在 Excel 進行資料分析時,經常需要透過複雜的公式或樞紐分析功能,來處理龐大的資料集。但如果使用 ChatGPT,僅需透過自然語言,即可輕鬆解決各種資料問題,例如自動產生資料摘要,包含資料集的總合、平均值、最大值、計數、標準差等。

再舉個例子,你今天若想要知道各個產品的銷售額與數量表現,直接問 ChatGPT 就好。

> 告訴我各個產品的銷售額與數量表現

產品銷售表現

	產品	總銷售額	總數量
1	平板	57197	59
2	智慧型手機	43076	46
3	滑鼠	38098	43
4	筆記型電腦	44509	41
5	鍵盤	31509	44
6	顯示器	58512	67

我已經整理並顯示了各個產品的銷售額與數量表現,你可以查看詳細的數據。如果你需要更進一步的分析,例如趨勢圖、最佳銷售產品排名等,請讓我知道!

真的是「出一張嘴」,就能獲得你所需的結果 (完全不會樞紐分析好像也沒關係?)。回到 Excel 使用樞紐分析進行計算,來驗證一下 ChatGPT 有沒有亂講話。

列標籤	加總 - 銷售額	加總 - 數量
平板	57197	59
智慧型手機	43076	46
筆記型電腦	44509	41
滑鼠	38098	43
鍵盤	31509	44
顯示器	58512	67
總計	272901	300

▲ 比對一下數值,ChatGPT 計算結果完全正確,厲害吧!

你可能會有這樣的好奇——ChatGPT 是如何計算出來的？

請注意，它的回覆裡有一個藍色的「檢視分析」，點擊後你會看到 Python 程式碼。

產品銷售表現

	產品	總銷售額	總數量
1	平板	57197	59
2	智慧型手機	43076	46
3	滑鼠	38098	43
4	筆記型電腦	44509	41
5	鍵盤	31509	44
6	顯示器	58512	67

我已經整理並顯示了各個產品的銷售額與數量表現，你可以檢視分析詳細的數據。如果你需要更進一步的分析，例如趨勢圖、最佳銷售產品排名等，請讓我知道！

分析

```python
# Re-load the necessary libraries
import pandas as pd

# Reload the Excel file
file_path = "/mnt/data/訂單與用戶資料.xlsx"
xls = pd.ExcelFile(file_path)

# Load the data from the sheets
orders_df = pd.read_excel(xls, sheet_name='訂單表')

# Aggregate sales data by product
product_sales_summary = orders_df.groupby("產品").agg(
    總銷售額=("銷售額", "sum"),
    總數量=("數量", "sum")
).reset_index()

# Display the summarized data
```

ChatGPT 使用 Pandas 工具來分析你的資料，Pandas 是一個 Python 的開源函式庫，專門用來處理結構化資料 (如表格、CSV、Excel 等)。它提供強大的資料操作工具，讓資料處理變得更簡單高效。因此當你提供整理過的結構化資料表給 ChatGPT，理論上它提供給你的計算結果會是正確的。

接著，來問困難一點的題目看看。請 ChatGPT 告訴你下單最多筆的用戶姓名為何？

> 告訴我下單最多筆的用戶姓名為何？

下單最多筆的用戶姓名是 **楊志敏**。如果你需要進一步分析該用戶的購買行為，請讓我知道！

要解決這個問題，必須先合併「訂單表」和「用戶表」，才能進行分析，因為「訂單表」中並沒有「用戶姓名」欄位。需要透過「用戶 ID」建立關聯，從「用戶表」中找出對應的「用戶姓名」，才能獲取完整的數據資訊。如果用 Excel 來處理，可能需要花費不少時間進行資料整理和匹配。但如果用 ChatGPT 呢？只需要輸入簡單的指令，就能快速完成，是不是超有效率？

▶▶ 3-3-2 │ 視覺化資料

❶ 生成圖表

ChatGPT 不只能幫你分析數據，還能將結果視覺化呈現！想了解每個月的銷售趨勢？沒問題！只要請它生成一張折線圖，就能一目了然地掌握銷售變化，讓數據分析更加直觀清晰。

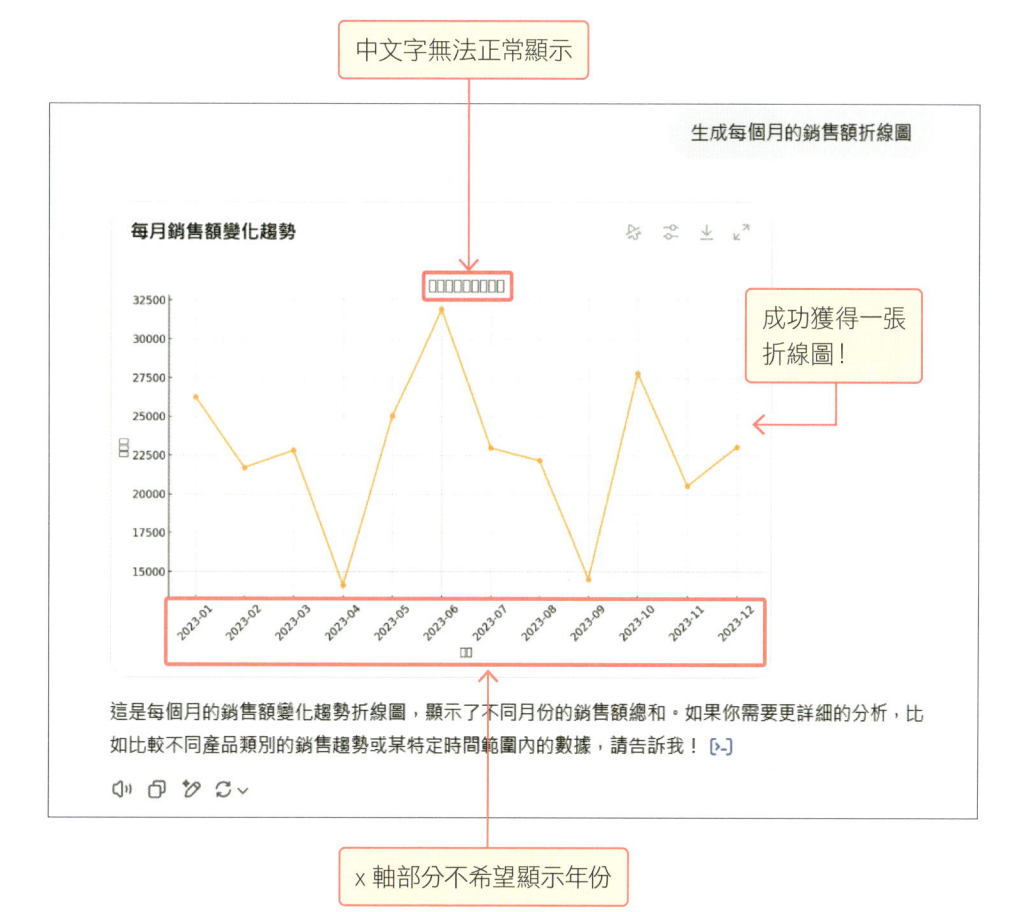

[圖示說明：每月銷售額變化趨勢折線圖，標註「中文字無法正常顯示」、「成功獲得一張折線圖！」、「x 軸部分不希望顯示年份」]

但這個折線圖有些地方不夠完美，例如，你希望 x 軸只顯示月份就好 (不需要年份資訊)，以及目前中文字無法正常顯示，來看看如何下指令調整。

❷ 客製化調整

把想要調整的地方直接告訴 ChatGPT，像是圖表標題、圖形顏色、y 軸的刻度間隔等都能客製化調整。而中文字無法顯示的問題，需要上傳支援中文的字型檔給它，如此一來中文字就能出現囉！

3-49

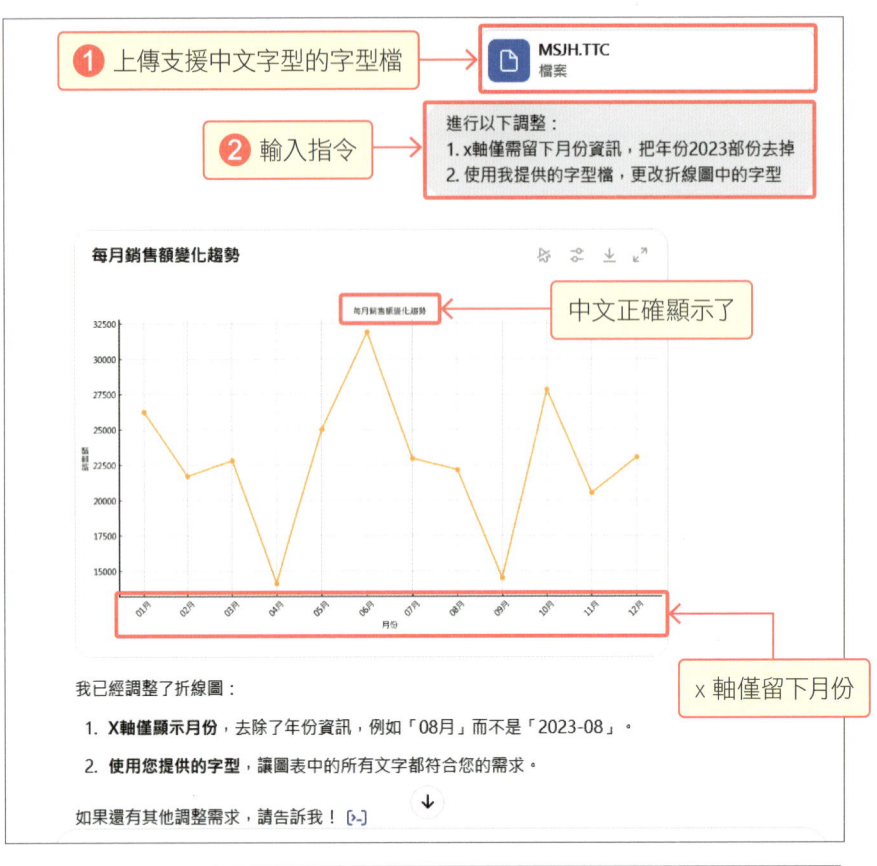

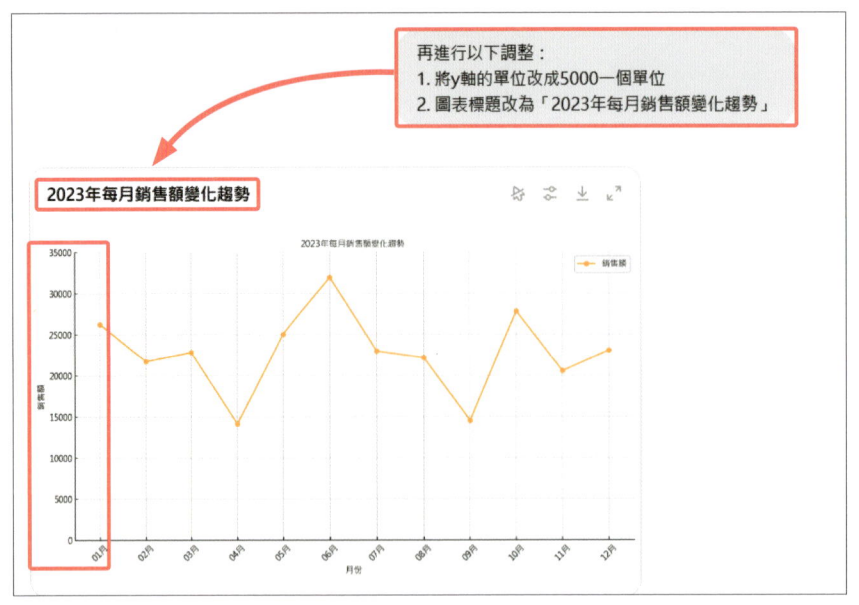

❶ 上傳支援中文字型的字型檔 → MSJH.TTC 檔案

❷ 輸入指令 →
進行以下調整：
1. x軸僅需留下月份資訊，把年份2023部份去掉
2. 使用我提供的字型檔，更改折線圖中的字型

中文正確顯示了

我已經調整了折線圖：

1. **X軸僅顯示月份**，去除了年份資訊，例如「08月」而不是「2023-08」。
2. **使用您提供的字型**，讓圖表中的所有文字都符合您的需求。

如果還有其他調整需求，請告訴我！ [>_]

x 軸僅留下月份

再進行以下調整：
1. 將y軸的單位改成5000一個單位
2. 圖表標題改為「2023年每月銷售額變化趨勢」

▲ y 軸刻度單位、圖表標題也能調整！

▶ 3-50

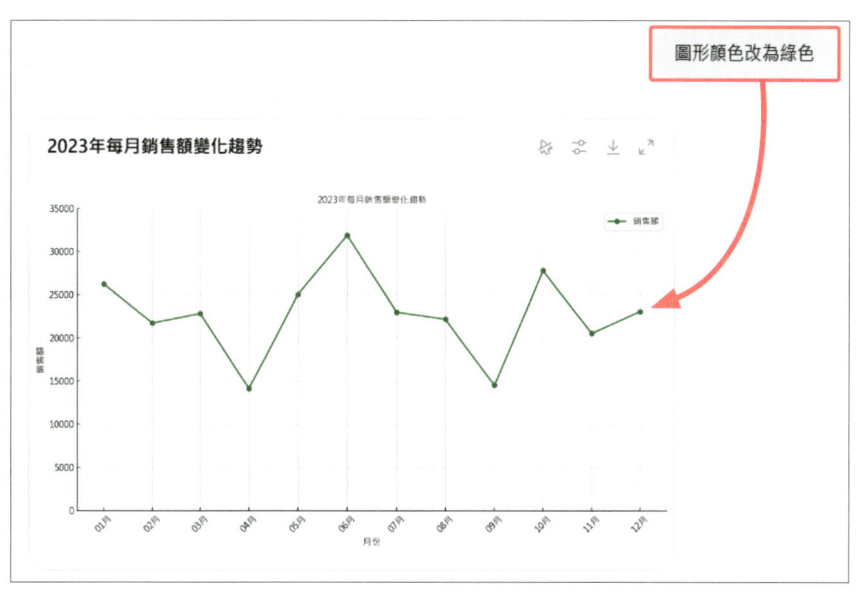

▲ 調整圖表顏色也沒問題！

❸ 圖表功能介紹

注意到圖表的右上方有幾個功能按鈕，由左到右依序為「切換至互動式圖表」、「切換色彩」、「下載圖表」、「展開圖表」。

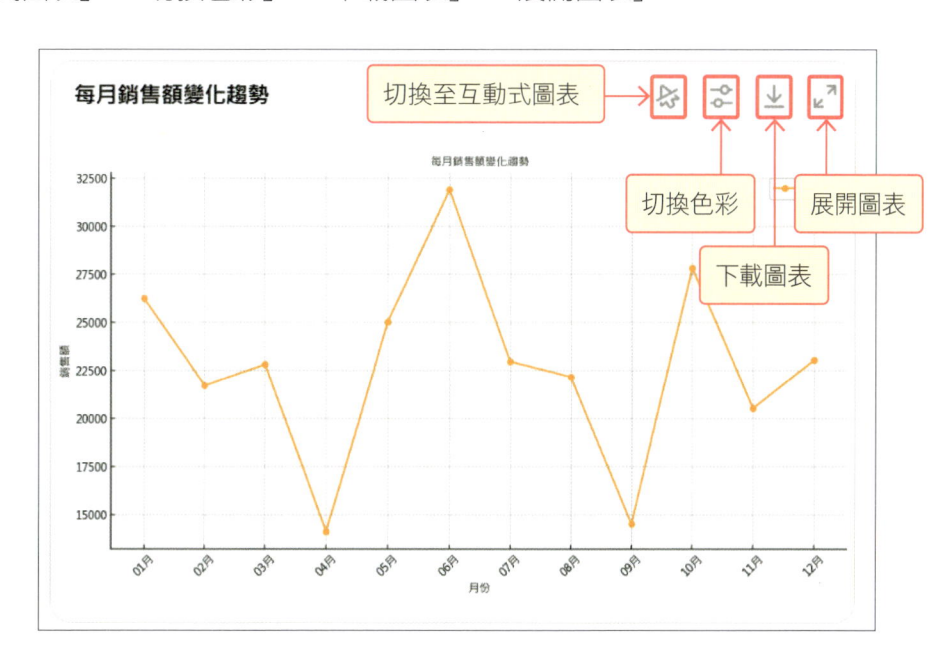

來看看這些功能的效果如何？

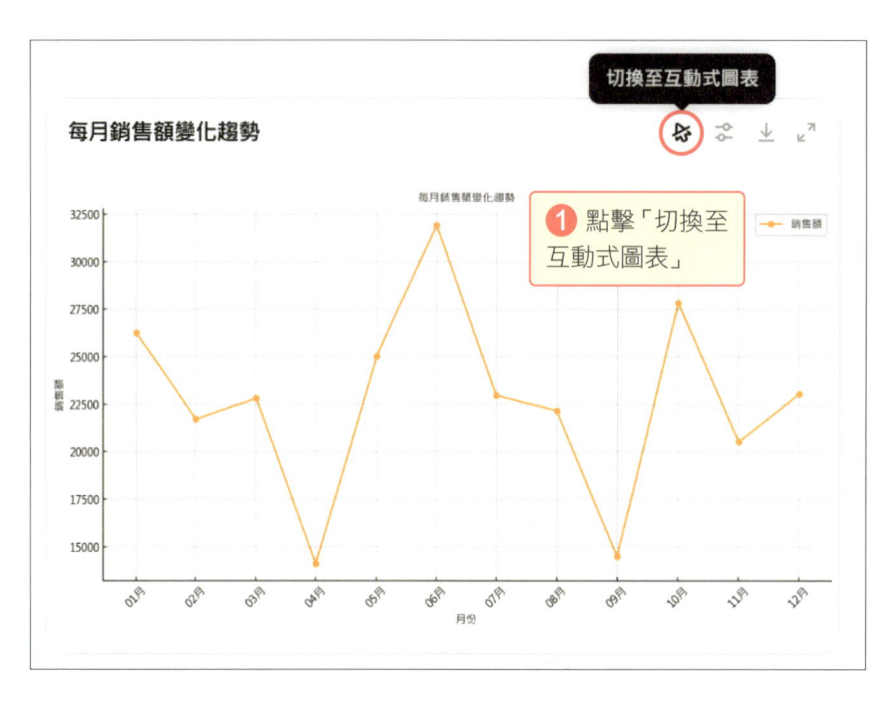

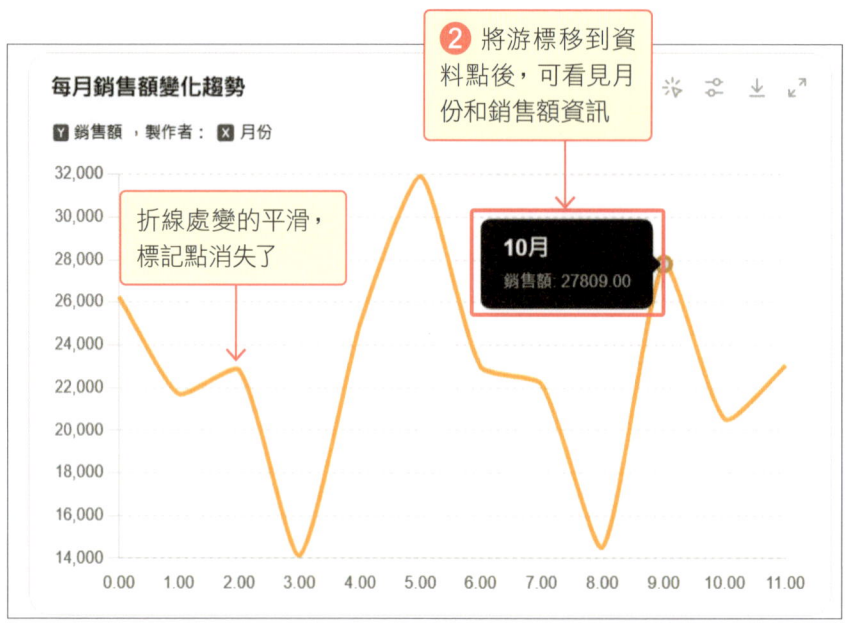

1 點擊「切換至互動式圖表」

2 將游標移到資料點後，可看見月份和銷售額資訊

折線處變的平滑，標記點消失了

3-52

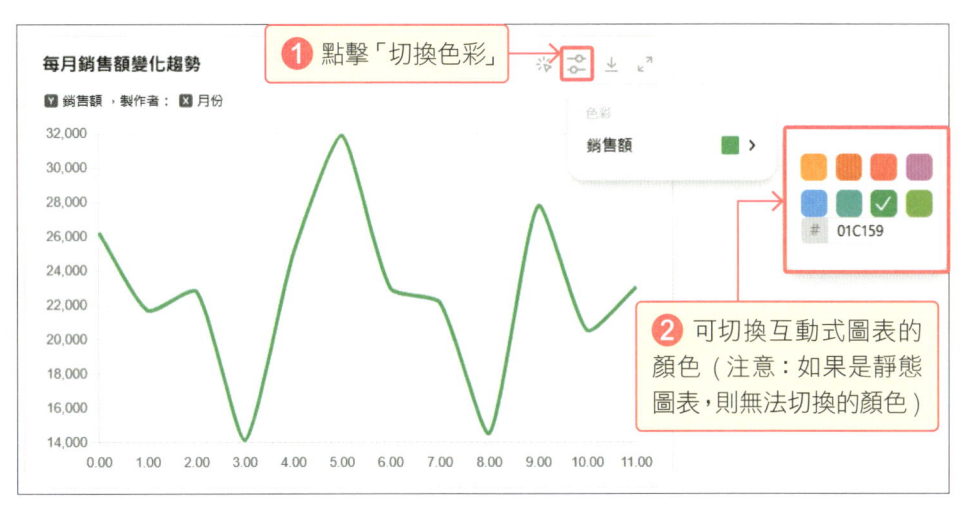

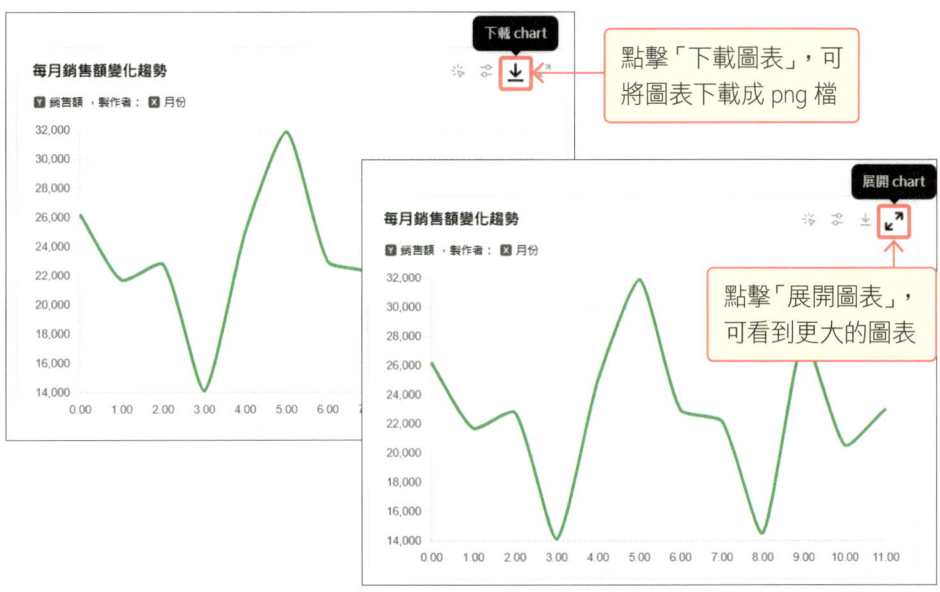

ChatGPT 能生成多種數據視覺化圖表，包括折線圖、長條圖、圓形圖、直方圖、散佈圖、箱形圖、熱圖、區域圖、雷達圖、樹狀圖、泡泡圖、瀑布圖等，幾乎應有盡有！你可以根據需求，直接指定想要的圖表類型，ChatGPT 會按照你的要求生成對應的視覺化結果。如果沒有特別指定，它還能智能判斷，為你選擇最適合的圖表，讓數據分析變得更高效、更直觀！

3-3-3 數據洞察

ChatGPT 不僅能根據你的指令提供數據摘要，還能根據分析結果給出實用建議！舉例來說，當你看到前一頁的折線圖，你可能會好奇：「為什麼 6 月的銷售額表現最好？」或者想知道：「如何改善 4 月和 9 月銷售下滑的情況？」這時候，善用 ChatGPT，它能幫你深入分析數據，提供洞察與策略，讓決策更加精準！

> 為什麼6月的銷售額表現最高？而4月和9月的表現那麼差？請提供可能的分析建議

要分析 **6月銷售額最高**，以及 **4月和9月銷售額較低** 的原因，我們可以從以下幾個角度來探討：

🔍 1. 檢查銷售額變化的關鍵影響因素

我們可以進一步分析這些月份的銷售數據，以確保這些變化不是偶然因素，而是由特定條件導致的：

- 哪些產品在6月銷量特別高？
- 4月和9月是否有**特定產品銷量大幅下滑**？
- **銷售數量與銷售額是否匹配？**（例如：銷售額下降是否因為單價較低的產品銷量增加）

👉 行動方案：分析 **不同產品類別** 在這三個月的表現，看看是否有特定產品影響了整體銷售額。

📅 2. 季節性與促銷活動影響

某些行業會受到季節性需求的影響，例如：

- **6月可能是促銷旺季**（年中大促、618購物節），導致銷售額上升。
- **4月與9月可能是淡季**，缺少節日活動來刺激消費。

👉 行動方案：檢查這幾個月是否有促銷活動或特殊的市場需求，例如是否參與 **折扣促銷**、是否發生 **價格變動** 等。

🛒 3. 消費者行為與購買趨勢

- 6月是否有大宗採購行為（如企業客戶一次性採購設備）？
- 4月與9月是否因假期結束，消費者支出減少？
- 是否某些高單價產品（如筆記型電腦）影響了這些月份的銷售額？

👉 **行動方案**：檢查是否有 **大客戶** 在6月大量購買產品，或是否有高價值產品的影響。

📉 4. 競爭對手與市場動態

- 是否在 **4月與9月** 競爭對手進行了降價促銷，影響了市場份額？
- 6月是否因市場需求高，而帶動整體業績上升？

👉 **行動方案**：檢查競爭對手的市場策略，是否影響了這些月份的銷售額。

📊 5. 內部因素（庫存與物流）

- 4月與9月是否有供應鏈問題，例如 **缺貨** 或 **物流延遲**，影響了銷售？
- 是否有某些產品在 **6月有較大的庫存清倉**，導致銷售額暴增？

👉 **行動方案**：分析這三個月的庫存與物流情況，確保銷售變化不是因為供應問題。

✅ 下一步建議

1. **深入分析各產品銷售表現**（查看哪些產品在6月大幅上升，哪些在4月和9月下降）。
2. **檢查促銷活動與市場因素**（查看是否有大促銷或競爭對手影響）。
3. **調查消費者行為變化**（分析大客戶採購、季節性需求變化）。
4. **檢查庫存與供應鏈問題**（確保沒有缺貨或物流延遲影響銷售）。

如果你需要進一步的數據分析，我可以幫你做 **各產品類別的銷售趨勢** 或 **客戶購買行為分析**，讓我們能更準確找到原因！📊🔍

用「三個臭皮匠，勝過一個諸葛亮」來形容 ChatGPT 給予的協助，無疑是個最佳比喻。即便是經驗豐富的資料分析師，也可能會因為盲點而忽略關鍵資訊。但 ChatGPT 就像是一個全方位的數據顧問，能夠從多個角度切入，提供你可能沒想到的分析觀點，甚至具體的行動建議，幫助你從資料中挖掘出隱藏的黃金資訊。如果你能提供更完整的背景資料，它的建議將會更加貼近實際需求，甚至能針對你的分析需求量身打造具體的策略。

除了根據分析結果提供見解，你還可以直接告訴 ChatGPT 你的目標，請它根據目標設計行動策略。舉例來說，假設你希望以今年的用戶購買行為為基礎，制定隔年的銷售策略，ChatGPT 就能根據數據表現，幫助你制定具體方案。現在，就來看看 ChatGPT 如何發揮數據分析的實力吧！

由於 ChatGPT 的回覆較長，以下將分為三部分介紹：

❶ 用戶購買行為洞察

> 協助分析用戶的購買行為，並制定隔年的用戶銷售策略

用戶購買行為分析

		用戶ID	總購買次數	總消費額
1	3	C004	7	22991
2	15	C016	7	22195
3	16	C017	7	20089
4	12	C013	12	19988
5	0	C001	9	18185
6	14	C015	6	17329

這是用戶購買行為分析結果，包括 **總購買次數、總消費額、平均消費額、地區和註冊日期**，可以幫助制定隔年的銷售策略。以下是詳細的策略建議：

> ★ 1. 用戶購買行為洞察
>
> ◆ 主要發現
> 1. **高價值客戶**：部分用戶購買次數不多，但**平均消費額較高**，說明這些用戶更偏好高單價產品。
> 2. **忠誠客戶**：某些用戶雖然**單次消費較低**，但購買次數頻繁，這些用戶是忠誠度較高的對象。
> 3. 區域差異：
>   - 台北和高雄的用戶消費較高，可能是因為這些城市的購買力較強或產品符合當地市場需求。
>   - 台南用戶消費額相對較低，可能需要更多促銷活動來刺激消費。

　　ChatGPT 根據我提供的 Excel 資料表，快速整理出用戶購買行為分析結果，包含購買次數、平均消費額、地區等關鍵資訊。接著，它透過購買次數與平均消費額的關係，將用戶分群，識別出高價值客戶和忠誠客戶，並清楚定義分類標準。最後，它還深入分析北、中、南地區的消費行為差異。這一切，只需短短幾秒鐘！

　　想像一下，如果要手動完成這項分析……你需要先整理資料表，再用肉眼觀察購買次數與平均消費額的關係。或許可以透過數據視覺化來加速分析，但問題來了──該選擇哪種類型的圖表？講了一堆，是不是很複雜？那麼下次不妨交給 ChatGPT，讓它幫你快速整理、分析，省時又高效！

❷ 銷售策略

> 🎯 **2. 2024年銷售策略**
>
> 📢 **A. 針對高價值客戶（高消費額、高單次消費）**
>
> ◆ 目標：強化個性化服務，增加回購率。
>
> ✅ 策略建議：
> - **VIP計劃**：提供**專屬折扣、優先購買權、個人化推薦**，提高忠誠度。
> - **高端產品推廣**：針對高價值客戶，**推出限量版或高端款式**，吸引更多高單價消費。
> - **專屬服務**：例如**免費送貨、延長保固**，讓這些用戶感覺與眾不同。

🔁 B. 針對忠誠客戶（高購買次數、低單次消費）

- ◆ 目標：提高單筆訂單金額，增加總收益。

- ✅ 策略建議：

- **組合優惠**：提供「買二送一」或「滿額折扣」等優惠，讓忠誠用戶一次購買更多產品。
- **訂閱模式**：針對經常購買的用戶，推出**會員訂閱計畫**（如：每月固定配送特定產品，享折扣）。
- **交叉銷售**：針對購買某類產品的用戶，推薦相關配件或增值服務。

🌍 C. 針對不同區域的用戶

- ◆ 目標：根據地區差異制定區域性行銷策略。

- ✅ 策略建議：

- **台北 & 高雄**：這些地區的高消費客群可推廣**高端產品與VIP服務**，提升品牌價值。
- **台南 & 其他低消費區域**：
  - 進行**價格促銷**，例如限時折扣、免運費，提高吸引力。
  - 增加**本地化廣告**，確保品牌在這些地區的知名度，提高滲透率。

⏳ D. 針對不同註冊時間的用戶

- ◆ 目標：提高新用戶的轉化率，提升老用戶的回購率。

- ✅ 策略建議：

- **新用戶（註冊不到1年）**：
  - 提供**首單折扣**或**迎新禮品**，吸引用戶完成首購。
  - 設計**「新手推薦」專區**，幫助新客戶快速找到適合的產品。
- **老用戶（註冊2年以上）**：
  - **回購優惠**：發送專屬折扣碼，提高老客戶的活躍度。
  - **回訪活動**：針對超過6個月未購買的老客戶，發送促銷優惠，鼓勵回購。

在完成用戶行為分析後，ChatGPT 進一步推導出 2024 年的銷售策略，針對高價值客戶、忠誠客戶、不同區域用戶，以及不同註冊時間的客群，提供個別的行動建議。這些策略不是憑空想像，而是根據 Excel 資料表中的實際數據，所推論出的具體建議，讓決策更有依據，提升執行效率與成功機率！

❸ 短中長期策略與行動方案

> **3. 總結**
>
> ☑ **短期策略（1-3 個月）**
> - 推出 **首購優惠**，提高新用戶轉化率。
> - 針對忠誠客戶推出 **滿額折扣與訂閱計畫**，提高單筆訂單金額。
>
> ☑ **中期策略（3-6 個月）**
> - 根據地區消費習慣 **調整廣告與促銷活動**，增加區域銷售。
> - 開發 **高端產品市場**，針對高價值用戶提供 VIP 計畫。
>
> ☑ **長期策略（6-12 個月）**
> - 提升 **老客戶回購率**，提供專屬優惠與增值服務。
> - 分析銷售趨勢，調整產品組合，讓不同類型的客戶找到適合的商品。

最後，ChatGPT 收斂並整理出 2024 年的短、中、長期銷售策略，確保這份分析報告能立即轉化為可執行的行動方案。如果你希望獲得更詳細的策略細節，或需要更多具體的行動建議，只需輸入指令，ChatGPT 就能提供進一步分析，讓數據真正為決策帶來價值！

❹ AI 分析準確嗎？如何查核與修正？

你可能會好奇～AI 進行數據分析的準確度如何？會不會出錯？

其實，ChatGPT 並非完美，這點從聊天室下方的提示「ChatGPT 可能會發生錯誤，請查核重要資訊」便可看出。

如果對結果有疑問，你可以直接詢問 ChatGPT 它的推論依據。舉例來說，在分析區域消費差異時，**ChatGPT 提出：「台北與高雄的用戶消費較高，而台南用戶的消費額相對較低」**(請見 P.3-57)。若你想知道它是根據哪些數據推論的，只需請它提供數據支持，結果如下：

> 請提供台北和高雄的用戶消費較高和台南用戶消費額相對較低的具體資料依據

各地區用戶消費行為分析

	地區	總購買次數	總消費額	平均消費額
1	台北	36	84765	14127.5
2	高雄	28	80288	16057.6
3	台南	18	58135	14533.75
4	台中	18	49713	9942.6

這是**各地區用戶的消費行為分析**，具體數據依據如下：

- 台北與高雄的用戶總消費額較高：
  - 台北總消費額：84,765
  - 高雄總消費額：80,288
  - 這兩個城市的購買次數與總消費額均較高，顯示這些地區的用戶有較強的購買力。
- 台南用戶的總消費額相對較低：
  - 台南總消費額：58,135
  - 台南的購買次數與總消費額相比台北、高雄低，可能代表消費力較弱或購買意願較低。

這些數據可以幫助我們制定不同區域的銷售策略，例如：

- **台北、高雄**：推出高端產品與VIP計劃，提高用戶忠誠度。
- **台南**：進行促銷優惠，提高轉化率與購買頻率。

如果你需要更詳細的細分數據，例如各地區的高價值用戶列表，我也可以提供！📊😊

ChatGPT 已經整理出各地區的消費表現表格，從總消費來看，台南的消費力確實較台北和高雄弱，這證明 AI 並非憑空猜測，而是基於數據分析得出的結論。然而，再重申一次～AI 並不完美，你是否注意到「台中」的數據被忽略了？從表格來看，台中的總消費額其實是四個地區中最低，理論上應該比台南更值得關注，但 ChatGPT 並未主動提及這點。

	地區	總購買次數	總消費額	平均消費額
1	台北	36	84765	14127.5
2	高雄	28	80288	16057.6
3	台南	18	58135	14533.75
4	台中	18	49713	9942.6

各地區用戶消費行為分析

▲ 總消費額為最低

　　當你發現這類問題時，可以直接指正，並要求 ChatGPT 修正。例如：請它補充台中的數據分析，確保結果更加完整。

> 你提供的洞察並未提到台中地區，看起來它總消費額比台南更低。請重新提供關於區域差異上的建議。

感謝你的指正，台中的總消費額**（49,713）**確實比台南**（58,135）**更低，因此我們需要重新評估區域消費行為，並提出更精準的策略。

📊 區域消費行為差異分析

從數據來看：

- **高購買力區域：**

- 台北（**84,765**）與 **高雄**（**80,288**）的總消費額最高，顯示這些地區的用戶願意花費更多。
- 人均消費額也較高（台北 **14,127**，高雄 **16,057**），代表有較多高價值用戶。

- 中等消費區域：
  - 台南（**58,135**）介於高消費與低消費之間，人均消費額為 **14,533**，顯示雖然消費總額不如台北、高雄，但單個用戶的消費潛力仍然不錯。

- **低消費區域**：
  - 台中（**49,713**）總消費額最低，且人均消費額（**9,942**）也最低，這可能代表：
    1. 當地的消費者較為**價格敏感**，偏好便宜產品。
    2. 購買次數與消費金額皆較低，可能對產品需求較少或促銷活動影響較低。

🎯 依據區域特徵制定 2024 年銷售策略

📍 台北 & 高雄：目標高價值用戶，推動高端產品與忠誠計畫

- 策略：
  - 推廣高端產品（如筆記型電腦、顯示器），這些地區的客戶較願意支付較高價格。
  - 設立VIP會員計畫（例如提供**專屬折扣、提前購買權、售後升級**），增強客戶忠誠度。
  - 重點發展企業客戶，提供**B2B批量購買優惠**，因為高價產品可能吸引企業採購。

📍 台南：刺激消費頻率，提高購買轉化率

- 策略：
  - 組合優惠：針對台南市場，推出「買二送一」或「滿額折扣」促銷，以提高單次購買金額。
  - 提升會員活動參與度，如會員累積點數折扣，增加回購率。
  - 強化在地行銷：透過 **本地化活動與社群行銷**（如 LINE 或 Facebook 社群），增加品牌曝光度。

📍 台中：解決價格敏感問題，增加市場滲透率

- 策略：
  - 推廣入門級產品與折扣，例如**低價鍵盤、滑鼠、配件類商品**，迎合價格敏感消費者。
  - 低價組合套裝，例如「滑鼠 + 鍵盤優惠組合」，提升客戶購買意願。

- **強化線上行銷與折扣碼促銷**，如 Shopee、蝦皮等電商平台，讓台中用戶更容易接觸到優惠資訊。

🔍 **總結**

地區	總消費額	人均消費額	建議策略
台北 & 高雄	高	高	推廣高端產品，發展VIP會員，企業客戶專案
台南	中等	高	推出組合優惠，提高消費頻率，強化社群行銷
台中	低	低	針對價格敏感客群，推廣低價產品與折扣

這樣的策略可以根據 **不同地區的消費行為** 來精準調整銷售方案，提升整體銷售業績！📈💡

如果你還需要更深入的分析，例如**不同產品在各地區的銷售狀況**，請告訴我，我可以提供更細緻的數據支持！😊

▲ ChatGPT 已經根據指令進行修正！

> 小精靈：AI 工具雖然強大，但仍有其不足。最理想的方式是將 AI 視為協作助手，而非完全取代人的判斷。透過人機互補，不僅能提升分析的精準度，也能確保結果更加全面。掌握這樣的心態，你將能更高效地運用 AI 進行數據分析，讓決策更加精準。

▶▶ *3-3-4* │ 互動式儀表板

除了單獨生成圖表，ChatGPT 還能將所有圖表整合，打造互動式儀表板，自動產生一個網頁，讓你輕鬆查看數據，甚至能直接分享給同事使用！

Q4

想像一下，你手上有一張銷售紀錄表，包含訂單與客戶資訊。如何透過 ChatGPT 快速產出一個互動式銷售儀表板？

	A	B	C	D	E	F	G	H	I
1	訂單編號	用戶ID	產品	數量	銷售額	訂單日期	用戶姓名	地區	註冊日期
2	O0001	C020	顯示器	3	4968	2025/8/16	陳文洋	台南	2021/10/11
3	O0002	C016	滑鼠	5	2628	2025/4/7	林文芳	高雄	2025/1/1
4	O0003	C004	筆記型電腦	1	4805	2025/11/7	陳偉洋	台北	2022/5/25
5	O0004	C020	鍵盤	4	1258	2025/7/20	陳文洋	台南	2021/10/11
6	O0005	C001	平板	1	1134	2025/10/30	楊俊磊	高雄	2020/6/2
7	O0006	C012	筆記型電腦	3	2347	2025/2/23	張宏峰	台中	2025/1/1
8	O0007	C015	平板	1	4949	2025/1/10	陳建俊	高雄	2021/5/20
9	O0008	C001	平板	1	1583	2025/3/15	楊俊磊	高雄	2020/6/2
10	O0009	C016	顯示器	5	4513	2025/6/22	林文芳	高雄	2025/1/1
11	O0010	C014	筆記型電腦	2	1575	2025/2/2	劉偉偉	台南	2021/11/29
12	O0011	C018	鍵盤	4	3317	2025/6/7	李俊磊	台中	2021/8/2
13	O0012	C005	平板	3	4540	2025/10/24	王佳峰	台北	2021/6/10
14	O0013	C013	平板	3	1636	2025/10/11	楊志敏	台北	2022/7/23
15	O0014	C019	鍵盤	3	2049	2025/12/18	王志娜	台中	2022/8/19
16	O0015	C001	鍵盤	4	1831	2025/5/10	楊俊磊	高雄	2020/6/2
17	O0016	C014	平板	4	4612	2025/3/19	劉偉偉	台南	2021/11/29

先來看看最終成果，再學習如何實作吧！

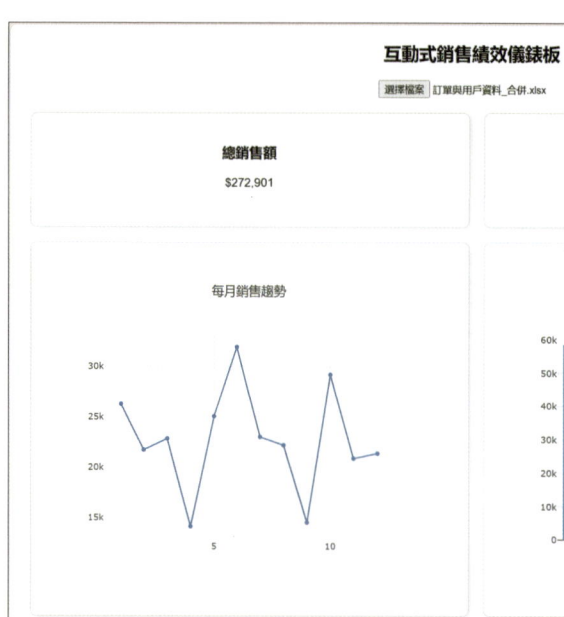

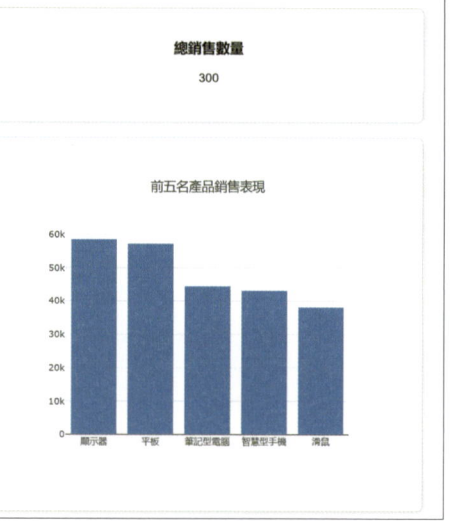

3-64

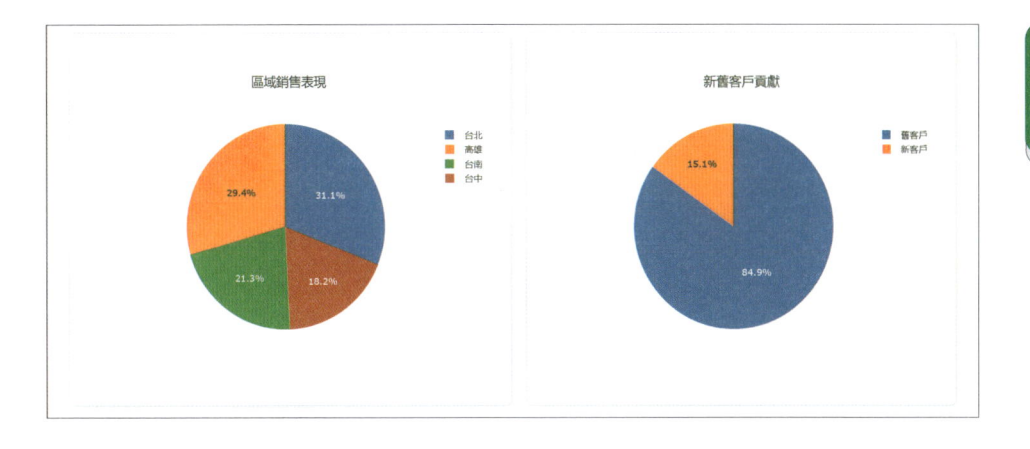

❶ 請 ChatGPT 提供關鍵指標

在開始製作儀表板前，第一步是確定你想呈現的數據指標。是銷售額？區域表現？還是其他關鍵洞察？如果你已經有想法，那太棒了！但如果還不確定，也沒關係。你可以提供數據結構給 ChatGPT，讓它根據數據內容推薦適合的視覺化指標，幫助你打造更有價值的儀表板！

❶ 將 Excel 裡的第一列（欄位標題）和第二列（第一筆資料）複製貼上

「訂單編號　用戶ID　產品　數量　銷售額　訂單日期　用戶姓名　地區　註冊日期
O0001　C020　顯示器　3　4968　2023/8/17　陳文洋　台南　2021/10/11」

以上第一列是我的銷售數據結構，依序為 A 欄～I 欄的欄位標題，第二列則是第一筆銷售紀錄。根據此結構，建議五個關鍵的資料視覺化指標，以用於建立互動式銷售儀錶板。此外，請解釋為什麼選擇這些指標，例如包含了哪些關鍵洞察？以及適合哪種圖表類型並說明原因。

❷ 請 ChatGPT 提供五個關鍵指標（或更多）

❸ 請它說明選擇這些指標的原因，並推薦適合的圖表類型

在建立互動式銷售儀錶板時，選擇關鍵指標 (KPI) 來呈現銷售表現非常重要。根據你的銷售數據結構，以下是五個適合的資料視覺化指標，並附上其關鍵洞察與適合的圖表類型：

1. 總銷售額 (Total Sales Revenue)

- 關鍵洞察：顯示整體業績表現，了解整個銷售業務的收入規模。
- 計算方式：所有訂單的 `銷售額` 總和。
- 適合圖表類型：
  - 卡片指標 (KPI Card)：簡潔明瞭地呈現總銷售額，適合即時監測。
  - 折線圖 (Line Chart)（按時間分佈）：追蹤一段時間內的銷售趨勢，例如按月銷售變化。

2. 銷售數量 (Total Quantity Sold)

- 關鍵洞察：了解所有產品的銷售數量，以評估市場需求。
- 計算方式：所有訂單的 `數量` 總和。
- 適合圖表類型：
  - 卡片指標 (KPI Card)：快速顯示累積銷售數量。
  - 直方圖 (Bar Chart)（依產品分類）：分析不同產品的銷售表現，識別熱銷產品。

3. 產品銷售分佈 (Product Sales Distribution)

- 關鍵洞察：分析哪些產品貢獻最多的銷售額，以便優化庫存與行銷策略。
- 計算方式：根據 `產品` 分類，統計 `銷售額` 或 `數量`。
- 適合圖表類型：
  - 圓餅圖 (Pie Chart)：呈現各產品銷售額的比例，適合總覽分析。
  - 條形圖 (Bar Chart)：展示各產品銷售數量，適合詳細比較。

4. 地區銷售分析 (Regional Sales Performance)

- 關鍵洞察：確定哪些地區的銷售表現較佳，以便制定區域行銷策略。

- **計算方式**：根據 地區 ，統計 銷售額 或 數量 。
- **適合圖表類型**：
  - **地圖 (Map Chart)**：透過地理視覺化顯示不同地區的銷售額差異。
  - **柱狀圖 (Bar Chart)**（地區分類）：顯示每個地區的銷售額排名。

5. 新舊客戶銷售比 (New vs. Returning Customers Sales)

- **關鍵洞察**：衡量新客戶與舊客戶的貢獻，幫助優化客戶維繫與拓展策略。
- **計算方式**：
  - 新客戶： 註冊日期 在一定時間內的 銷售額 。
  - 舊客戶： 註冊日期 在較早時期的 銷售額 。
- **適合圖表類型**：
  - **堆疊柱狀圖 (Stacked Bar Chart)**：比較新舊客戶貢獻的銷售額或數量。
  - **折線圖 (Line Chart)**：追蹤新舊客戶銷售額的趨勢變化。

總結

這些指標的選擇，能夠從 **整體銷售概況、產品表現、區域分析、客戶行為及時間趨勢** 五大面向提供深入分析，使銷售儀錶板更具洞察力和實用性。這些圖表的搭配可幫助決策者快速理解數據，做出更明智的業務決策。

如果你需要 Excel、Power BI 或其他工具的具體實作方法，我可以提供進一步的建議！

❷ 請 ChatGPT 生成儀表板網頁

現在，我們要請 ChatGPT 寫程式碼，生成互動式儀表板網頁。為了更好地編輯與調整程式碼，建議使用「畫布」進行提問，如此一來，你可以持續修改與擴展同一組程式碼，並即時預覽成果，快速調整視覺化效果。

如何使用畫布？

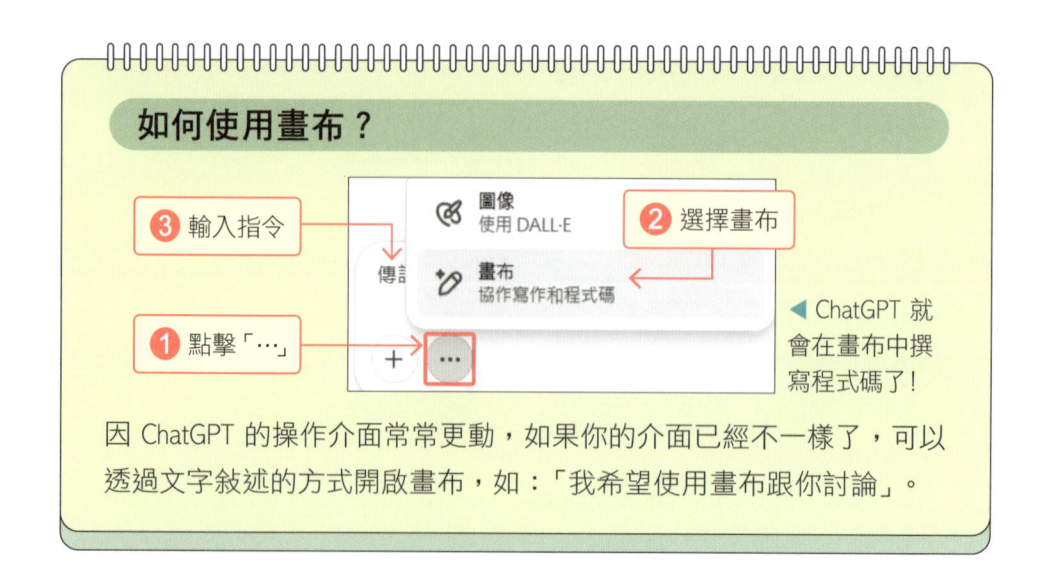

① 點擊「...」
② 選擇畫布
③ 輸入指令

◀ ChatGPT 就會在畫布中撰寫程式碼了！

因 ChatGPT 的操作介面常常更動，如果你的介面已經不一樣了，可以透過文字敘述的方式開啟畫布，如：「我希望使用畫布跟你討論」。

我們需要輸入以下指令，指令共分成三大部分，讓我們來逐步解析：

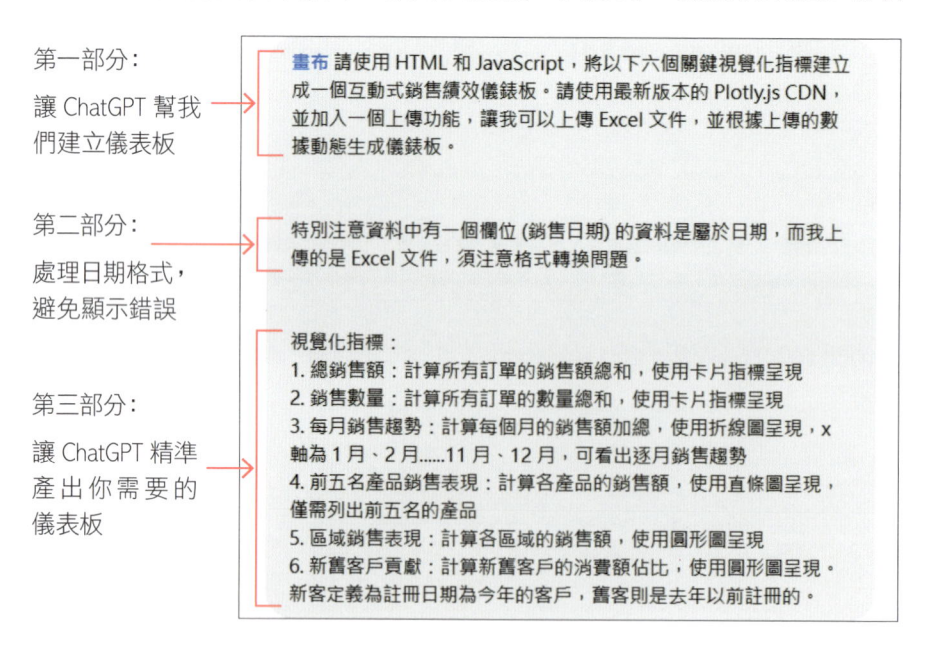

第一部分：
讓 ChatGPT 幫我們建立儀表板

> 畫布 請使用 HTML 和 JavaScript，將以下六個關鍵視覺化指標建立成一個互動式銷售績效儀錶板。請使用最新版本的 Plotly.js CDN，並加入一個上傳功能，讓我可以上傳 Excel 文件，並根據上傳的數據動態生成儀錶板。

第二部分：
處理日期格式，避免顯示錯誤

> 特別注意資料中有一個欄位 (銷售日期) 的資料是屬於日期，而我上傳的是 Excel 文件，須注意格式轉換問題。

第三部分：
讓 ChatGPT 精準產出你需要的儀表板

> 視覺化指標：
> 1. 總銷售額：計算所有訂單的銷售額總和，使用卡片指標呈現
> 2. 銷售數量：計算所有訂單的數量總和，使用卡片指標呈現
> 3. 每月銷售趨勢：計算每個月的銷售額加總，使用折線圖呈現，x 軸為 1 月、2 月......11 月、12 月，可看出逐月銷售趨勢
> 4. 前五名產品銷售表現：計算各產品的銷售額，使用直條圖呈現，僅需列出前五名的產品
> 5. 區域銷售表現：計算各區域的銷售額，使用圓形圖呈現
> 6. 新舊客戶貢獻：計算新舊客戶的消費額佔比，使用圓形圖呈現。新客定義為註冊日期為今年的客戶，舊客則是去年以前註冊的。

◆ **第一部分：讓 ChatGPT 幫我們建立儀表板**

這段指令的目標是讓 ChatGPT 幫我們建立一個互動式的銷售績效儀表板，透過 HTML、JavaScript 和 Plotly.js、CDN 來完成。那麼，這些技術是什麼？它們如何協作？讓我們逐一拆解。

相關技術	主要功能	用途說明
HTML	負責頁面結構	是網頁的基礎,就像房子的「骨架」,決定網頁上有哪些內容,例如標題、按鈕、圖表顯示區域等。
JavaScript	負責互動與數據處理	能讓網頁動起來,就像「大腦」。它負責處理數據、更新內容,讓圖表根據數據即時變化。
Plotly.js	負責繪製互動圖表	是強大的 JavaScript 圖表庫,可以幫助我們快速生成美觀、可互動的數據圖表,例如折線圖、長條圖、圓形圖等。
CDN	負責載入外部 JavaScript 資源	可以直接在線上載入最新版本的 Plotly.js (不需要下載安裝),提高開發效率!

這段指令讓我們做到什麼?

- 生成互動式儀表板網頁
- 即時解析數據,繪製六個關鍵指標圖表
- 讓圖表支援互動 (滑鼠懸停查看數據)
- 根據上傳的 Excel 數據,即時生成新的圖表

這樣的技術組合,讓數據分析變得直覺、快速,即使你沒有程式設計背景,也能輕鬆打造高效的數據視覺化工具!

◆ **第二部分:處理日期格式,避免顯示錯誤**

當你的資料包含日期格式,請特別提醒 ChatGPT 正確解析,避免圖表顯示異常。

◆ **第三部分:讓 ChatGPT 精準產出你需要的儀表板**

根據前面 ChatGPT 提供的指標建議,於指令中明確列出「你要的**數據指標、計算方式、對應的圖表類型**」。這樣 ChatGPT 就能一次產出符合需求的儀表板,減少反覆修改的時間。

❸ **預覽並優化儀表板設計**

掌握完指令的精髓後,來看看成品吧!

```
<!DOCTYPE html>
<html lang="zh">
<head>
    <meta charset="UTF-8">
    <meta name="viewport" content="width=device-width, initial-scale=1.0">
    <title>互動式銷售績效儀錶板</title>
    <script src="https://cdn.plot.ly/plotly-latest.min.js"></script>
    <script src="https://cdnjs.cloudflare.com/ajax/libs/xlsx/0.18.5/xlsx.full.min.js
</head>
<body>
    <h2>互動式銷售績效儀錶板</h2>
    <input type="file" id="fileInput" accept=".xlsx,.xls" />
    <div id="dashboard">
        <div id="totalSales"></div>
```

① 點擊「展開」按鈕

已建立互動式銷售績效儀錶板，支援 Excel 文件上傳，並根據數據動態生成六個關鍵指標的可視化圖表。您可以上傳您的銷售數據，儀錶板將自動更新圖表！如果需要進一步調整，請告知我。

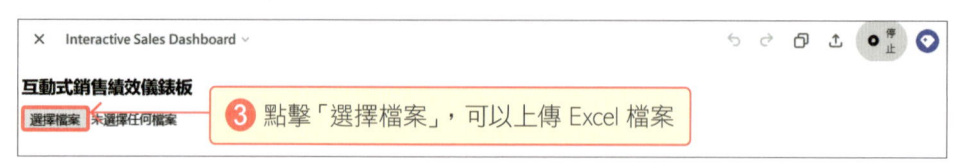

```
<!DOCTYPE html>
<html lang="zh">
<head>
    <meta charset="UTF-8">
    <meta name="viewport" content="width=device-width, initial-scale=1.0">
    <title>互動式銷售績效儀錶板</title>
    <script src="https://cdn.plot.ly/plotly-latest.min.js"></script>
    <script src="https://cdnjs.cloudflare.com/ajax/libs/xlsx/0.18.5/xlsx.full.min.js"></script>
</head>
<body>
    <h2>互動式銷售績效儀錶板</h2>
    <input type="file" id="fileInput" accept=".xlsx,.xls" />
    <div id="dashboard">
        <div id="totalSales"></div>
        <div id="totalQuantity"></div>
        <div id="monthlyTrend"></div>
        <div id="topProducts"></div>
        <div id="regionSales"></div>
        <div id="newOldCustomers"></div>
    </div>
    <script>
        document.getElementById('fileInput').addEventListener('change', handleFile, false);

        function handleFile(event) {
            const file = event.target.files[0];
            const reader = new FileReader();

            reader.onload = function (e) {
                const data = new Uint8Array(e.target.result);
                const workbook = XLSX.read(data, { type: 'array' });
                const sheetName = workbook.SheetNames[0];
                const sheet = workbook.Sheets[sheetName];
                const jsonData = XLSX.utils.sheet_to_json(sheet, { raw: false });
                processData(jsonData);
            };
```

② 點擊「預覽」，就能看到完整的網頁成品

互動式銷售績效儀錶板

選擇檔案　未選擇任何檔案

③ 點擊「選擇檔案」，可以上傳 Excel 檔案

3-70

儀表板會根據你上傳的數據自動更新，因此每次上傳不同的檔案，都能即時生成對應的分析結果。來檢查看看圖表是否符合先前設定的指標需求吧！

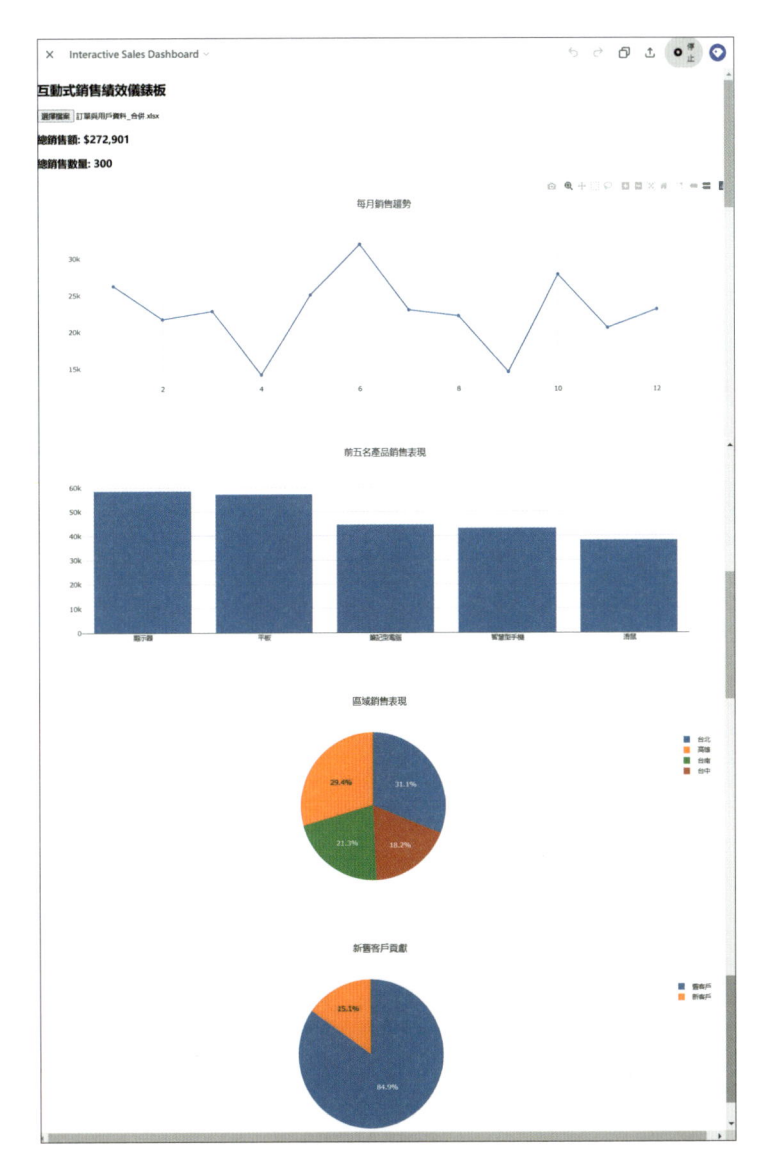

看起來圖表都有正確繪製，但排版可以更優化！讓圖表「並排顯示」，節省空間，提升畫面的閱讀性。請 ChatGPT 優化排版，讓儀表板更專業！

輸入指令「請根據你建立的儀表板，將佈局改為兩兩並排，兩個指標放在同一列，變成雙欄顯示。並且將指標改為一個框一個框的呈現，視覺上更好區分出個別指標區塊」後，你會看到 ChatGPT 即時在畫布中編輯程式碼，其中藍色標示的部分代表它正在修改的區域，並會動態由上往下逐步更新程式碼。使用畫布進行編輯的一大優勢是，它能在同一組程式碼上反覆優化與迭代，讓修改過程更加直觀。同時，你還可以查看過去的版本紀錄，比較不同版本的變更內容，確保每次調整都朝向最佳效果前進！

▲ 點擊「顯示變更」，可查看變更內容

▲ 點擊「上一個版本」，可查看過去的版本紀錄

完成編輯後，再次點擊預覽來看排版優化後的成果。

優化後的版面是不是看起來更加整齊、專業了呢？現在的佈局更貼近主流的儀表板設計，讓數據呈現更直觀、更具可讀性！

區域銷售表現

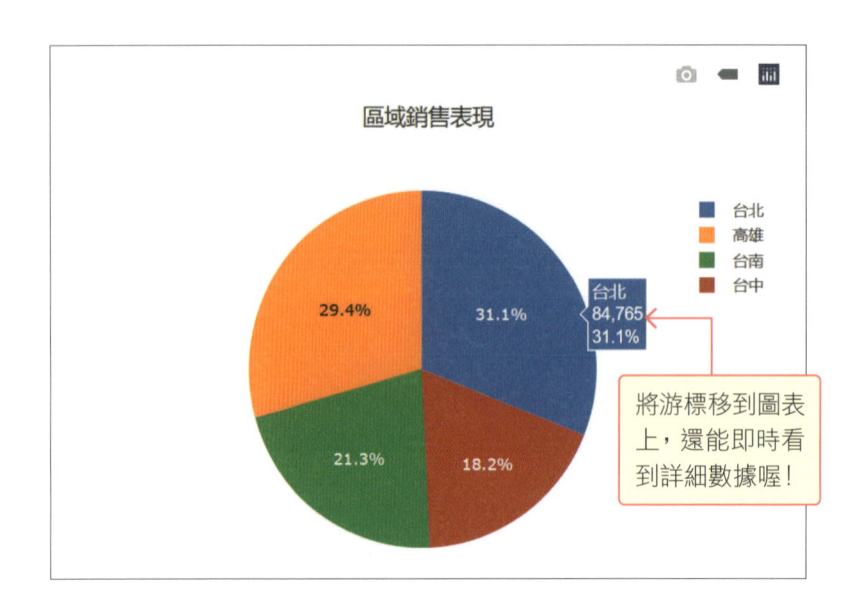

台北 84,765 31.1%

台北 31.1%
高雄 29.4%
台南 21.3%
台中 18.2%

將游標移到圖表上，還能即時看到詳細數據喔！

❹ 下載 HTML 檔案，隨時使用和分享

除了在畫布上預覽，你還可以將程式碼下載成 HTML 檔案，這樣就能在任何瀏覽器中開啟，甚至分享給同事使用！請 ChatGPT「提供可下載的檔案連結」，點擊即可下載！

點擊藍字連結，下載檔案

直接提供給我可下載的連結

你可以**點擊下面的連結下載 銷售績效儀表板** HTML 文件：

📥 下載 sales_dashboard.html

下載後，直接打開該文件，即可上傳 Excel 文件並查看動態生成的銷售數據儀表板！🚀 [>-]

從電腦上開啟檔案後，即可透過瀏覽器查看儀表板網頁的完整呈現。下方範例使用 Edge 瀏覽器進行示範。

[圖：瀏覽器顯示「互動式銷售績效儀錶板」頁面，標註「選擇上傳檔案」]

　　如果無法下載，可以於畫布中點擊「複製」按鈕，將程式碼貼進「記事本」應用程式，儲存檔案時，於檔名後輸入「.html」，即可獲得 HTML 檔。

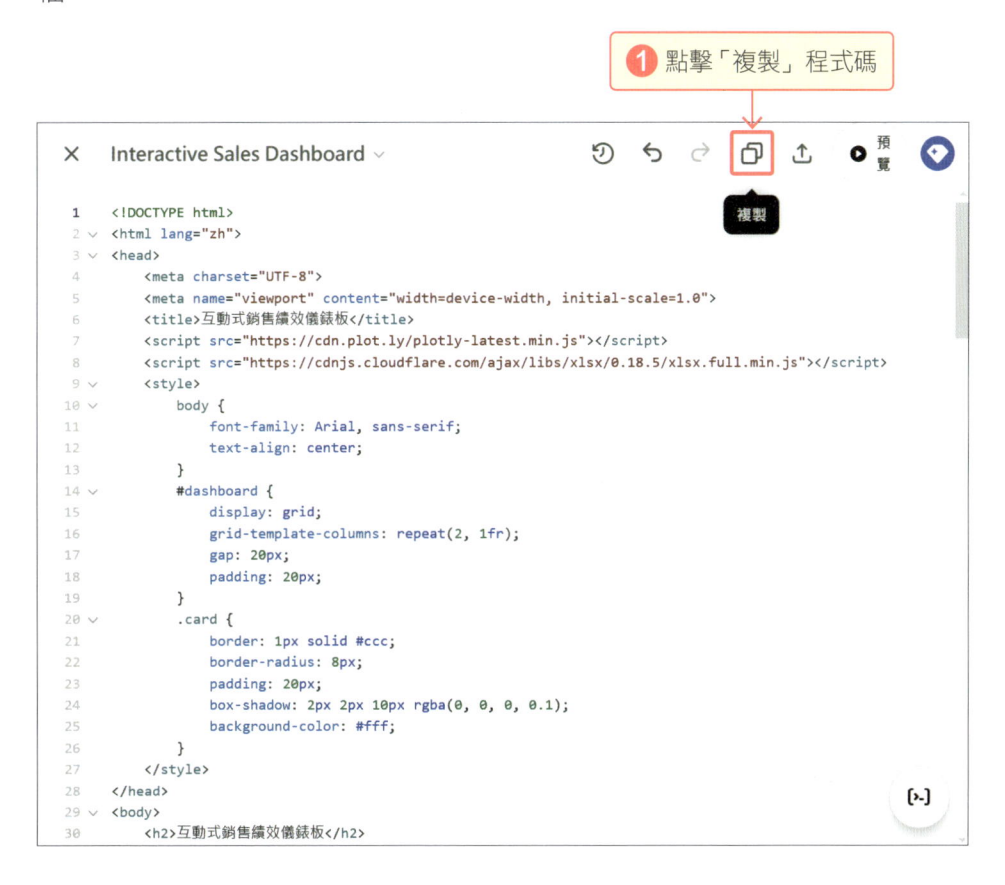

❶ 點擊「複製」程式碼

[圖：Interactive Sales Dashboard 程式碼畫面，標註「複製」按鈕]

3-75

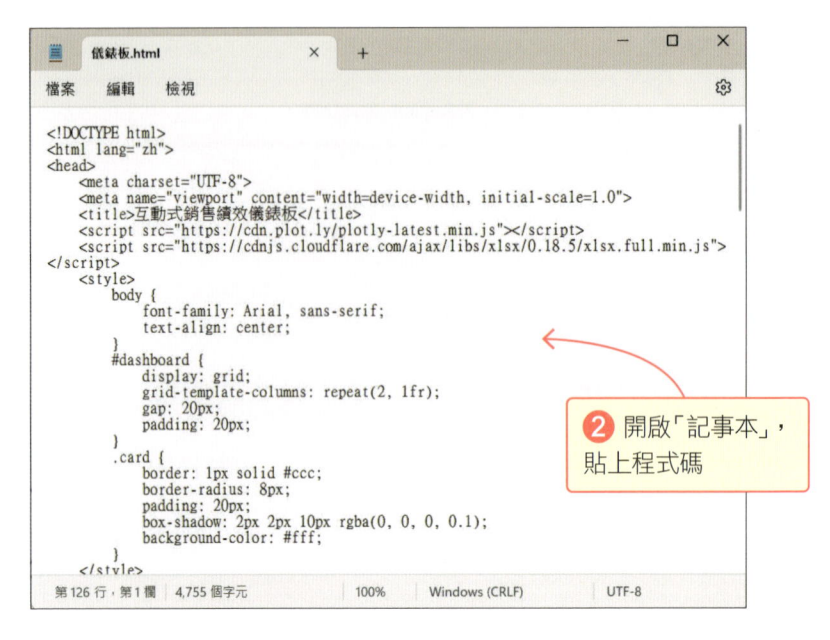

❷ 開啟「記事本」，貼上程式碼

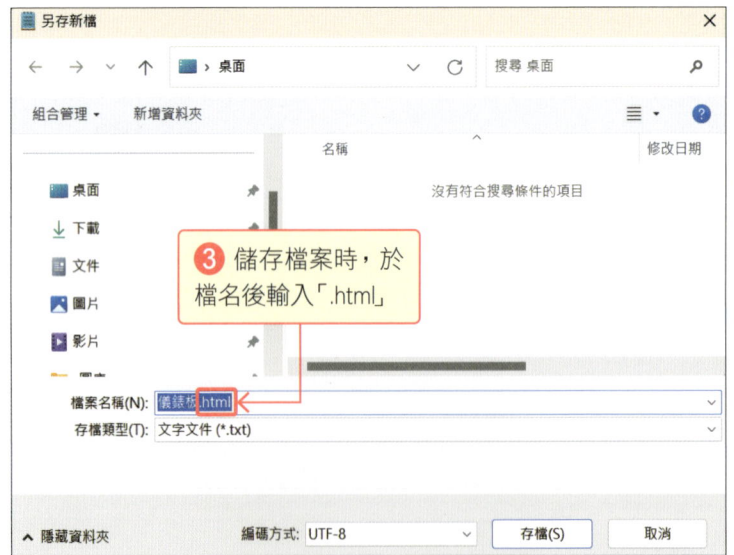

❸ 儲存檔案時，於檔名後輸入「.html」

這樣就完成了！打開檔案就能看到你的儀表板！

如果你曾使用 Excel、Power BI 來製作儀表板，現在就能體會到 AI 的強大加速力！從數據洞察到儀表板製作，一切變得流暢直覺！不妨親自試試，打造你的專屬儀表板吧！

3-4 GPT for Excel —— 直接在 Excel 裡用 AI！

在前三個單元中，我們學了如何透過 ChatGPT 生成函數、處理資料、分析資料與視覺化資料，所有與 AI 的互動都是在 ChatGPT 中進行。而在這個單元中，要來學習如何直接在 Excel 裡面使用 AI！透過這款 Excel 外掛程式——GPT for Excel。它將強大的生成式 AI 直接整合到 Excel 中，讓你能夠在試算表內直接與 AI 互動，提升資料處理的效率和準確性。

GPT for Excel 的優點：

- **直接整合，無縫操作**：透過將生成式 AI 模型嵌入 Excel，無需在不同應用程式之間切換，避免了繁瑣的複製貼上操作，提升工作流程的流暢度。

- **批次處理能力**：透過批次工具，你可以一次對整個欄位執行操作，無需撰寫函數，適合處理大量資料。

- **強大的函數支援**：GPT for Excel 提供多種實用函數，如 GPT_TRANSLATE、GPT_CLASSIFY、GPT_SUMMARIZE 等，協助你進行翻譯、分類、摘要等操作，滿足不同的資料處理需求。

- **公式助理**：提供公式助理功能，你可以根據自然語言描述需求，請助理替你生成 Excel 公式，或請它解釋現有公式，降低學習門檻。

總結而言，GPT for Excel 為試算表使用者提供了一個強大的 AI 助手，透過無縫整合，提升資料處理的效率和準確性，讓工作事半功倍。接下來，將專注於「批次工具」進行介紹。批次工具對於新手來說學習門檻最低，只須透過介面操作即可獲得 AI 生成的結果，無須學習函數！先來看看如何安裝這個工具吧！

▶▶ 3-4-1 | 安裝 GPT for Excel

在開始進行功能說明前，先來看如何安裝 GPT for Excel。

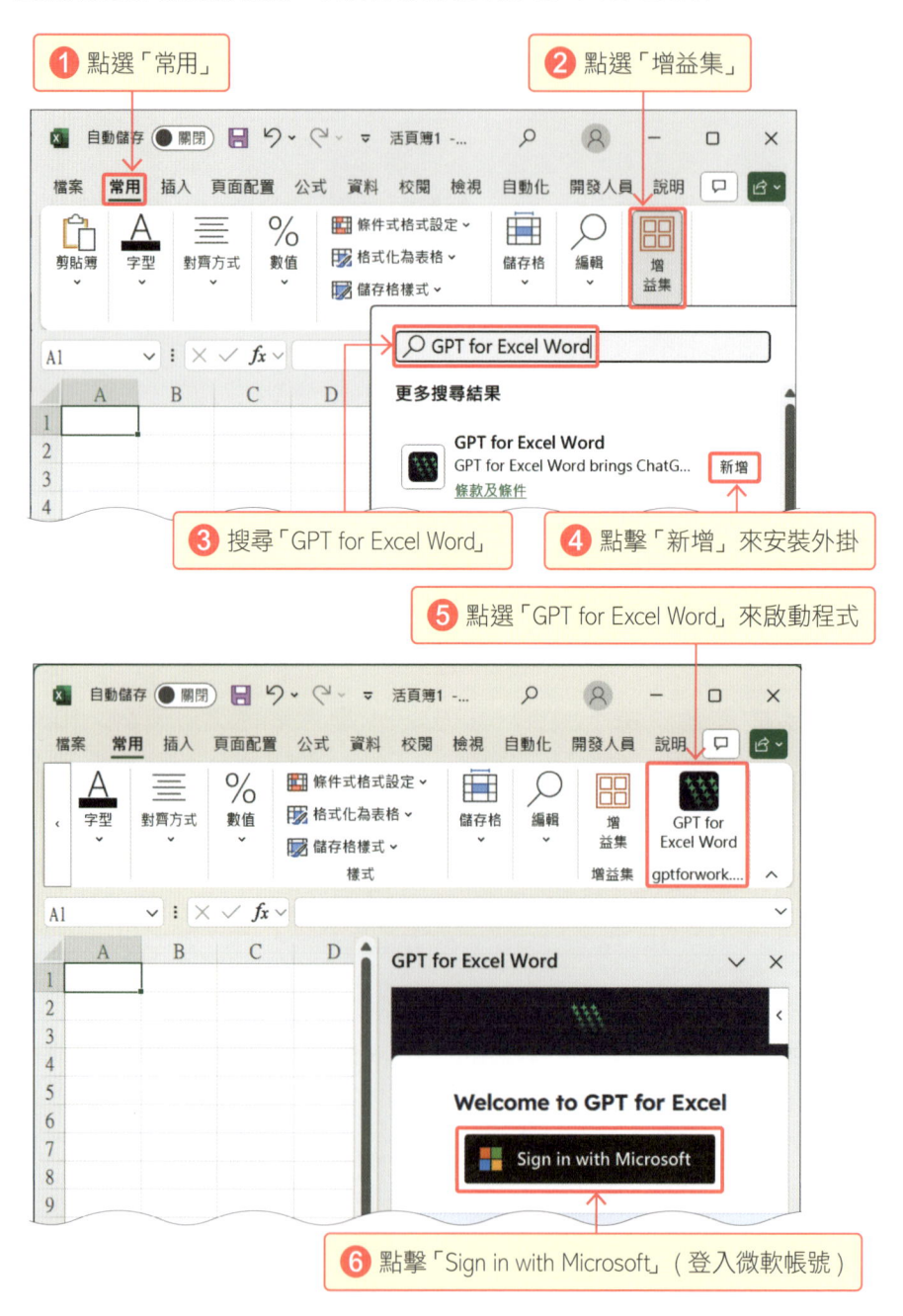

❶ 點選「常用」

❷ 點選「增益集」

❸ 搜尋「GPT for Excel Word」

❹ 點擊「新增」來安裝外掛

❺ 點選「GPT for Excel Word」來啟動程式

❻ 點擊「Sign in with Microsoft」（登入微軟帳號）

3-78

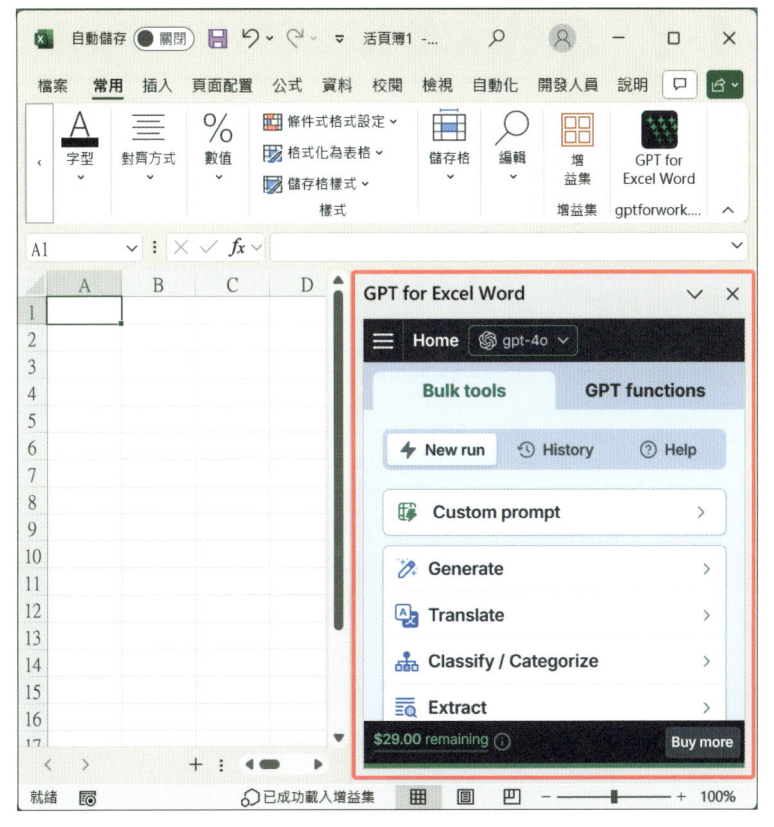

▲ 看到 Home (首頁) 就代表可以開始用啦！

適用 GPT for Excel 的 Excel 版本

此外掛程式僅適用於 Excel 2016 以後的版本、Excel 365 (雲端版)；並也支援 Google Sheet，若你想在 Google Sheet 上使用，則是要安裝「GPT for Sheets and Docs」，工具名稱略有不同。

另外，此工具有提供免費試用的額度，若額度用完，則須付費購買額度。

安裝完 GPT for Excel，接著來進一步學習如何使用它的各項功能，發揮 AI 在 Excel 中的最大效益吧！

▶▶ 3-4-2 │ 五種好用的批次工具 (Bulk tools) 功能

在 GPT for Excel 中,批次工具 (Bulk Tools) 可以讓你一次性對整個試算表的欄位執行 AI 操作,無需撰寫任何公式,適用於以下用途:

1. **自訂提示**:輸入自訂指令來批量處理資料
2. **批次翻譯**:將整欄文字翻譯成目標語言
3. **批次分類**:根據內容自動分類
4. **批次提取**:從文本中提取關鍵資訊
5. **批次格式化**:將資料調整成一致的格式

這些功能可透過外掛程式的側邊欄,進行設定與執行,可以大幅提升資料處理的效率。接著來看常見的應用情境吧!

❶ 自訂提示 (Custom Prompt)

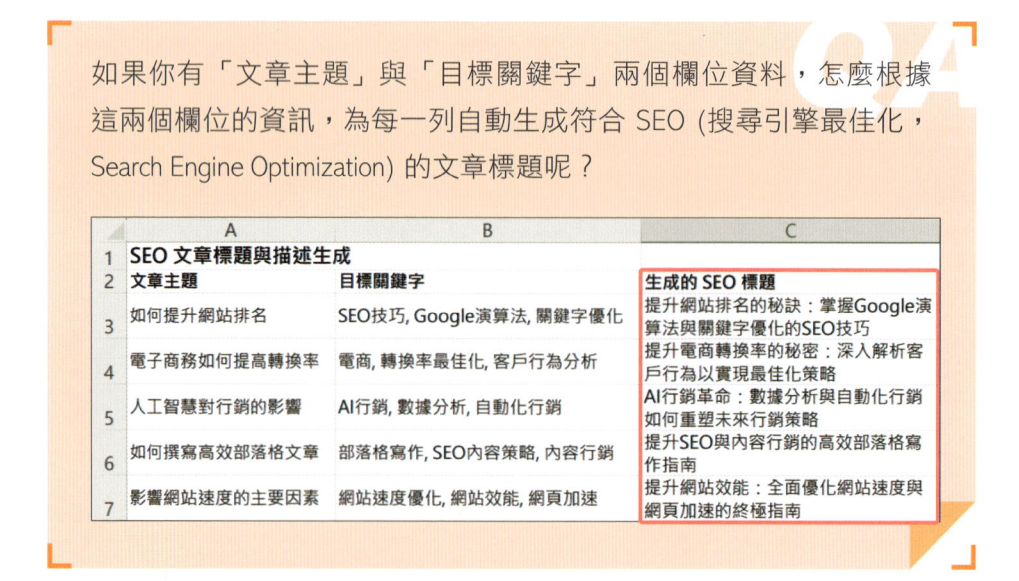

> **Q4** 如果你有「文章主題」與「目標關鍵字」兩個欄位資料,怎麼根據這兩個欄位的資訊,為每一列自動生成符合 SEO (搜尋引擎最佳化,Search Engine Optimization) 的文章標題呢?
>
> | | A | B | C |
> |---|---|---|---|
> | 1 | SEO 文章標題與描述生成 | | |
> | 2 | 文章主題 | 目標關鍵字 | 生成的 SEO 標題 |
> | 3 | 如何提升網站排名 | SEO技巧, Google演算法, 關鍵字優化 | 提升網站排名的秘訣:掌握Google演算法與關鍵字優化的SEO技巧 |
> | 4 | 電子商務如何提高轉換率 | 電商, 轉換率最佳化, 客戶行為分析 | 提升電商轉換率的秘密:深入解析客戶行為以實現最佳化策略 |
> | 5 | 人工智慧對行銷的影響 | AI行銷, 數據分析, 自動化行銷 | AI行銷革命:數據分析與自動化行銷如何重塑未來行銷策略 |
> | 6 | 如何撰寫高效部落格文章 | 部落格寫作, SEO內容策略, 內容行銷 | 提升SEO與內容行銷的高效部落格寫作指南 |
> | 7 | 影響網站速度的主要因素 | 網站速度優化, 網站效能, 網頁加速 | 提升網站效能:全面優化網站速度與網頁加速的終極指南 |

「自訂提示」批次工具可讓你直接在 Excel 中批量執行指令,運用 AI 大幅提升內容創作的效率。接著來看如何操作吧!

1. 開啟功能

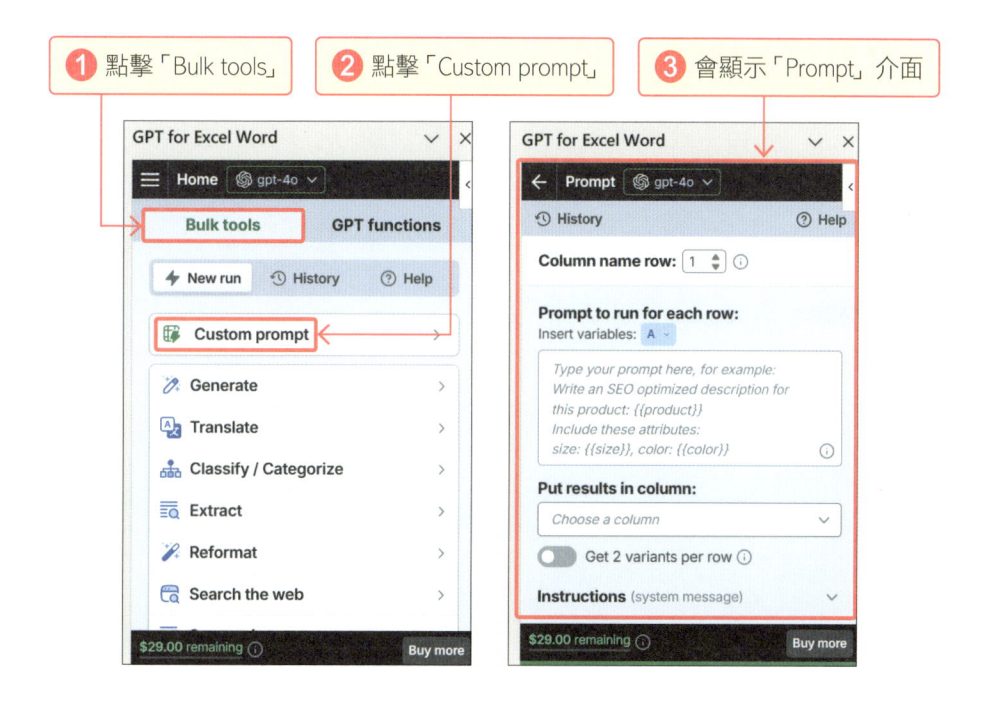

❶ 點擊「Bulk tools」

❷ 點擊「Custom prompt」

❸ 會顯示「Prompt」介面

2. 設定自訂提示批次工具

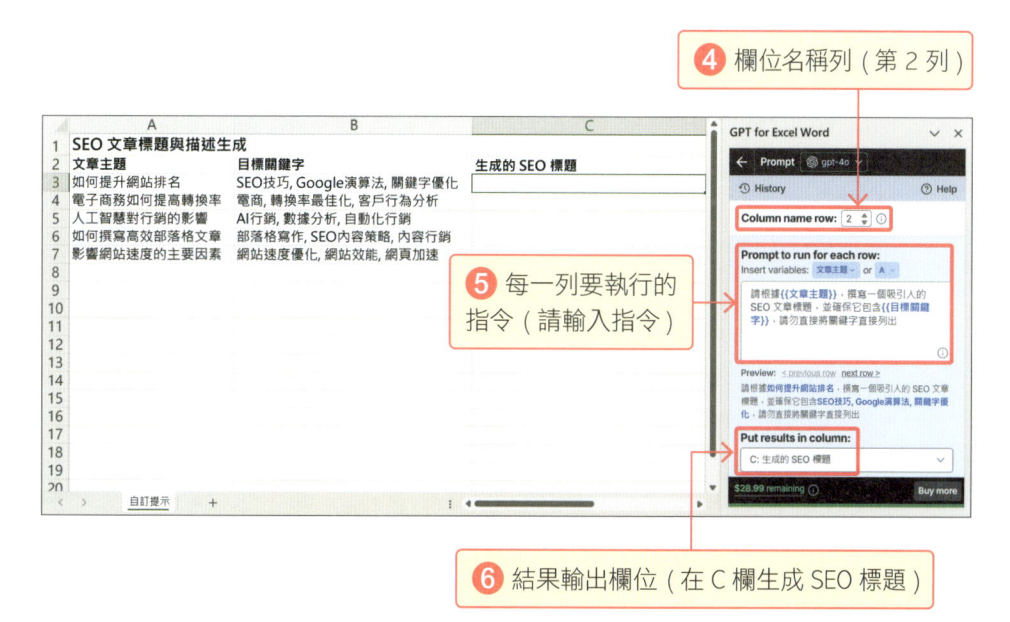

❹ 欄位名稱列 (第 2 列)

❺ 每一列要執行的指令 (請輸入指令)

❻ 結果輸出欄位 (在 C 欄生成 SEO 標題)

3-81

設定選項	說明	本範例需輸入以下內容
欄位名稱列 (Column name row)	若欄位名稱不在第一列，請輸入欄位名稱所在的列號，批次工具將從它的下一列開始處理資料	2
每一列要執行的指令 (Prompt to run for each row)	輸入你希望批次工具執行的提示，可引用其他欄位資料	請根據 {{文章主題}}，撰寫一個吸引人的 SEO 文章標題，並確保它包含 {{目標關鍵字}}，請勿直接將關鍵字直接列出
結果輸出欄位 (Put results in column)	選擇生成結果存放的欄位，若該欄位已有內容，AI 不會覆蓋原有文字	C：生成的 SEO 標題

怎麼在指令中，插入預計引用的儲存格？

有沒有看到上方「每一列要執行的指令 (Prompt to run for each row)」中有藍色文字呢？

只要選擇 Insert variables 的欄位名稱，就可以插入預計引用的儲存格，並且在指令中會以藍色文字表示。操作步驟如下：

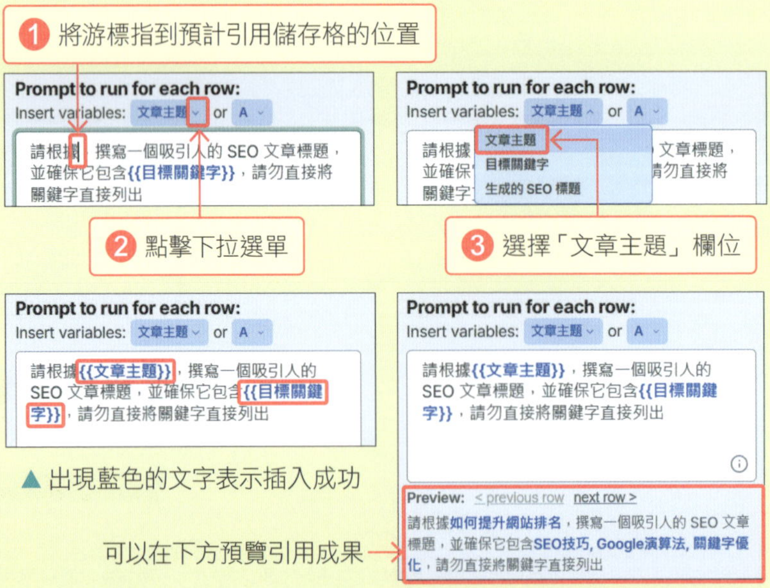

❶ 將游標指到預計引用儲存格的位置

❷ 點擊下拉選單

❸ 選擇「文章主題」欄位

▲ 出現藍色的文字表示插入成功

可以在下方預覽引用成果

3-82

3. **執行自訂提示批次工具 (Start from row)**

執行前，要先選擇要處理的資料範圍，預設一次只執行 3 列 (3 rows)。

> 小提醒：建議先執行 1 ~ 3 列後，根據產出結果再決定是否要執行全部列 (All rows)。

❼ 預設為一次執行 3 列 (3 rows)

❽ 點擊「Run 3 rows」開始生成內容

一起來看看結果吧！

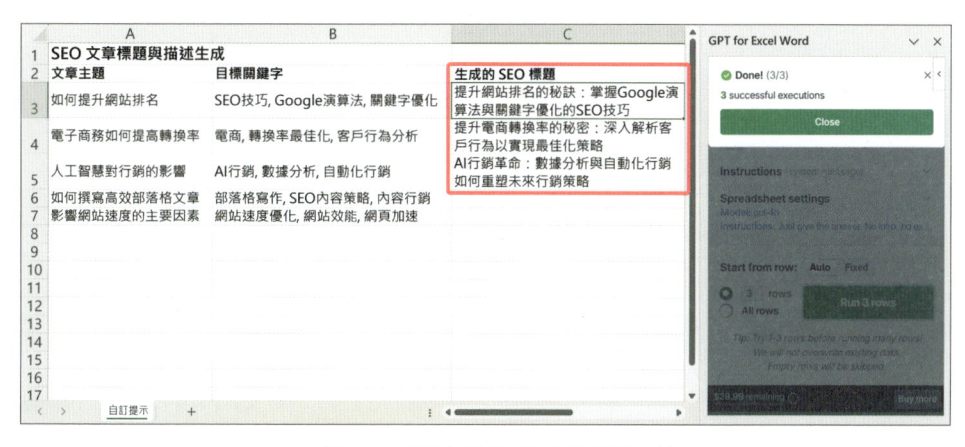

▲ 第 3 ~ 5 列自動生成 SEO 標題了！

想像一下～今天有很多文章要寫，當你必須根據 SEO 來設定關鍵字，再根據關鍵字來生成標題，而這一切都能靠 AI 在短短幾秒之內搞定，而且直接幫你把結果產出在 Excel 裡面！有 AI 的世界真是太美好了！

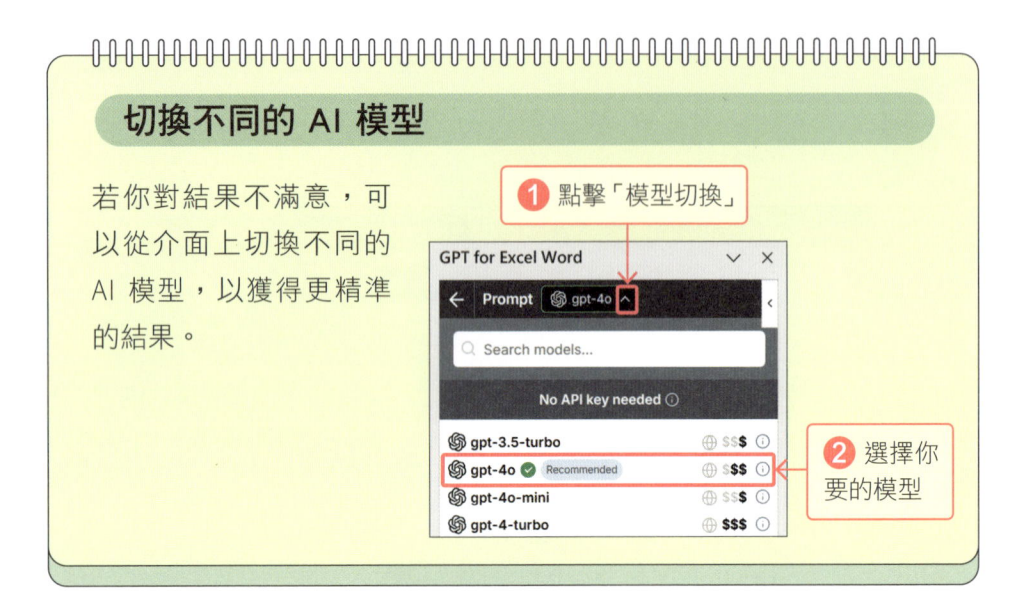

切換不同的 AI 模型

若你對結果不滿意，可以從介面上切換不同的 AI 模型，以獲得更精準的結果。

❶ 點擊「模型切換」

❷ 選擇你要的模型

❷ 批次翻譯 (Translate)

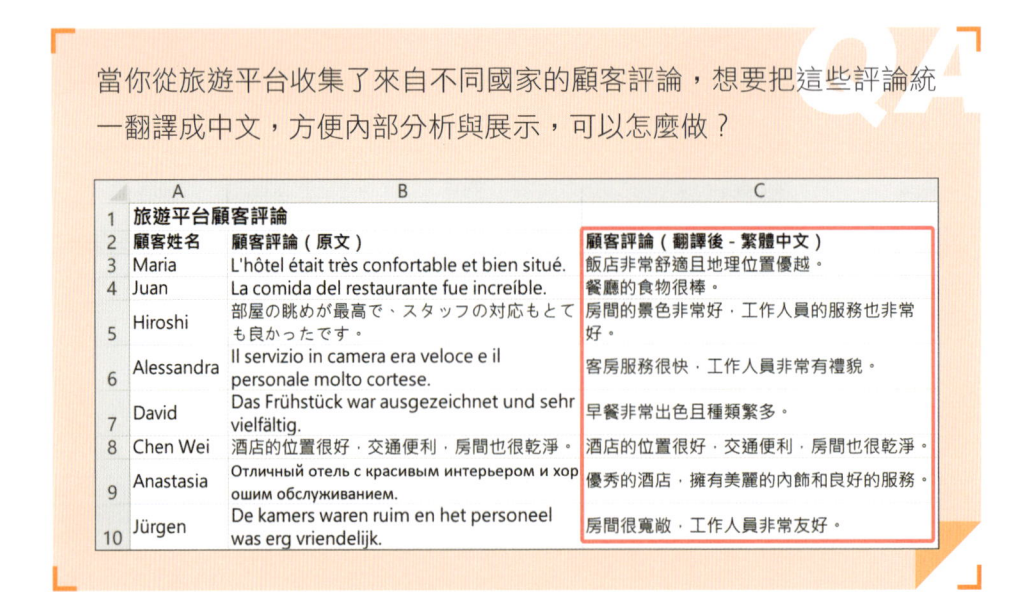

當你從旅遊平台收集了來自不同國家的顧客評論，想要把這些評論統一翻譯成中文，方便內部分析與展示，可以怎麼做？

	A	B	C
1	旅遊平台顧客評論		
2	顧客姓名	顧客評論（原文）	顧客評論（翻譯後 - 繁體中文）
3	Maria	L'hôtel était très confortable et bien situé.	飯店非常舒適且地理位置優越。
4	Juan	La comida del restaurante fue increíble.	餐廳的食物很棒。
5	Hiroshi	部屋の眺めが最高で、スタッフの対応もとても良かったです。	房間的景色非常好，工作人員的服務也非常好。
6	Alessandra	Il servizio in camera era veloce e il personale molto cortese.	客房服務很快，工作人員非常有禮貌。
7	David	Das Frühstück war ausgezeichnet und sehr vielfältig.	早餐非常出色且種類繁多。
8	Chen Wei	酒店的位置很好，交通便利，房間也很乾淨。	酒店的位置很好，交通便利，房間也很乾淨。
9	Anastasia	Отличный отель с красивым интерьером и хорошим обслуживанием.	優秀的酒店，擁有美麗的內飾和良好的服務。
10	Jürgen	De kamers waren ruim en het personeel was erg vriendelijk.	房間很寬敞，工作人員非常友好。

「批次翻譯」工具可幫助你直接在 Excel 內翻譯產品目錄、網站文案、客戶評論或其他內容，並可透過「自訂翻譯提示」和「詞彙表」來優化 AI 翻譯結果。來動手操作看看以下步驟吧！

1. 開啟功能

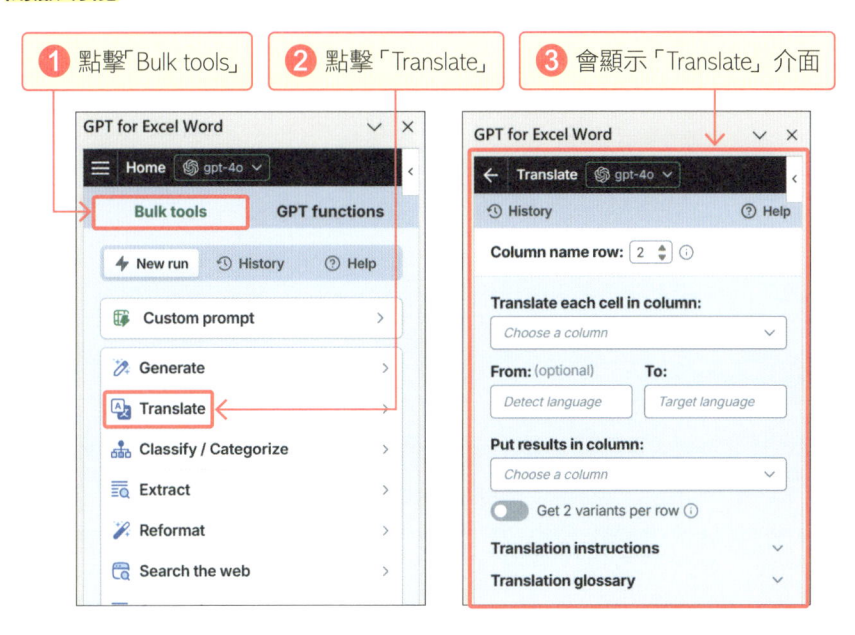

① 點擊「Bulk tools」　**②** 點擊「Translate」　**③** 會顯示「Translate」介面

2. 設定批次翻譯工具

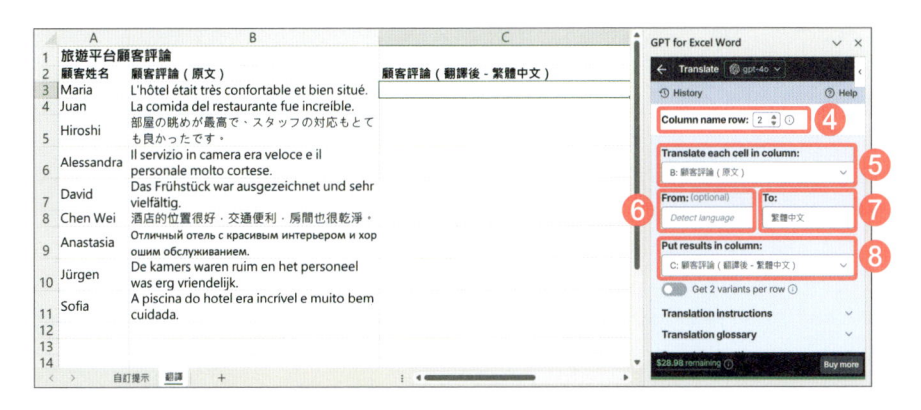

④ 欄位名稱列 (第 2 列)

⑤ 需翻譯的欄位 (預計翻譯 B 欄的顧客評論)

⑥ 原始語言 (請輸入原始語言，亦可留空)

⑦ 目標語言 (請輸入目標語言)

⑧ 結果輸出欄位 (在 C 欄生成繁體中文翻譯)

第 3 章　AI 救場的美技

3-85

設定選項	說明	本範例需輸入以下內容
欄位名稱列 (Column name row)	若欄位名稱不在第一列，請輸入欄位名稱所在的列號，批次工具將從它的下一列開始處理資料	2
需翻譯的欄位 (Translate each cell in column)	選擇要翻譯的欄位	B：顧客評論 (原文)
原始語言 (From)	輸入原始語言，或留空讓 AI 自動偵測	留空 (自動偵測)
目標語言 (To)	輸入目標語言，即要翻譯成的語言	繁體中文（若只輸入「中文」可能會出現簡體中文）
結果輸出欄位 (Put results in column)	選擇翻譯結果存放的欄位，已含文字的欄位將不會被覆蓋	C：顧客評論 (翻譯後 - 繁體中文)

3. 執行批次翻譯工具

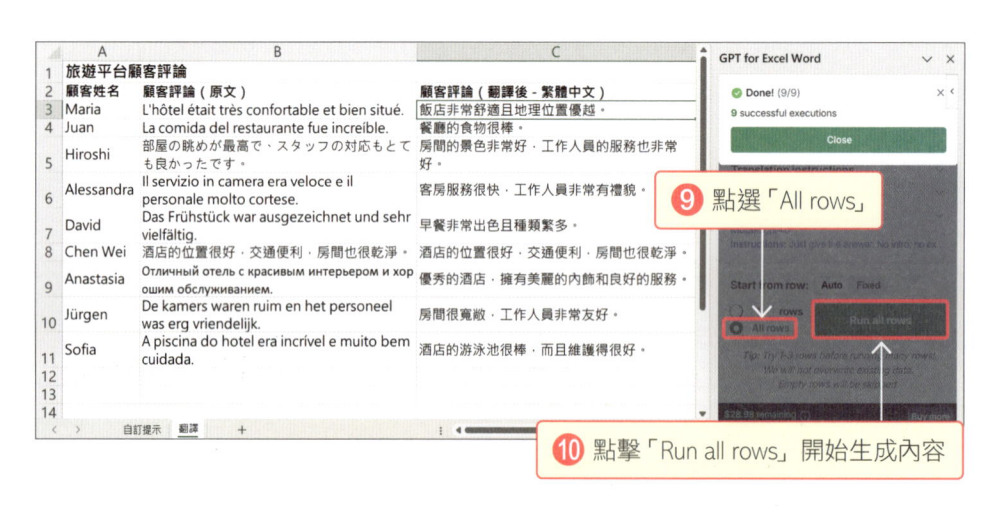

⑨ 點選「All rows」

⑩ 點擊「Run all rows」開始生成內容

不到幾秒鐘的時間，來自多國語言的顧客評論，就翻譯完成啦！

如何提升翻譯的準確性？

批次翻譯工具還提供了兩種設定——自訂翻譯提示 (Translation instructions) 和詞彙表 (Translation glossary)，讓使用者可以提升翻譯準確性。

◆ **自訂翻譯提示 (Translation instructions)**：提供 AI 具體的翻譯情境，像是**設定語氣** (正式或休閒)、**目標受眾** (一般消費者或技術專業人士)、**補充情境資訊** (說明這份資料的用途) 等等。

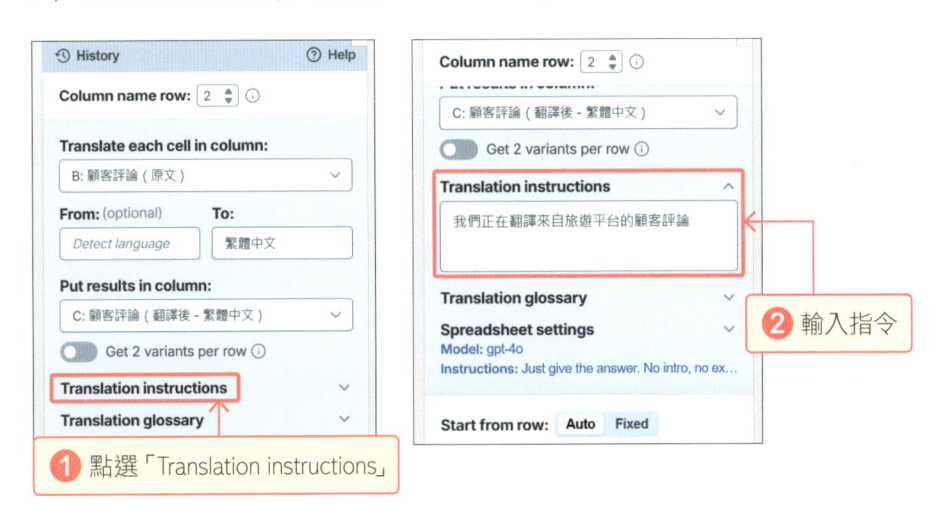

① 點選「Translation instructions」

② 輸入指令

◆ **詞彙表 (Translation glossary)**：提供標準翻譯的詞彙表，確保翻譯結果的一致性。特別適用在**品牌名稱** (Nike 不能被翻譯成「耐克」)、**技術術語** (Cloud Computing 固定翻譯為「雲端運算」)、**產品名稱** (「MacBook」保持原文、不特別翻成中文) 等等。特別注意 ~ 設定詞彙表時，請遵守兩個規則，詳見下方圖示：

① 點選「Translation glossary」

② 輸入指令

一個詞彙設定單獨一列（按 Enter 可以換行）

輸入格式為「翻譯前詞彙：翻譯後詞彙」（以半形冒號區隔翻譯前、翻譯後的詞彙）

第 3 章 AI 救場的美技

3-87

> **小提醒**：批次工具 (Bulk tools) 的所有功能，都有自訂提示 (instructions) 設定，提供你優化 AI 生成結果喔！

❸ 批次分類 (Classify / Categorize)

你如果有電商平台的「類別清單」、「商品名稱」兩個欄位資料，為了提升商品管理與搜尋準確性，希望能自動將產品分類到適合的商品類別，可以怎麼做？

	A	B	C
1	類別清單	商品名稱	分類結果
2	電子產品	iPhone 15 Pro	電子產品
3	家電	LG 變頻洗衣機	家電
4	服飾	Nike Air Max 90	運動與戶外
5	家具	IKEA 簡約雙人床	家具
6	美妝保健	SK-II 青春露	美妝保健
7	運動與戶外	Adidas 瑜珈墊	運動與戶外
8	汽車與配件	Garmin 車用導航	汽車與配件
9		Samsung Galaxy Buds	電子產品
10		Dyson 吸塵器 V15	家電
11		Levi's 501 直筒牛仔褲	服飾
12		小米智慧床頭燈	家電
13		Under Armour 運動短袖	運動與戶外
14		L'Oréal 粉底液	美妝保健
15		GoPro HERO 11	運動與戶外
16		Bissell 地毯清潔機	家電
17		Toyota 行車記錄器	汽車與配件

「批次分類」工具能幫助你直接在 Excel 內將產品目錄、客戶評論、社群媒體留言，甚至是任何文本資料進行自動分類。此工具會根據你提供的分類標籤，將每個儲存格的內容分類到適當的類別中。操作步驟如下：

1. 開啟功能

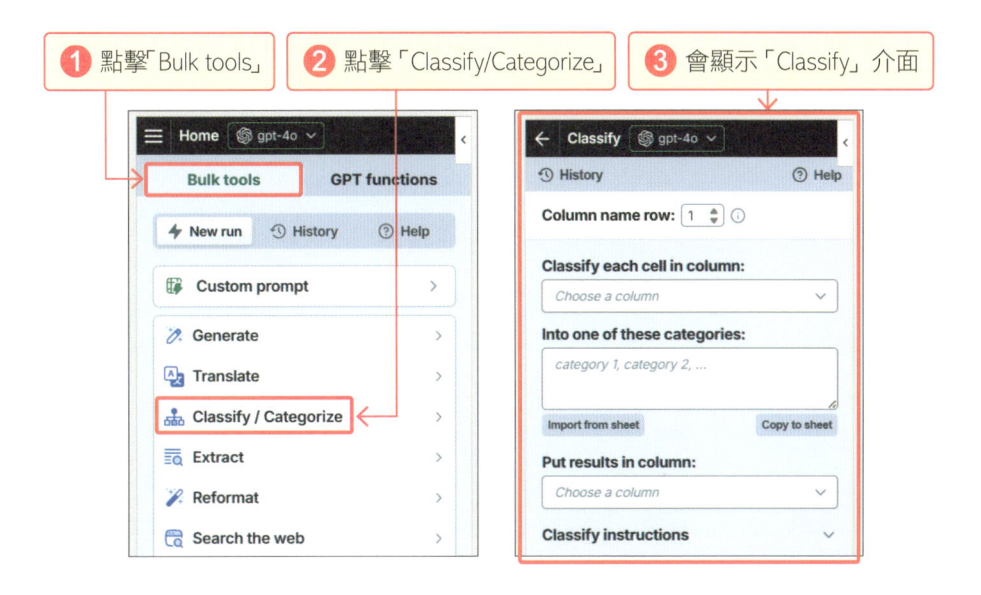

❶ 點擊「Bulk tools」　**❷** 點擊「Classify/Categorize」　**❸** 會顯示「Classify」介面

2. 設定批次分類工具

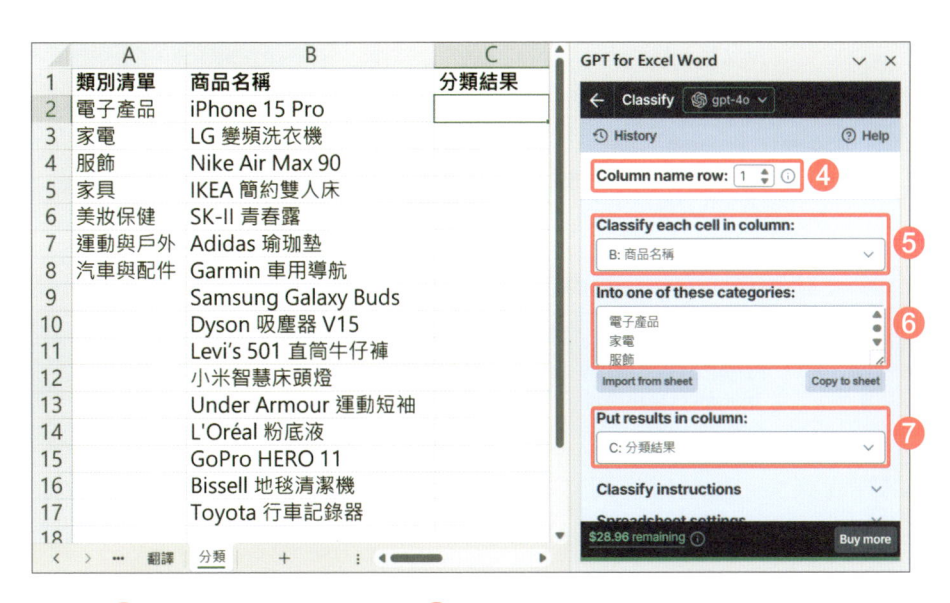

❹ 欄位名稱列 (第 1 列)

❺ 需分類的欄位 (預計將 B 欄的商品進行分類)

❻ 分類標籤 (輸入 A 欄的所有標籤)

❼ 結果輸出欄位 (在 C 欄生成分類結果)

3-89

設定選項	說明	本範例需輸入以下內容
欄位名稱列 (Column name row)	若欄位名稱不在第一列，請輸入欄位名稱所在的列號，批次工具將從它的下一列開始處理資料	1
需分類的欄位 (Classify each cell in column)	選擇要分類的欄位	B：商品名稱
分類標籤 (Into one of these categories)	輸入分類標籤(一行一個標籤)，若標籤已存放於工作表內，可點擊「從工作表匯入(Import from sheet)」輸入標籤	電子產品、家電、服飾、家具、美妝保健、運動與戶外汽車與配件
結果輸出欄位 (Put results in column)	選擇分類結果存放的欄位，已含文字的欄位將不會被覆蓋	C：分類結果

3. 執行批次分類工具

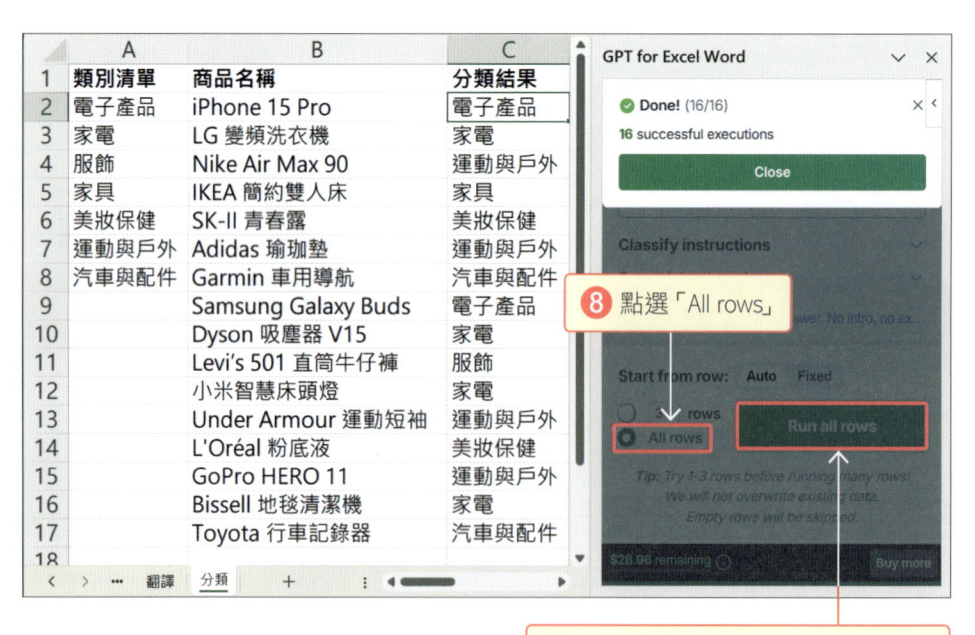

❽ 點選「All rows」

❾ 點擊「Run all rows」開始生成內容

轉眼間十幾個項目就分類好了！

3-90

如何提升分類結果的準確性？

若分類結果不精準，可以到分類指令 (Classify instructions) 來強化規則，例如：「GoPro HERO11 歸類至電子產品，而非運動與戶外」、「小米智慧床頭燈歸類至家具，而非家電」等。

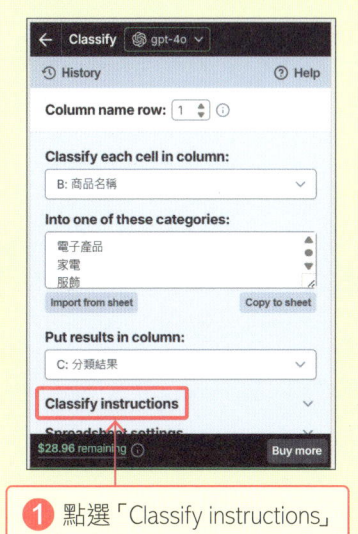

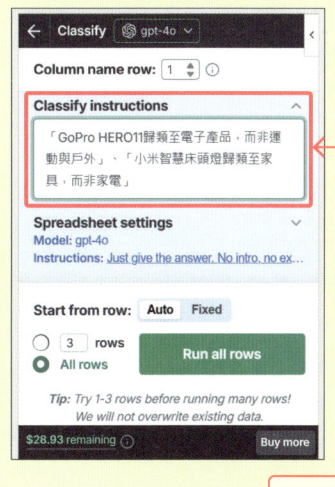

❶ 點選「Classify instructions」

❷ 輸入指令

❹ 批次提取 (Extract)

該怎麼從電商平台的商品簡介中，自動提取品牌、型號、尺寸、顏色，以建立結構化的商品清單，並提高數據處理效率呢？

	A	B	C	D	E
1	商品簡介	品牌	型號	尺寸	顏色
2	Apple 新出的最新款 iPhone 15 Pro Max，搭載強大 A17 晶片與 ProMotion 6.7 吋螢幕，獨特鈦金屬設計，優雅的深空藍配色，售價 1,199 美元。	Apple	iPhone 15 Pro Max	6.7 吋	深空藍
3	Samsung Galaxy S23 Ultra 擁有 6.8 吋 AMOLED 螢幕，內建 512GB 儲存空間，經典幻影黑設計，帶來極致視覺體驗，價格 1,299 美元。	Samsung	Galaxy S23 Ultra	6.8 吋	幻影黑
4	Nike Air Max 90 運動鞋，搭載經典氣墊技術，提供舒適緩衝，這款黑紅配色的 42 號男鞋是跑步愛好者的最佳選擇，特價 129 美元。	Nike	Air Max 90	42	黑紅

3-91

「批次提取」工具可以幫助你直接從非結構化文本中提取關鍵資訊，如姓名、電子郵件地址、產品屬性，並將它們整理到 Excel 的不同欄位中。一起來試試看這個神奇的 AI 提取！

1. 開啟功能

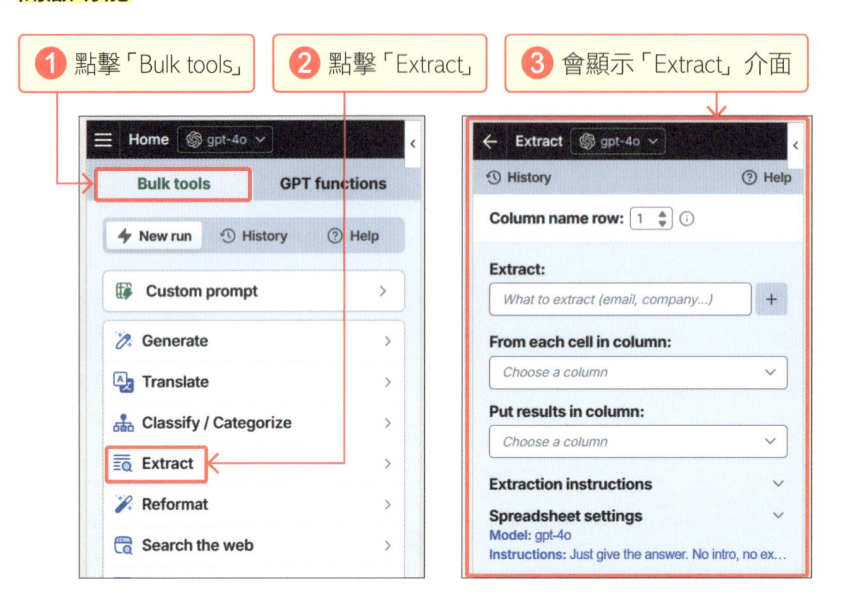

❶ 點擊「Bulk tools」
❷ 點擊「Extract」
❸ 會顯示「Extract」介面

2. 設定批次提取工具

❹ 欄位名稱列（第 1 列）
❺ 提取的內容（設定好要提取的內容，分別為品牌、型號、尺寸、顏色）
❻ 從哪個欄位提取（預計從 A 欄提取資料）
❼ 結果輸出欄位（在 B、C、D、E 欄生成結果）

3-92

設定選項	説明	本範例需輸入以下內容
欄位名稱列 (Column name row)	若欄位名稱不在第一列，請輸入欄位名稱所在的列號，批次工具將從它的下一列開始處理資料	1
提取的內容 (Extract)	點擊加號輸入希望截取的資訊名稱，點擊垃圾桶以刪除項目	品牌、型號、尺寸、顏色
從哪個欄位提取 (From each cell in column)	選擇要提取資訊的欄位	A：商品簡介
結果輸出欄位 (Put results in column)	選擇提取結果存放的欄位，已含文字的欄位將不會被覆蓋	B、C、D、E

3. 執行批次提取工具

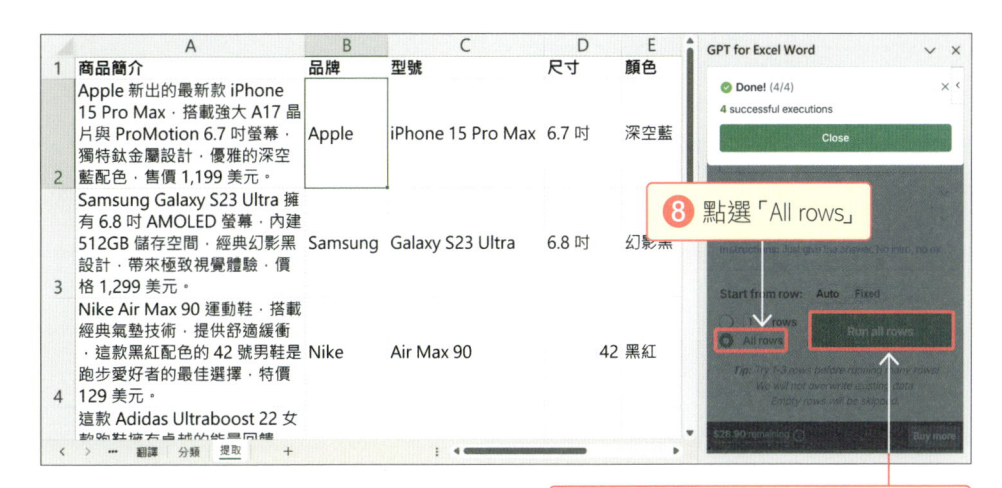

⑧ 點選「All rows」

⑨ 點擊「Run all rows」開始生成內容

⑤ 批次格式化 (Reformat)

今天收到了一筆飲料訂單，但資料很混亂，怎麼格式化為「飲料名稱、甜度、冰量、尺寸」呢？

	A	B
1	客戶輸入的飲料訂單	格式化後的標準訂單
2	珍奶，少糖，去冰，大	珍奶、少糖、去冰、L
3	四季春青茶 糖冰正常 M	四季春青茶、正常糖、正常冰、M
4	烏龍綠，1/2糖，少冰，中杯	烏龍綠、半糖、少冰、M
5	多多綠中杯，無糖，微冰	多多綠、無糖、少冰、M
6	鳳梨冰茶，不加糖，常溫 L	鳳梨冰茶、無糖、常溫、L

3-93

「批次格式化」工具可幫助你自動標準化日期、電話號碼、產品名稱或任何其他文本，確保數據在 Excel 內保持一致的格式，以提升數據整理與管理的效率。

1. **開啟功能**

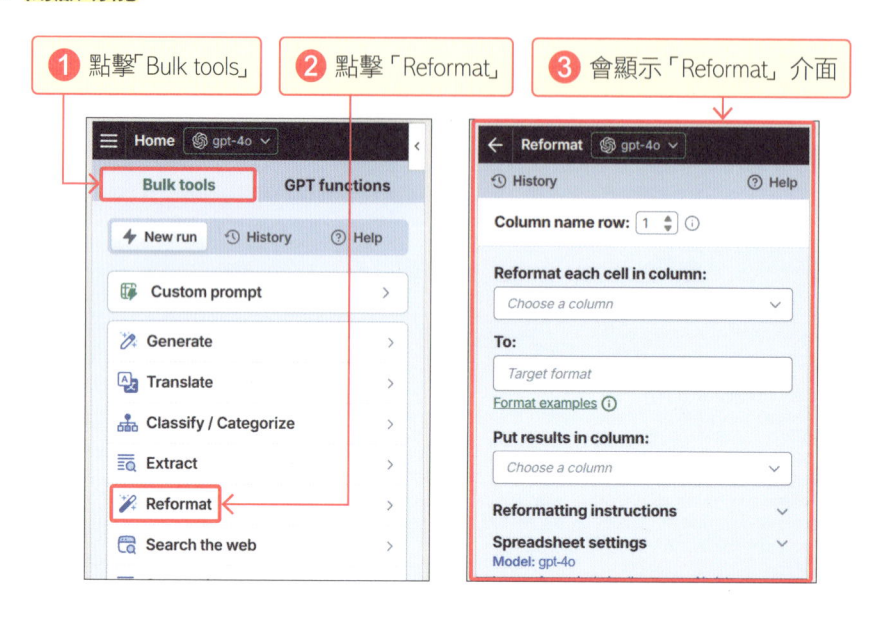

   ① 點擊「Bulk tools」　② 點擊「Reformat」　③ 會顯示「Reformat」介面

2. **設定批次格式化工具**

   ④ 欄位名稱列（第 1 列）
   ⑤ 需格式化的欄位（預計將 A 欄的文字進行格式化）
   ⑥ 轉換格式（輸入格式化後的範例）
   ⑦ 結果輸出欄位（在 B 欄生成結果）
   ⑧ 格式化指令（提供格式化的其他指令）

3-94

設定選項	說明	本範例需輸入以下內容
欄位名稱列 (Column name row)	若欄位名稱不在第一列，請輸入欄位名稱所在的列號，批次工具將從它的下一列開始處理資料	1
需格式化的欄位 (Reformat each cell in column)	選擇包含要格式化的數據的欄位	A：客戶輸入的飲料訂單
轉換格式 (To)	描述你希望轉換成的格式，可用括號提供預期轉換成什麼詞彙	飲料名稱、甜度(無糖/少糖/半糖/七分糖/正常糖)、冰度(常溫/去冰/少冰/正常冰)、尺寸(M/L)
結果輸出欄位 (Put results in column)	選擇格式化後的結果存放的欄位，已含文字的欄位將不會被覆蓋	B：格式化後的標準訂單
格式化指令 (Reformatting instructions)	提供 AI 具體的格式化規則，提高一致性與準確性	用「、」作為區隔，不要用「,」

3. 執行批次格式化工具

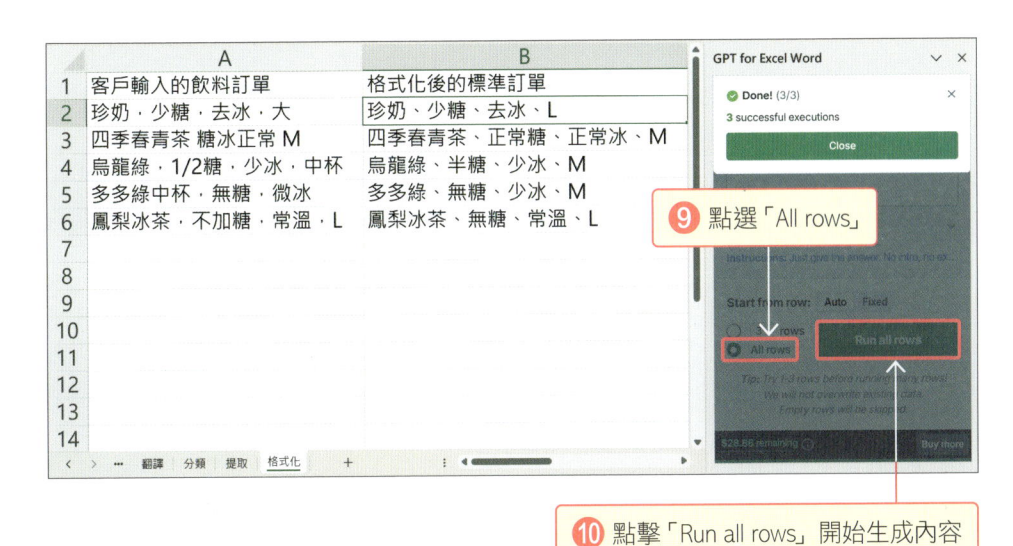

❾ 點選「All rows」

❿ 點擊「Run all rows」開始生成內容

將餐點的詳細資訊，依照固定的順序排列，這樣能讓點餐時更順暢吧？

超級廣泛的格式化應用

格式化有非常多樣化的應用方式，像是將長文本收斂重點並轉換為條列式摘要、將日期統一為 ISO 國際標準格式 (YYYY-MM-DD)，也能將產品編號進行標準化，例如：英文轉換為大寫、讓數字填充至 5 碼 (不足 5 碼者，用數字 0 來補足)、英文與數字之間加上「-」等等。

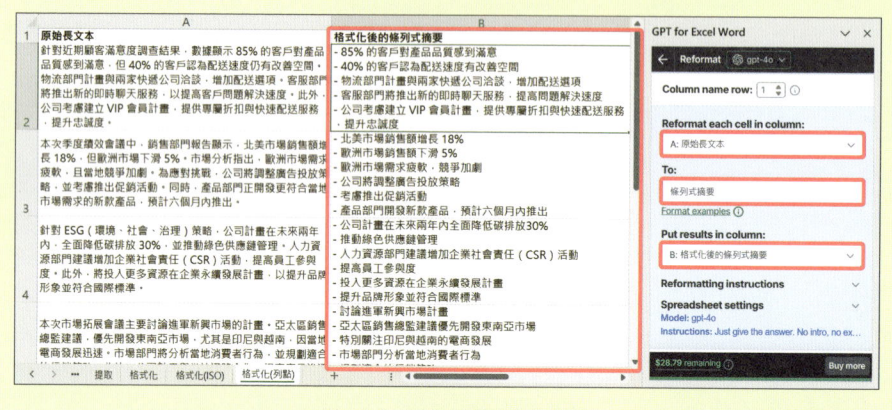

▲ 將長文本進行條列式摘要

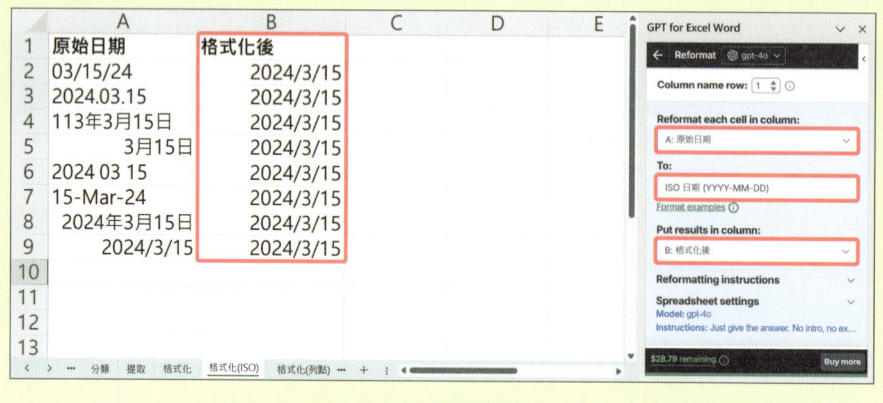

▲ 將日期格式化 (無論你的資料是文字或是日期格式，都能一起格式化為正規日期格式喔)

接下頁

3-96

▲ 將產品編號格式化

GPT for Excel 重點回顧

GPT for Excel 適用版本：

- Excel 2016 以後的版本
- Excel 365 (雲端版)
- Google Sheet (需安裝「GPT for Sheets and Docs」)

在這個單元中，我們學習了 GPT for Excel 這款強大的 Excel 外掛程式，可以將 AI 無縫整合到試算表。透過 GPT for Excel，你可以：

1. 自訂提示：輸入自訂指令來批量處理資料
2. 批次翻譯：將整欄文字翻譯成目標語言
3. 批次分類：根據內容自動分類
4. 批次提取：從文本中提取關鍵資訊
5. 批次格式化：將資料調整成一致的格式

接下頁

而且批次工具 (Bulk tools) 的所有功能，都可以再自訂提示 (instructions) 設定，讓 AI 生成結果可以更準確！

除了本節介紹的五種好用的批次工具功能，也還有其他功能可以嘗試看看～想一想，工作中有哪些項目、任務，是可以透過 GPT for Excel 提供的 AI 功能，達到以下目標的呢？

- 提升 Excel 處理大數據的效率，減少重複性工作
- 簡化數據清理與轉換，提高數據分析的準確度
- 運用 AI 進行批次內容生成，優化工作流程

看到這邊，你是否不禁再次讚嘆起 AI 的奧妙？

接下來，你可以開始實際應用 GPT for Excel，進一步探索如何在日常工作中最大化 AI 的價值！

CHAPTER 4

AI × Excel 職場組合技

- ◆ 4-1 AI 驅動的資料分析與報告生成 (MassiveMark / Gamma)：快速完成銷售分析報告
- ◆ 4-2 AI 輔助工作流程自動化 (Power Automate)：建立高效庫存管理系統
- ◆ 4-3 AI 協助撰寫自動化程式 (VBA / GAS)：打造智慧排班系統
- ◆ 4-4 AI 強化資料視覺化與團隊協作 (Bricks)：追蹤動態金流的儀表板

4-1 AI 驅動的資料分析與報告生成
(MassiveMark / Gamma)：快速完成銷售分析報告

在現今的職場環境中，數據分析已成為決策的重要基礎。但面對龐大的資料集，如何高效整合 AI 技術，打造「職場組合技」，來提升分析效率與決策精準度，成為提升競爭力的關鍵。本單元將透過一個**模擬企業案例**，帶你實際操作如何運用 AI 來**整理資料、分析趨勢、建立視覺化儀表板**，甚至**自動生成完整的銷售報告**，讓你**全面掌握 AI 在數據分析中的應用**。

想像一下，你是一家連鎖零售企業的數據分析師，公司希望透過數據來驅動決策，優化銷售策略、提升客戶體驗，並最大化營收。來看看如何透過 AI + Excel 的組合技，達成這些目標？讓我們一步步拆解應用方式！

▶▶ 步驟 1 │ AI 自動整理與清理資料

過去，你可能需要手動整理資料，這不僅耗時又容易出錯。但現在，透過 GPT for Excel，這些問題 AI 都能幫你一次搞定！來看看如何透過 AI 進行數據清理 (由於使用 GPT for Excel 是需要點數的，因此，此步驟沒有提供比較髒的資料讓大家練習，大家可以節省點數在你真正需要的檔案上)。

	A	B	C	D	E	F	G	H	I	J
1	訂單編號	用戶ID	產品品牌	產品名稱	數量	銷售額	訂單日期	用戶姓名	地區	註冊日期
2	O0001	C020		SONY XPERIA 5 V	3	4968	112/8/17	陳文洋	台南	2021/10/11
3	O0002	C016		iPhone 15	5	2628	112/4/8	林文芳	高雄	2020/1/23
4	O0003	C004		IPHONE 15 PRO	1	4805	112/11/8	陳偉洋	台北	2022/5/25
5	O0004	C020		ONEPLUS 11	4	1258	112/7/21	陳文洋	台南	2021/10/11
6	O0005	C001		GOOGLE PIXEL 8	1	1134	112/10/31	楊俊磊	高雄	2020/6/2
7	O0006	C012		Google Pixel 8	3	2347	112/2/24	張宏峰	台中	2020/1/29
8	O0007	C015		SONY XPERIA 1 V	1	4949	112/1/11	陳建俊	高雄	2021/5/20
9	O0008	C001		iPhone 15	1	1583	112/3/16	楊俊磊	高雄	2020/6/2
10	O0009	C016		ASUS ROG Phone 7	5	4513	112/6/23	林文芳	高雄	2020/1/23
11	O0010	C014		OnePlus 11	2	1575	112/2/3	劉偉偉	台南	2021/11/29
12	O0011	C018		asus rog phone 7	4	3317	112/6/8	李俊磊	台中	2021/8/2
13	O0012	C005		OnePlus Nord 3	3	4540	112/10/25	王佳峰	台北	2021/6/10
14	O0013	C013		Samsung Galaxy S23	3	1636	112/10/12	楊志愉	台北	2022/7/23
15	O0014	C019		ASUS ZENFONE 10	3	2049	112/12/19	王志娜	台北	2022/8/19
16	O0015	C001		ASUS ROG Phone 7	4	1831	112/5/11	楊俊磊	高雄	2020/6/2
17	O0016	C014		Google Pixel 7 Pro	4	4612	112/3/20	劉偉偉	台南	2021/11/29

缺少產品品牌資訊　　產品名稱大小寫不一致　　訂單日期為民國年無法分析

統一日期格式

使用批次格式化 (Reformat) 功能，解決「訂單日期格式不統一」的問題。

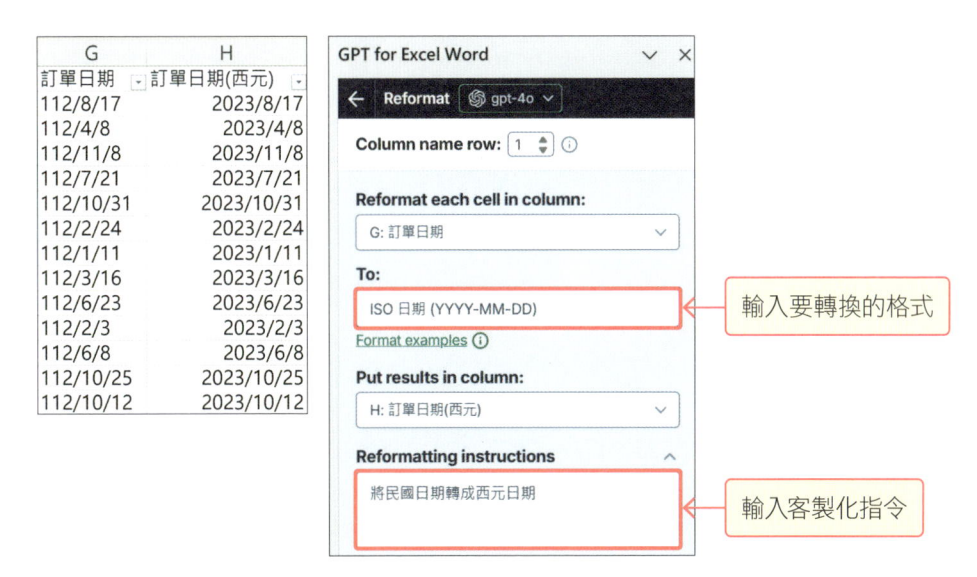

← 輸入要轉換的格式

← 輸入客製化指令

統一產品命名

使用批次格式化 (Reformat) 功能，讓產品名稱統一為標準格式。像是將「GOOGLE PIXEL 8」與「Google Pixel 8」的名稱統一。

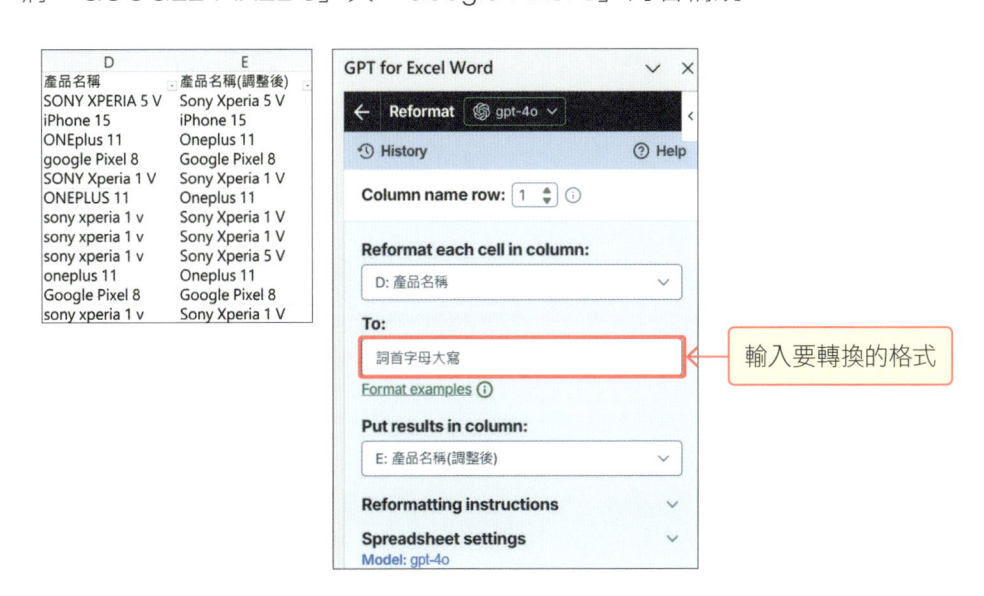

← 輸入要轉換的格式

4-3

填補缺失的「產品品牌」

使用批次分類 (Classify) 功能，讓 AI 自動補全產品品牌。

輸入所有品牌名稱

輸入客製化指令

資料整理完成後，讓我們進入下一步數據分析與可視化！

	A	B	C	D	E	F	G	H	I	J
1	訂單編號	用戶ID	產品品牌	產品名稱	數量	銷售額	訂單日期	用戶姓名	地區	註冊日期
2	O0001	C020	Sony	Sony Xperia 5 V	3	4968	2023/8/17	陳文洋	台南	2021/10/11
3	O0002	C016	Apple	iPhone 15	5	2628	2023/4/8	林文芳	高雄	2020/1/23
4	O0003	C004	Oneplus	Oneplus 11	1	4805	2023/11/8	陳偉洋	台北	2022/5/25
5	O0004	C020	Google	Google Pixel 8	4	1258	2023/7/21	陳文洋	台南	2021/10/11
6	O0005	C001	Sony	Sony Xperia 1 V	1	1134	2023/10/31	楊俊磊	高雄	2020/6/2
7	O0006	C012	Oneplus	Oneplus 11	3	2347	2023/2/24	張宏峰	台中	2020/1/29
8	O0007	C015	Sony	Sony Xperia 1 V	1	4949	2023/1/11	陳建俊	高雄	2021/5/20
9	O0008	C001	Sony	Sony Xperia 1 V	1	1583	2023/3/16	楊俊磊	高雄	2020/6/2
10	O0009	C016	Sony	Sony Xperia 5 V	5	4513	2023/6/23	林文芳	高雄	2020/1/23
11	O0010	C014	Oneplus	Oneplus 11	2	1575	2023/2/3	劉偉偉	台南	2021/11/29
12	O0011	C018	Google	Google Pixel 8	4	3317	2023/6/8	李俊磊	台中	2021/8/2
13	O0012	C005	Sony	Sony Xperia 1 V	3	4540	2023/10/25	王佳峰	台南	2021/6/10

▶▶ 步驟 2 | ChatGPT 生成互動式儀表板

使用 4-1 訂單與用戶資料 .xlsx

透過 ChatGPT，你可以快速建立互動式數據儀表板，即時呈現關鍵指標！如果忘記怎麼建立，可以回到第 3-3 小節學習～

互動式銷售績效儀錶板

選擇檔案　訂單與用戶資料_分析.xlsx

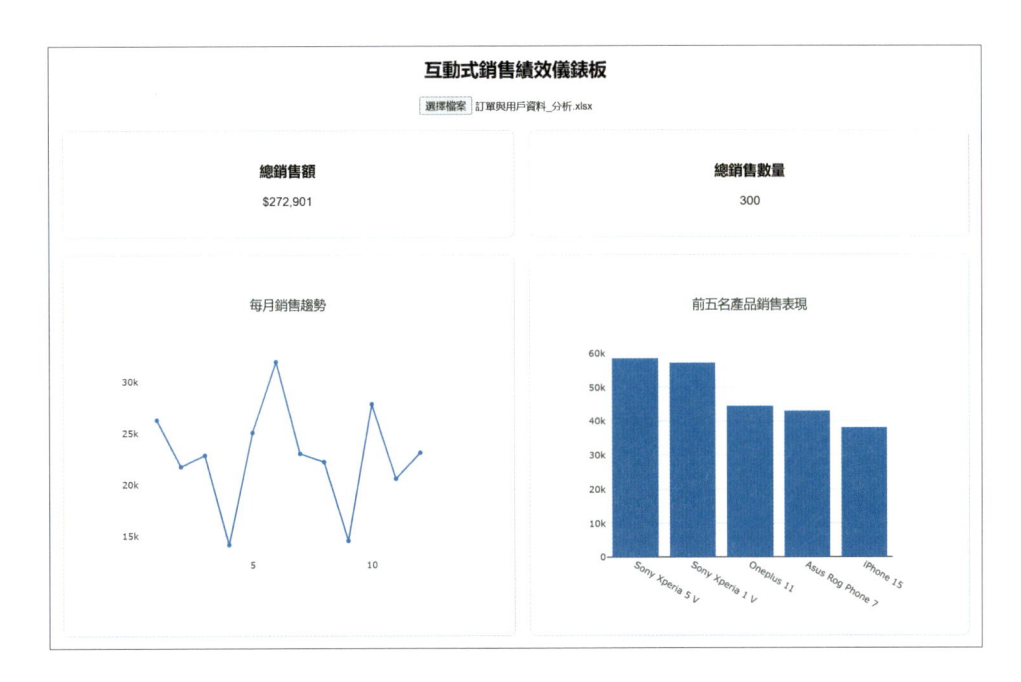

總銷售額
$272,901

總銷售數量
300

每月銷售趨勢

前五名產品銷售表現

▶▶ 步驟 3 ｜ ChatGPT + MassiveMark + Gamma 自動產出報告簡報

使用 4-1 訂單與用戶資料 .xlsx

生成 Word 報告

輸入以下指令給 ChatGPT：

> 「協助分析 Excel 檔案的數據，生成摘要和視覺化圖表，並使用我提供的字型來呈現圖表內容。然後，制定隔年的用戶銷售策略，最後整理成一份 Markdown 格式的銷售分析報告。」

以下為它整理的結果：

我會先分析 Excel 檔案中的數據，提取關鍵指標，然後使用您提供的字型來生成視覺化圖表，最後制定隔年的用戶銷售策略，並整理成 Markdown 格式的銷售分析報告。讓我先檢視 Excel 檔案的內容。

數據集包含以下欄位：

- **訂單編號**：每筆訂單的唯一識別碼
- **用戶ID**：用戶的唯一標識
- **產品**：訂購的產品名稱
- **數量**：購買的數量
- **銷售額**：訂單的總銷售額

讓我來生成這些圖表。[>_]

各地區銷售額比較

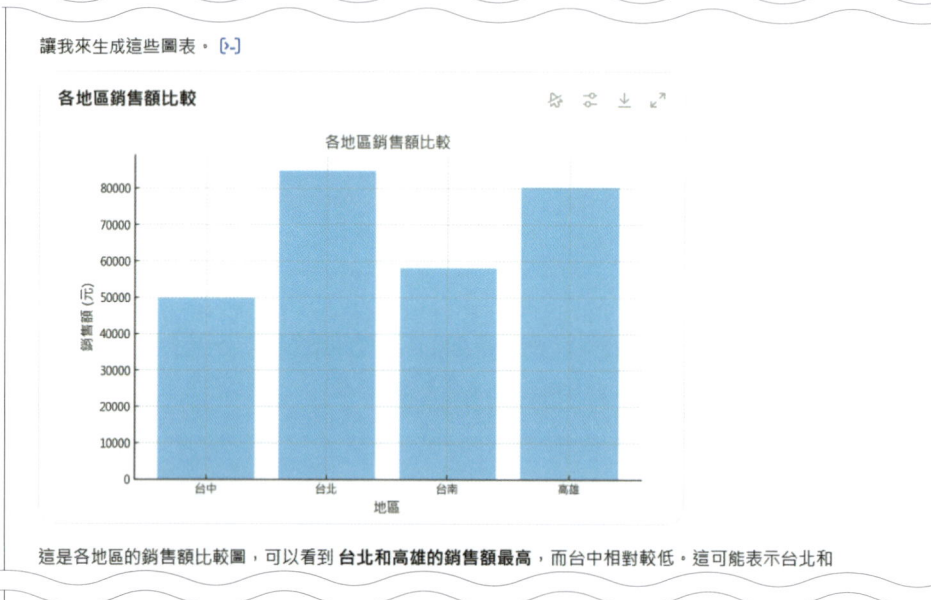

這是各地區的銷售額比較圖，可以看到**台北和高雄的銷售額最高**，而台中相對較低。這可能表示台北和

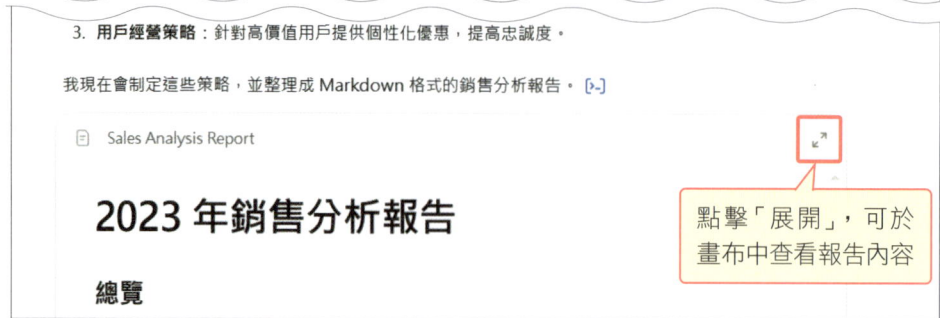

3. **用戶經營策略**：針對高價值用戶提供個性化優惠，提高忠誠度。

我現在會制定這些策略，並整理成 Markdown 格式的銷售分析報告。[>_]

Sales Analysis Report

2023 年銷售分析報告

總覽

> 點擊「展開」，可於畫布中查看報告內容

接下來是關鍵的一步，如果你直接複製內容並貼到 Word，你僅會得到一個只有「內文」樣式的報告。

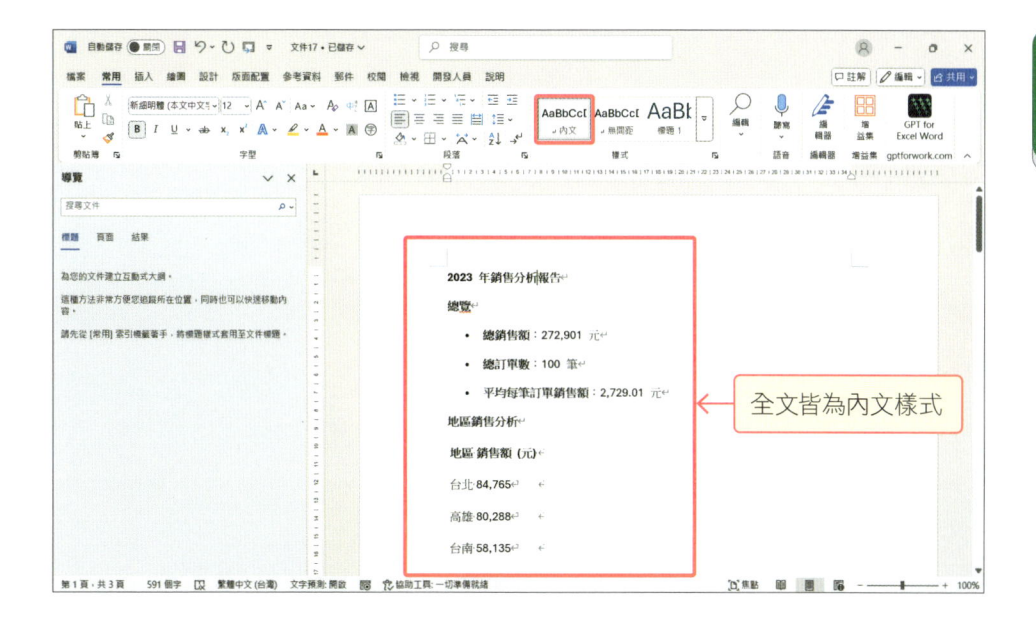

但如果你希望保留報告的標題層級 (標題 1、標題 2、標題 3…，如下圖)。首先，你必須透過**點擊複製按鈕**取得報告內容，此時複製到的文字是**「Markdown 格式」的資料**。

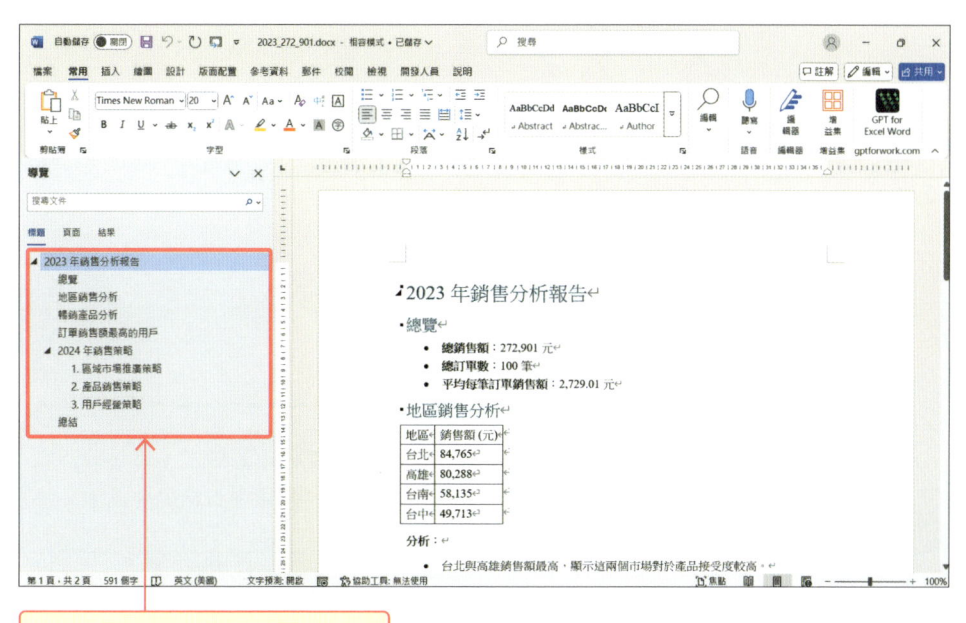

（一般對話中的複製按鈕）

（畫布中的複製按鈕）

> **小精靈**：什麼是 Markdown 格式？Markdown 是一種輕量級標記語言 (lightweight markup language)，也就是簡單、結構化的格式，能讓報告結構更清晰。

接著，透過一個**免費的線上轉換工具——MassiveMark**，自動產生有大綱層級的 Word 文件，減少手動編輯的時間。

4-8

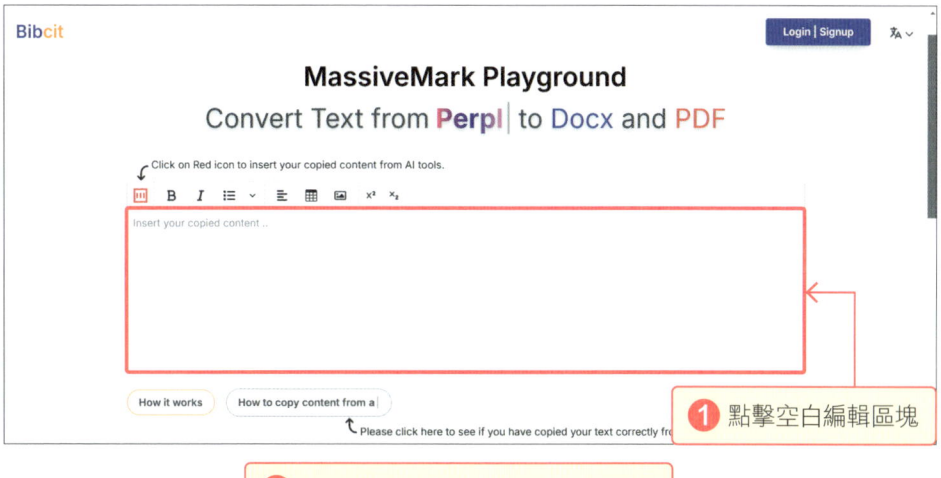

① 點擊空白編輯區塊

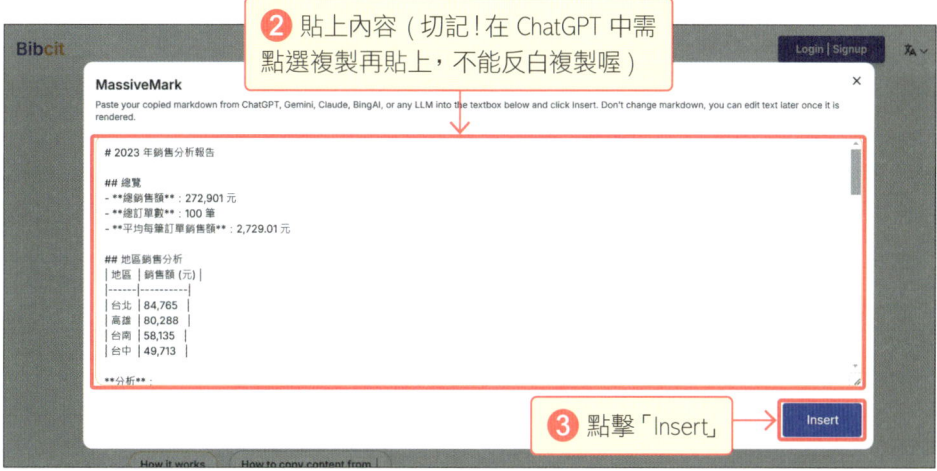

② 貼上內容（切記！在 ChatGPT 中需點選複製再貼上，不能反白複製喔）

③ 點擊「Insert」

就得到有大綱樣式的內容啦

④ 點擊「Download」

4-9

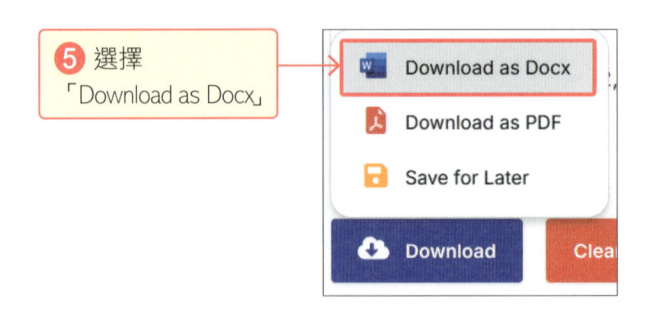

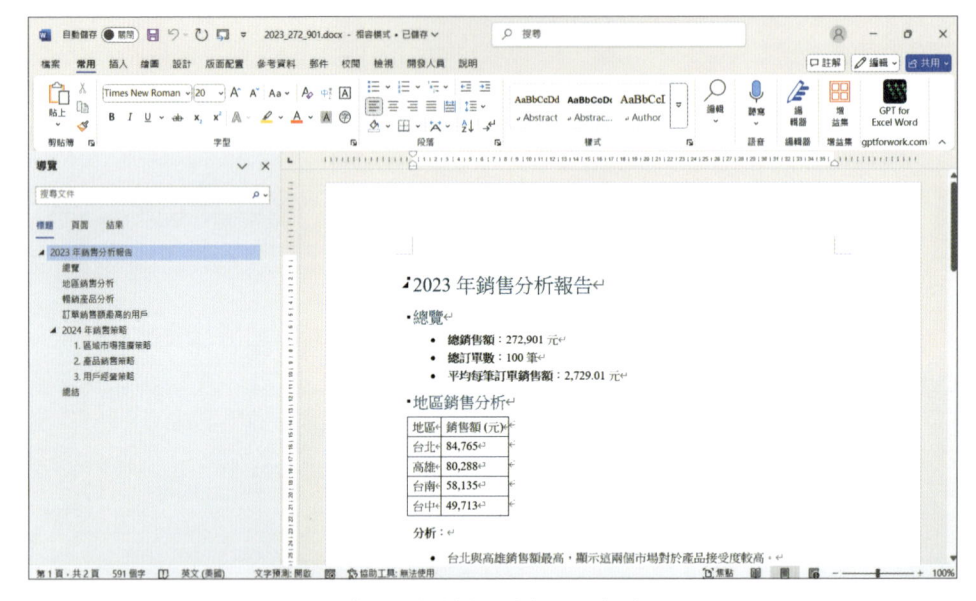

❺ 選擇「Download as Docx」

▲ 獲得一份銷售分析 Word 報告了

最後，再將之前生成的圖表，下載成圖檔、添加到 Word 文件，一份銷售分析報告就完成啦！

> 小精靈
>
> AI 生成 Word 報告的優勢：
> - 一鍵輸出完整分析，包含數據摘要、趨勢分析、視覺化圖表
> - 提供具體的商業策略，協助決策者擬定行動方案
> - 快速下載報告，減少手動整理時間

生成 Gamma / PPT 簡報

「除了 Word 報告外，AI 也能生成簡報嗎？」只要準備好報告後，可以將報告內容直接丟給 AI 簡報生成神器——Gamma。不到幾秒鐘的時間，簡報就完成了，而且還非常有設計感！要再進一步編輯也沒問題。來看看如何操作吧！

免費註冊完 Gamma 後，從首頁開始建立 AI 簡報。

❶ 點擊「新建 AI」

❷ 點擊「匯入檔案或網址」（也可點擊「貼上文字」）

❸ 點擊「上傳檔案」，並上傳剛剛建立的 Word 檔案

④ 選擇「簡報內容」

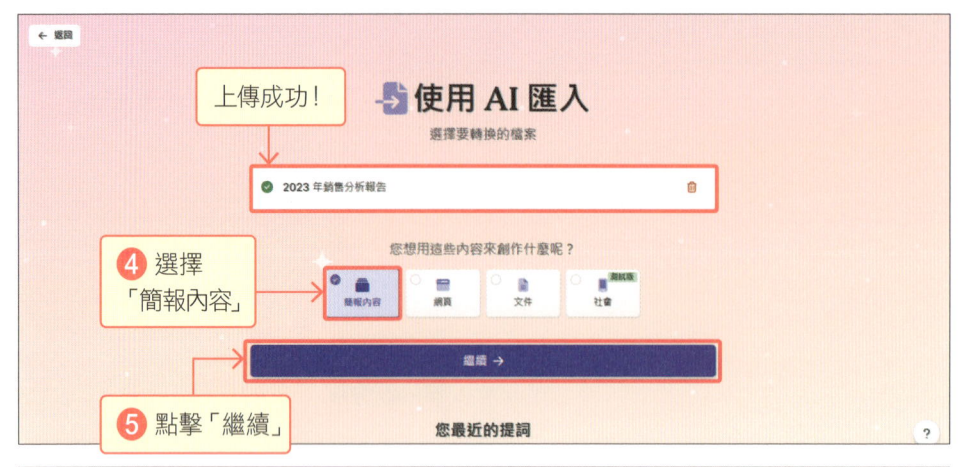

⑤ 點擊「繼續」

上傳成功！

⑦ 點擊「繼續」

⑥ 將卡片數調整至 10 張（免費版一次最多可生成 10 張卡片）

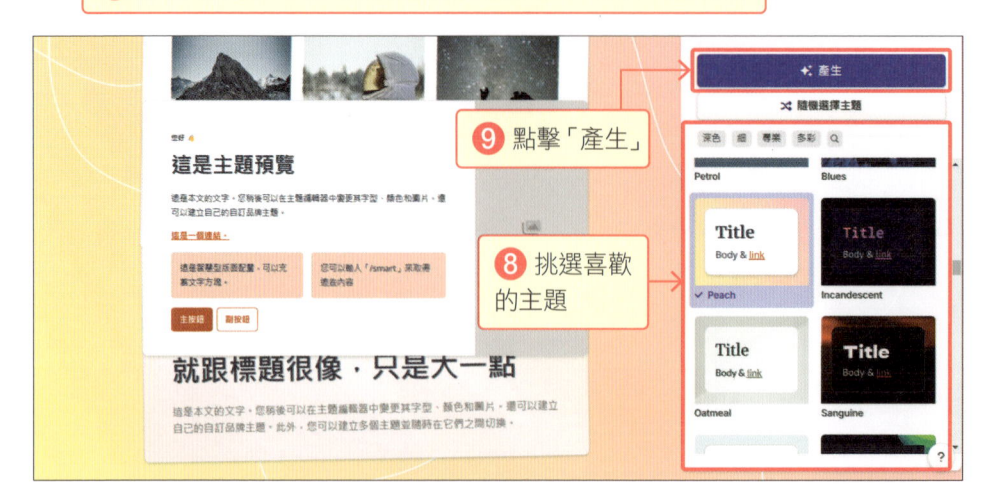

⑨ 點擊「產生」

⑧ 挑選喜歡的主題

4-12

▲ 一份銷售分析簡報就完成啦!(也太美了吧!)

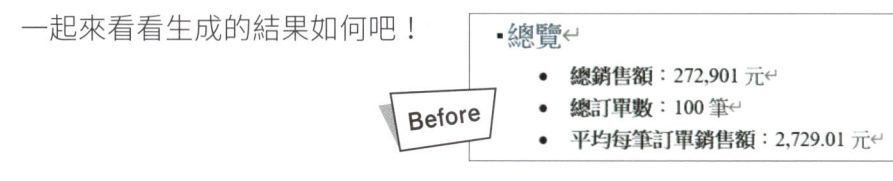

一起來看看生成的結果如何吧！

Before

■ 總覽
- 總銷售額：272,901 元
- 總訂單數：100 筆
- 平均每筆訂單銷售額：2,729.01 元

▲ 條列式的數據摘要

After

總覽

272901　　　100　　　2729
總銷售額　　總訂單數　　平均訂單銷售額
元　　　　　筆　　　　　元

▲ 自動改以卡片式呈現

4-13

Before

- 暢銷產品分析

產品	銷售額(元)
Sony Xperia 5 V	58,512
Sony Xperia 1 V	57,197
Oneplus 11	44,509
Asus Rog Phone 7	43,076
iPhone 15	38,098

◀ 表格式的產品分析

▼ 自動轉成圖表形式

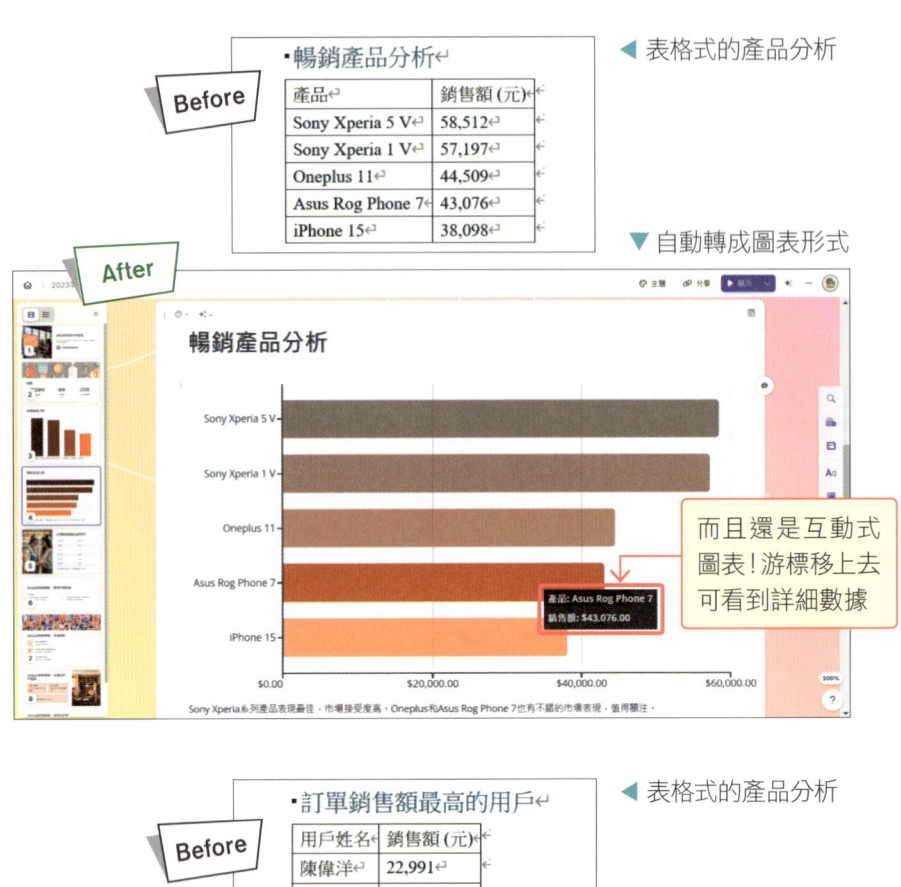

After

而且還是互動式圖表！游標移上去可看到詳細數據

Before

- 訂單銷售額最高的用戶

用戶姓名	銷售額(元)
陳偉洋	22,991
林文芳	22,195
吳文峰	20,089
楊志敏	19,988
楊俊磊	18,185

◀ 表格式的產品分析

▼ 美化過的表格樣式

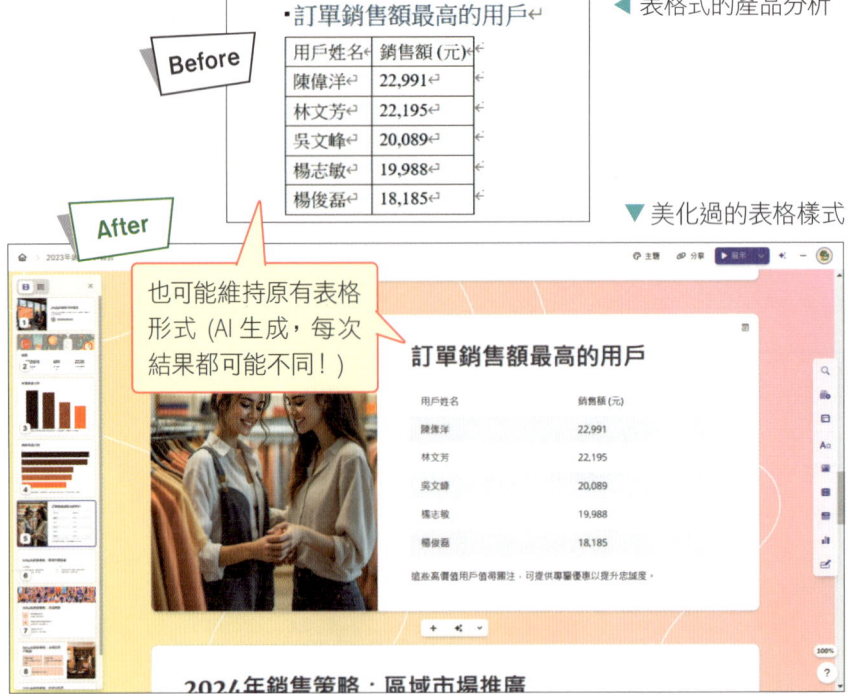

After

也可能維持原有表格形式 (AI 生成，每次結果都可能不同！)

4-14

版面配置十分豐富，還有 AI 自動生成的圖片，讓畫面不呆版！

若想展示簡報，點擊右上角的「展示」按鈕即可。

點擊「展示」

4-15

▶ 進入簡報模式

Gamma 簡報也能下載成 PowerPoint 檔案，十分方便！

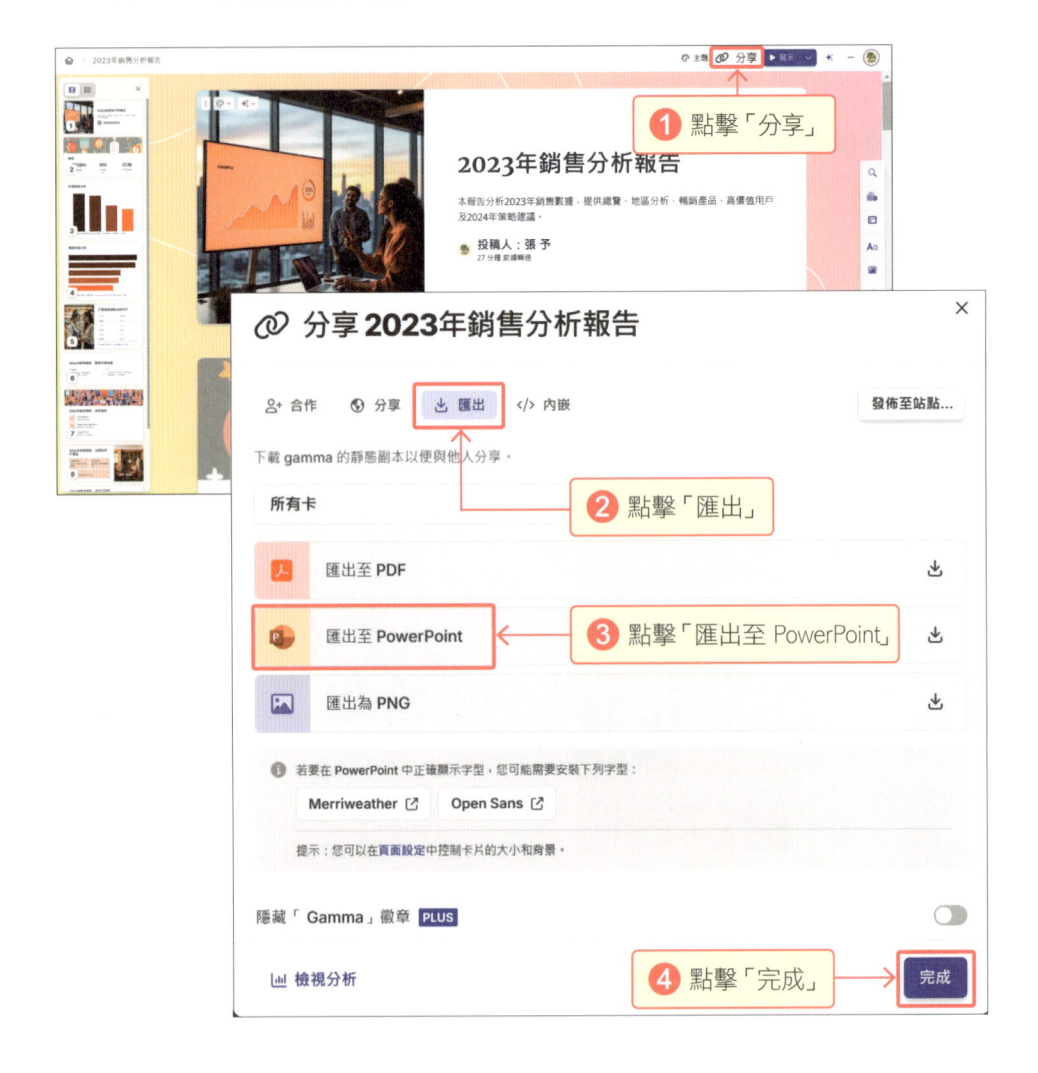

4-16

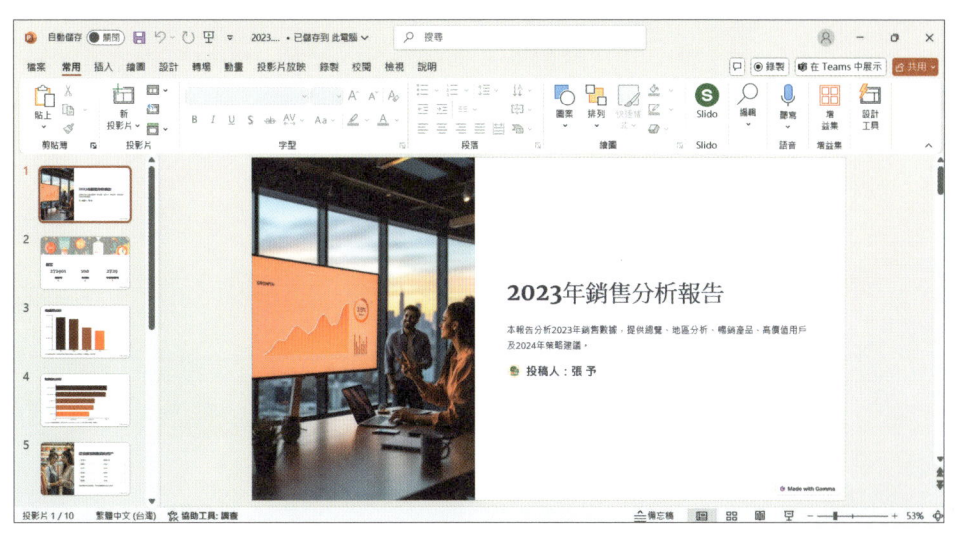

▲ 獲得一份銷售分析 PowerPoint 簡報了

　　Gamma 是一款免費註冊即可使用的線上簡報工具，並且提供**中文介面**，讓使用者能輕鬆上手。使用 **AI 生成簡報時會消耗點數**，但新用戶註冊後可獲得**免費試用點數**，讓你能直接體驗 AI 簡報的強大功能。**免費版限制每次生成最多 10 張簡報卡片**，但仍可手動新增與編輯內容。若對 AI 生成的內容或設計不滿意，可自由調整版面配置、圖片、圖表等。如果你還沒試過 Gamma，強烈推薦你體驗看看！這麼方便的 AI 簡報工具，真的不能只有我知道啊！

> 透過 AI + Excel 組合技，你可以完整體驗：
> - 數據整理 → AI 自動清理與填補缺失值
> - 數據分析 → 建立互動式儀表板，讓決策更直觀
> - 報告產出 → AI 自動生成報告與簡報，快速提案

　　AI 讓數據分析更高效、更精準，現在就開始應用，提升你的職場競爭力吧！

4-2 AI 輔助工作流程自動化 (Power Automate)：建立高效庫存管理系統

使用 4-2 庫存管理系統.xlsm

想像你要建立一個智慧化的庫存管理系統，該如何設計讓管理更簡單、更直覺？

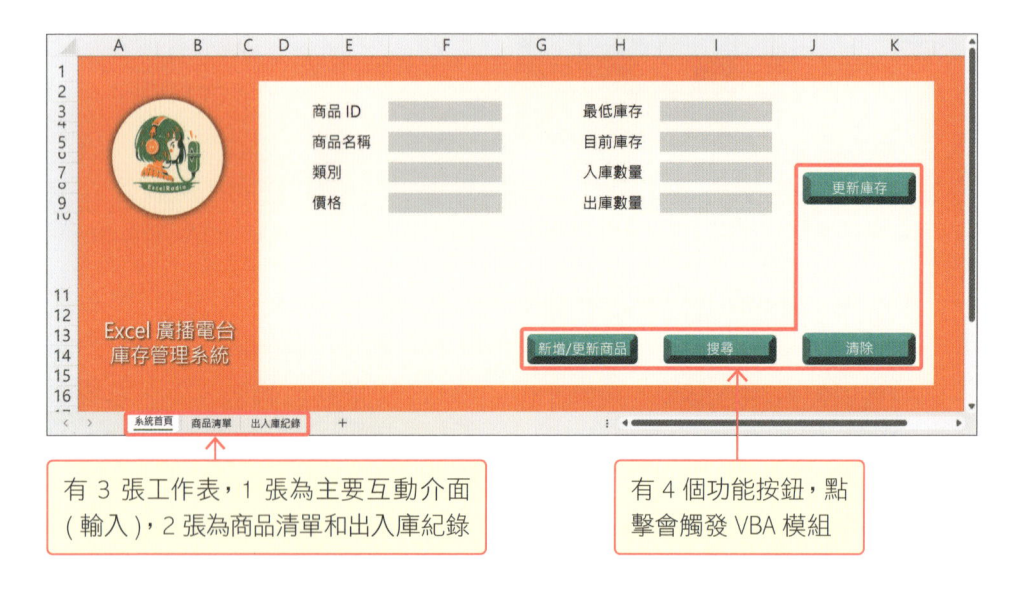

有 3 張工作表，1 張為主要互動介面（輸入），2 張為商品清單和出入庫紀錄

有 4 個功能按鈕，點擊會觸發 VBA 模組

透過 AI 自動化，讓系統幫你處理繁瑣的庫存管理工作！以下是你的系統應具備的六大核心功能：

1. **商品資訊管理**：所有新增、更新的商品資訊會立即存入「商品清單」。
2. **快速查詢商品資訊**：根據商品 ID，即時從「商品清單」提取資訊，並填入對應欄位。
3. **入庫、出庫管理**：更新入庫、出庫數量時，自動更新「商品清單」的庫存數量，並將變動記錄到「出入庫紀錄」。
4. **庫存警示**：當商品庫存低於安全庫存值，系統會觸發即時彈跳視窗警告。

5. **一鍵清除欄位內容**：點擊按鈕即可一鍵清除所有欄位內容，方便進行下個商品的操作。
6. **雲端自動提醒補貨**：結合 Microsoft Power Automate，自動檢查「商品清單」中是否有商品低於最低庫存，若有，則每日定時寄送 Email 通知補貨負責人，降低遺漏風險。

接下來，來看看如何靠 AI 的輔助，打造出**解放雙手的自動化系統**吧！

▶▶ 步驟 1 | 設計 Excel 架構

首先，需要確保 Excel 檔案有合適的工作表，用來儲存與管理庫存數據。以這個案例來說，會需要三張工作表，分別為：**商品清單** (儲存所有商品的基本資訊)、**出入庫紀錄** (記錄庫存異動)、**系統首頁** (用來進行商品資訊查詢、更新)。

商品清單 (儲存所有商品的基本資訊)

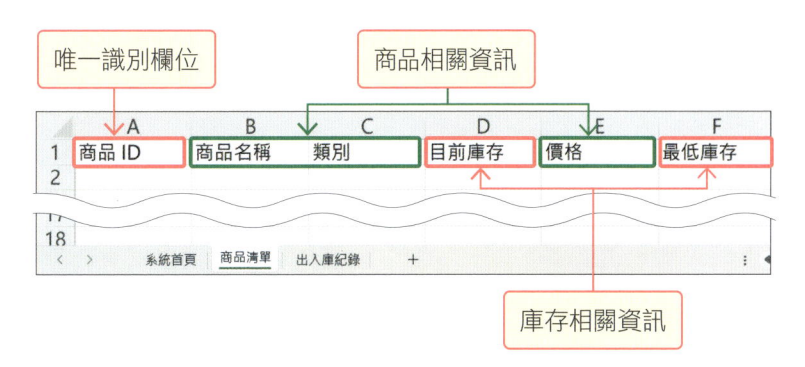

	A	B	C	D	E	F
1	商品 ID	商品名稱	類別	目前庫存	價格	最低庫存

- A：唯一識別欄位
- B、C：商品相關資訊
- D、F：庫存相關資訊

工作表：系統首頁、商品清單、出入庫紀錄

出入庫紀錄 (記錄庫存異動)

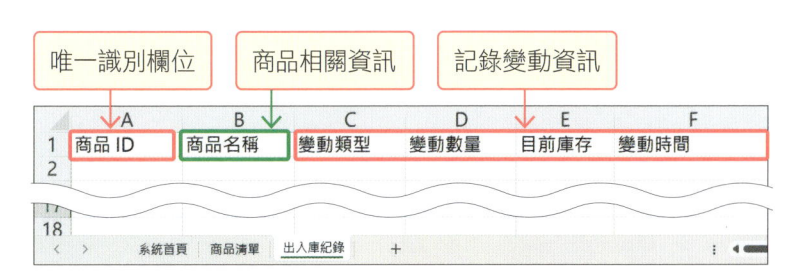

	A	B	C	D	E	F
1	商品 ID	商品名稱	變動類型	變動數量	目前庫存	變動時間

- A：唯一識別欄位
- B：商品相關資訊
- C、D、E、F：記錄變動資訊

工作表：系統首頁、商品清單、出入庫紀錄

系統首頁：用來進行商品資訊查詢、更新

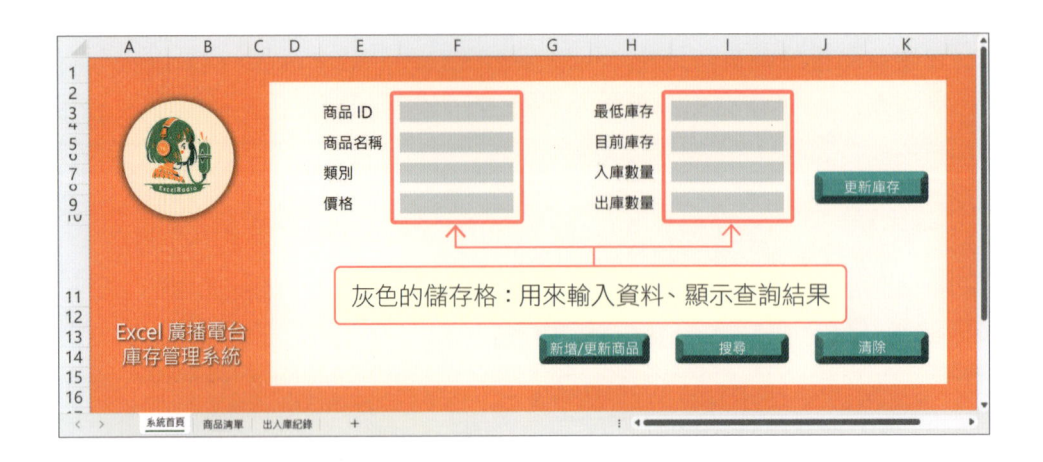

![系統首頁介面示意圖，包含商品ID、商品名稱、類別、價格、最低庫存、目前庫存、入庫數量、出庫數量等欄位，以及更新庫存、新增/更新商品、搜尋、清除等按鈕。灰色的儲存格：用來輸入資料、顯示查詢結果]

▶▶ 步驟 2 ｜ 定義功能需求

這個系統想要有什麼樣的功能？

1. 商品資訊管理
2. 快速查詢商品資訊
3. 入庫、出庫管理
4. 庫存警示
5. 一鍵清除欄位內容
6. 雲端自動提醒補貨

▶▶ 步驟 3 ｜ 請 ChatGPT 寫 VBA

請 ChatGPT 寫 VBA 的指令，可以參考以下設計邏輯：

1. 明確列出「有哪些功能」、「在哪些工作表操作」、「哪些欄位存放數據」。
2. 確保所有命名都和你的檔案一致，包含工作表名稱、欄位名稱，多或少一個空格都會造成錯誤。
3. 預先告訴 ChatGPT「錯誤處理機制」，不要等到發生了才去除錯，例如：「找不到商品時的錯誤訊息」。

請 ChatGPT 寫 VBA 程式碼

輸入以下指令給 ChatGPT：

請幫我寫一組 Excel VBA 程式碼，建立一個「庫存管理系統」，包含以下功能：

1. 新增或更新商品資訊

- 商品資訊儲存在「商品清單」工作表，包含商品 ID (A 欄)、商品名稱 (B 欄)、類別 (C 欄)、目前庫存 (D 欄)、價格 (E 欄)、最低庫存 (F 欄)。

- 使用者在「系統首頁」工作表輸入商品 ID (儲存格 F3)、商品名稱 (F5)、類別 (F7)、價格 (F9)、最低庫存 (I3)、目前庫存 (I5) 後，執行 VBA，若該商品 ID 已存在，則更新其輸入資料的欄位。若該商品 ID 不存在，則將該商品新增至「商品清單」工作表的最後一列。

2. 查詢商品資訊

- 使用者在「系統首頁」工作表輸入商品 ID (F3) 後執行 VBA，VBA 會搜尋「商品清單」的商品 ID (A 欄)，找到對應商品時，將商品名稱 (B 欄)、類別 (C 欄)、目前庫存 (D 欄)、價格 (E 欄)、最低庫存 (F 欄) 填入「系統首頁」工作表的對應欄位：商品名稱 (F5)、類別 (F7)、價格 (F9)、最低庫存 (I3)、目前庫存 (I5)。

- 若找不到對應的商品 ID，彈出 MsgBox 提示「未找到該商品」。

3. 記錄出、入庫數量

- 使用者在「系統首頁」工作表輸入商品 ID (F3)、入庫數量 (I7)、出庫數量 (I9) 後，VBA 會搜尋「商品清單」的商品 ID (A 欄)，變更目前庫存 (D 欄)，入庫則增加目前庫存的數量，出庫則減少目前庫存的數量。

- 接著記錄庫存變動，在「出入庫紀錄」工作表新增一筆紀錄，包含商品 ID (A 欄)、商品名稱 (B 欄)、變動類型 (C 欄)、變動數量 (D 欄)、目前庫存 (E 欄)、變動時間 (F 欄)。

NEXT

Q&A

4. 庫存警示

使用者輸入的出庫數量，會造成目前庫存低於最低庫存時，自動跳出 MsgBox 警示，提醒補貨。

5. 一鍵清除欄位內容

使用者執行 VBA 後，「系統首頁」工作表的商品 ID (F3)、商品名稱 (F5)、類別 (F7)、價格 (F9)、最低庫存 (I3)、目前庫存 (I5)、入庫數量 (I7)、出庫數量 (I9) 會被清除。

以下是完整的 **Excel VBA 程式碼**，可用於建立 **庫存管理系統**，包含 **新增/更新商品、查詢商品、紀錄庫存變動、庫存警示、清除欄位** 等功能。

步驟

1. 開啟Excel，按 `ALT + F11` 進入VBA編輯器
2. 插入一個模組 (`Module`)
3. 將以下VBA代碼貼上並儲存
4. 可在Excel內建立「系統首頁」、「商品清單」、「出入庫紀錄」三個工作表
5. 在「系統首頁」設計好對應欄位 (例如 `F3` 為商品ID)

① 點擊「複製」

完整VBA程式碼

```vba
Option Explicit

' === 新增或更新商品資訊 ===
Sub AddOrUpdateProduct()
    Dim ws As Worksheet
    Dim lastRow As Long
```

功能說明

- `AddOrUpdateProduct()` 新增/更新商品資訊
- `SearchProduct()` 查詢商品
- `UpdateStock()` 更新庫存並記錄出入庫變動
- `ClearFields()` 清除輸入欄位

ChatGPT 設計了 4 個模組，這些就是模組名稱

- 低於最低庫存會警示

這套 **Excel VBA 庫存管理系統** 可直接使用！

在 Excel 插入模組

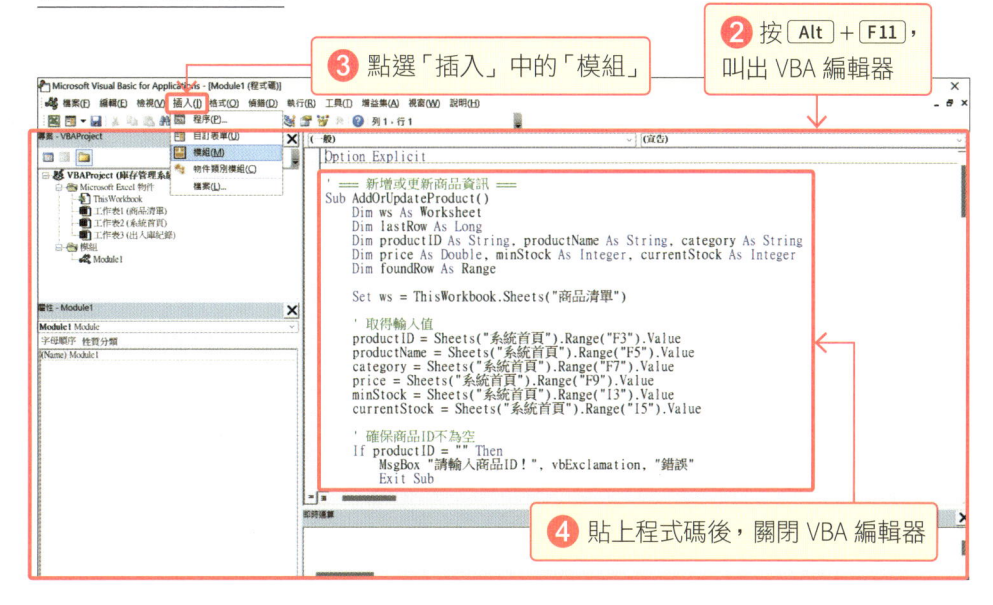

❷ 按 Alt + F11，叫出 VBA 編輯器

❸ 點選「插入」中的「模組」

❹ 貼上程式碼後，關閉 VBA 編輯器

將巨集指定到圖案

為了把 Excel 設計的更像一個互動網頁，插入圖案後並指定巨集到圖案。如此一來，點擊圖案就能看到 VBA 執行結果。

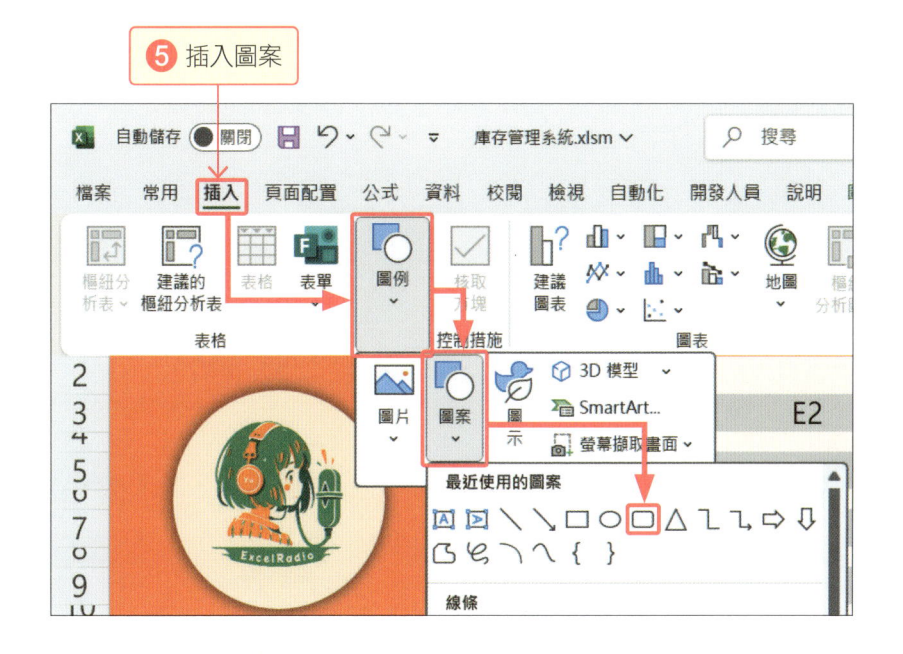

❺ 插入圖案

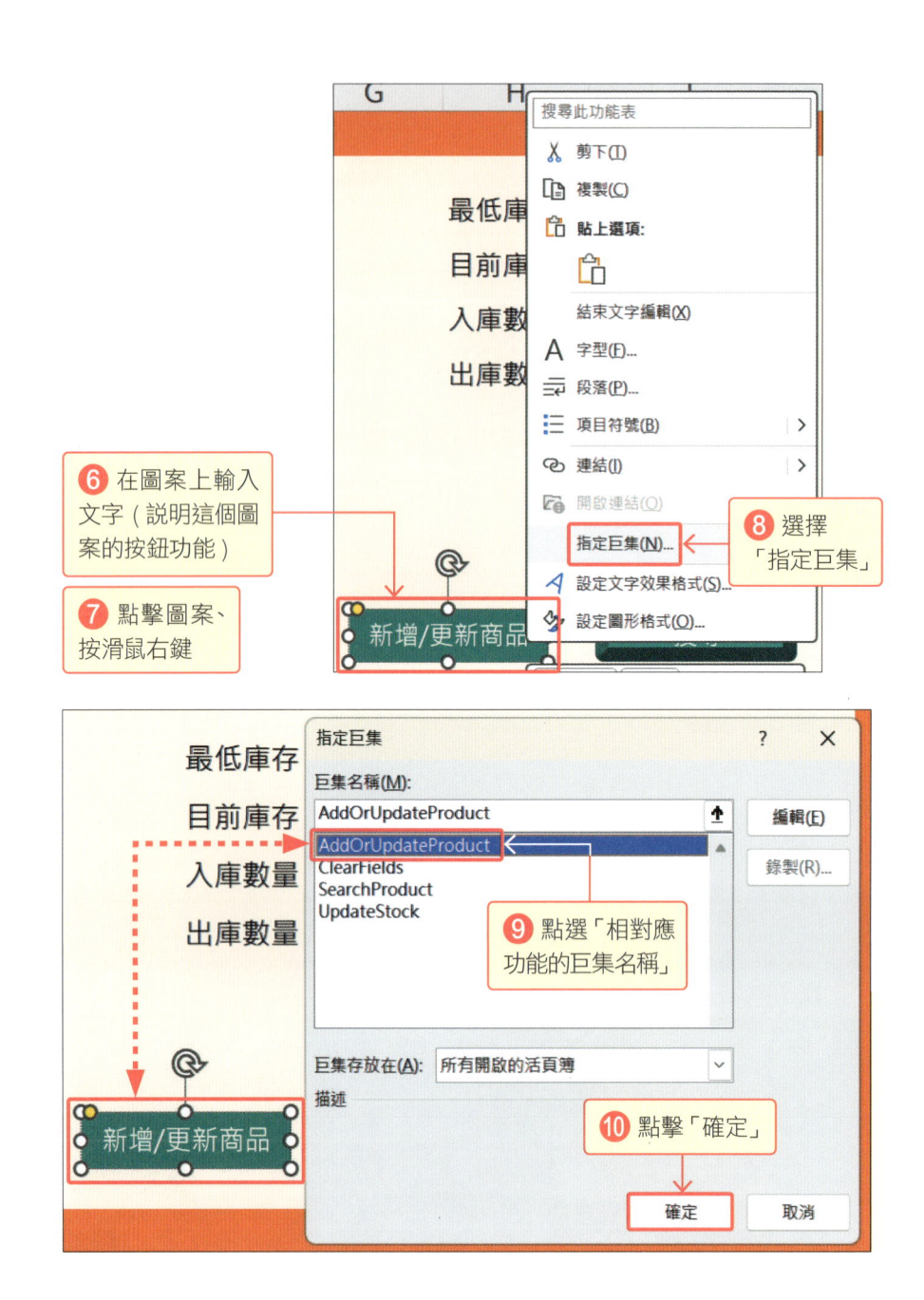

❻ 在圖案上輸入文字（說明這個圖案的按鈕功能）

❼ 點擊圖案、按滑鼠右鍵

❽ 選擇「指定巨集」

❾ 點選「相對應功能的巨集名稱」

❿ 點擊「確定」

接著重複以上操作，將其餘巨集指定到對應的圖案。接下來，來看看成果吧！

▶ 4-24

▶▶ 步驟 **4** │ 測試核心功能

新增、更新商品資訊

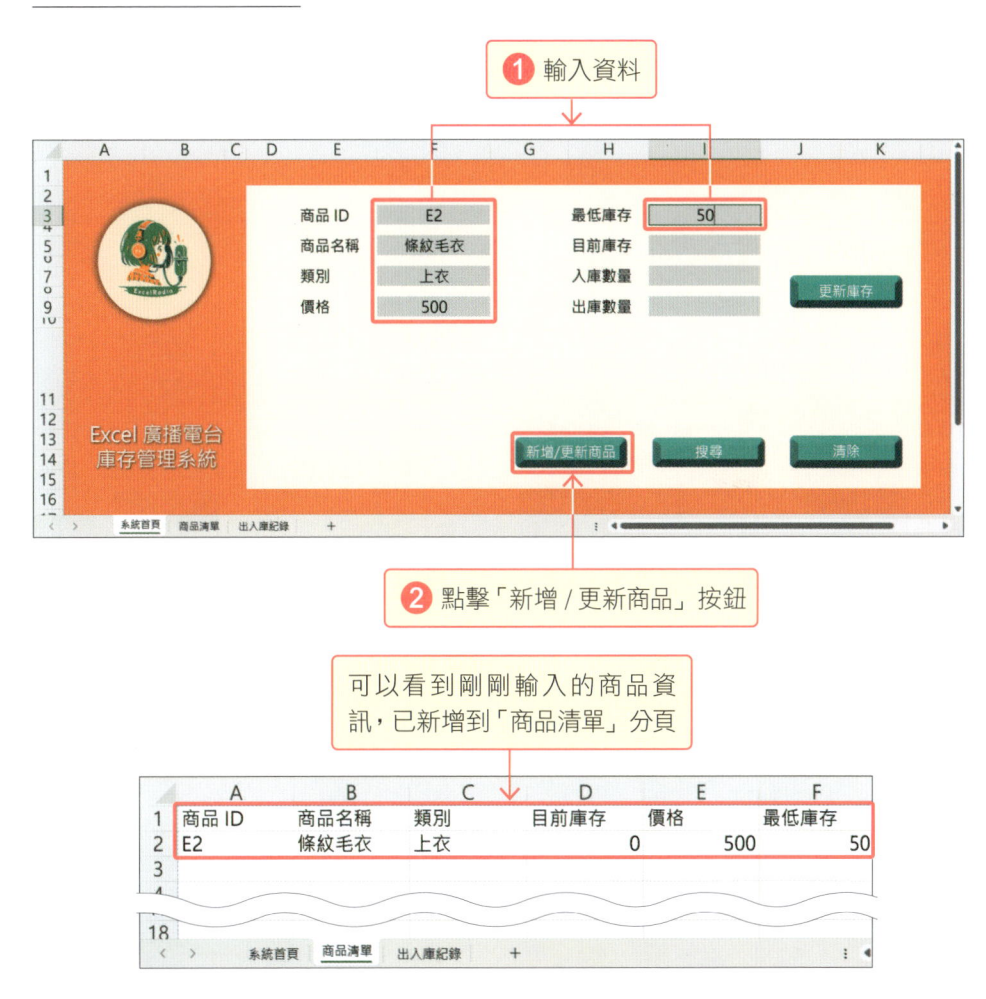

① 輸入資料

② 點擊「新增/更新商品」按鈕

可以看到剛剛輸入的商品資訊，已新增到「商品清單」分頁

　　若要編輯既有商品的資訊，例如價格調漲，只要使用查詢功能，先查閱既有資料，再填入新價格，並點擊「新增/更新商品」按鈕，即可成功更新。

查詢商品資訊

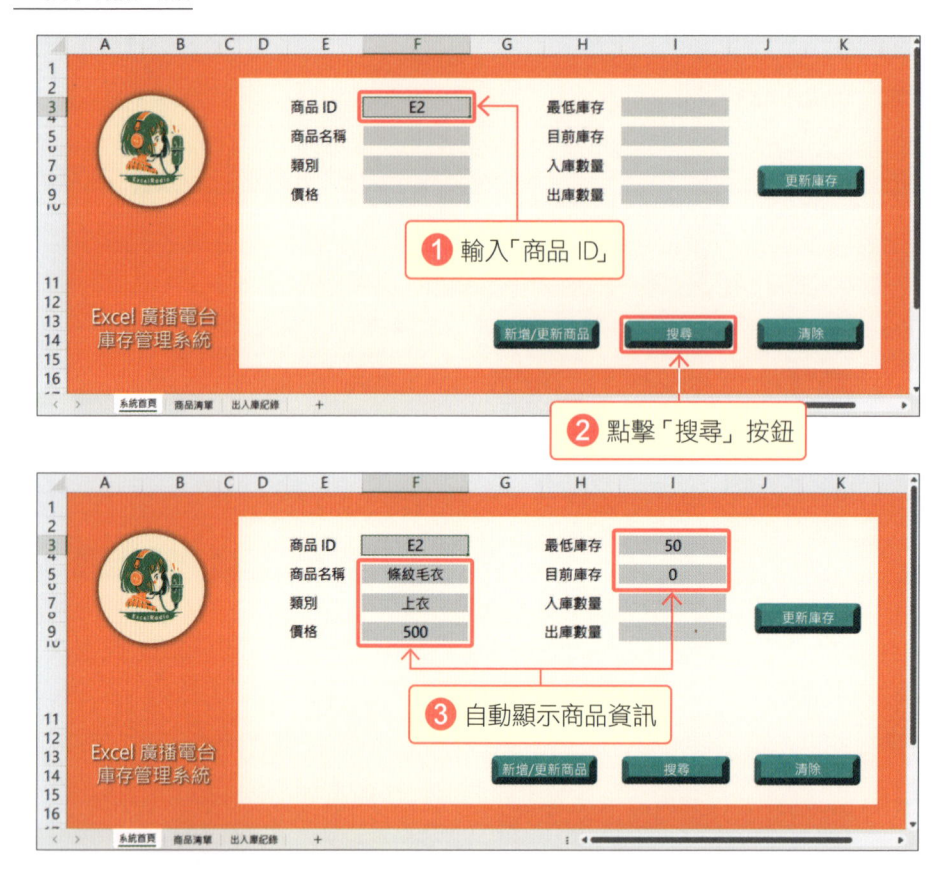

① 輸入「商品 ID」

② 點擊「搜尋」按鈕

③ 自動顯示商品資訊

記錄出、入庫數量

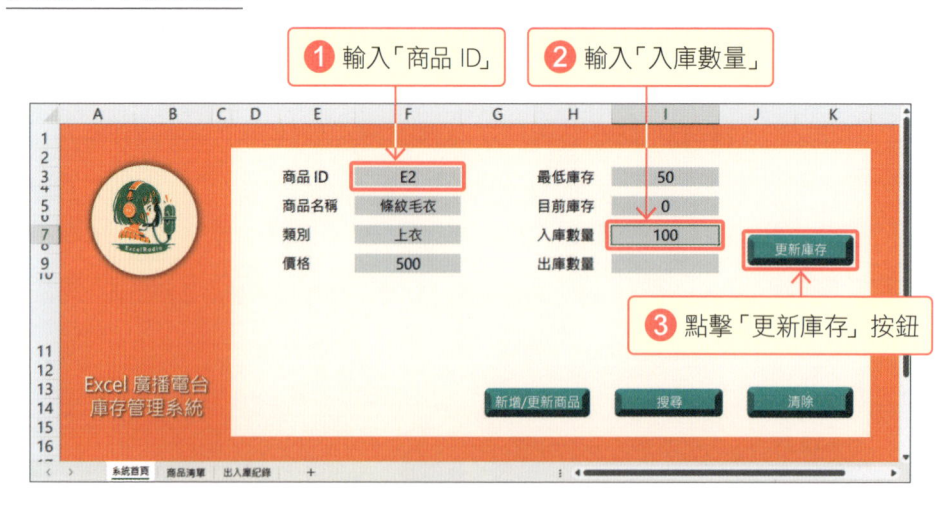

① 輸入「商品 ID」

② 輸入「入庫數量」

③ 點擊「更新庫存」按鈕

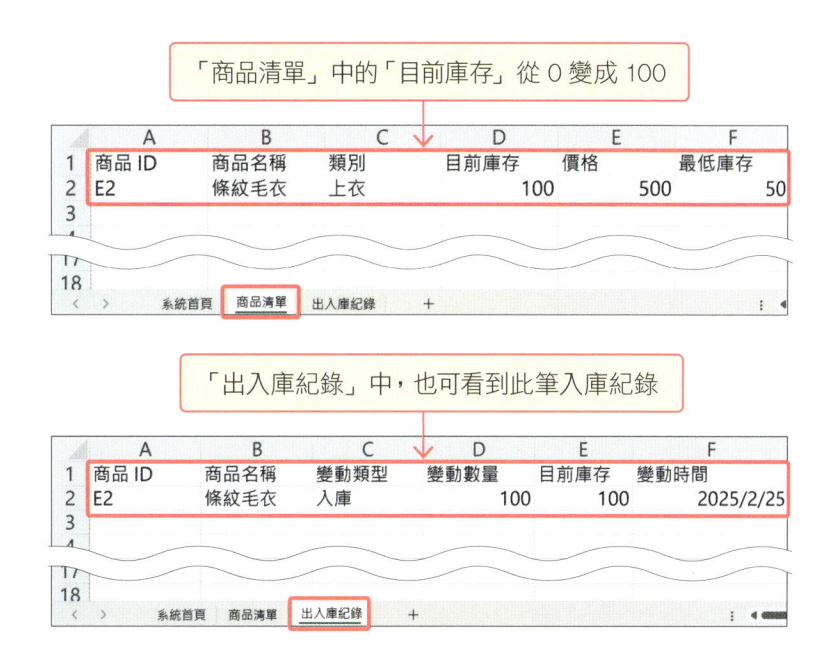

「商品清單」中的「目前庫存」從 0 變成 100

	A	B	C	D	E	F
1	商品ID	商品名稱	類別	目前庫存	價格	最低庫存
2	E2	條紋毛衣	上衣	100	500	50

系統首頁　**商品清單**　出入庫紀錄

「出入庫紀錄」中，也可看到此筆入庫紀錄

	A	B	C	D	E	F
1	商品ID	商品名稱	變動類型	變動數量	目前庫存	變動時間
2	E2	條紋毛衣	入庫	100	100	2025/2/25

系統首頁　商品清單　**出入庫紀錄**

庫存警示

假設現在目前庫存是 100，最低庫存是 50，如果設定出庫數量為 60，會發生什麼事呢？

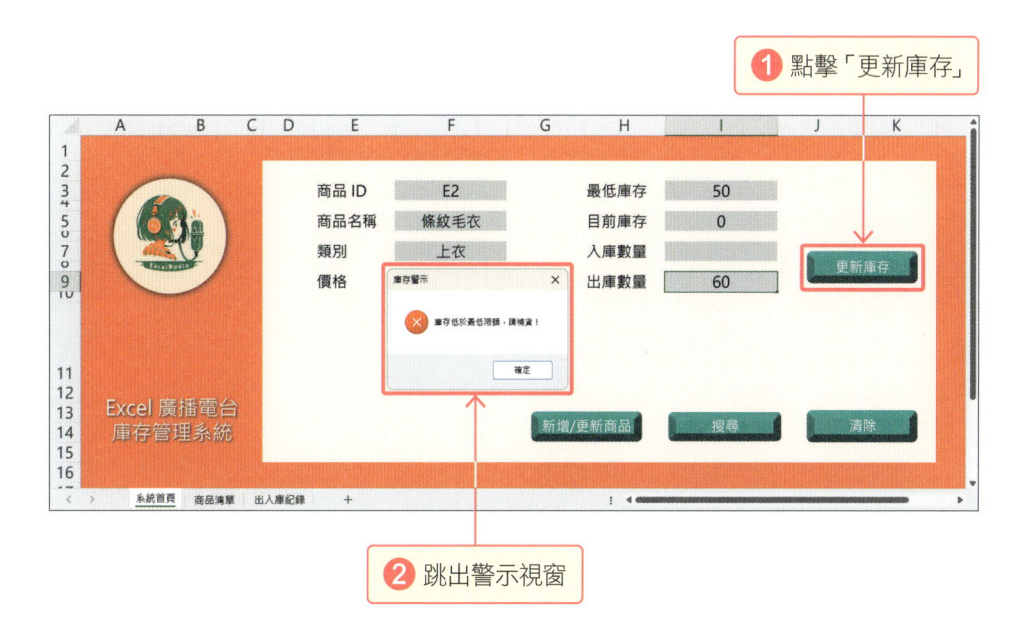

❶ 點擊「更新庫存」

商品ID：E2
商品名稱：條紋毛衣
類別：上衣
最低庫存：50
目前庫存：0
入庫數量：
出庫數量：60

庫存警示
庫存低於最低限額，請補貨！

Excel 廣播電台
庫存管理系統

新增/更新商品　搜尋　清除

❷ 跳出警示視窗

4-27

一鍵清除欄位內容

想清除現在顯示的欄位資料，重新輸入其他資料，只需要一鍵「清除」，超方便！

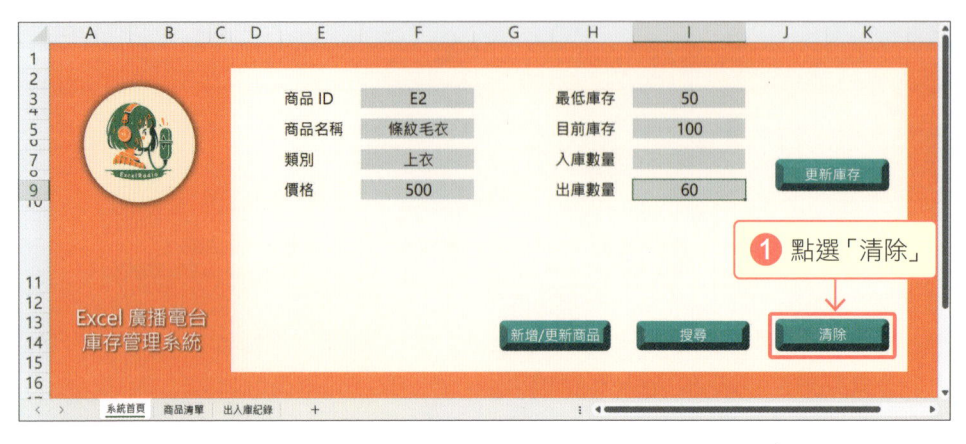

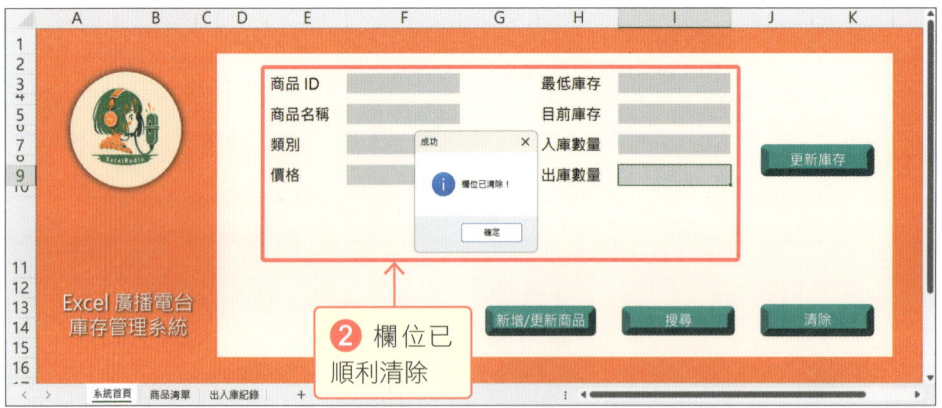

如果在測試的過程中遇到錯誤，請將錯誤的警示資訊、程式碼區段截圖，丟給 ChatGPT，請它協助修正。如此一來，你就完成了一個基礎版自動化庫存系統了！

十分神奇對吧？即使你不懂程式，也能與 AI 攜手打造。雖然要把指令描述清楚、精準，是需要點功夫的。但一旦設置完成，你的工作效率將從「步行」躍升到「飛行」，絕對值得投資！

▶▶ 步驟 5 ｜進階自動化！使用 Power Automate 寄送 Email 補貨提醒

使用 4-2 庫存管理系統 .xlsx

Power Automate 是 Microsoft 推出的一款「**自動化工作流程工具**」，就像是一個不用寫程式的小幫手，幫你把重複的工作自動化。它可以做到**自動寄信、自動抓 Excel 資料、自動爬取網頁資料**，甚至還能**跨系統幫你串接資料**！在 ▶▶ 步驟 5 當中，我們要來學習如何運用 Power Automate 雲端流程，建立一套每日定時檢查庫存並寄出 Email 補貨通知的機制。

將檔案上傳到 OneDrive

為了使用這個功能，首先必須要先將你的 Excel 檔案上傳到 OneDrive，OneDrive 是 Microsoft 雲端服務，方便隨時隨地存取檔案，這樣才能讓 Power Automate 在雲端上抓到資料，並根據你的庫存狀況，自動發送 Email。

▲ OneDrive

將資料表轉成表格

將包含庫存狀況的資料**轉換成表格**，且將表格命名為「商品清單表格」。將表格重新命名並非必要步驟，但這能幫助你在稍後的設定中，更容易辨識所需的資料表格。

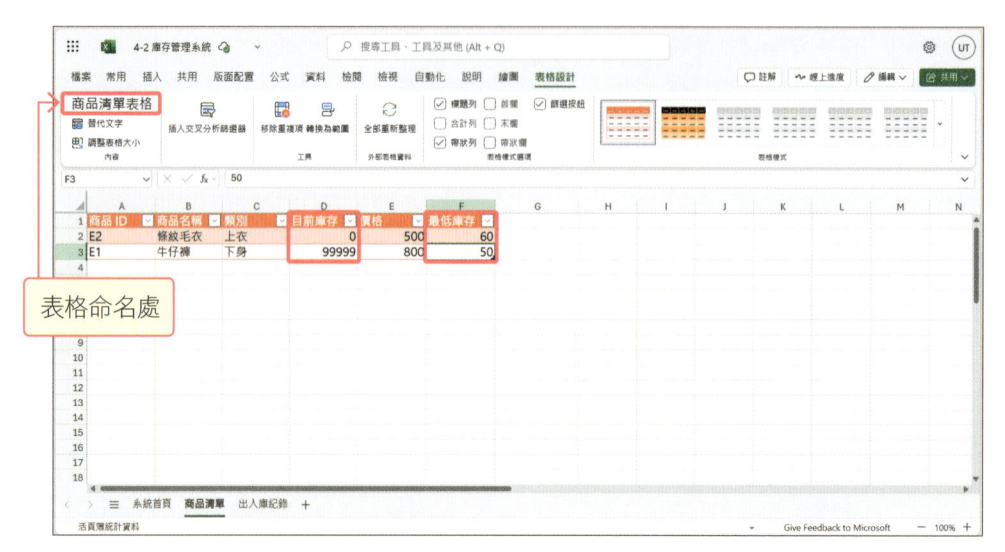

▲「目前庫存」和「最低庫存」將是用來判斷是否要補貨的關鍵欄位

在 Power Automate 建立「定時補貨提醒」流程

假設你期望建立一個自動化流程，每日早上九點執行庫存檢查，檢查「商品清單表格」中的資料列，當「目前庫存」低於「最低庫存」時，會使用 Gmail 發送補貨提醒給採購同事。若是畫成流程圖會長這樣：

每天 9 點執行 → 打開 Excel 表格 → 逐列檢查 → 找出要補貨的項目 → 寄出補貨提醒郵件

4-30

接著來看看如何在 Power Automate 裡面設定，其實設定方法跟上述的流程圖差不多，就是一步一步慢慢設定動作，先讓你看看成品長怎樣！

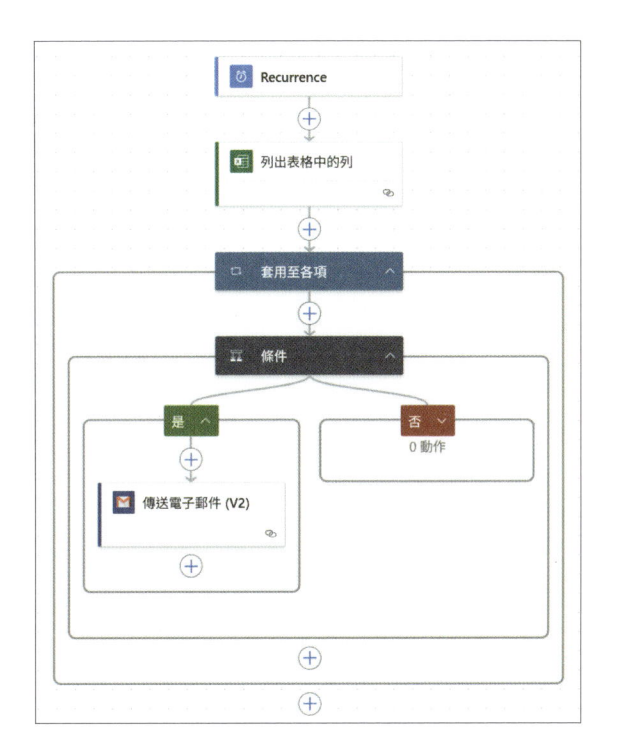

是不是長得跟前面的流程圖很像？在 Power Automate 裡面的每一個步驟設定，都能對應到人工執行的工作流程。

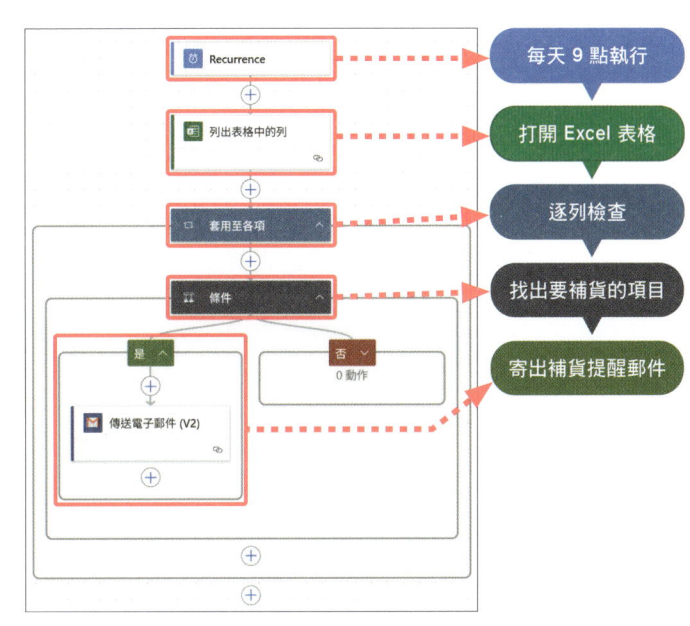

接著就讓我們一起來一步一步完成設定吧！

1. 每天 9 點執行

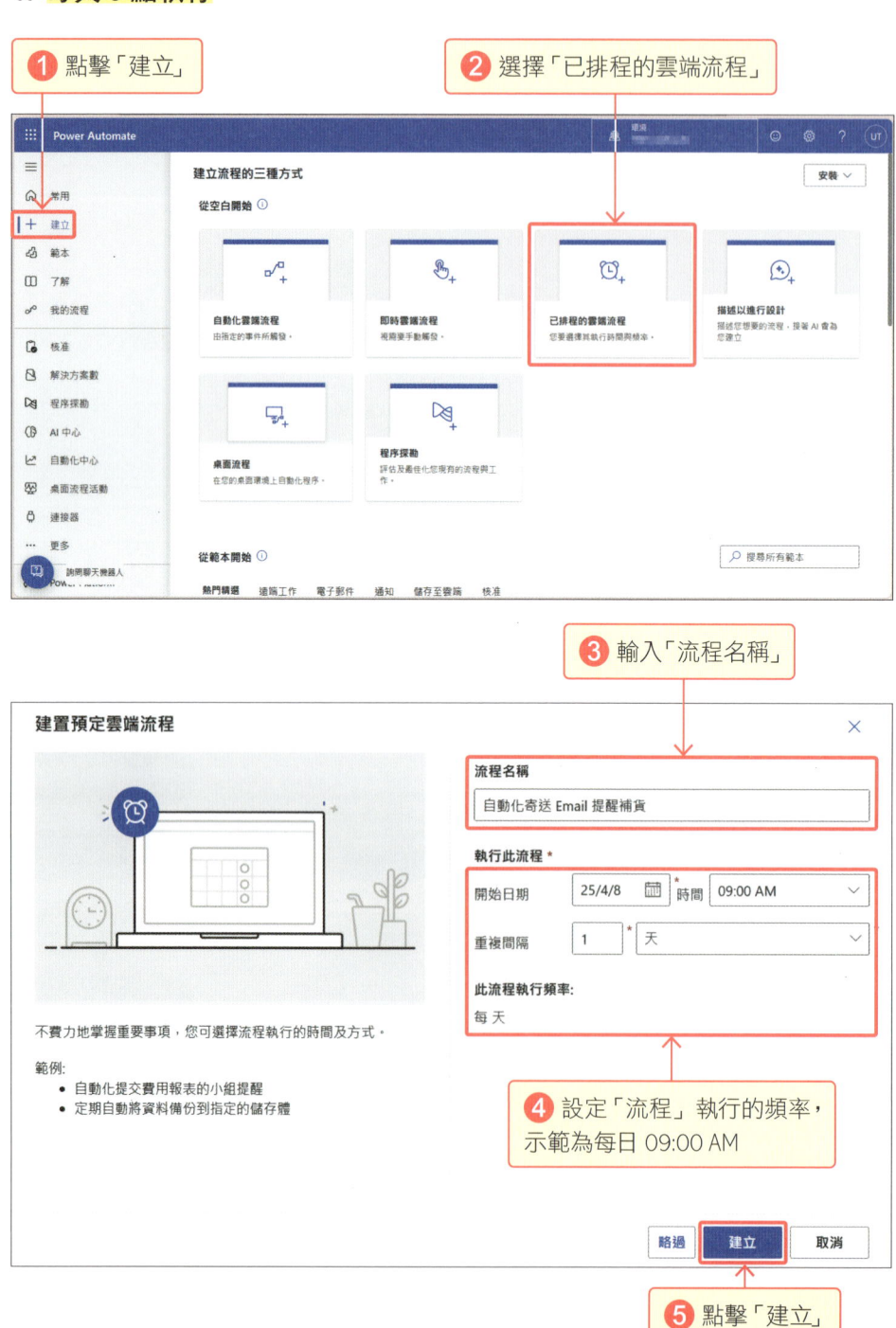

① 點擊「建立」

② 選擇「已排程的雲端流程」

③ 輸入「流程名稱」

④ 設定「流程」執行的頻率，示範為每日 09:00 AM

⑤ 點擊「建立」

完成第一個動作的建立後，接著添加下個步驟。

❻ 點擊「+」來新增動作

2. 打開 Excel 表格

❶ 選擇「Excel Online 商務」(注意！必須是商務方案用戶才可使用)

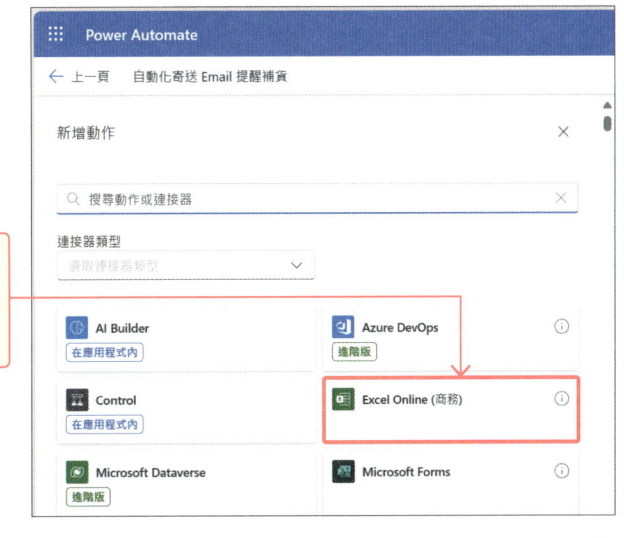

❷ 選擇「列出表格中的列」

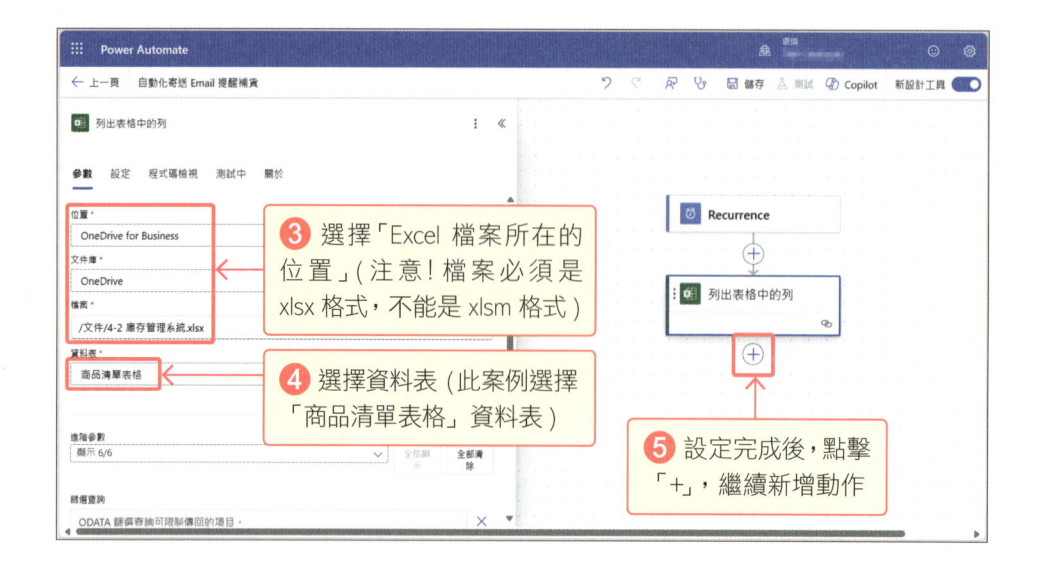

3. 逐列檢查

4-34

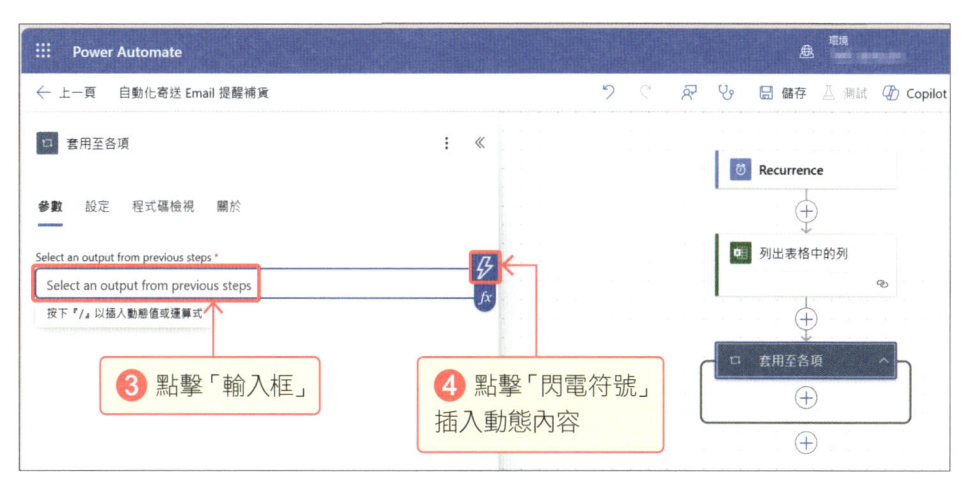

❸ 點擊「輸入框」

❹ 點擊「閃電符號」插入動態內容

❺ 選擇「body/value」

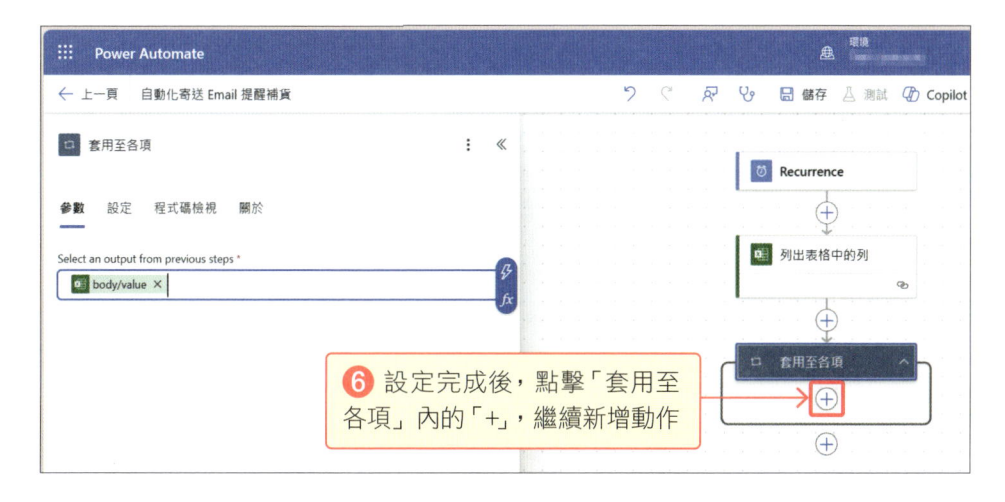

❻ 設定完成後，點擊「套用至各項」內的「+」，繼續新增動作

4-35

4. 找出要補貨的項目

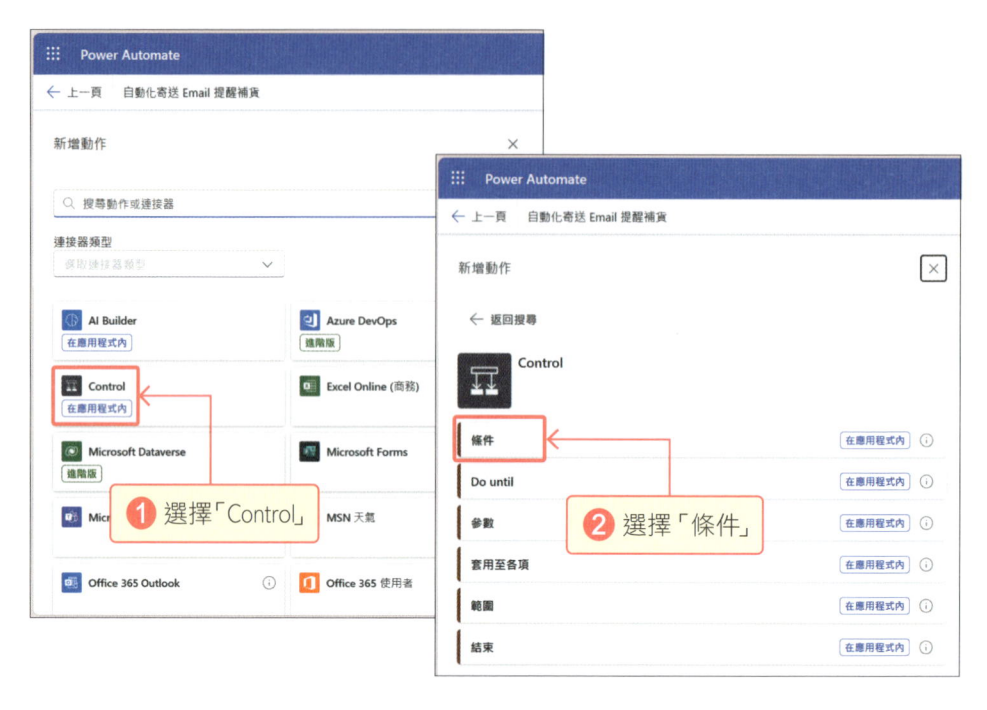

① 選擇「Control」

② 選擇「條件」

③ 點擊「選擇值」的框

④ 點擊「閃電符號」插入動態內容

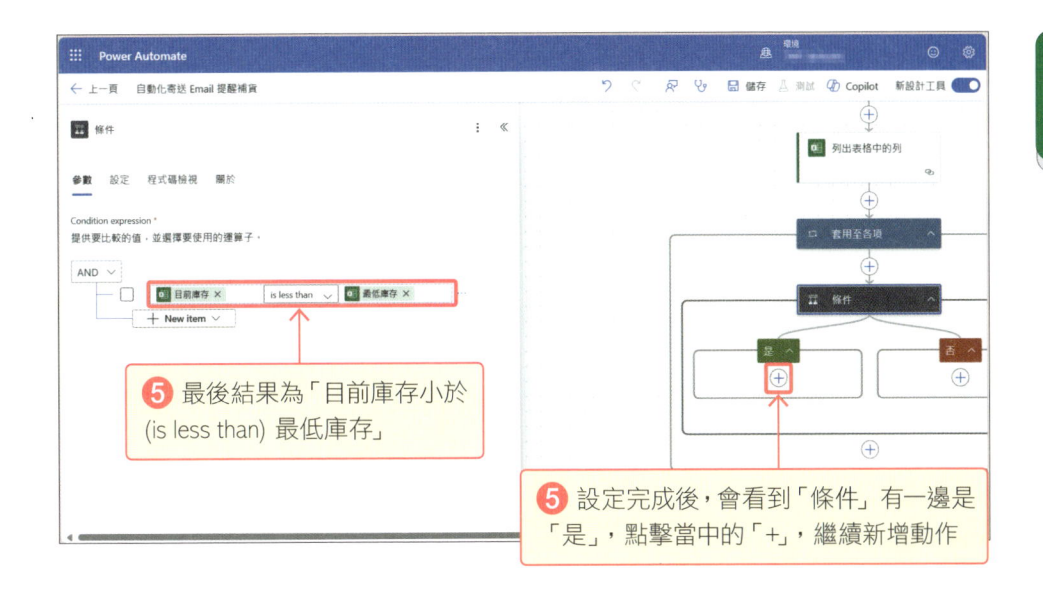

❺ 最後結果為「目前庫存小於 (is less than) 最低庫存」

❺ 設定完成後,會看到「條件」有一邊是「是」,點擊當中的「+」,繼續新增動作

5. 寄出補貨提醒郵件

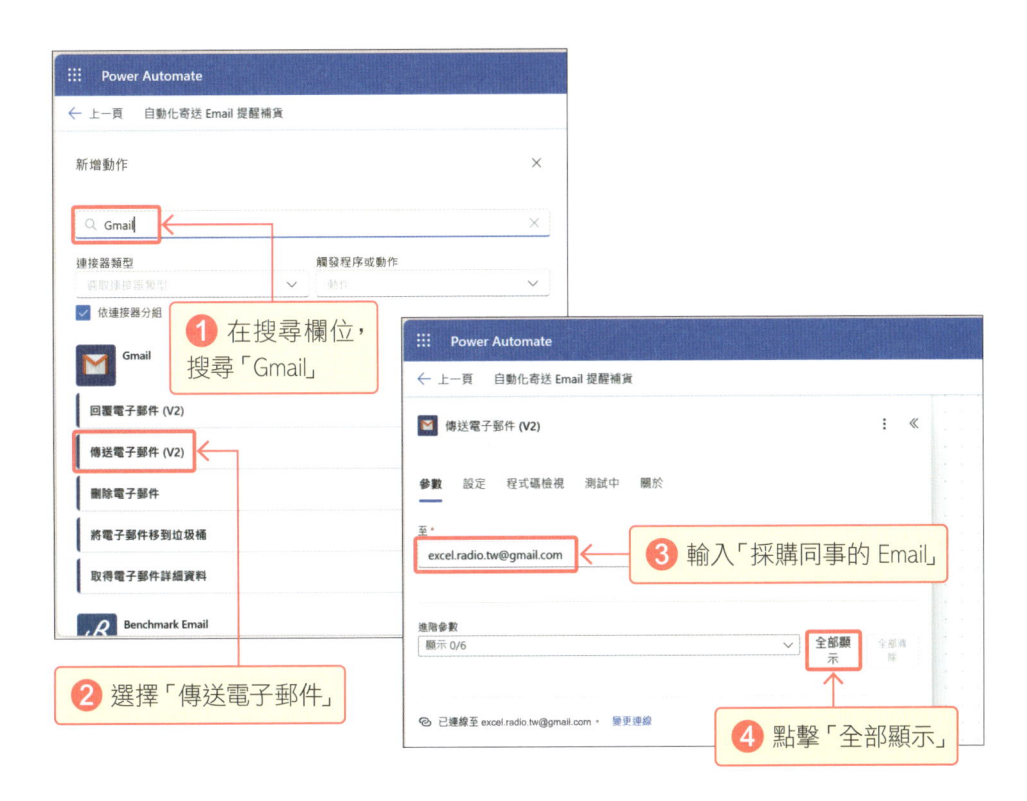

❶ 在搜尋欄位,搜尋「Gmail」

❷ 選擇「傳送電子郵件」

❸ 輸入「採購同事的 Email」

❹ 點擊「全部顯示」

4-37

⑥ 點擊「儲存」完成設定

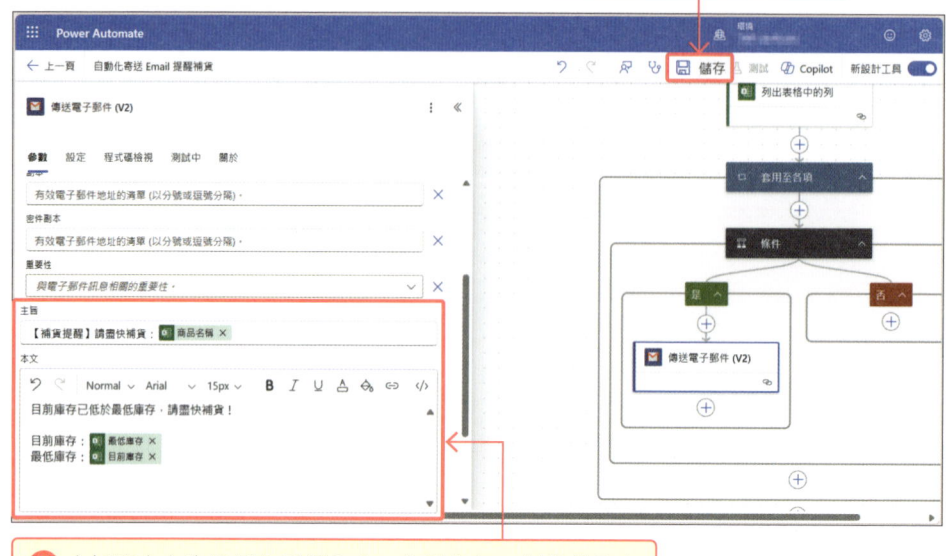

⑤ 主旨跟本文也能插入動態內容，客製化每一封信件內容

完成後，一定迫不及待想要測試看看流程是否能正確運作吧？來看看如何測試。

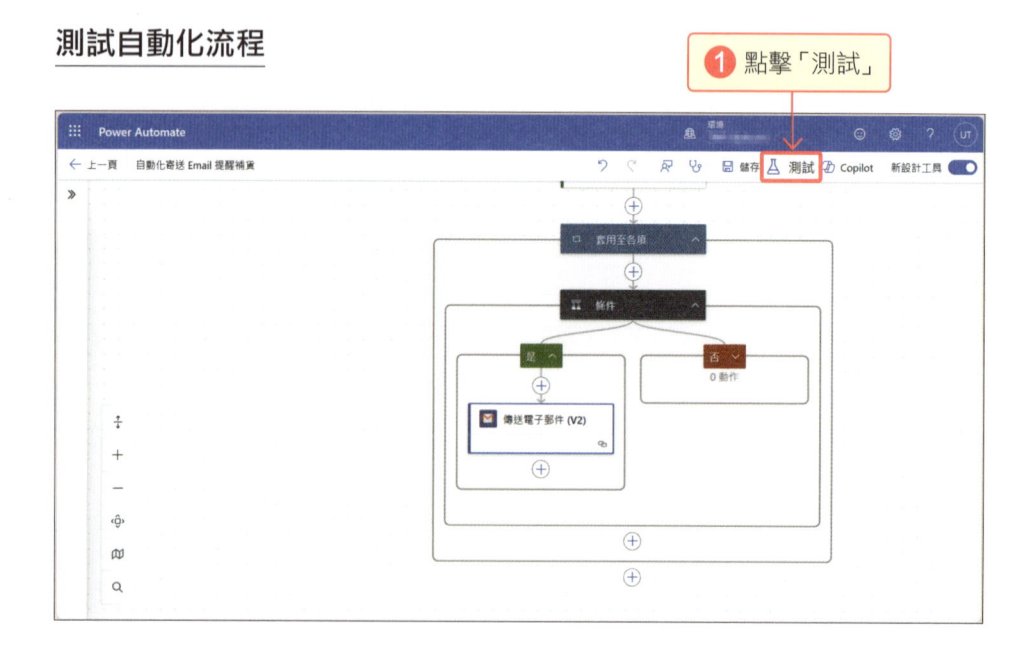

測試自動化流程

① 點擊「測試」

❷ 選擇「手動」

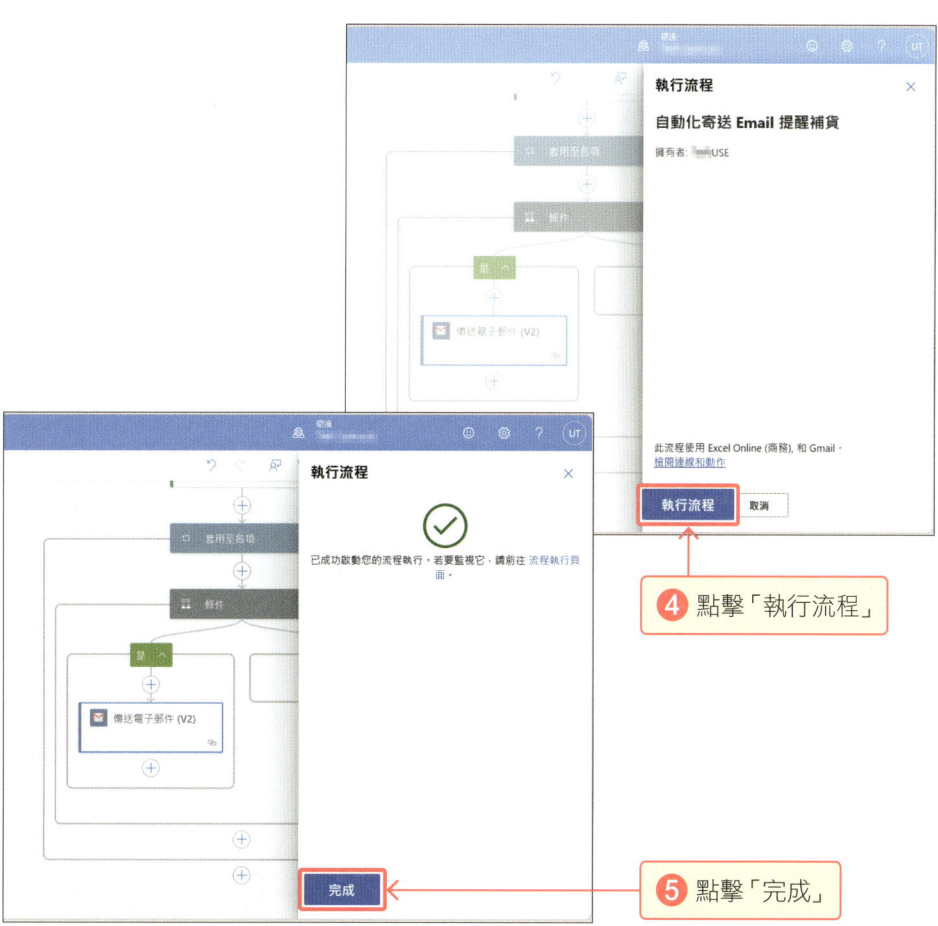

❸ 點擊「測試」

❹ 點擊「執行流程」

❺ 點擊「完成」

4-39

接著前往「excel.radio.tw@gmail.com」信箱收信吧！比較看看「**信件標題、內容、庫存狀況**」，由於當初有部分步驟是插入「動態內容」，資訊就會根據資料列內的欄位資料、進行動態調整。如此一來，就能高效寄出客製化信件啦！

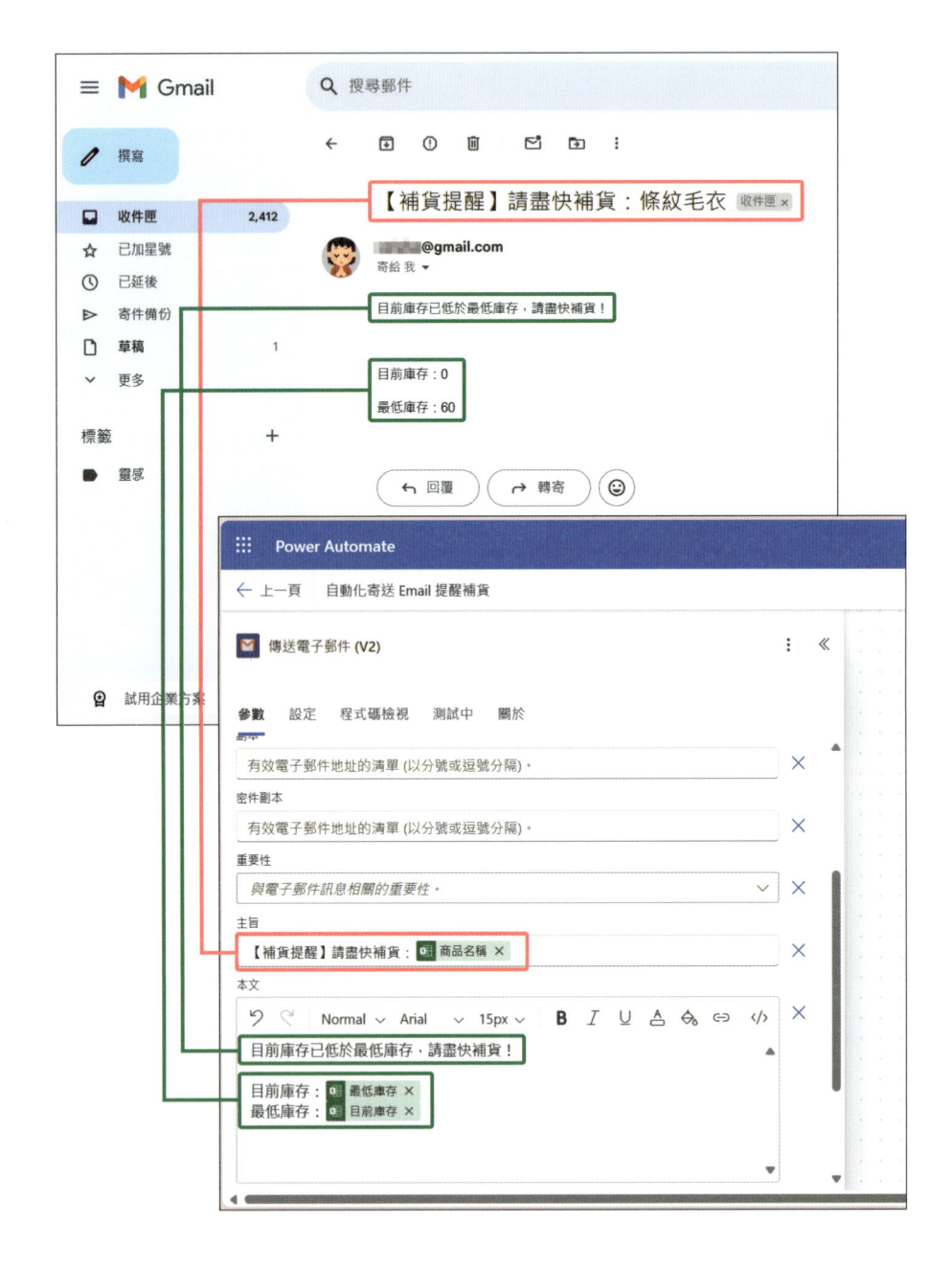

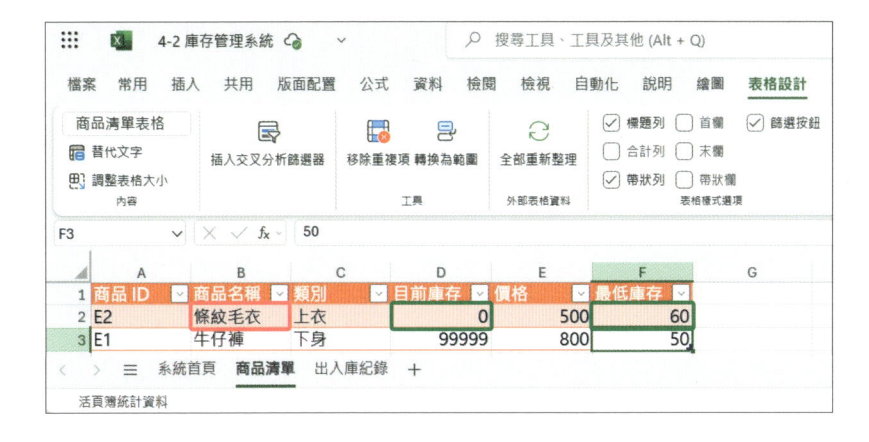

透過本單元的練習，我們一步步打造出一套結合 ChatGPT、VBA 與 Power Automate 的高效庫存管理系統，

不只是完成任務，更學會如何用工具解決問題。未來當你再遇到那些「重複又耗時」的工作時，不妨停下來想一想這些流程，有沒有機會交給自動化來完成？讓 AI 和自動化成為你的工作夥伴，效率升級就從今天開始！

Power Automate 的流程傻傻分不清楚嗎？

請參考表格說明，幫助自己更熟悉這個邏輯。當你對 Power Automate 的邏輯稍微有概念後，接續如果你需要用 Power Automate 自動化其他流程，可以搭配 ChatGPT 問出流程，就能更有彈性的應用喔！

Power Automate 步驟名稱	功能描述	一般人手動行為對應
Recurrence	定期觸發流程（例如每天）	每天早上打開電腦開始處理
列出表格中的列	讀取某個 Excel 表格的所有資料列	打開 Excel 檔案並查看內容
套用至各項	對每一列資料進行一次流程循環	一列一列檢查表格中的資料
條件	自動判斷該列是否符合某個條件	用眼睛看、判斷是否需要處理
「是」分支	條件成立時執行的行動	決定「要處理」這筆資料
傳送電子郵件 (V2)	自動發送一封 Email 給指定收件人	開啟 Gmail 撰寫郵件、輸入內容、發送
「否」分支	條件不成立時，不採取任何動作	決定「這筆不用理」然後跳過

4-3 AI 協助撰寫自動化程式 (VBA / GAS)：打造智慧排班系統

使用 4-3 排班表範本 .xlsm

透過 ChatGPT + VBA，你可以從 0 開始設計 Excel 自動排班系統，並讓 AI 協助你逐步完成自動化，大幅提升排班效率！以下是核心功能：

1. 自動統計班別人數、休假天數

2. 週末、休假變色提醒

3. 自動建立萬年排班表 (輸入年份、月份，就能產生當月排班表)

4. 一鍵複製排班表

5. 自動填入請假許願

   - 從「請假許願」工作表獲取員工許願的請假日期，可許願 3 個日期，並自動填入班表

   - 「請假許願」工作表內的數據是從 Google 表單即時連線匯入的

6. 自動檢查排班規則 (不可連續排 6 天班、晚班或大夜班之後不能接早班、大夜班之後只能接大夜班或是放假)

▶▶ 步驟 1 │ 設計 Excel 架構

確保 Excel 包含以下工作表：

主頁：用來複製新月份排班表

先想好年份、月份、日期、星期、員工姓名、班別、班別統計、休假統計等資料架構。

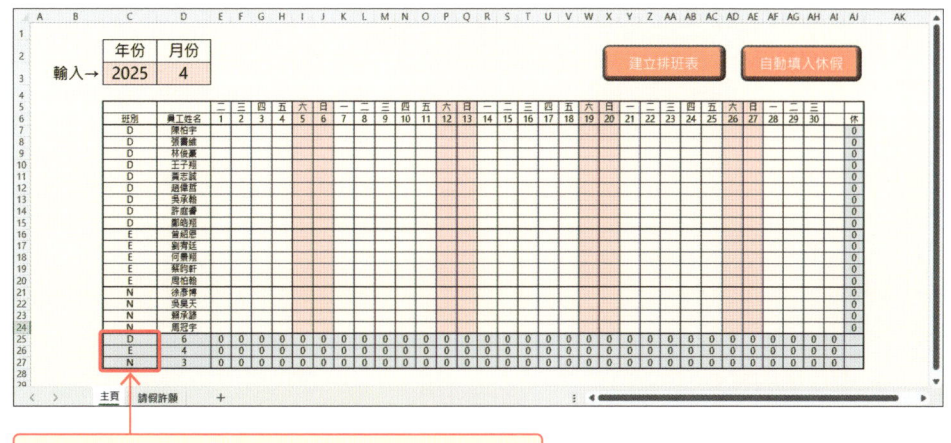

早班代號為 D、晚班代號為 E、大夜班代號為 N

請假許願：儲存員工請假資料

你用過 Google 表單嗎？透過這個免費線上工具，你可以建立自己的問卷，並且將問卷結果匯入至 Excel。這個問卷結果工作表會包含五個欄位，分別是「時間戳記 (即送出表單的時間)」、「你的姓名」、「休假1」、「休假2」、「休假3」。

▶▶ 步驟 2 ｜ 建立請假許願工作表

建立 Google 表單

註冊並登入 Google 後，進入 Google 雲端硬碟，點擊左上角的新增，並選擇 Google 表單。

雲端硬碟

❶ 點擊「新增」

- 首頁
- 我的雲端硬碟
- 電腦
- 與我共用
- 近期存取
- 已加星號

新資料夾	Alt+C 再按 F
檔案上傳	Alt+C 再按 U
資料夾上傳	Alt+C 再按 I

- Google 文件
- Google 試算表
- Google 簡報
- **Google 表單**
- 更多

❷ 選擇「Google 表單」

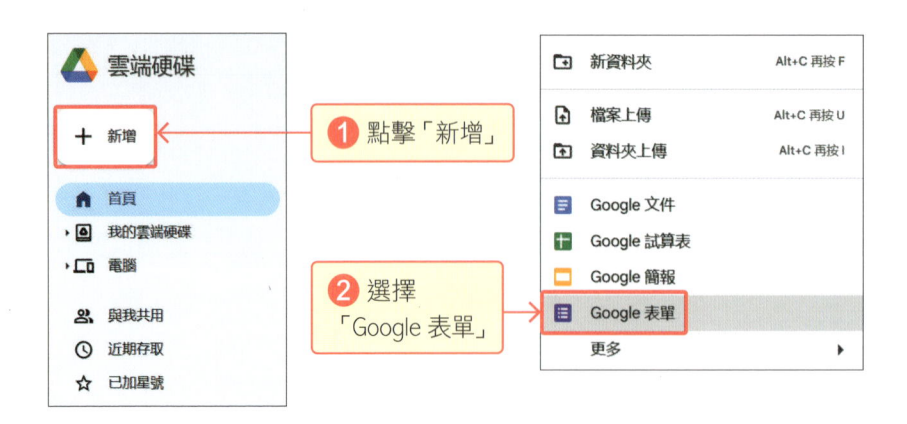

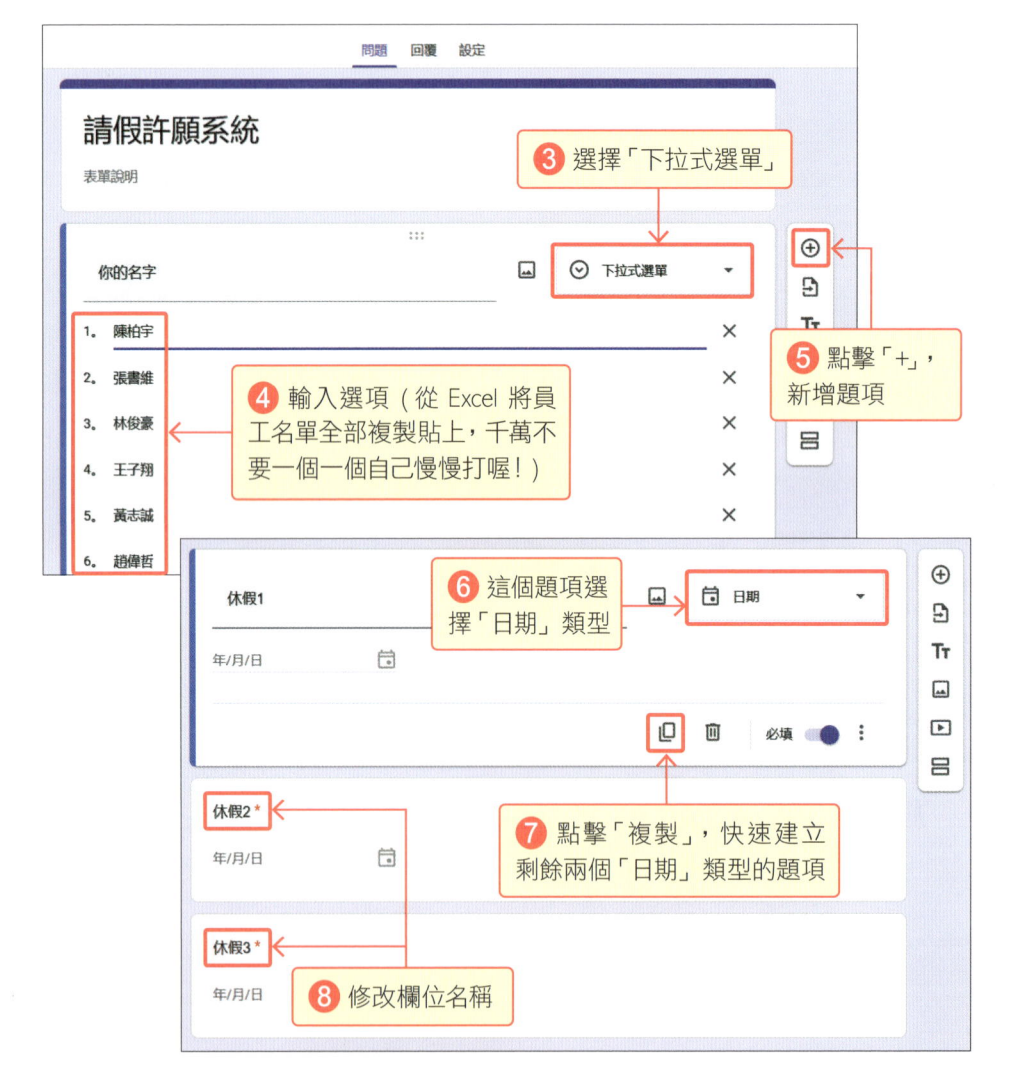

問題　回覆　設定

請假許願系統
表單說明

你的名字

❸ 選擇「下拉式選單」

1. 陳柏宇
2. 張書維
3. 林俊豪
4. 王子翔
5. 黃志誠
6. 趙偉哲

❹ 輸入選項（從 Excel 將員工名單全部複製貼上，千萬不要一個一個自己慢慢打喔！）

❺ 點擊「+」，新增題項

休假1

年/月/日

❻ 這個題項選擇「日期」類型

必填

❼ 點擊「複製」，快速建立剩餘兩個「日期」類型的題項

休假2 *

年/月/日

休假3 *

年/月/日

❽ 修改欄位名稱

4-44

你注意到了嗎？剛剛建立的 4 個問題，剛好對應到我們設計的「請假許願」工作表架構。問卷完成後，點擊右上角「複製作答者連結」，把問卷發送給作答者。

❾ 點擊右上角「複製作答者連結」，將表單連結發送給其他人

一旦有人作答，即可於「回覆」功能下，看到作答結果。

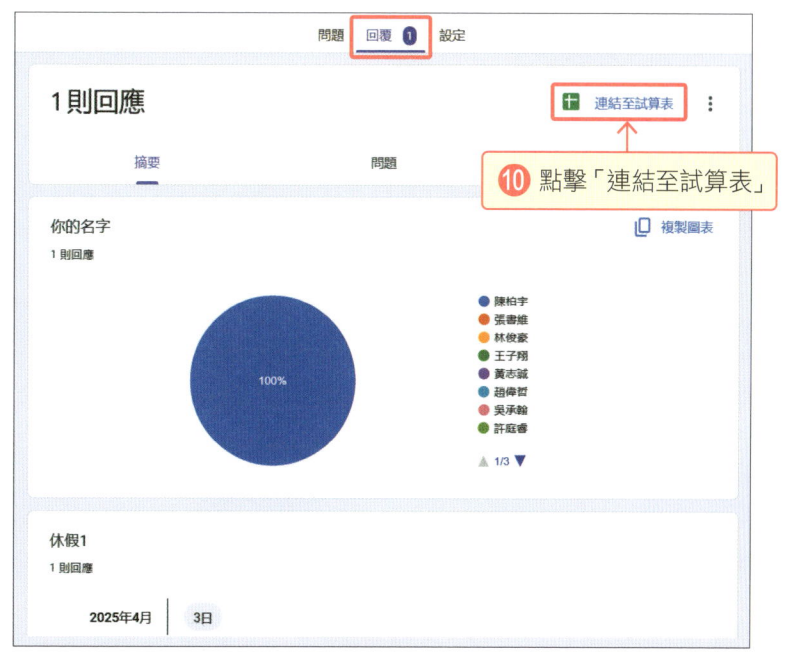

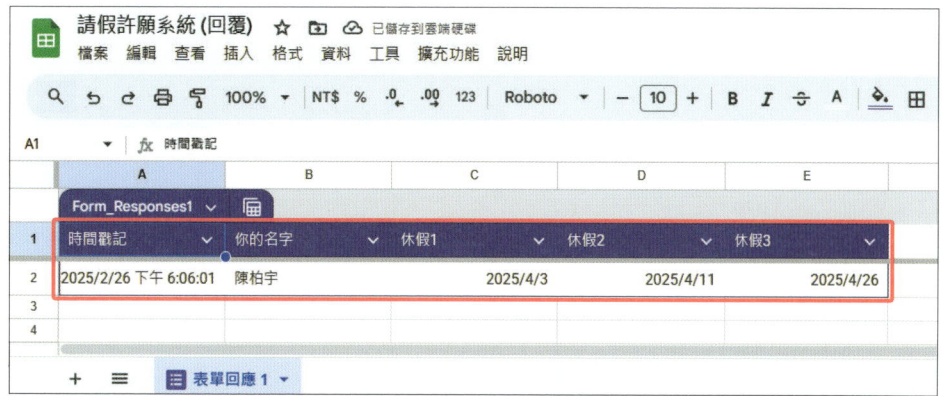

❿ 點擊「連結至試算表」

▲ 獲得結構化的作答結果

4-45

將問卷結果傳送到 Excel

接下來是最重要的一步！將此 Google 試算表與 Excel 建立資料連線，如此一來，就能於 Excel 內獲得休假資料，並且能設計出「根據作答結果自動化排休」的機制了。

> **小提醒**
>
> 目前練習檔內附的「請假許願」工作表並**未連線到 Google 表單，你需要自己建立表單**，並根據下方步驟實作喔！
>
> 由於 VBA 會透過工作表的名稱，去判斷要抓取哪個工作表的資料，所以建議你：
>
> 1. 先依照下方操作步驟，將自行製作的「請假許願」Google 試算表連動到 EXCEL
> 2. 刪除原本 EXCEL 練習檔裡的「請假許願」工作表
> 3. 在 EXCEL 中，把連動好的新工作表，命名為「請假許願」
>
> 這樣就不用去調整 VBA 程式碼的內容，能直接用這份練習檔來完成你的排班表！

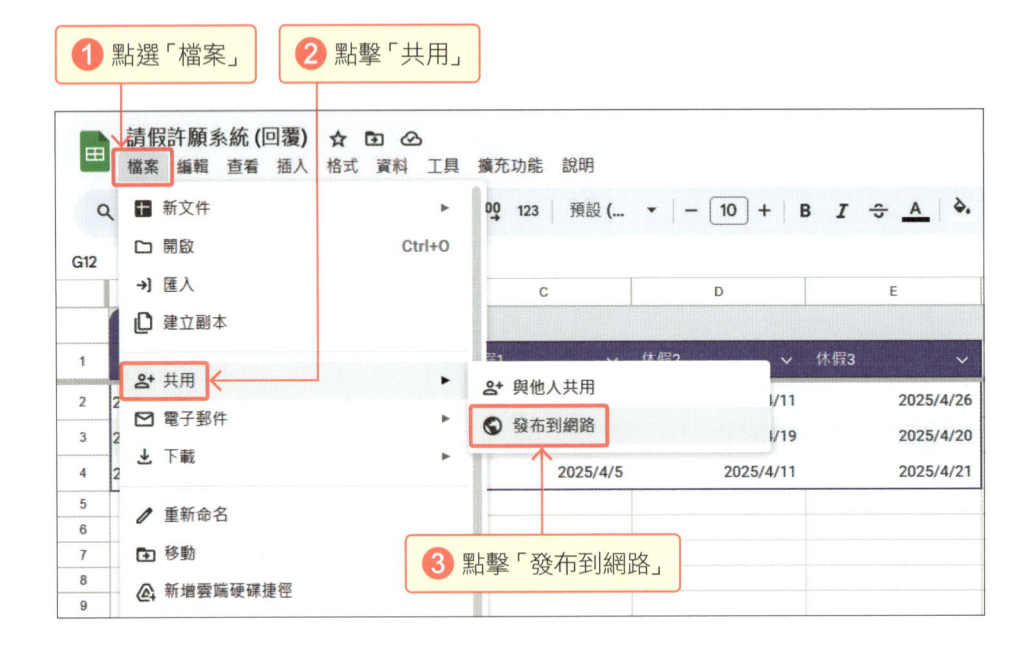

① 點選「檔案」　② 點擊「共用」

③ 點擊「發布到網路」

發布到網路

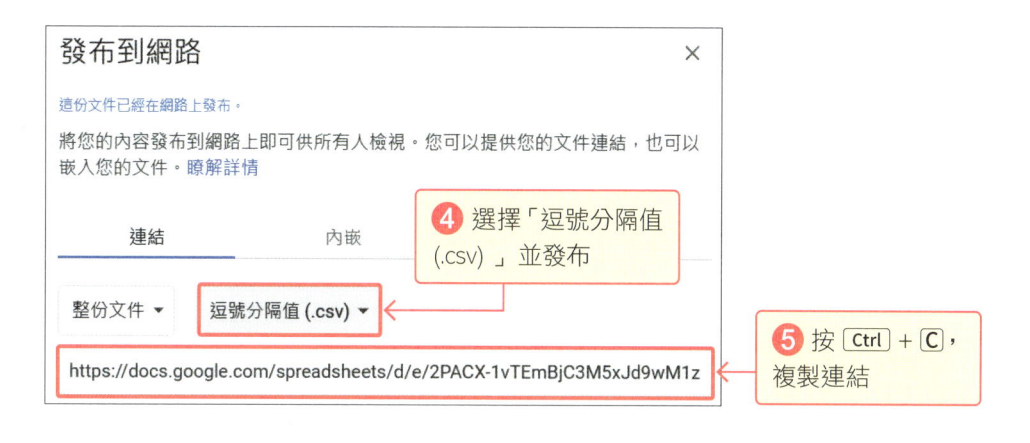

這份文件已經在網路上發布。

將您的內容發布到網路上即可供所有人檢視。您可以提供您的文件連結，也可以嵌入您的文件。瞭解詳情

連結 ｜ 內嵌

整份文件 ▾ 逗號分隔值 (.csv) ▾

❹ 選擇「逗號分隔值 (.csv)」並發布

https://docs.google.com/spreadsheets/d/e/2PACX-1vTEmBjC3M5xJd9wM1z

❺ 按 Ctrl + C，複製連結

接下來，回到 Excel 建立資料連線。

❻ 選擇「資料」

❼ 點擊「從 Web」

從 Web

❽ 貼上「剛剛複製的連結」

◉ 基本 ○ 進階

URL

AZ-MnaoP3HhXdx4nmR1amuGpgBCovFHmdqib2yIuM-Ys/pub?output=csv

❾ 點擊「確定」

---

https://docs.google.com/spreadsheets/d/e/2PACX-1vTEmBjC3M5xJd9wM1zaccfkK1gNIHZ_sAFZ...

時間戳記	你的名字	休假1	休假2	休假3
2025/2/26 下午 06:06:01	陳柏宇	2025/4/3	2025/4/11	2025/4/26
2025/2/26 下午 06:11:19	許庭睿	2025/4/18	2025/4/19	2025/4/20

檔案原點：65001: Unicode (UTF-8)　分隔符號：逗號　資料類型偵測：依據前 200 個列

❿ 點擊「載入」

4-47

	A	B	C	D	E
1	時間戳記	你的名字	休假1	休假2	休假3
2	2025/2/26 18:06	陳柏宇	2025/4/3	2025/4/11	2025/4/26
3	2025/2/26 18:11	許庭睿	2025/4/18	2025/4/19	2025/4/20
4	2025/2/26 18:15	曾紹恩	2025/4/5	2025/4/11	2025/4/21

◀ 成功看到作答結果

最後，記得將工作表名稱改為「請假許願」，就完成排班系統必備的兩張工作表啦！

未來如果要將最新作答結果載入，點擊「全部重新整理」即可。

⑪ 選擇「資料」

⑫ 點擊「全部重新整理」

> **小提醒**：同事填好表單後，突然反悔了～想改休假日怎麼辦？如果他是口頭跟你回報，你只需要到 Google 試算表更新，就能跟 Excel 維持連動唷！

▶▶ 步驟 3 ｜ 定義功能需求

想好需要的功能，並列下來。以本案例來說，功能需求如下：

1. 自動統計班別人數、休假天數
2. 週末、休假變色提醒
3. 自動建立萬年排班表
4. 一鍵複製排班表
5. 自動填入請假許願
6. 自動檢查排班規則

▶▶ 步驟 4 │ 請 ChatGPT 寫函數

自動統計班別人數、休假天數

如果你不知道該用什麼函數來統計每日的班別人數和休假天數，可以參考第 3-1 小節的 CLEAR-V 提問技巧，迅速獲得正確的函數喔！以下用計算每日「D」班次數作為示範。

輸入以下指令給 ChatGPT：

> 請生成一個 Excel 函數，用於計算「D」的數量，並提供詳細的操作步驟和函數解釋。資料範圍為 E7:AI24，每一欄為每日員工的排班，每一列為每位員工的排班。函數輸出結果放在 E25，並往右拖曳複製到 AI25。使用的是 Microsoft 365 版本。

📌 **Excel 函數計算每日「D」班次數**

本函數將統計 `E7:AI24` 區域內每一列（代表員工）在 對應的日期（`E6:AI6`）中出現 `"D"` 的次數，並將結果放入 `E25:AI25`。

✅ **使用函數**

📌 請在 `E25` 輸入以下公式，然後往右拖曳複製到 `AI25`：

```excel
=COUNTIF(E7:E24, "D")
```

ChatGPT 會提供給你函數　　　　　　　　　❶ 點擊「複製」

4-49

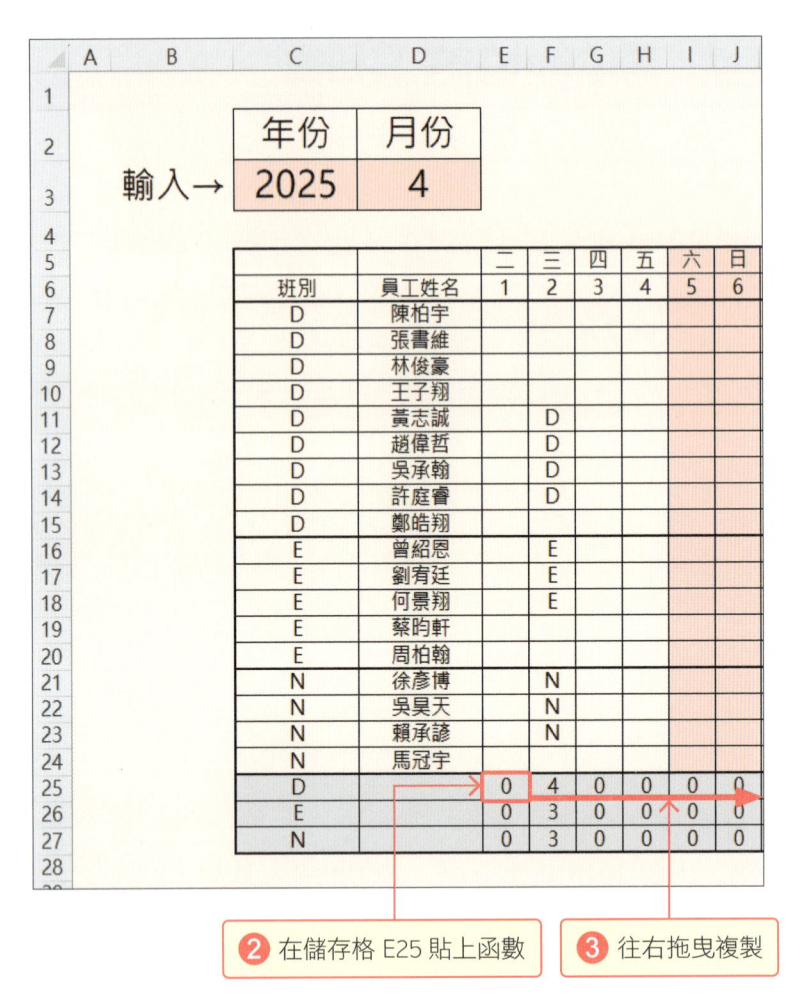

	A	B	C	D	E	F	G	H	I	J
1										
2			年份	月份						
3	輸入→		2025	4						
4										
5					二	三	四	五	六	日
6			班別	員工姓名	1	2	3	4	5	6
7			D	陳柏宇						
8			D	張書維						
9			D	林俊豪						
10			D	王子翔						
11			D	黃志誠		D				
12			D	趙偉哲		D				
13			D	吳承翰		D				
14			D	許庭睿		D				
15			D	鄭皓翔						
16			E	曾紹恩		E				
17			E	劉有廷		E				
18			E	何景翔		E				
19			E	蔡昀軒						
20			E	周柏翰						
21			N	徐彥博		N				
22			N	吳昊天		N				
23			N	賴承諺		N				
24			N	馬冠宇						
25			D		0	4	0	0	0	0
26			E		0	3	0	0	0	0
27			N		0	3	0	0	0	0

❷ 在儲存格 E25 貼上函數　❸ 往右拖曳複製

▲ 依此邏輯，將函數填入後，就能快速得到早班、晚班、大夜班的次數

週末、休假變色提醒

　　如果希望週末和休假的情況可以自動顯示，可以使用第 2-7 小節教過的條件式格式設定喔！如此一來，表格就會自動根據第 6 列的日期資料，自動將週末變色顯示。同樣地，在排班表內輸入「休」時，「休」字也會自動變色。

輸入「休」自動變色

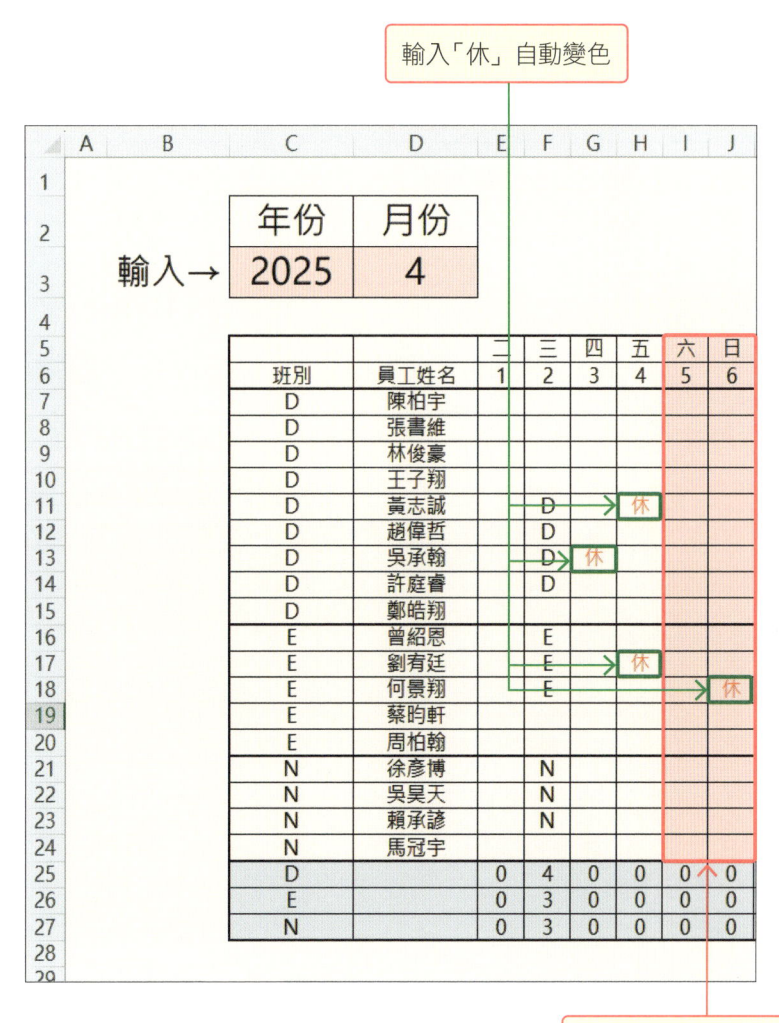

	A	B	C	D	E	F	G	H	I	J
1										
2			年份	月份						
3		輸入→	2025	4						
4										
5					二	三	四	五	六	日
6			班別	員工姓名	1	2	3	4	5	6
7			D	陳柏宇						
8			D	張書維						
9			D	林俊豪						
10			D	王子翔						
11			D	黃志誠		D→	休			
12			D	趙偉哲		D				
13			D	吳承翰		D→	休			
14			D	許庭睿		D				
15			D	鄭皓翔						
16			E	曾紹恩		E				
17			E	劉宥廷		E→	休			
18			E	何景翔		E			→休	
19			E	蔡昀軒						
20			E	周柏翰						
21			N	徐彥博		N				
22			N	吳昊天		N				
23			N	賴承諺		N				
24			N	馬冠宇						
25			D		0	4	0	0	0↑	0
26			E		0	3	0	0	0	0
27			N		0	3	0	0	0	0
28										

根據星期資料自動變色

自動建立萬年排班表

想要讓排班表範本，能根據你輸入的年份、月份，自動生成對應的日期，可以怎麼做呢？先來看看成果：

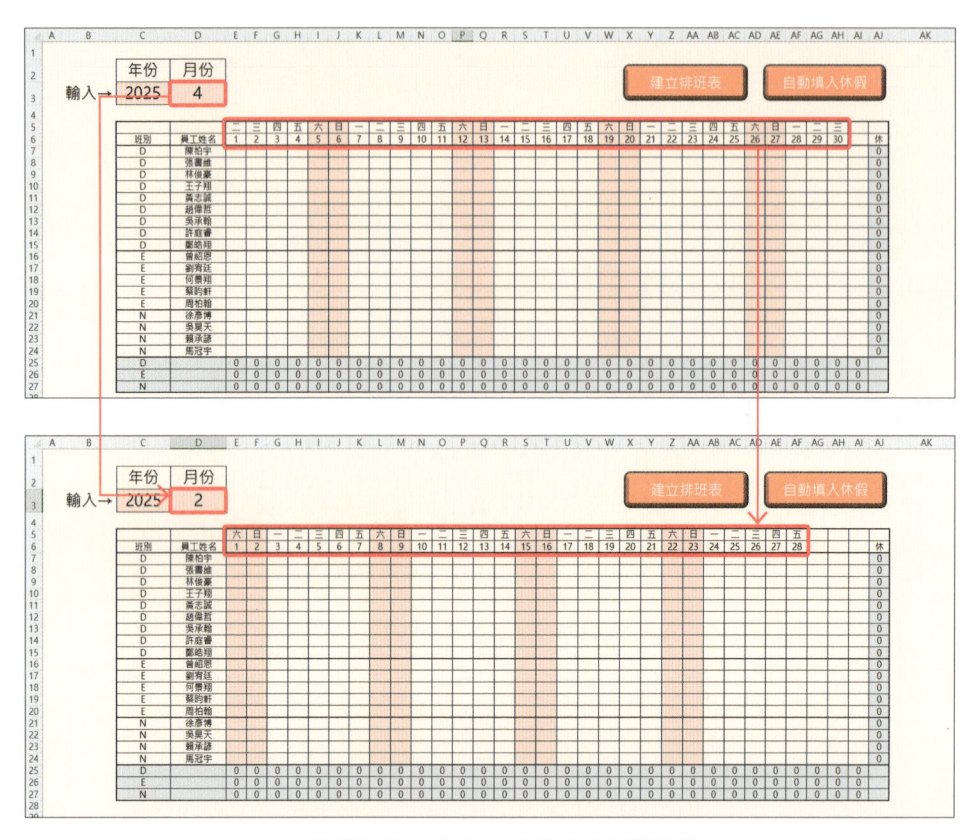

▲ 把月份從 4 改成 2，下方日期自動變換

來看看如何做到這樣的效果吧！輸入以下指令給 ChatGPT：

> 請生成 Excel 函數，能根據我輸入的年份、月份，產出對應的日期資料，並提供詳細的操作步驟和函數解釋。輸入的年份位置在 C3，月份在 D3。函數輸出的日期資料範圍在 E6:AI6。當輸入的月份小於 31 天時，僅會顯示該月份的日期，其餘顯示空白。使用的是 Excel 2016 版本。

4-52

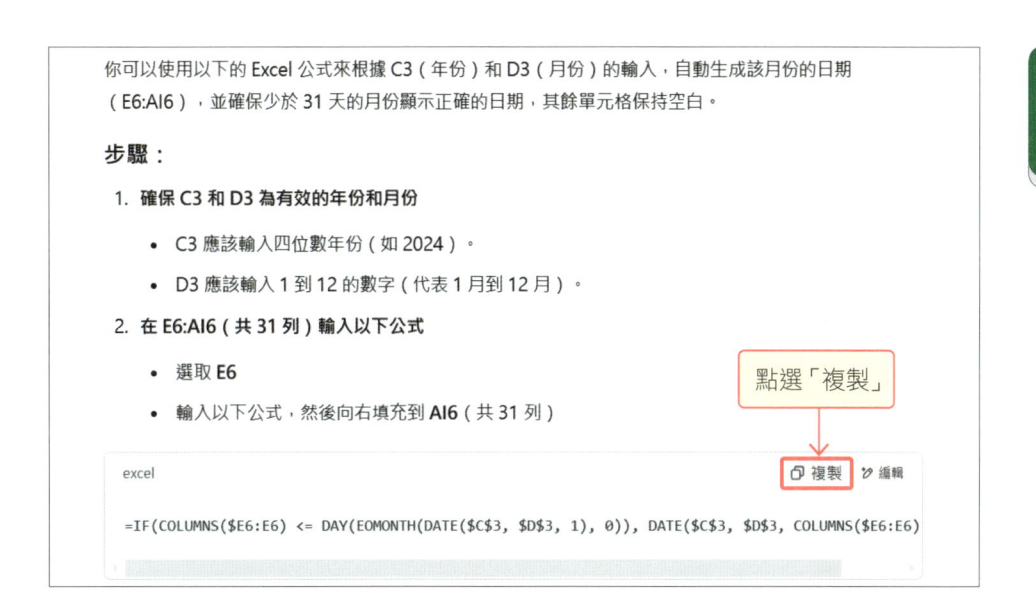

你可以使用以下的 Excel 公式來根據 C3（年份）和 D3（月份）的輸入，自動生成該月份的日期（E6:AI6），並確保少於 31 天的月份顯示正確的日期，其餘單元格保持空白。

步驟：

1. **確保 C3 和 D3 為有效的年份和月份**
   - C3 應該輸入四位數年份（如 2024）。
   - D3 應該輸入 1 到 12 的數字（代表 1 月到 12 月）。
2. **在 E6:AI6（共 31 列）輸入以下公式**
   - 選取 **E6**
   - 輸入以下公式，然後向右填充到 **AI6**（共 31 列）

點選「複製」

```excel
=IF(COLUMNS($E6:E6) <= DAY(EOMONTH(DATE($C$3, $D$3, 1), 0)), DATE($C$3, $D$3, COLUMNS($E6:E6)
```

將函數複製到 E6，並往右拖曳到 AI6 之後，記得將**儲存格格式改為自訂「d」**，這樣才能**只顯示「日期」**的部分，看起來更簡潔喔！

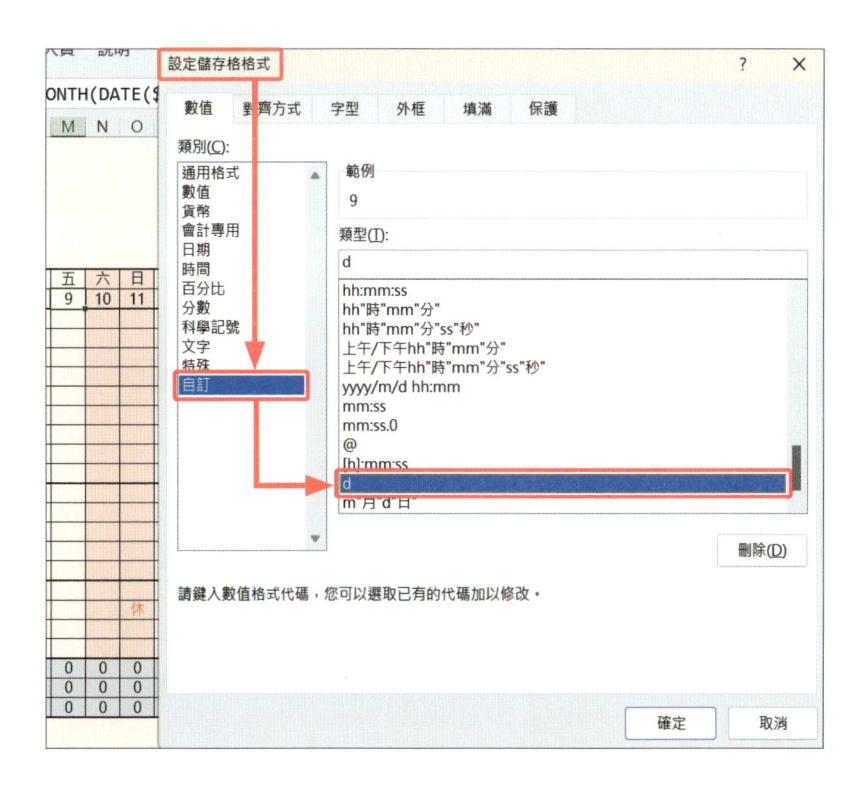

▶▶ 步驟 5 ｜ 請 ChatGPT 寫 VBA

現在我們獲得了一個能「根據輸入年份、月份，自動變換日期」的主頁工作表了，往後每個月在排班時，只要複製它就能使用了！不過若是這個模板能夠有更多「省時省力」的功能，例如：「一鍵複製排班表」、「自動填入請假許願」、「自動檢查排班規則」，這樣豈不是更完美？來看看如何透過 ChatGPT 做到。

一鍵複製排班表

輸入以下指令給 ChatGPT：

> 請幫我寫一組 Excel VBA 程式碼，建立「自動建立萬年排班表」功能：
> - 使用者在「主頁」工作表輸入年份 (儲存格 C3)、月份 (儲存格 D3) 資料後，點擊圖案執行 VBA，VBA 會直接複製整份「主頁」工作表，新的工作表名稱格式為「年份-月份」。舉例來說：C3 為 2025，D3 為 4，則新的工作表名稱為「2025-04」。
> - 若相同名稱的工作表已存在，彈出 MsgBox 提示。

這裡是您的 Excel VBA 程式碼，當使用者在「主頁」輸入年份 (C3) 和月份 (D3) 後，點擊按鈕，即可自動建立該月份的排班表，並命名為「YYYY-MM」。如果該名稱的工作表已存在，則會彈出提示訊息。

```
Excel Vba Schedule

1    Sub CreateMonthlySchedule()
2        Dim ws As Worksheet
3        Dim newSheetName As String
4        Dim yearValue As String
5        Dim monthValue As String
6        Dim wsExists As Boolean
7
8        ' 取得使用者輸入的年份和月份
9        yearValue = Sheets("主頁").Range("C3").Value
10       monthValue = Sheets("主頁").Range("D3").Value
11
12       ' 確保年份與月份是有效數值
13       If Not IsNumeric(yearValue) Or Not IsNumeric(monthValue) Then
14           MsgBox "請輸入有效的年份和月份！", vbExclamation, "錯誤"
```

在交談中回答 >

使用方式：

1. 在 Excel「主頁」工作表的 **C3** 輸入年份（如 `2025`）。

2. 在 **D3** 輸入月份（如 `4`）。

3. 執行 VBA 宏（可綁定到按鈕）。

4. 若該月份的工作表尚不存在，則會建立名稱為 `YYYY-MM`（如 `2025-04`）的新工作表。

5. 若相同名稱的工作表已存在，則會彈出警告訊息。

這樣可以確保排班表能夠正確建立，並避免重複創建相同月份的表單！ 🚀

讓我們將 VBA 指定到圖案後，來看看執行結果 (如果忘記怎麼將 VBA 指定到圖案，可以回頭參考 4-2 小節)。

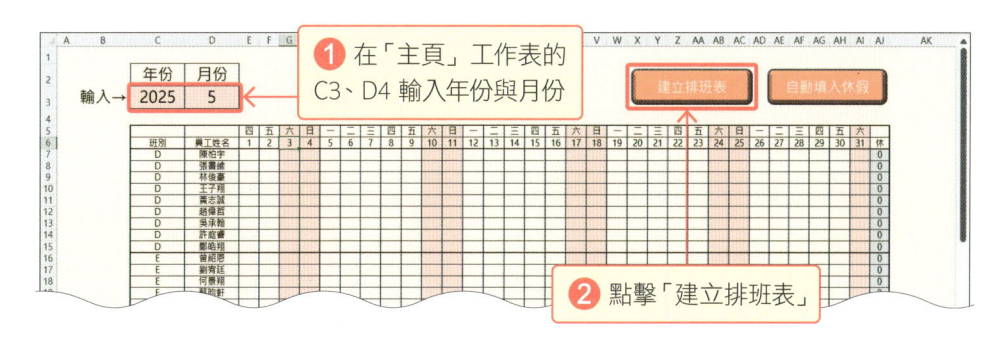

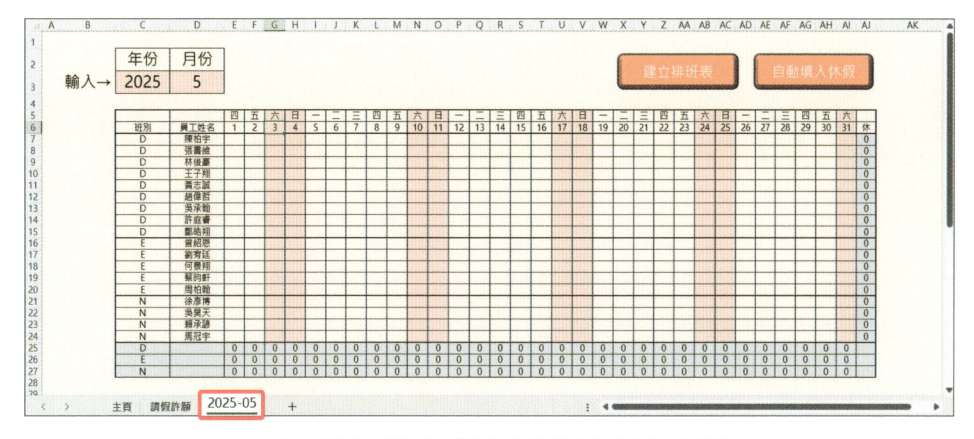

❶ 在「主頁」工作表的 C3、D4 輸入年份與月份

❷ 點擊「建立排班表」

▲ 成功建立工作表！還會自動設好工作表名稱！

4-55

自動填入請假許願

將 Google 表單蒐集的員工請假許願資料，匯入 Excel 後，可以透過 VBA 自動將員工的休假日填入排班表中！

這是目前蒐集到的請假許願資料：

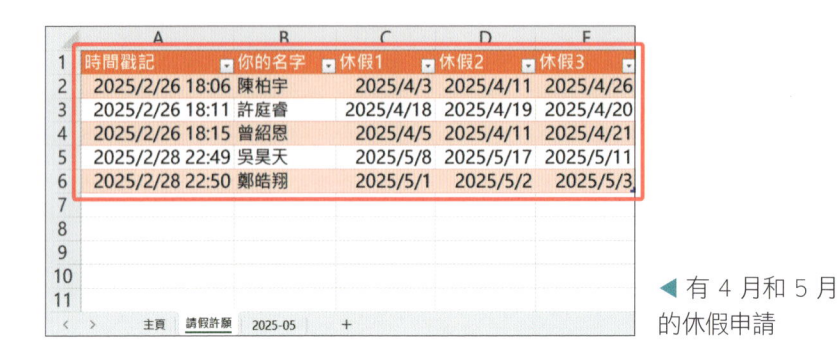

◀ 有 4 月和 5 月的休假申請

輸入以下指令給 ChatGPT：

請幫我寫一組 Excel VBA 程式碼，建立「自動填入請假許願」功能：

- 根據「請假許願」表中的員工姓名與請假日期，對應到排班表的員工與日期位置。在對應交叉的儲存格填入「休」。
- 「請假許願」工作表欄位：時間戳記 (A 欄)、你的名字 (B 欄)、休假 1 (C 欄)、休假 2 (D 欄)、休假 3 (E 欄)
- 當前排班工作表欄位：「員工姓名」欄位範圍 D7:D24，「日期」資料範圍 E6:AI6，「班別」範圍 E7:AI24。
- 備註 1：當前排班工作表指的是執行 VBA 時所在的工作表
- 備註 2：排班表中的日期格式為「d」，請假許願表中的日期格式為「yyyy/mm/dd」，比對時須注意格式轉換。排班表中僅會有一個月份的日期，請假許願表中會有多個月份的資料，要確認月份後再比較日期。

注意到**指令中特別寫了兩個備註**，這兩個備註如果不交代，有高機率的情況得到錯誤的程式碼。隨著失敗經驗的累積，你將有能力**預判程式出錯**的原因，並能預先就寫好指令，減少來回對話的時間。

```
Auto Leave Fill
1   Sub AutoFillLeaveRequests()
2       Dim wsSchedule As Worksheet, wsLeave As Worksheet
3       Dim rngNames As Range, rngDates As Range, rngShifts As Range
4       Dim lastRow As Long, cell As Range, empCell As Range, dateCell As Range
5       Dim empName As String, leaveDate As Date, scheduleDate As Date
6       Dim c As Integer, foundRow As Integer
7
8       ' 設定工作表
9       Set wsSchedule = ActiveSheet ' 當前排班表
10      Set wsLeave = ThisWorkbook.Sheets("請假許願") ' 請假許願表
11
12      ' 找到請假許願表的最後一行
13      lastRow = wsLeave.Cells(wsLeave.Rows.Count, "A").End(xlUp).Row
```

以下是 Excel VBA 程式碼，能夠根據「請假許願」表的員工姓名與請假日期，自動填入「休」到排班表的相應儲存格。請將此 VBA 代碼加入 Excel 的 VBA 編輯器（ Alt + F11 -> 插入模組 ）。

▲ 順利得到 VBA 的程式碼

將 VBA 指定到圖案後，來看看執行結果。

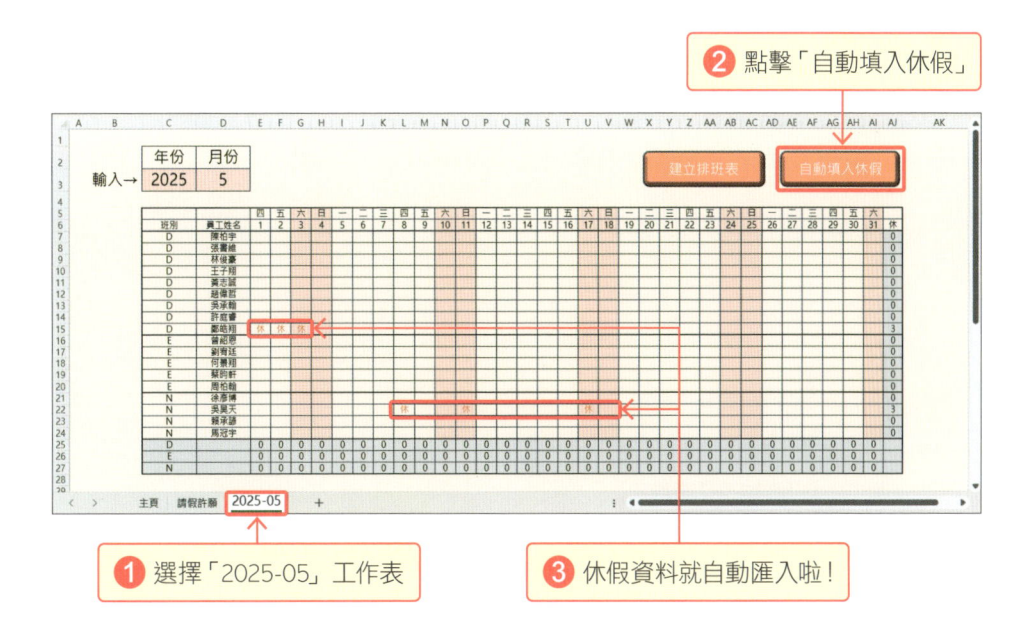

❶ 選擇「2025-05」工作表
❷ 點擊「自動填入休假」
❸ 休假資料就自動匯入啦！

4-57

自動檢查排班規則

輸入以下指令給 ChatGPT：

請幫我寫一組 Excel VBA 程式碼，能根據我輸入的資料「自動檢查是否違反排班規則」：

- 班別代號：早班 (代號 D)、晚班 (代號 E)、大夜班 (代號 N)、休假 (代號 休)
- 使用者輸入班別代號時，若班別違反以下規則時，輸入完按下 Enter 時會彈出提示 (不可連續排 6 天班 / 晚班之後，不能接早班 / 大夜班之後，不能接早班或晚班)，並接續刪除違反規則的輸入內容。
- 「員工姓名」欄位範圍 D7:D24，「日期」資料範圍 E6:AI6，「班別」範圍 E7:AI24。
- 無論在哪張排班工作表上輸入班別，都能自動檢查。(VBA 放置在 ThisWorkbook)
- 無論是往右輸入排班，或是往前，都能正確檢查所有規則。

以下提供一個範例程式碼，請將下列程式碼貼到 ThisWorkbook 模組中（Alt+F11 開啟 VBA 編輯器，在 ThisWorkbook 中貼上）：

```vba
Option Explicit

Private Sub Workbook_SheetChange(ByVal Sh As Object, ByVal Target As Range)
    Dim rngMonitor As Range
    Dim r As Range
    Dim rowRange As Range
    Dim scheduleValues As Variant
    Dim i As Long
    Dim consecutiveCount As Long
    Dim violationMsg As String
    Dim cellVal As String
    Dim currentShift As String, nextShift As String
    Dim isViolation As Boolean
```

```
        ' 若違反規則,則提示並清除剛輸入的內容
        If isViolation Then
            MsgBox "排班規則違反:" & vbCrLf & violationMsg, vbExclamation, "排班錯誤"
            r.ClearContents
        End If
    Next r

ExitHandler:
    Application.EnableEvents = True
End Sub
```

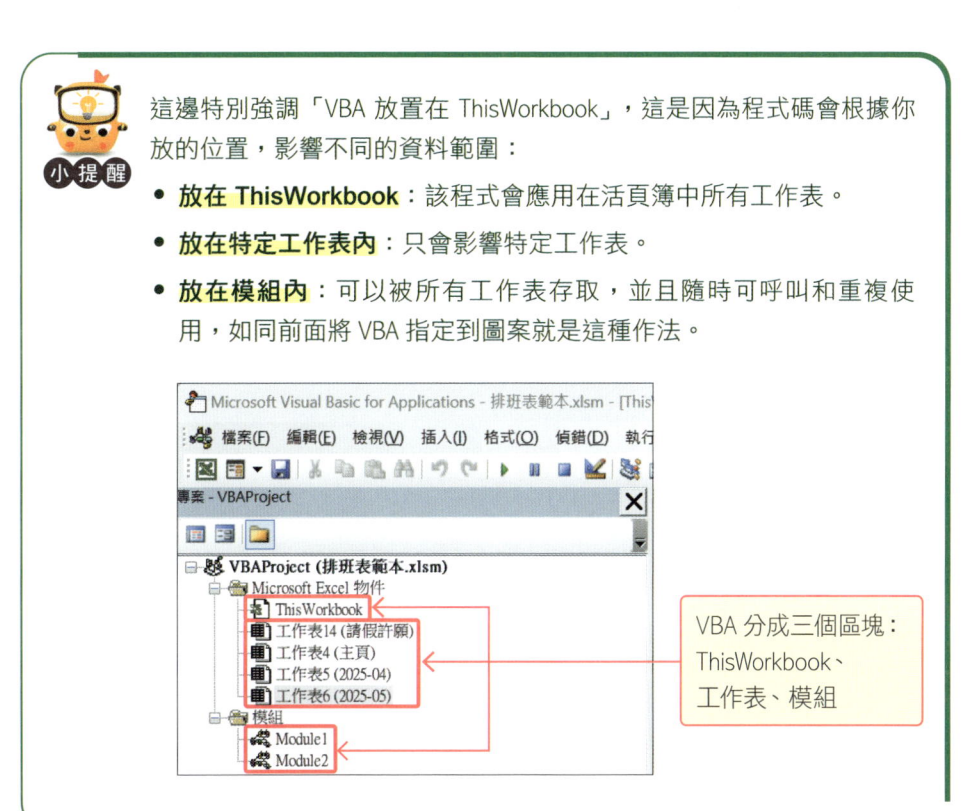

> 💡**小提醒**
>
> 這邊特別強調「VBA 放置在 ThisWorkbook」,這是因為程式碼會根據你放的位置,影響不同的資料範圍:
> - **放在 ThisWorkbook**:該程式會應用在活頁簿中所有工作表。
> - **放在特定工作表內**:只會影響特定工作表。
> - **放在模組內**:可以被所有工作表存取,並且隨時可呼叫和重複使用,如同前面將 VBA 指定到圖案就是這種作法。
>
> VBA 分成三個區塊:
> ThisWorkbook、
> 工作表、模組

只要將 VBA 貼到 ThisWorkbook,就完成囉!

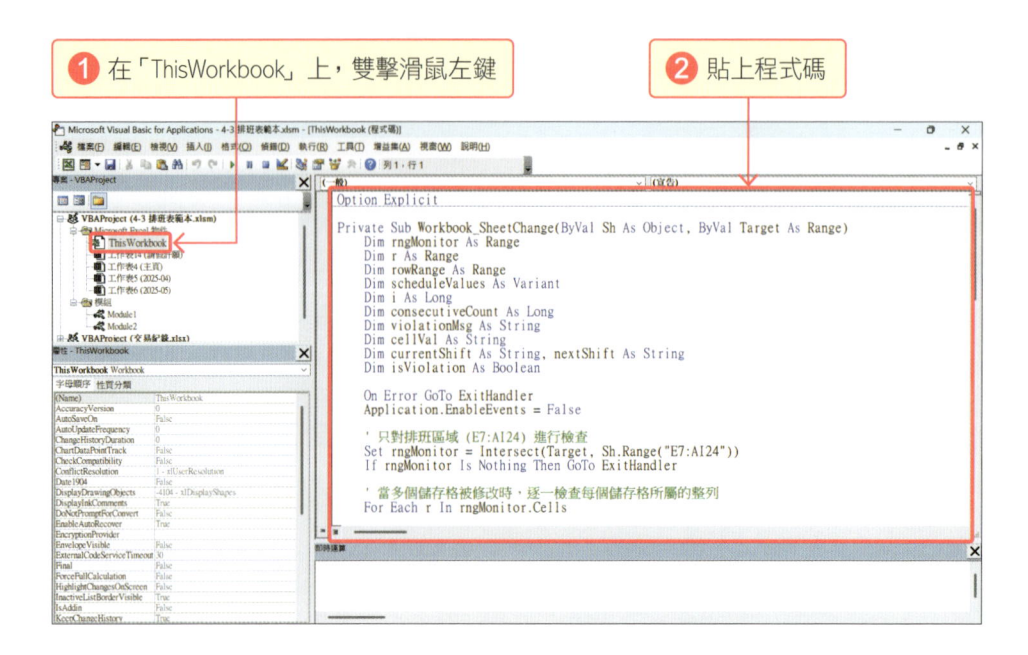

❶ 在「ThisWorkbook」上，雙擊滑鼠左鍵

❷ 貼上程式碼

```
Option Explicit

Private Sub Workbook_SheetChange(ByVal Sh As Object, ByVal Target As Range)
    Dim rngMonitor As Range
    Dim r As Range
    Dim rowRange As Range
    Dim scheduleValues As Variant
    Dim i As Long
    Dim consecutiveCount As Long
    Dim violationMsg As String
    Dim cellVal As String
    Dim currentShift As String, nextShift As String
    Dim isViolation As Boolean

    On Error GoTo ExitHandler
    Application.EnableEvents = False

    ' 只對排班區域 (E7:AI24) 進行檢查
    Set rngMonitor = Intersect(Target, Sh.Range("E7:AI24"))
    If rngMonitor Is Nothing Then GoTo ExitHandler

    ' 當多個儲存格被修改時，逐一檢查每個儲存格所屬的整列
    For Each r In rngMonitor.Cells
```

來看看輸入「違反規則」的排班表，會發生什麼事？

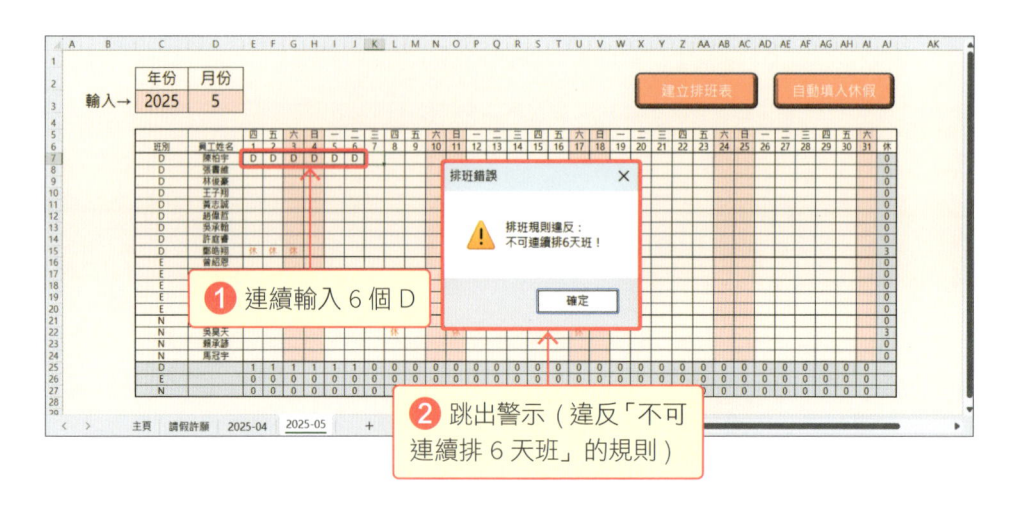

❶ 連續輸入 6 個 D

❷ 跳出警示（違反「不可連續排 6 天班」的規則）

跟著上述的示範指令操作，你可能會發現 ~ 即使在 ChatGPT 輸入和本書相同的指令，卻得到不一樣的回答，甚至執行出來的結果也不同。這是因為 AI 在生成回應時，會受到多種因素影響：

1. **隨機性**：AI 的回應帶有一定的隨機性，因此即使是相同的問題，每次回答可能會有所不同。

2. **上下文脈絡**：AI 會根據對話的前後內容調整回應，因此相同的問題在不同情境下，可能會得到不同的答案。

3. **採用模型、版本不同**：不同 AI 可能使用不同的資料訓練，有些版本較為保守，而有些則提供更開放、靈活的回答。並因應模型不同，模型也各有所長，例如付費版 ChatGPT 提供模型切換功能，有些版本擅長一般日常任務，有些則擅長寫程式與推理分析。

如果你對 AI 的回應不滿意，嘗試切換不同的模型或工具，來獲得更符合需求的結果。除了 ChatGPT，還有 Claude 和 Perplexity 等生成式 AI 可使用，這些工具各具特色，適合不同的應用場景。

▶ 付費版的 ChatGPT 提供多種模型切換

如果在測試的過程中遇到錯誤，除了提供錯誤訊息給 ChatGPT，也可將錯誤發生的情境告訴它，例如你輸入了哪些資料、預期得到什麼結果、得到的錯誤結果是什麼⋯等等。當然，可以請它協助 debug，或是提供測試資料。遇到錯誤時，千萬要有耐心，有時候你可能覺得你交代過了，但可能因為資訊太多，導致 ChatGPT 沒有一次處理到位，這時候請再次強調你的需求，以利 ChatGPT 修正。

如果你跟著書中的指令執行，也成功得出了一個智慧排班系統，肯定會很有成就感的，快一起來試試吧！

▶▶ 延伸學習 ｜ Google Apps Script

在 ▶▶ 步驟 5 裡面，我們學會了如何使用 VBA 幫助我們自動化工作流程，過去「手動」慢慢完成的工作，有了 VBA 的幫忙，現在只需一鍵就能搞定。VBA 是在 Excel 專屬的自動化工具，若你平常習慣使用 Google Sheet 作為你的資料管理工具，那麼你一定要認識這個 Google Sheet 裡的擴充功能——Apps Script！

> **什麼是 Google Apps Script (以下簡稱 GAS)？**
>
> 你可以把 VBA 和 GAS 想像成是「兩個平行世界的自動化幫手」，它們都是專門幫忙操作試算表和辦公軟體的自動化工具，但 VBA 適用於 Office 系列軟體，以本機作業為主；GAS 則是 Google 的雲端魔法師，線上協作能力最強。若你習慣在 Google Sheet 上進行資料整理，或是常態性有團隊協作需求，那麼僅需將詢問 ChatGPT 的指令裡的 VBA 改為 GAS，一樣能獲得具有自動化效果的程式碼喔！

在 Google Sheet 建立 GAS 程式碼

讓我們試著修改 ▶▶ 步驟 5 中的指令，將「Excel VBA 程式碼」改成「Google Apps Script 程式碼」、將「VBA」改成「GAS」：

請幫我寫一組 Google Apps Script 程式碼，建立「自動建立萬年排班表」功能：

- 使用者在「主頁」工作表輸入年份 (儲存格 C3)、月份 (儲存格 D3) 資料後，點擊圖案執行 GAS，GAS 會直接複製整份「主頁」工作表，新的工作表名稱格式為「年份-月份」。舉例來說：C3 為 2025，D3 為 4，則新的工作表名稱為「2025-04」。
- 若相同名稱的工作表已存在，彈出 MsgBox 提示。

把 VBA 改成 GAS，即可獲得 GAS 程式碼！

這是一組符合你需求的 Google Apps Script 程式碼，能夠根據「主頁」工作表的 C3（年份）與 D3（月份）自動建立「YYYY-MM」格式的新工作表，並在工作表名稱已存在時提示使用者。

✅ 步驟說明：

1. 使用者在「主頁」的 C3 輸入年份，D3 輸入月份。
2. 點擊圖片觸發腳本。
3. 程式會檢查是否已存在該名稱的工作表。
4. 若不存在，則複製整份「主頁」，並重新命名為「YYYY-MM」格式。
5. 若存在，則彈出提示視窗（MessageBox）。

✅ Google Apps Script 程式碼如下：

```javascript
function createScheduleSheet() {
  const ss = SpreadsheetApp.getActiveSpreadsheet();
  const homeSheet = ss.getSheetByName("主頁");

  // 讀取 C3 與 D3 的值
  const year = homeSheet.getRange("C3").getValue();
  const month = homeSheet.getRange("D3").getValue();

  // 格式化月份為兩位數（如：04）
  const formattedMonth = ('0' + month).slice(-2);
  const newSheetName = `${year}-${formattedMonth}`;

  // 可選：將新工作表移至最後
  ss.setActiveSheet(newSheet);
  ss.moveActiveSheet(ss.getSheets().length);
}
```

接下來，來看看如何在 Google Sheet 的介面加入這段程式碼吧！

① 點選「擴充功能」
② 點選「Apps Script」

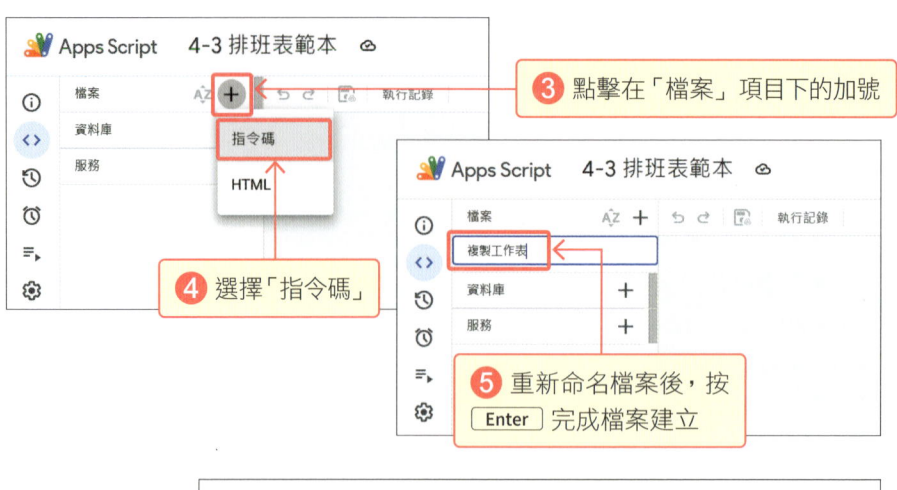

❸ 點擊在「檔案」項目下的加號

❹ 選擇「指令碼」

❺ 重新命名檔案後，按 Enter 完成檔案建立

❻ 刪除預設的程式碼

❼ 貼上 ChatGPT 複製來的程式碼

```
function createScheduleSheet() {
  const ss = SpreadsheetApp.getActiveSpreadsheet();
  const homeSheet = ss.getSheetByName("主頁");

  // 讀取 C3 與 D3 的值
  const year = homeSheet.getRange("C3").getValue();
  const month = homeSheet.getRange("D3").getValue();

  // 格式化月份為兩位數（如：04）
  const formattedMonth = ('0' + month).slice(-2);
  const newSheetName = `${year}-${formattedMonth}`;

  // 檢查工作表是否已存在
  const sheetExists = ss.getSheets().some(sheet => sheet.getName() === newSheetName);

  if (sheetExists) {
    SpreadsheetApp.getUi().alert(`工作表「${newSheetName}」已經存在！`);
    return;
  }

  // 複製工作表並重新命名
  const newSheet = homeSheet.copyTo(ss);
  newSheet.setName(newSheetName);

  // 可選：將新工作表移至最後
  ss.setActiveSheet(newSheet);
  ss.moveActiveSheet(ss.getSheets().length);
}
```

❽ 點擊「將專案儲存至雲端硬碟」

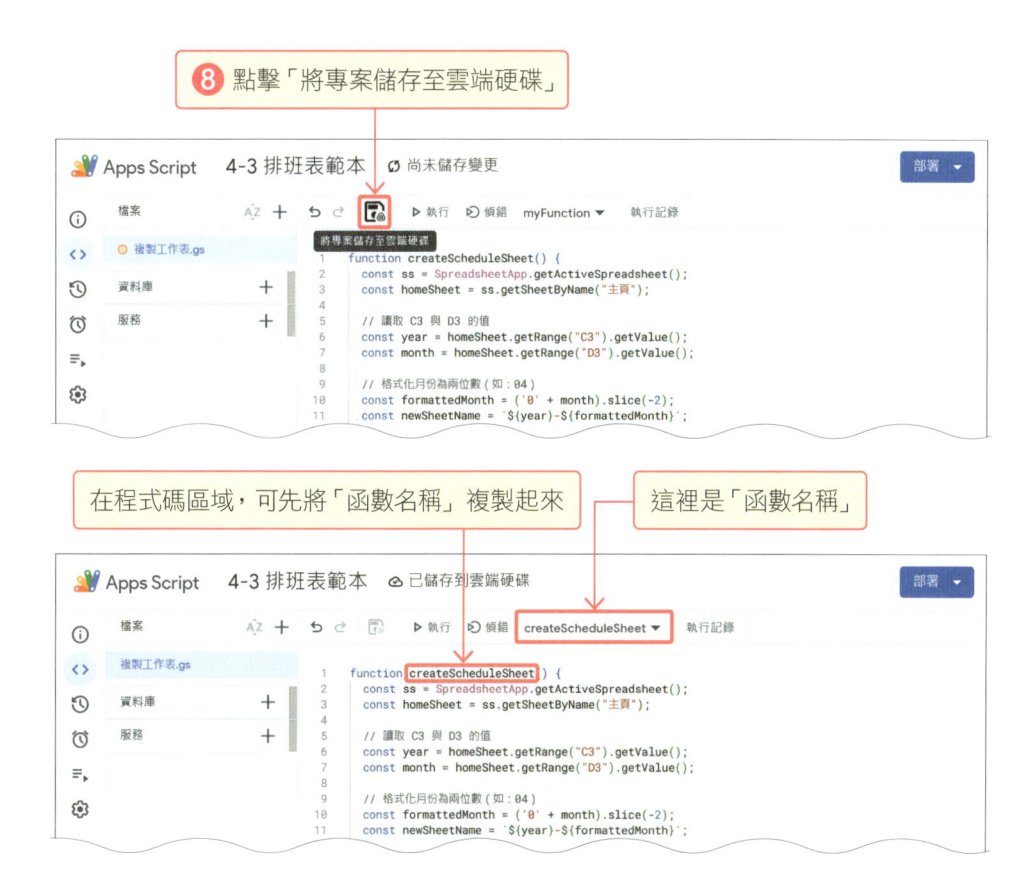

在程式碼區域，可先將「函數名稱」複製起來　　　這裡是「函數名稱」

將 GAS 程式碼指定到圖案

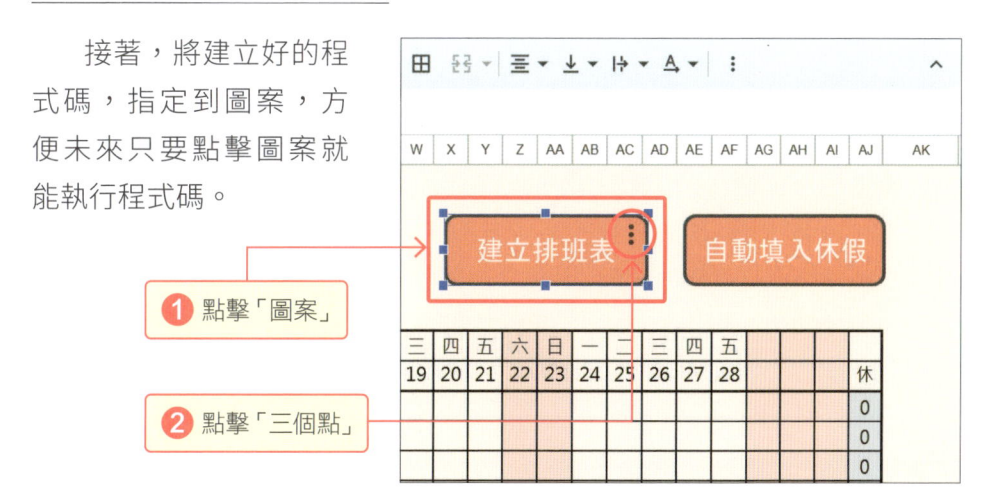

接著，將建立好的程式碼，指定到圖案，方便未來只要點擊圖案就能執行程式碼。

❶ 點擊「圖案」

❷ 點擊「三個點」

❸ 選擇
「指派指令碼」

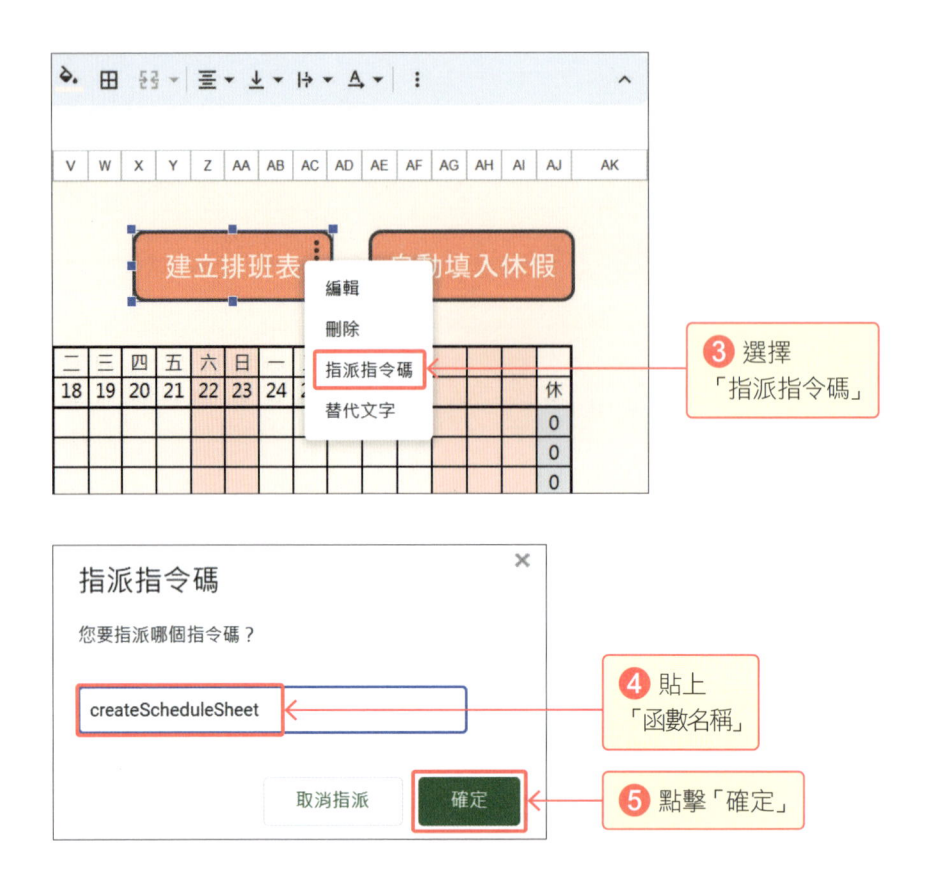

❹ 貼上
「函數名稱」

❺ 點擊「確定」

　　如此一來，點擊「建立排班表」圖案後，就能快速複製工作表啦！接續的步驟也是類似的，來試試看吧！

　　在本章中，我們示範了 Excel VBA 與 Google Apps Script 兩種常見的自動化工具。你可以根據工作情境、公司慣用平台，或團隊的協作習慣，靈活選擇最適合的工具，為你的工作流程帶來事半功倍的效率！

4-4 AI 強化資料視覺化與團隊協作 (Bricks)：追蹤動態金流的儀表板

第 4 章 AI × Excel 職場組合技

使用 4-4 個人財務預算管理 .xlsx

你有記帳的習慣嗎？記帳不只是單純的數字記錄，而是掌控財務的關鍵工具！透過記帳，你能清楚掌握收支狀況，避免不必要的開銷，有效規劃預算，減少衝動消費。不論是存錢買房、規劃旅遊，甚至是創業，財務管理都是成功的基石。

但，記帳總是讓人覺得繁瑣嗎？別擔心！這個單元將帶你運用 AI 技術 + Excel，讓記帳變得更智慧、更輕鬆，最終會打造出兩種專業級動態儀表板，一個是使用 Excel，另一個是使用線上 AI 工具 Bricks，讓財務管理不再是苦差事，而是一種樂趣！準備好了嗎？讓我們開始吧！

先來看看用 Excel 製作的動態儀表板。透過切換器，你可以一鍵查看不同月份的收支狀況。舉例來說，點擊「2月」，即能快速切換、看到不同月份的收支情況。

那使用 Bricks 製作出的動態儀表板長怎樣呢？讓我賣個關子，絕對比 Excel 的更精彩，我們完成 Excel 的動態儀表板後再揭曉。

4-67

▶▶ 步驟 1 | 設計 Excel 架構

首先,我們需要建立一張記錄所有交易細節的工作表,包含日期、類別 (如收入、支出等)、子類別 (如購物、食物、娛樂等)、細目和金額欄位,這將成為後續分析的基礎。

	A	B	C	D	E
1	日期	類別	子類別	細目	金額
2	2025/1/1	收入	正職	1 月薪資發放 - 公司入帳	50,000
3	2025/1/1	固定開銷	房租	1 月房租繳費	20,000
4	2025/1/3	支出	食物	85 度 C 咖啡 / TW Taipei	120
5	2025/1/5	儲蓄	買房	房屋基金儲蓄 - 每月定存	15,000
6	2025/1/5	固定開銷	電話費	手機月租費 - 台灣大哥大	999
7	2025/1/8	固定開銷	水電費	台電電費固定開銷	1,800
8	2025/1/10	儲蓄	旅遊	日本旅遊存款	5,000
9	2025/1/12	固定開銷	網路費	家用光纖網路 - 中華電信	1,200
10	2025/1/12	支出	交通	計程車車資	500
11	2025/1/15	收入	斜槓	接案收入 - 平面設計	8,500
12	2025/1/15	支出	娛樂	Netflix 月費	390
13	2025/1/15	支出	娛樂	電子遊戲購買 - Steam	1,200
14	2025/1/18	儲蓄	子女教育	教育基金 - 私立學校學費預備	8,000
15	2025/1/18	支出	健康	健身中心會員月費	2,500
16	2025/1/20	收入	投資	股票股利配發	2,200
17	2025/1/22	支出	學習	Udemy 線上課程	1,500
18	2025/1/25	收入	其他	政府育兒補助	5,000
19	2025/1/25	儲蓄	買車	汽車購置基金存款	10,000
20	2025/1/28	支出	購物	Nike 運動鞋購買	2,800

交易記錄 統計總表 金流透視儀錶板

> **小提醒**:記得將資料轉成表格,這樣後續進行樞紐分析時,才能快速更新數據!如果忘了怎麼做,可以回到 2-2 小節複習喔!

▶▶ 步驟 2 | 用 AI 快速輸入交易記錄

過去記帳可能需要手動輸入,但現在你可以透過 ChatGPT 幫你加速處理!例如截圖信用卡交易明細,請 AI 幫你整理成 Excel 表格,大幅減少輸入時間。

消費日	入帳起息日	消費明細	外幣折算日	幣別金額/幣別	新台幣金額
2025/01/03	2025/01/04	85 度 C 咖啡 / TW Taipei			120
2025/01/12	2025/01/13	計程車車資			500
2025/01/14	2025/01/16	Netflix 月費			390
2025/01/15	2025/01/16	電子遊戲購買 - Steam			1,200
2025/01/18	2025/01/19	健身中心會員月費			2,500
2025/01/22	2025/01/23	Udemy 線上課程			1,500
2025/01/28	2025/01/29	Nike 運動鞋購買			2,800
2025/01/30	2025/02/03	和民壽喜燒 / TW Taipei			980
2025/02/09	2025/02/10	台北捷運月票			1,280
2025/02/12	2025/02/13	演唱會門票			3,500
2025/02/15	2025/02/16	Spotify Premium			480
2025/02/15	2025/02/16	醫院門診掛號費			700
2025/02/18	2025/02/19	語言補習班學費			6,000
2025/02/24	2025/02/25	Dyson 吹風機購買			9,800
2025/03/07	2025/03/08	Uber 乘車費			1,000
2025/03/10	2025/03/11	遊樂園門票 / TW Taipei			1,800
2025/03/13	2025/03/16	醫院掛號費 / TW Taipei			500
2025/03/15	2025/03/16	Disney+ 月費			270
2025/03/18	2025/03/19	書店購書 / TW Taipei			960
2025/03/27	2025/03/28	Apple Store 購物			5,400

這是我的信用卡消費明細，請整理成結構化的表格，以利我貼到 Excel 進行記帳管理。

表格欄位依序為：日期、類別、子類別、細目、金額

信用卡消費的類別為「支出」，子類別有「食物、交通、娛樂、健康、學習、購物」，請根據消費明細進行合適的分類。

滑鼠移到表格右上角，會出現「複製表格」，點擊即可複製

日期	類別	子類別	細目	金額
2025/01/03	支出	食物	85 度 C 咖啡 / TW Taipei	120
2025/01/12	支出	交通	計程車車資	500
2025/01/14	支出	娛樂	Netflix 月費	500
2025/01/15	支出	娛樂	電子遊戲購買 - Steam	390
2025/01/18	支出	健康	健身中心會員月費	1200
2025/01/22	支出	學習	Udemy 線上課程	2500
2025/01/28	支出	購物	Nike 運動鞋購買	1500
2025/01/30	支出	食物	和民壽喜燒 / TW Taipei	2800

2025/03/10	支出	娛樂	遊樂園門票 / TW Taipei	1000
2025/03/13	支出	健康	醫院掛號費 / TW Taipei	1800
2025/03/15	支出	娛樂	Disney+ 月費	270
2025/03/18	支出	娛樂	書店購書 / TW Taipei	960
2025/03/27	支出	購物	Apple Store 購物	5400

不過要注意，由於部分信用卡細目可能不夠清楚，AI 可能會出現分類錯誤。例如，書店購書被分到「娛樂」，但希望可以被歸類成「學習」。如果你是使用付費版的 ChatGPT，會生成互動式表格，讓你能直接修改內容；如果你是使用免費版，則能透過對話請它繼續修改。

除了使用 ChatGPT，也可以將生成的表格貼回到 Excel，利用 **GPT for Excel (Excel 專屬的 AI 功能)** 來調整。不管是透過「**自訂提示**」或是「**批次分類**」都可以順利修正類別錯誤！還能用 Instructions 進一步下指令，讓修正更精準！

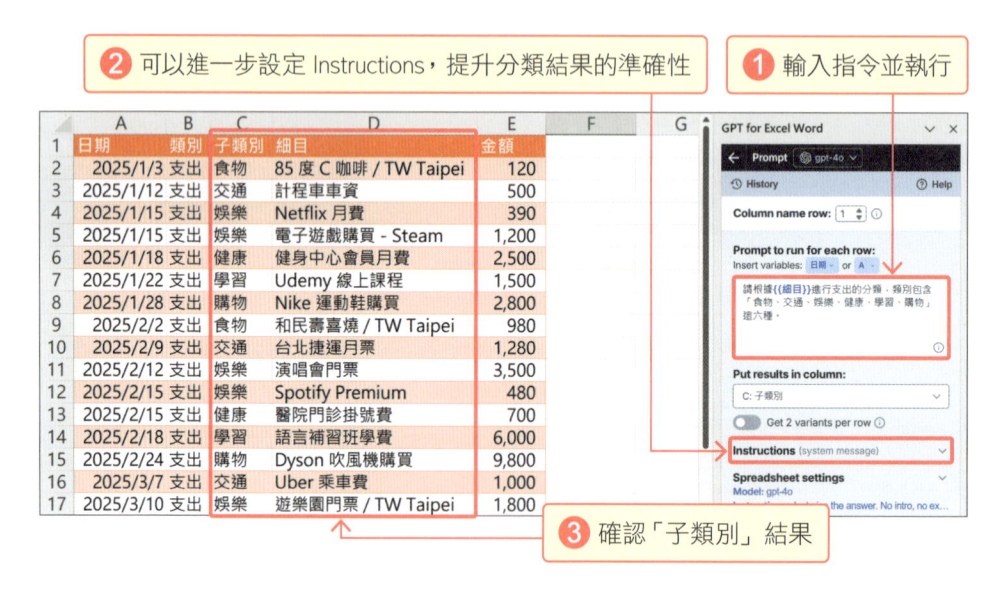

❷ 可以進一步設定 Instructions，提升分類結果的準確性　❶ 輸入指令並執行

❸ 確認「子類別」結果

你會發現，當細目內容夠清楚的時候，AI 的分類能力幾乎沒有失誤了！現代人常以信用卡、電子支付方式來消費，將這些收據資料餵給 AI，一下就完成記帳了！記帳比想像中更簡單吧？

▶▶ 步驟 3 ｜ 建立統計總表

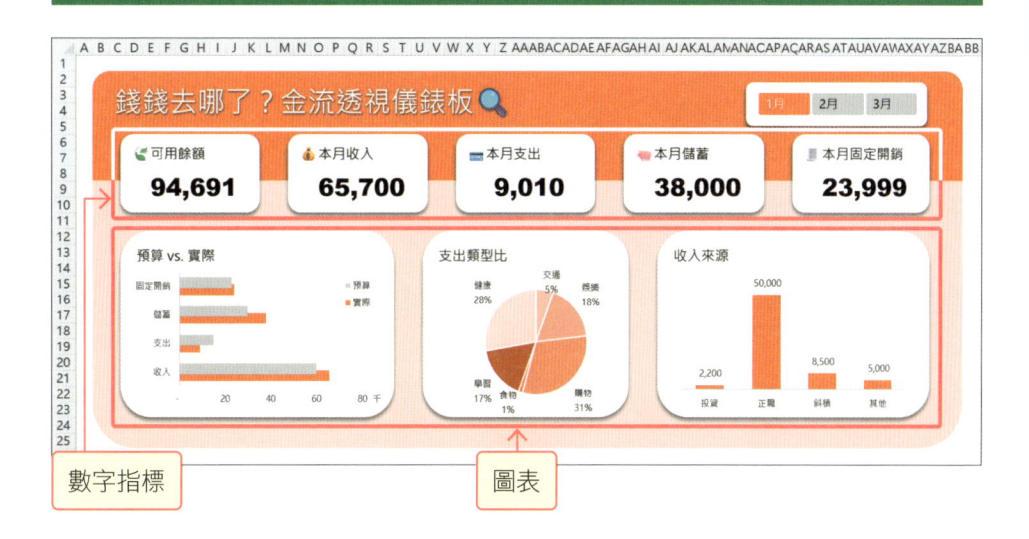

上方的儀表板有 **5 個數字指標** 與 **3 個圖表**，分別是「預算 vs. 實際橫條圖」、「支出類型比圓形圖」、「收入來源直條圖」。為了做出這些圖表，必須準備好對應的摘要資料，這會用到 2-8 小節學過的「樞紐分析」功能。

首先，我們要建立一張「統計總表」，裡面分成兩大區塊，分別為「金流總攬」和「樞紐分析表」。接下來，將說明如何建立這些資料，以利製作後續的動態儀表板。

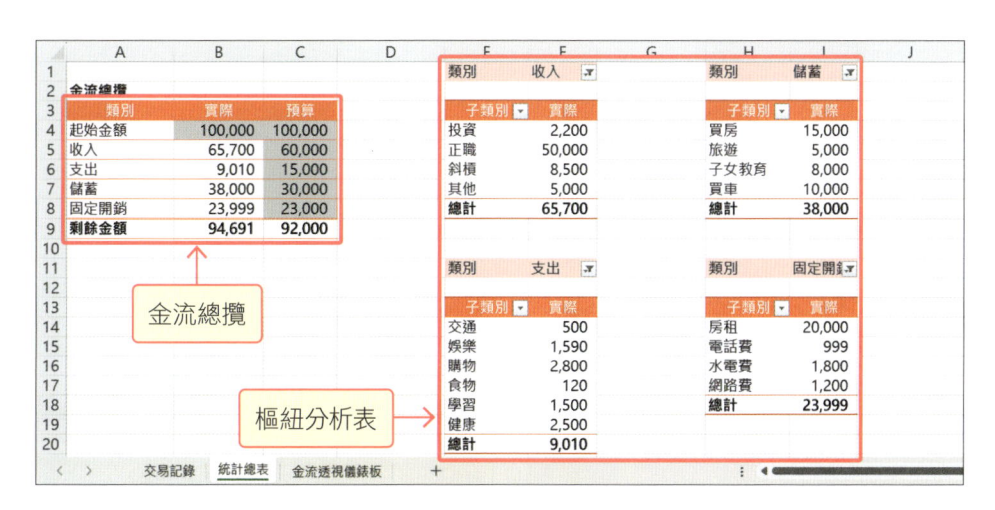

4-71

樞紐分析表

透過「交易記錄」工作表的四大金流類別「收入、支出、儲蓄、固定開銷」，可以進一步製作樞紐分析表，並**進行統計摘要**。

舉例來說，為了掌握「收入」來源有哪些，必須製作出「收入」樞紐分析表。下方以「收入」來示範樞紐分析表的欄位設定，而「支出、儲蓄、固定開銷」樞紐分析表也是相同作法，在此不重複示範了。

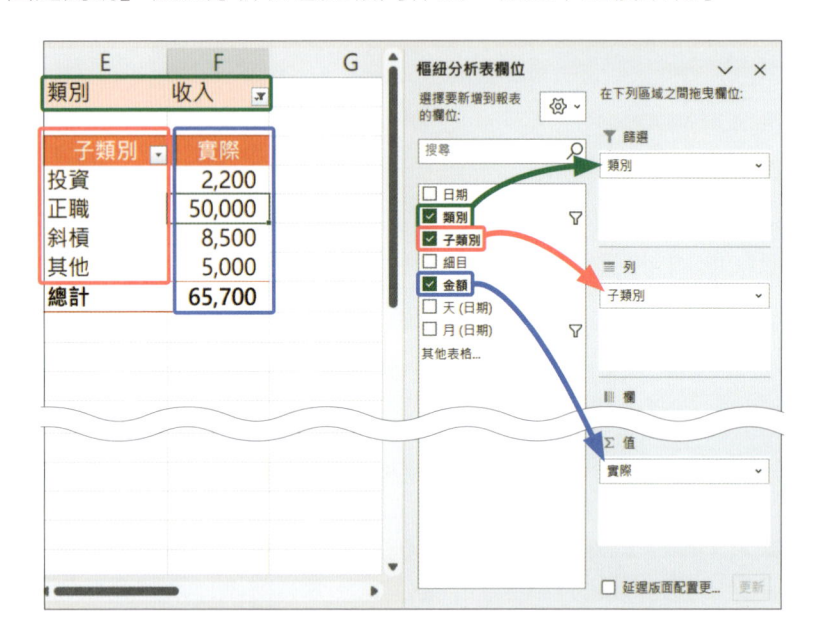

子類別	實際
投資	2,200
正職	50,000
斜槓	8,500
其他	5,000
總計	65,700

類別：收入

樞紐分析表欄位設定：
- 篩選：類別
- 列：子類別
- 值：實際

金流總攬

金流總攬用來快速**掌握整體現金流的「實際和預算情況」**，灰色底色處為需要手動輸入的起始金額、預算金額，而四大類別的實際金額，則是直接連動到樞紐分析表的加總結果。最後再透過簡單的四則運算公式，算出剩餘可用金額。

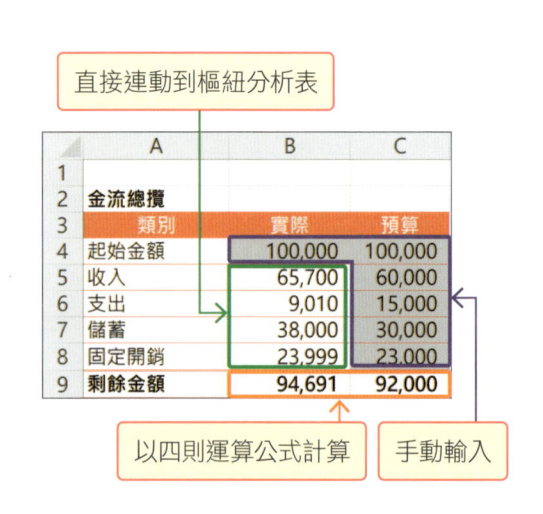

	A	B	C
1			
2	金流總攬		
3	類別	實際	預算
4	起始金額	100,000	100,000
5	收入	65,700	60,000
6	支出	9,010	15,000
7	儲蓄	38,000	30,000
8	固定開銷	23,999	23,000
9	剩餘金額	94,691	92,000

直接連動到樞紐分析表

以四則運算公式計算　　手動輸入

先來看看四大類別的實際金額，是如何直接連動到樞紐分析表的加總結果。以實際「收入」為例：

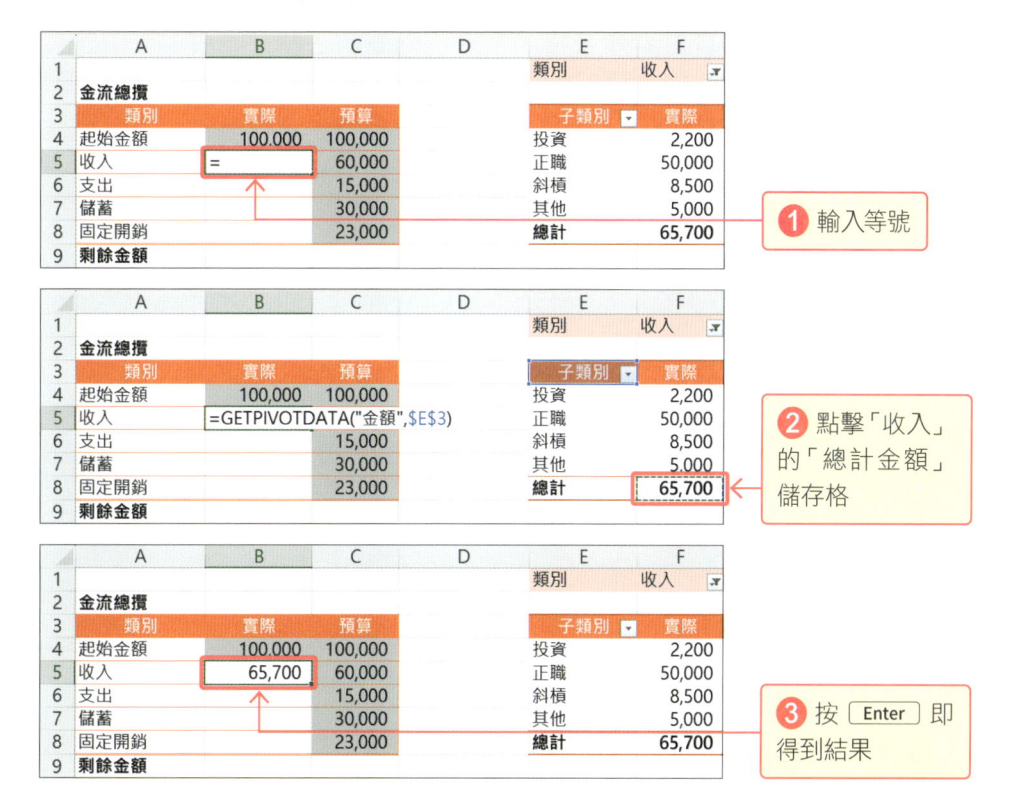

	A	B	C	D	E	F
1					類別	收入
2	金流總攬					
3	類別	實際	預算		子類別	實際
4	起始金額	100,000	100,000		投資	2,200
5	收入	=	60,000		正職	50,000
6	支出		15,000		斜槓	8,500
7	儲蓄		30,000		其他	5,000
8	固定開銷		23,000		總計	65,700
9	剩餘金額					

❶ 輸入等號

	A	B	C	D	E	F
1					類別	收入
2	金流總攬					
3	類別	實際	預算		子類別	實際
4	起始金額	100,000	100,000		投資	2,200
5	收入	=GETPIVOTDATA("金額",$E$3)			正職	50,000
6	支出		15,000		斜槓	8,500
7	儲蓄		30,000		其他	5,000
8	固定開銷		23,000		總計	65,700
9	剩餘金額					

❷ 點擊「收入」的「總計金額」儲存格

	A	B	C	D	E	F
1					類別	收入
2	金流總攬					
3	類別	實際	預算		子類別	實際
4	起始金額	100,000	100,000		投資	2,200
5	收入	65,700	60,000		正職	50,000
6	支出		15,000		斜槓	8,500
7	儲蓄		30,000		其他	5,000
8	固定開銷		23,000		總計	65,700
9	剩餘金額					

❸ 按 Enter 即得到結果

接著，將「支出、儲蓄、固定開銷」的實際加總結果，利用同樣的方式連動到金流總攬。

	A	B	C
1			
2	金流總攬		
3	類別	實際	預算
4	起始金額	100,000	100,000
5	收入	65,700	60,000
6	支出	9,010	15,000
7	儲蓄	38,000	30,000
8	固定開銷	23,999	23,000
9	剩餘金額		

最後，來看看如何計算剩餘金額。只需寫個公式計算出「起始金額 + 收入 - 支出 - 儲蓄 - 固定開銷」的結果，就知道剩餘多少錢可以用了！記得將公式複製到右邊的預算剩餘金額。

B9　fx　=B4+B5-B6-B7-B8

	A	B	C
1			
2	金流總攬		
3	類別	實際	預算
4	起始金額	100,000	100,000
5	收入	65,700	60,000
6	支出	9,010	15,000
7	儲蓄	38,000	30,000
8	固定開銷	23,999	23,000
9	剩餘金額	94,691	92,000

▶▶ 步驟 4 ｜製作 Excel 動態儀表板

現在，我們來將統計總表轉換為視覺化圖表吧！先來比一比，儀表板中的數字和圖表，分別是對應到統計總表的哪些資料呢？

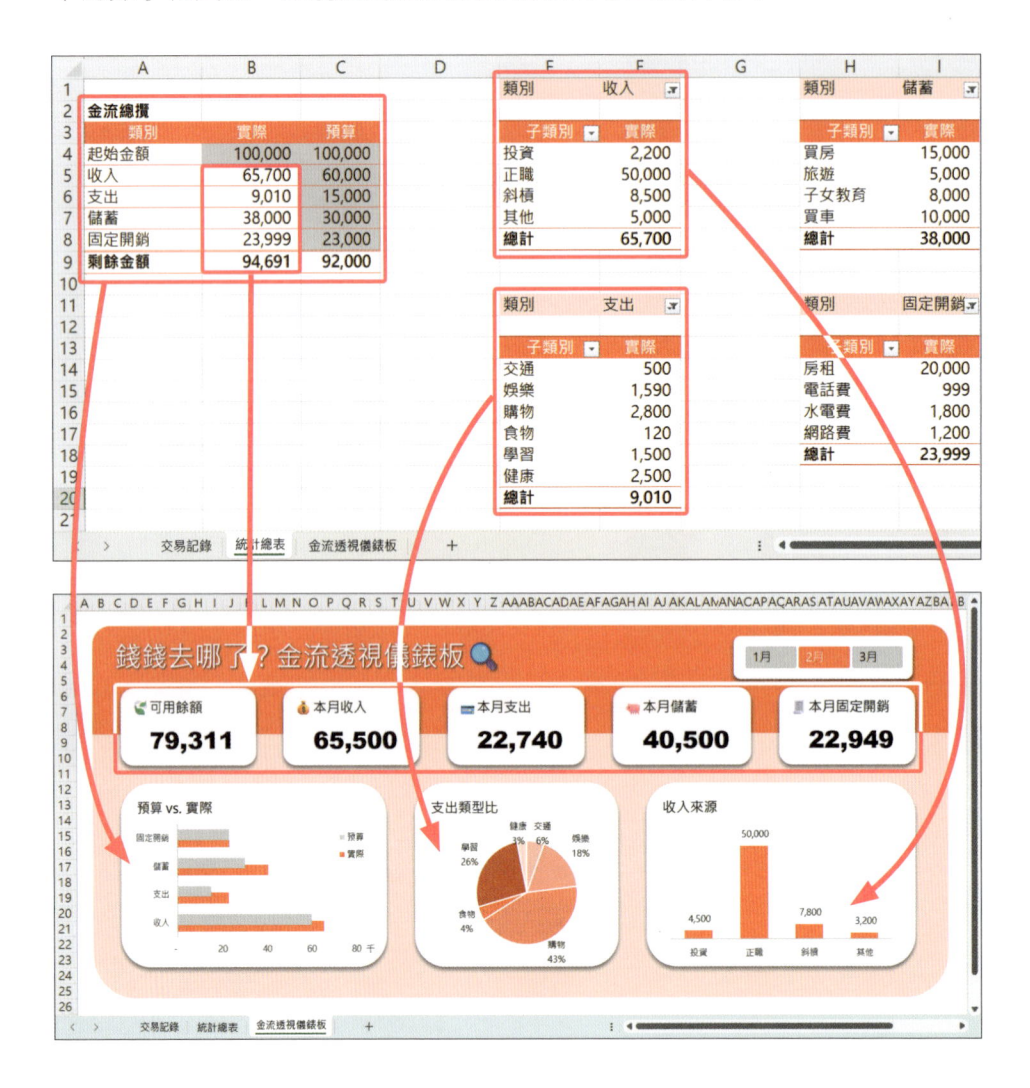

建立圖表

「預算 vs. 實際」圖表是將「金流總攬」中的部分資料建立成圖表，作法是將資料範圍選起來後，再插入圖表，即可完成基礎圖表的建置。

❷ 點選「插入」

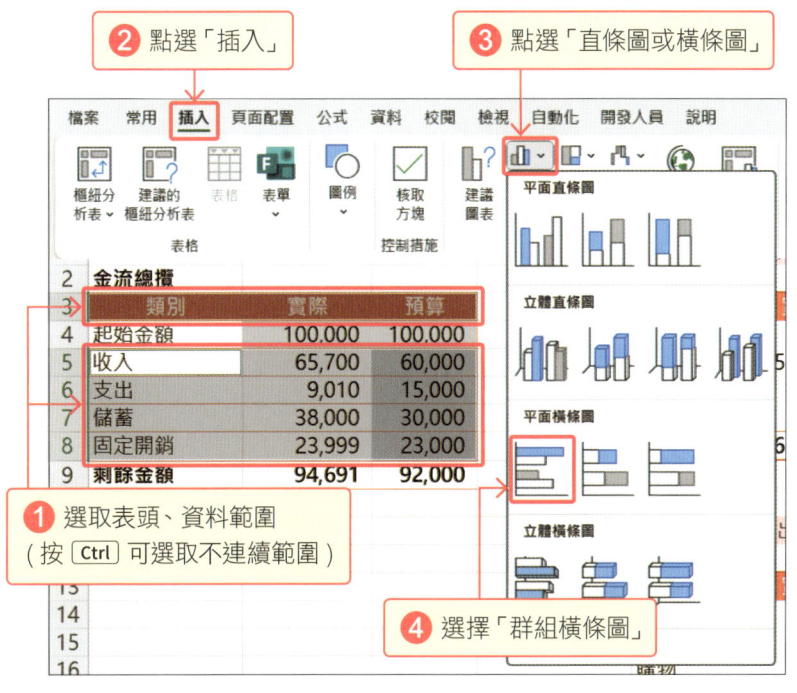

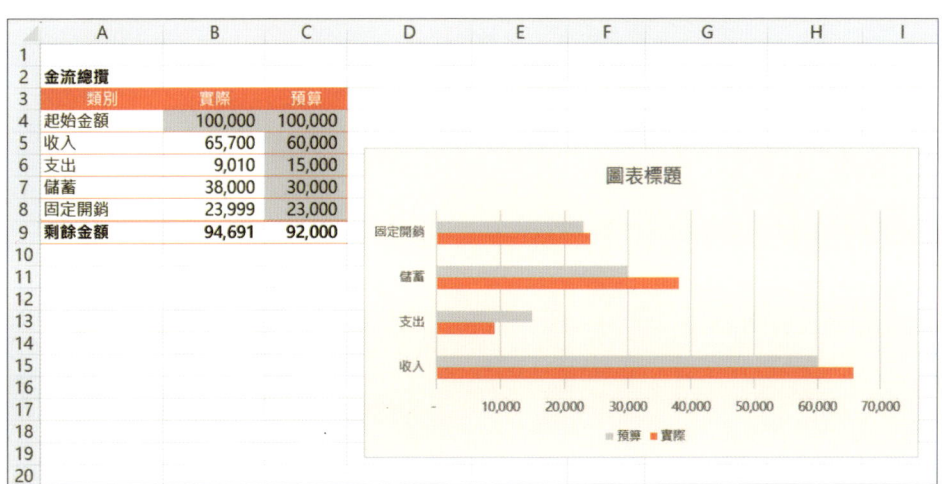

❸ 點選「直條圖或橫條圖」

❶ 選取表頭、資料範圍
（按 Ctrl 可選取不連續範圍）

❹ 選擇「群組橫條圖」

▲ 順利建立「預算 vs. 實際」圖表

接著，來看看如何幫「樞紐分析表」建立圖表。只要選取樞紐分析表內的任一個儲存格，即可插入圖表。無須像金流總攬一樣，得自己選取資料範圍。

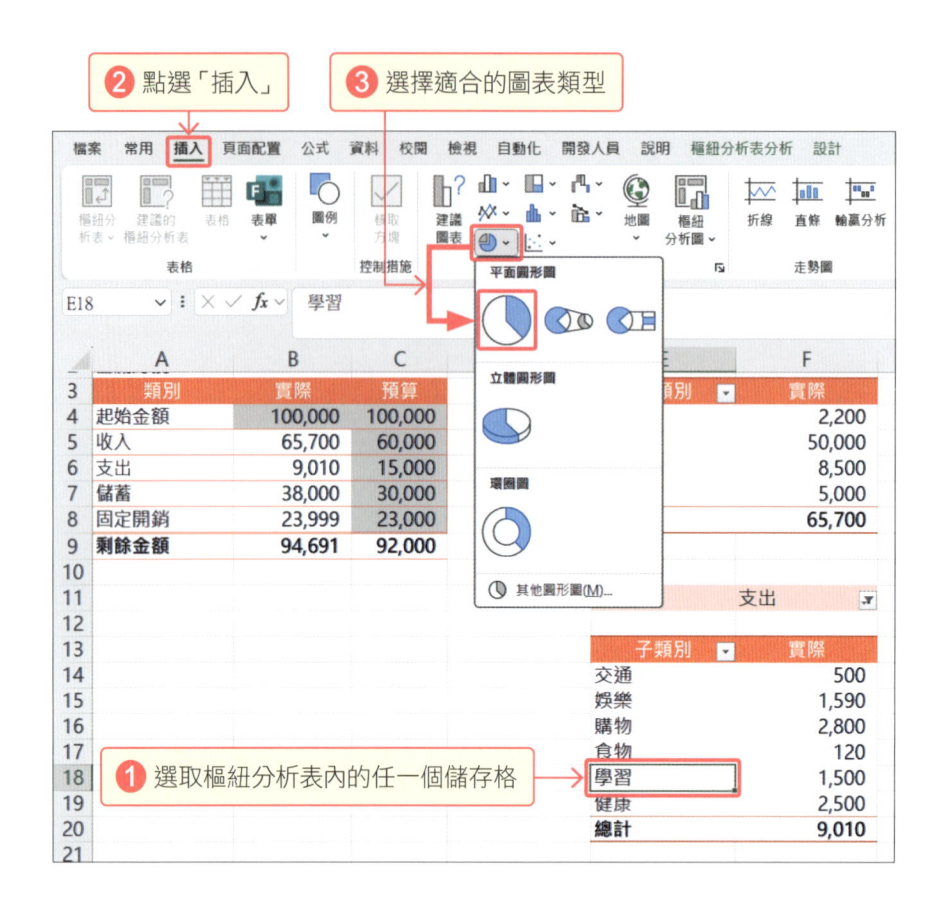

❷ 點選「插入」
❸ 選擇適合的圖表類型

❶ 選取樞紐分析表內的任一個儲存格

建立卡片指標

要怎麼建立儀表板上的卡片指標？它其實是由兩個元素組成，一個是「圖案」，一個是「文字方塊」。

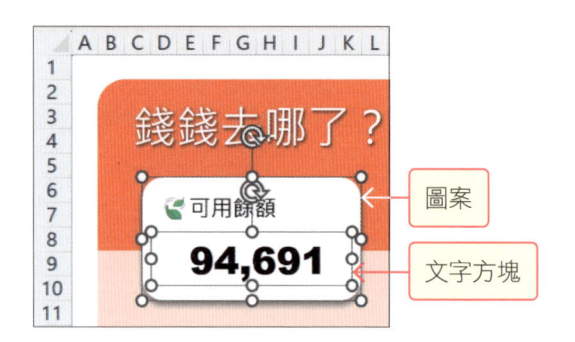

圖案
文字方塊

如何讓儀表板上的數字能連動到「統計總表」內的資料？僅須**選取文字方塊**後，在資料編輯列**輸入「等於公式」**(如：= 統計總表!B9) 即可。

4-76

① 選取文字方塊

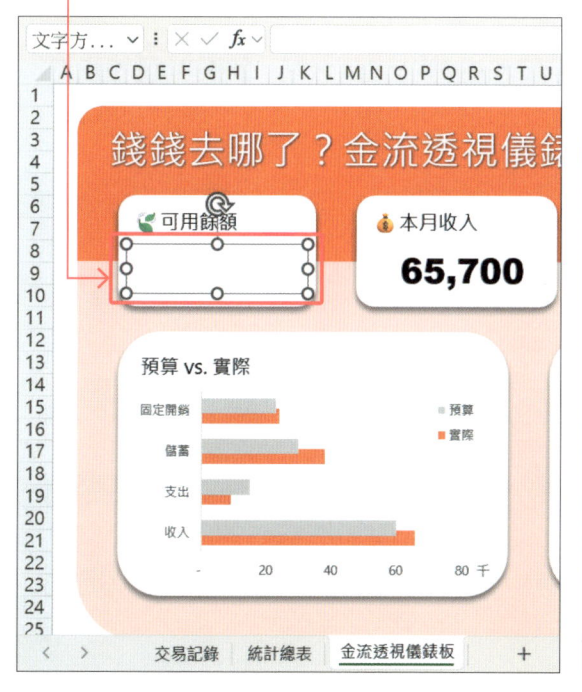

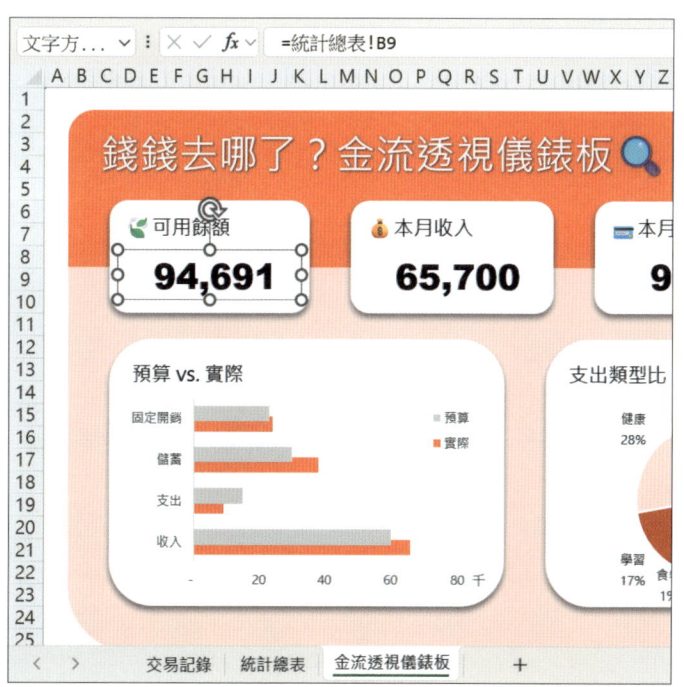

② 在資料編輯列輸入「=」

③ 選取統計總表的目標儲存格後，按 Enter

◀ 儀表板上的數字順利連動到「統計總表」內的資料

4-77

建立交叉分析篩選器

由於「交易記錄」累積了 1 ~ 3 月的資料，為了讓儀表板一次僅顯示一個月的狀態，可以插入交叉分析篩選器。如此一來，**點擊按鈕就能切換月份**，讓篩選更容易！

不過在交易記錄中，並沒有欄位單純記錄月份資料，僅有完整的交易日期，因此必須先透過日期欄位建立「月份群組」。建立方式可參考前面 2-8 小節的樞紐分析，當建立好「月份群組」後，就可以插入交叉分析篩選器了！

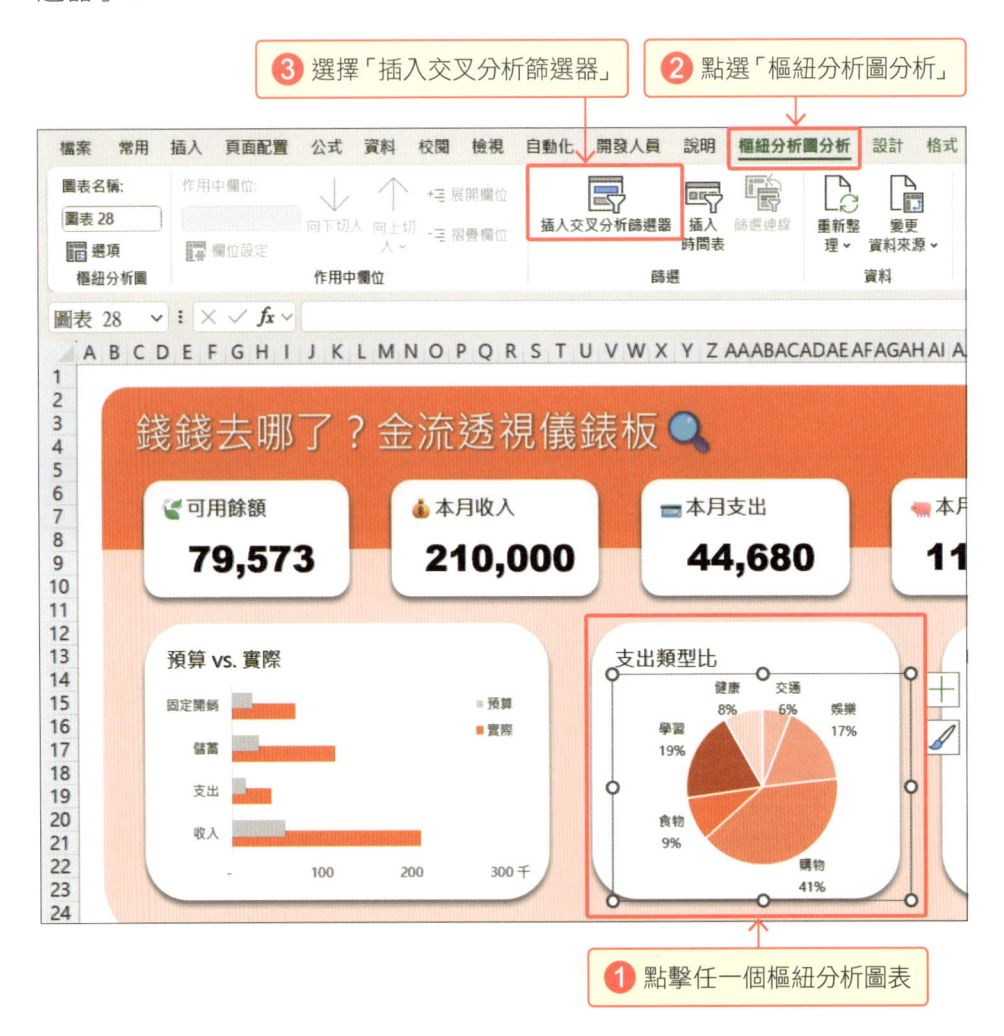

❸ 選擇「插入交叉分析篩選器」

❷ 點選「樞紐分析圖分析」

❶ 點擊任一個樞紐分析圖表

❹ 選擇「月（日期）」

❺ 點擊「確定」

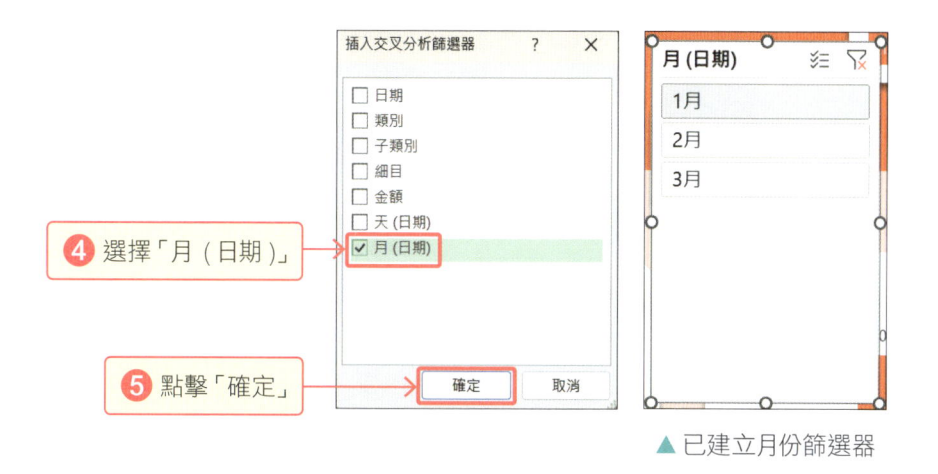

▲ 已建立月份篩選器

> 當你的交易記錄累積了 12 個月份的資料後，你會發現月份的排序變成這樣：

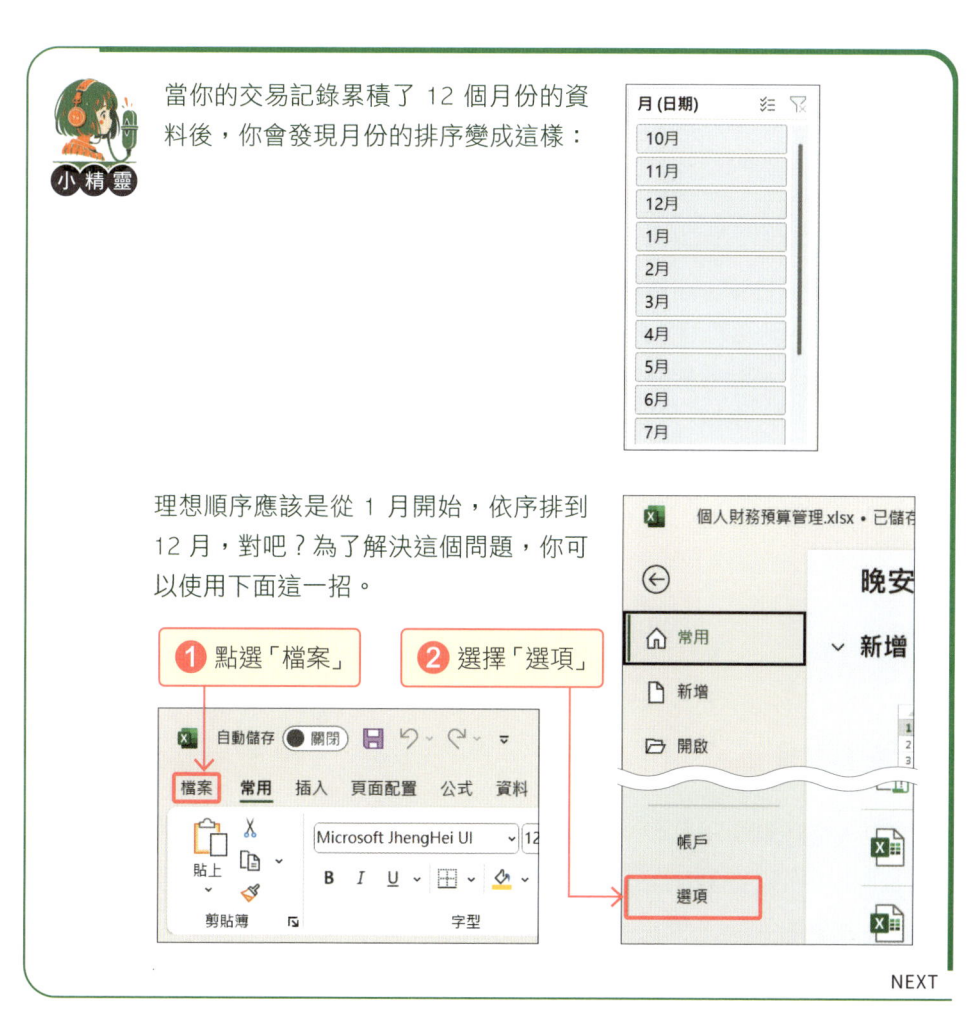

理想順序應該是從 1 月開始，依序排到 12 月，對吧？為了解決這個問題，你可以使用下面這一招。

❶ 點選「檔案」

❷ 選擇「選項」

NEXT

4-79

④ 在「一般」下，選擇「編輯自訂清單」

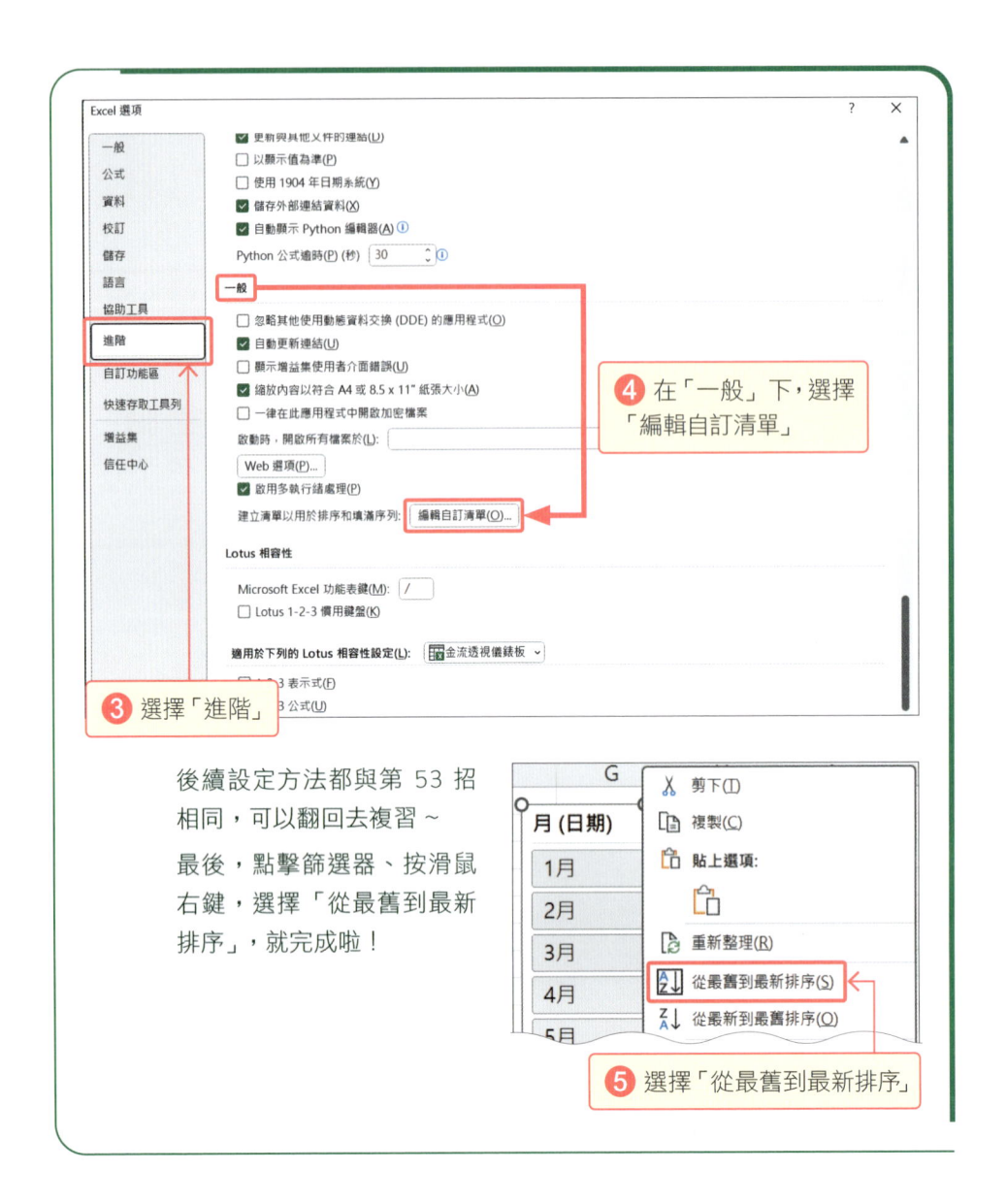

③ 選擇「進階」

後續設定方法都與第 53 招相同，可以翻回去複習～

最後，點擊篩選器、按滑鼠右鍵，選擇「從最舊到最新排序」，就完成啦！

⑤ 選擇「從最舊到最新排序」

建立報表連線

　　由於我們剛剛只有針對「支出類型比」的圓形圖，插入月份的交叉分析篩選器，所以當我們點選不同月份、切換月份資料時，其他圖表並不會一起跟著連動。為了讓這個月份篩選器能對所有樞紐分析資料起作用，必須「建立報表連線」。

▶ 4-80

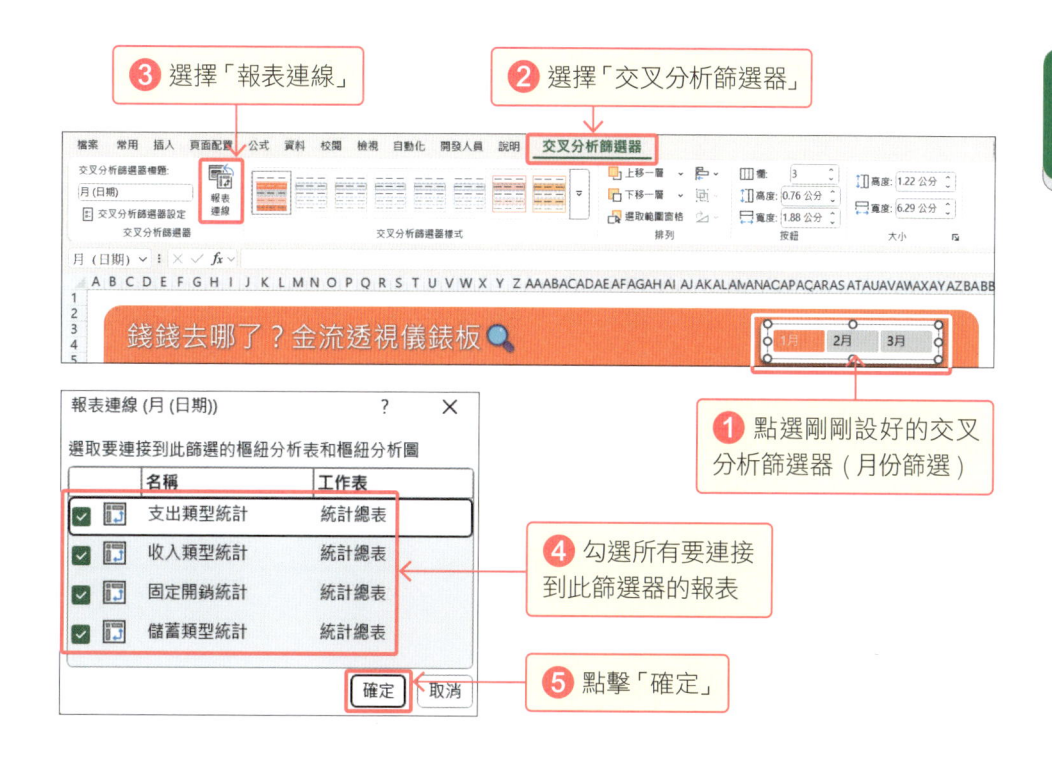

❸ 選擇「報表連線」　　❷ 選擇「交叉分析篩選器」

❶ 點選剛剛設好的交叉分析篩選器（月份篩選）

❹ 勾選所有要連接到此篩選器的報表

❺ 點擊「確定」

如此一來，篩選器就能連動到儀表板上的所有資料！

你可能會好奇如何使用這個儀表板？當你在「交易記錄」表添加資料後，僅須在「資料」下選擇「全部重新整理」，如此一來「交易記錄」表格中新增的資料，就會更新進「統計總表」和「金流透視儀表板」啦！

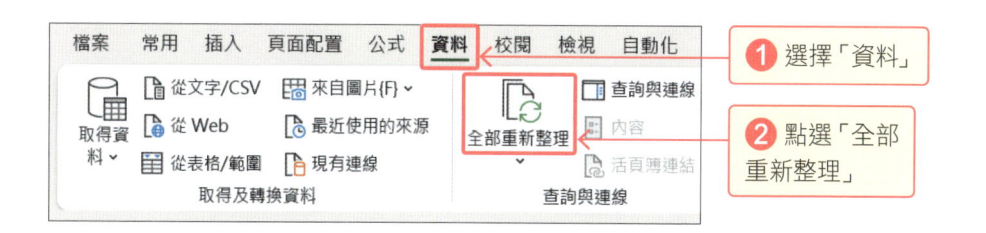

❶ 選擇「資料」

❷ 點選「全部重新整理」

看到這邊，是不是有種更認識樞紐分析的感覺呢？製作動態儀表板是不是比你想像中的更簡單？從這個月起，開始試著使用這個儀表板來掌握自己的金流預算吧！

▶▶ 延伸學習｜製作 Bricks 動態儀表板

使用 4-4 交易紀錄 .xlsx

前面介紹的 Excel 儀表板已經很厲害了，但若要跟同事一起協作，會沒辦法在不同電腦中，同步更新同一份 Excel 檔案，當然也沒辦法隨時用手機來查看。這時候，不妨試試使用 Bricks 來製作動態儀表板吧！

這款提供免費方案的線上 AI 工具，能透過提問方式，快速建立圖表，並將圖表整合成儀表板，最終可發布成網頁、簡報等形式，不限軟體、裝置限制，可輕鬆分享給同事！

> **小精靈**
>
> **Bricks 網址**
>
> https://www.thebricks.com/

註冊帳戶

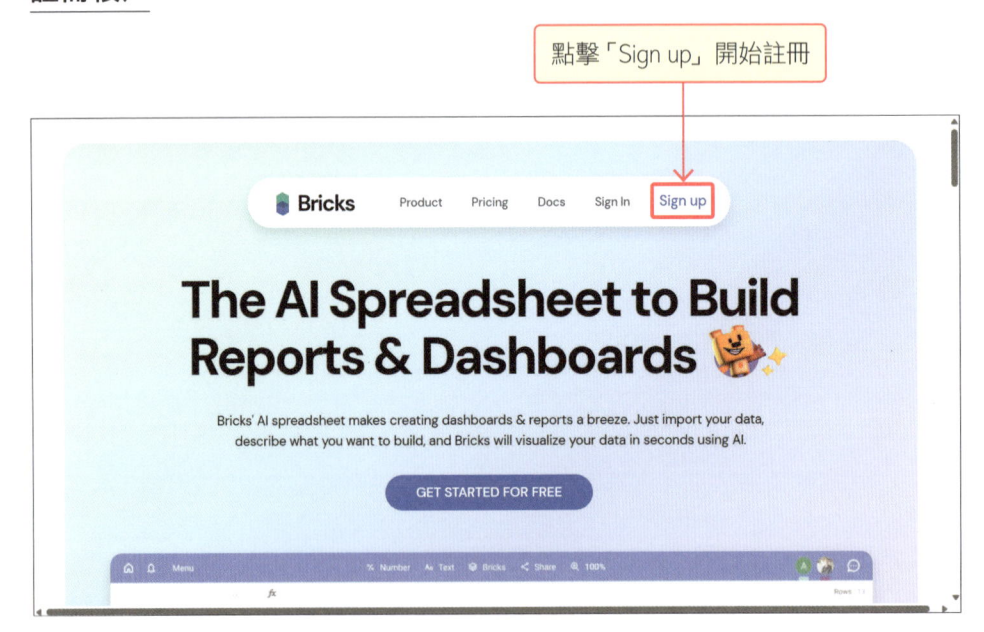

點擊「Sign up」開始註冊

4-82

建立新檔案

成功註冊完後，就會進到 Bricks 的首頁，點擊右上角的「Create New」即可建立新的檔案。

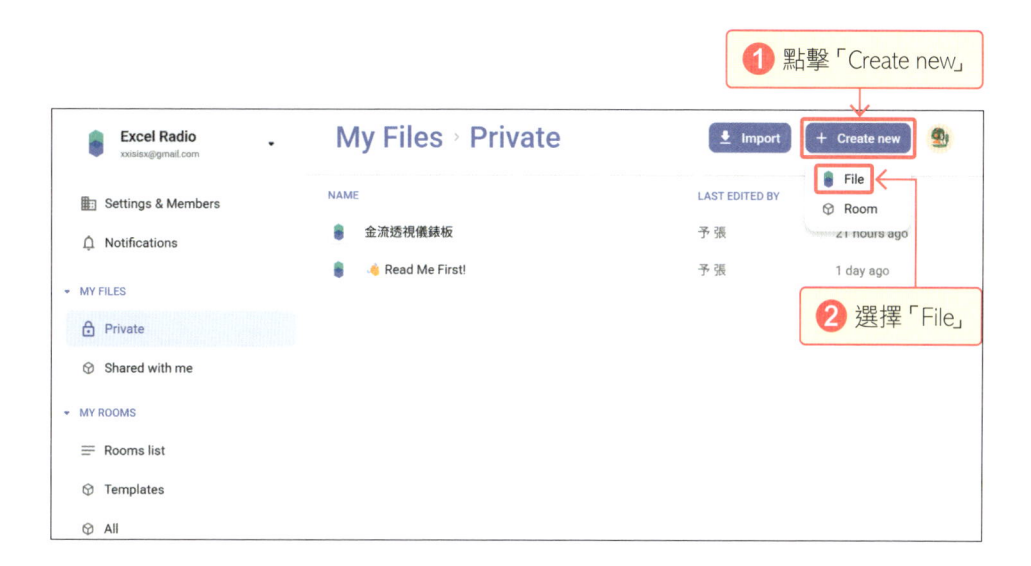

Bricks 提供兩種不同類型的版面配置，一種叫 Grid，一種叫 Board。Grid 如同大家熟悉的 Excel 工作表，而 Board 則適合用來做儀表板或是簡報呈現，後面會介紹到兩種的應用差異。

在 Bricks 裡面，可以同時有很多個 Grid 或 Board，新建檔案時預設會各有一個，如果需要添加新的，點擊左欄列表下方的「Add new」即可。

匯入交易紀錄資料

將本書提供的範例檔「**4-4 交易紀錄.xlsx**」匯入到 Bricks。

> 小提醒
>
> 上傳的檔案格式目前支援 xlsx 和 csv。
>
> 若上傳的檔案格式為 xlsx，裡面不能有樞紐分析表和圖表，否則會造成錯誤。

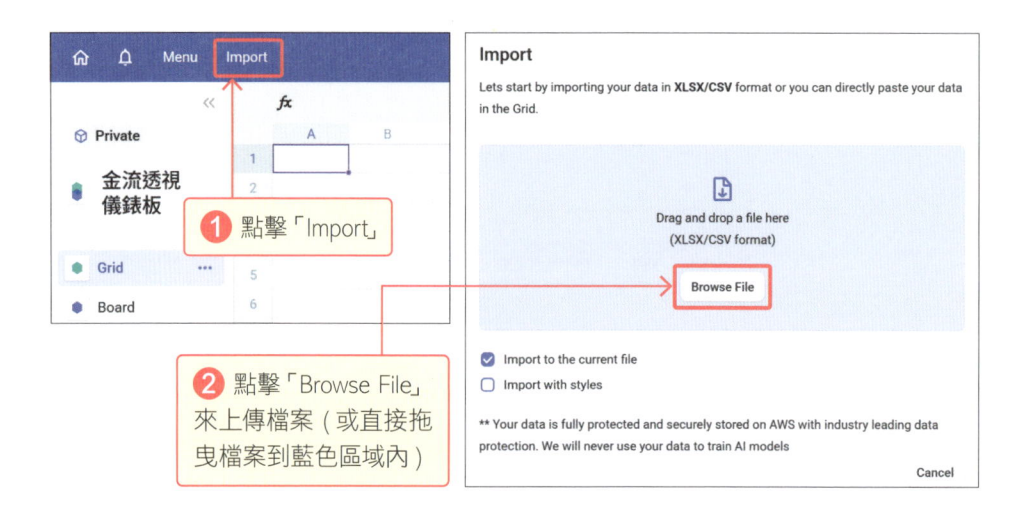

▲ 成功匯入檔案

請注意！匯入的資料會自動形成表格 (Table)，名稱為「Table_01」，結構化的資料表格有助於使用 AI 建立圖表的表現。

> 小精靈：若將 Bricks 的表格名稱改為中文，可能導致後續功能無法正常運作，我已將此問題回報給 Bricks 團隊，很有可能你在嘗試時，此問題已經修復完畢。

使用 AI 建立圖表

指令為：**使用 Table_01 的資料建立一個圓形圖，根據「類別」欄位進行資料分組**。

❶ 輸入指令　❷ 點擊「發送」

4-85

❸ 點擊「圖表標題」變更名稱

❹ 點擊「Edit」可以編輯更多內容

圓形圖就畫好啦！圖表都可以再編輯！

❺ 編輯完記得點擊「Save to grid」，完成更新

　　如果暫時用不到 AI，可以點擊「x」關閉視窗，需要時再點擊右下角的「閃電符號」呼叫它出來即可。

4-86

關閉 AI 對話視窗

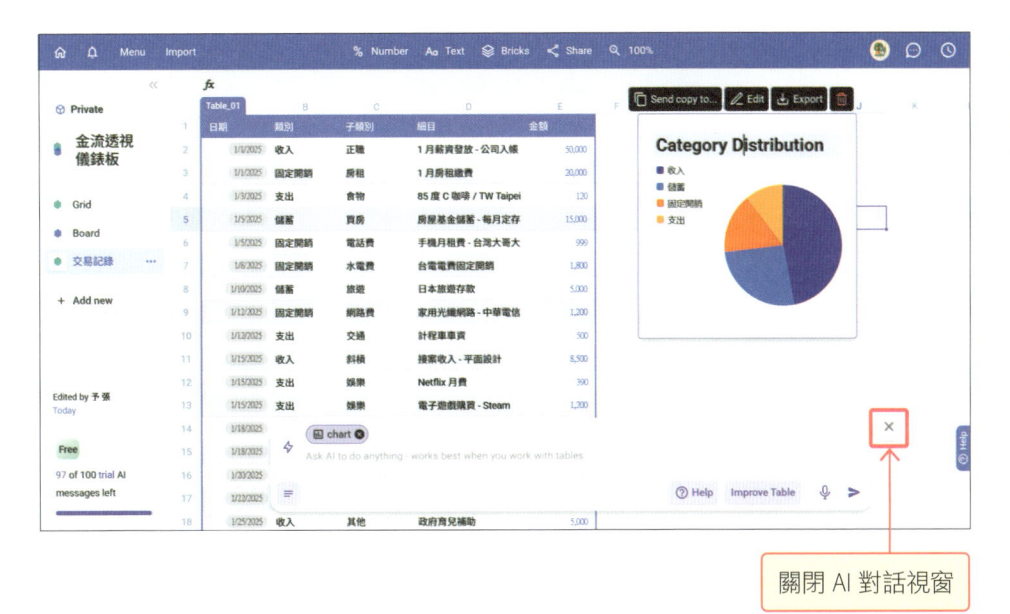

開啟 AI 對話視窗

除了圓形圖，Bricks 提供非常多不同類型的圖表，等著你去嘗試。讓我們來試試，如何請 AI 生成一個按照月份群組的折線圖。後續如果希望進一步依據「類別」分組，也能透過編輯圖表來完成。

指令為：**使用 Table_01 的資料建立一個折線圖，可看出每個月份的「金額」加總。X 軸為「月份」，Y 軸為「金額」加總。**

1 輸入指令
2 點擊「發送」
使用 Table_01 的資料建立一個折線圖，可看出每個月份的「金額」加總，X 軸為「月份」，Y 軸為「金額」加總。
Help
Improve Table

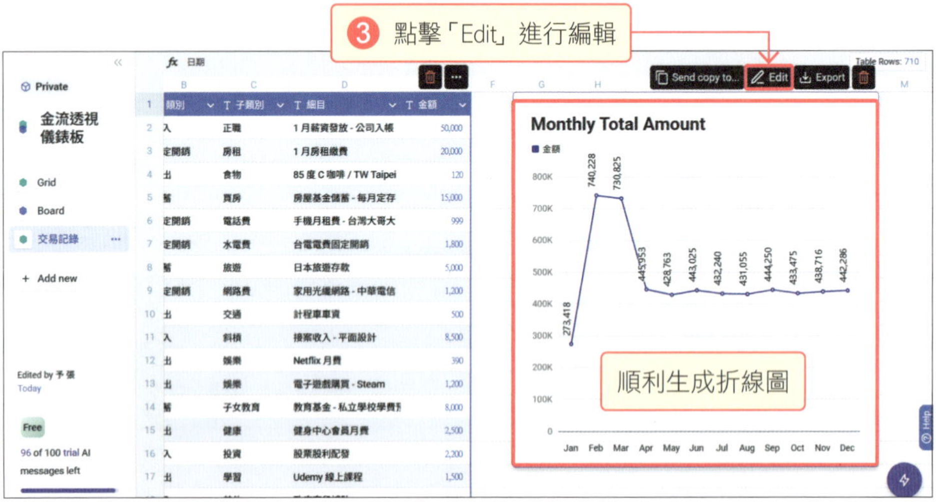
3 點擊「Edit」進行編輯
Send copy to...
Edit
Export
Monthly Total Amount
順利生成折線圖

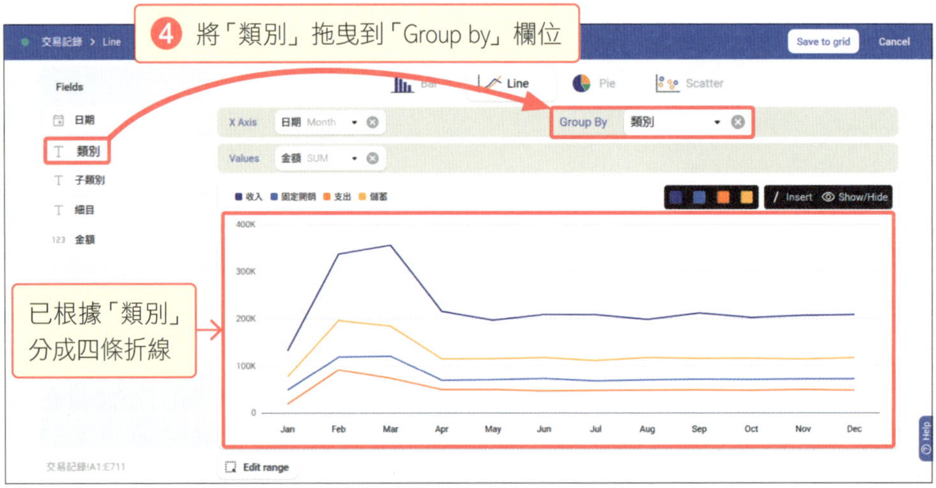
4 將「類別」拖曳到「Group by」欄位
Save to grid
Cancel
Fields
X Axis
Group By
Values
已根據「類別」分成四條折線
Edit range

使用 AI 整理資料

除了建立圖表，還能請 AI 整理、篩選資料。例如下方這個例子，指令為：**篩選出 Table_01 中，「支出」類別裡「金額」最高的前五項，並整理成表格**。

① 輸入指令　② 點擊「發送」

篩選完成

使用 AI 製作樞紐分析表

除了簡單的整理資料，製作樞紐分析表也是輕輕鬆鬆！指令為：**使用 Table_01 的資料建立一個樞紐分析表，計算「收入」類別下，各「子類別」的金額加總。**

❶ 輸入指令　　❷ 點擊「發送」

完成樞紐分析表

如果簡單幾句話就能快速得到結果，真的會讓人偷懶、不想手動操作。不過如果你真的習慣靠自己的話，Bricks 也是有提供基本功能的唷！可以自己建立圖表和樞紐分析表，以下用建立圖表來示範~

手動建立圖表

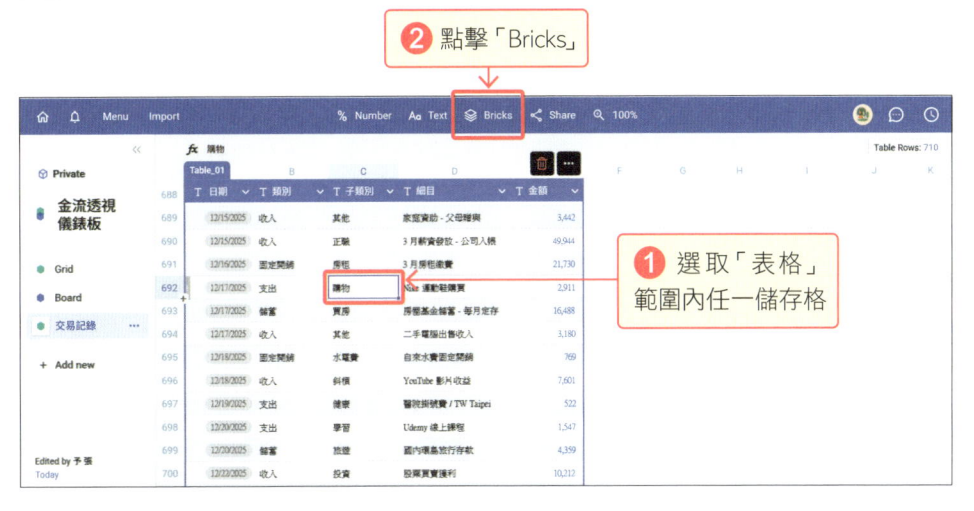

❷ 點擊「Bricks」

❶ 選取「表格」範圍內任一儲存格

❸ 選擇「Chart（圖表）」或「Pivot table（樞紐分析表）」（本案例用圖表來示範）

❹ 檢查範圍正確後，點擊「Create」

4-91

接著就會進入圖表設定頁面，Bricks 提供非常多種圖表類型，選完類型後，將資料欄位拖曳到對應的圖表欄位中。

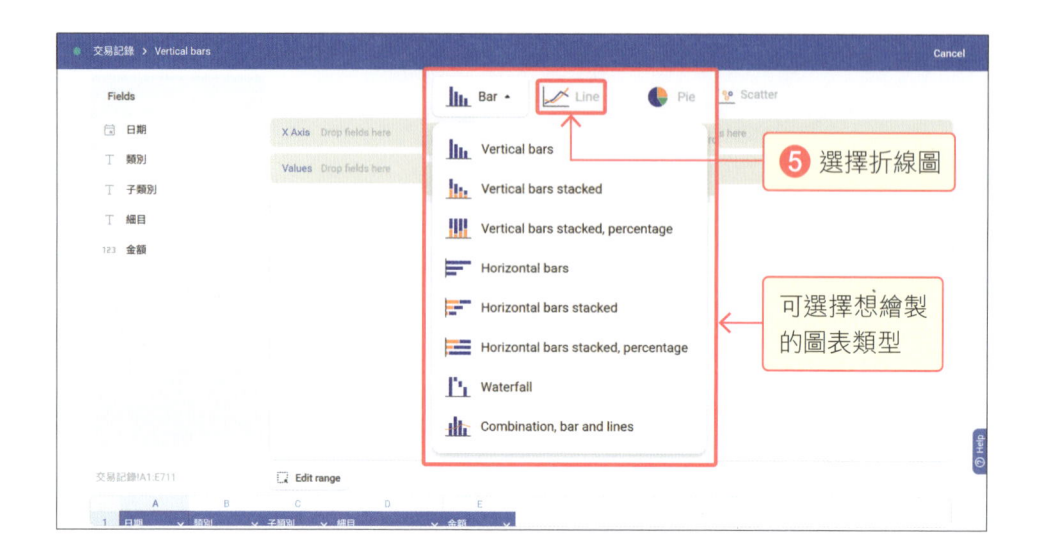

❺ 選擇折線圖

可選擇想繪製的圖表類型

把「日期」拖曳到「X Axis」欄位、「金額」拖曳到「Values」欄位、「類別」拖曳到「Group By」欄位，圖表會長這樣：

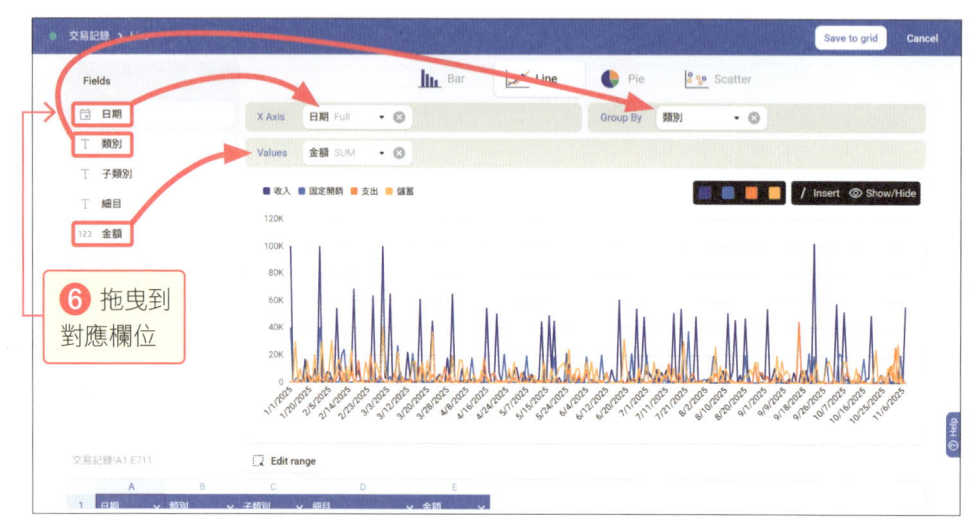

❻ 拖曳到對應欄位

▲ X 軸的日期並沒有按照月份群組，而是將全部的日期列出來。必須要多做一步，才能將日期按月份群組

❼ 點擊「日期」選項旁的小箭頭

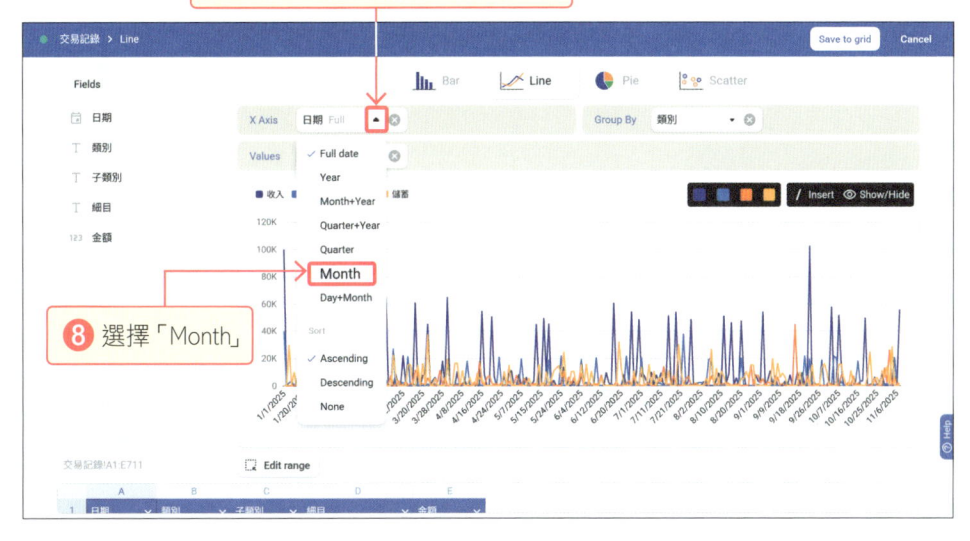

❽ 選擇「Month」

▲ 順利完成啦！

可以根據你的需求，來選擇日期群組單位，僅須透過下拉選單切換，真的超方便又直覺的！

使用 Board 建立儀表板

學會建立圖表後，接著要來看怎麼把它們組裝成儀表板啦！

> **小精靈**：進入「Board」版面配置，你會發現編輯區域像是模組一樣，被分割成一塊一塊。

你可以直接將剛剛在「交易紀錄」裡面建立的圖表複製到 Board (也就是從 Grid 複製到 Board)，或是直接在 Board 裡面建立新的圖表。

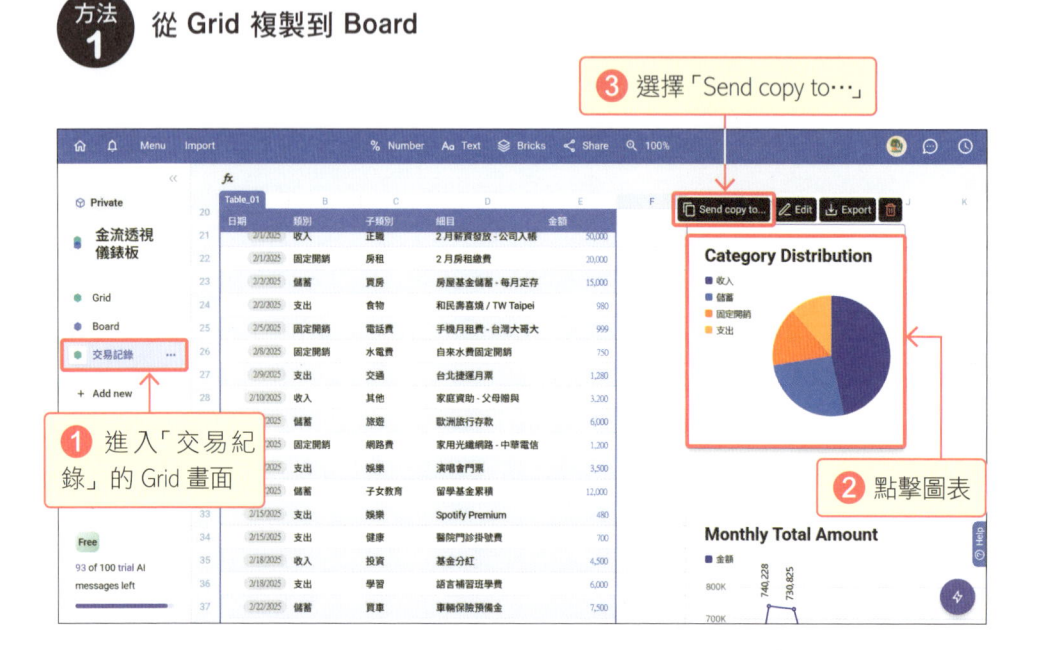

方法 1 從 Grid 複製到 Board

① 進入「交易紀錄」的 Grid 畫面
② 點擊圖表
③ 選擇「Send copy to…」

▲ 成功在「Board」畫面中，看到圖表了

方法 2　直接在 Board 建立圖表

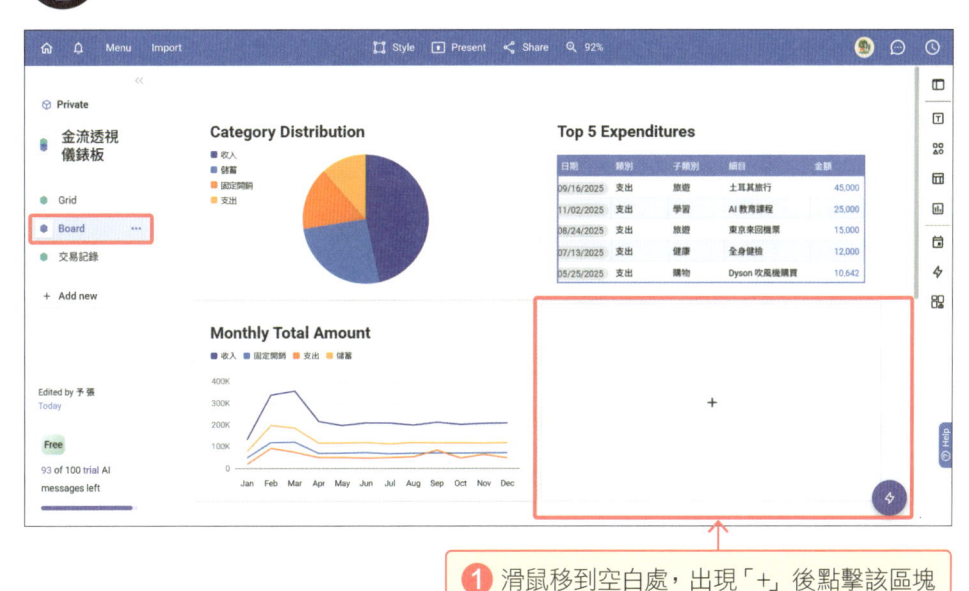

❶ 滑鼠移到空白處，出現「+」後點擊該區塊

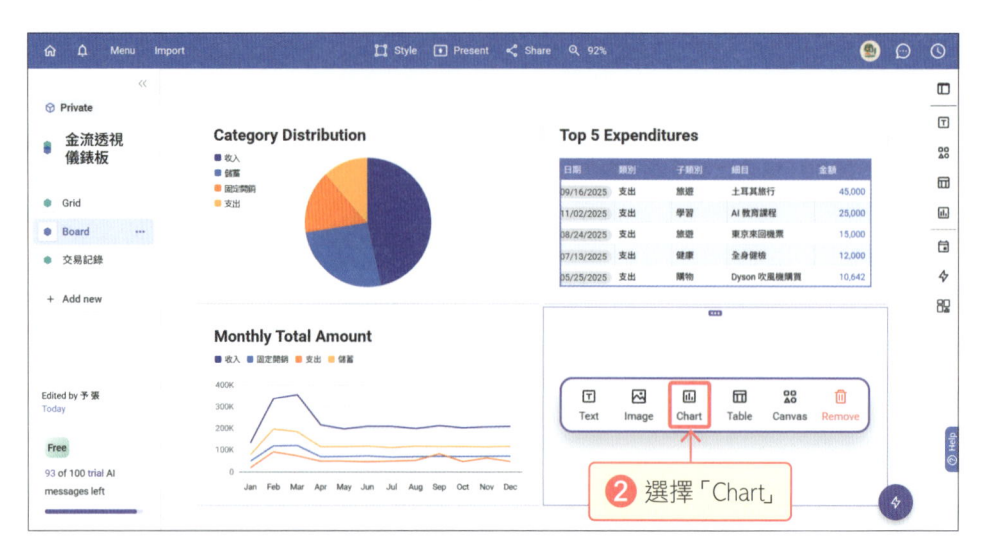

❷ 選擇「Chart」

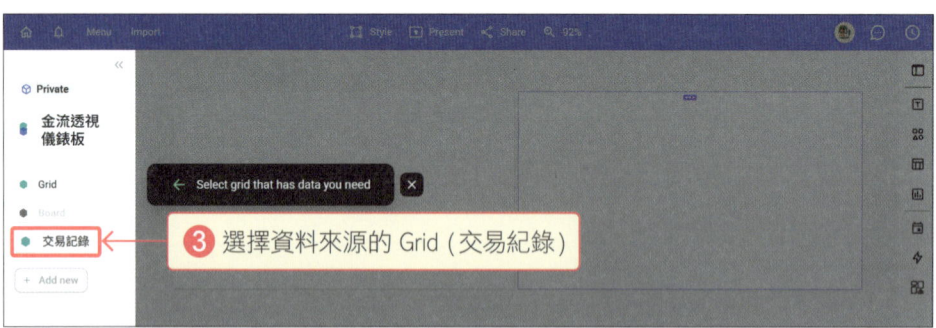

❸ 選擇資料來源的 Grid（交易紀錄）

❹ 確認範圍正確後，點擊「Create」

4-96

❺ 圖表設定（和先前 Grid 圖表教學時相同） ❻ 設定好之後，點擊「Save to board」

成功於 Board 建立圖表啦！

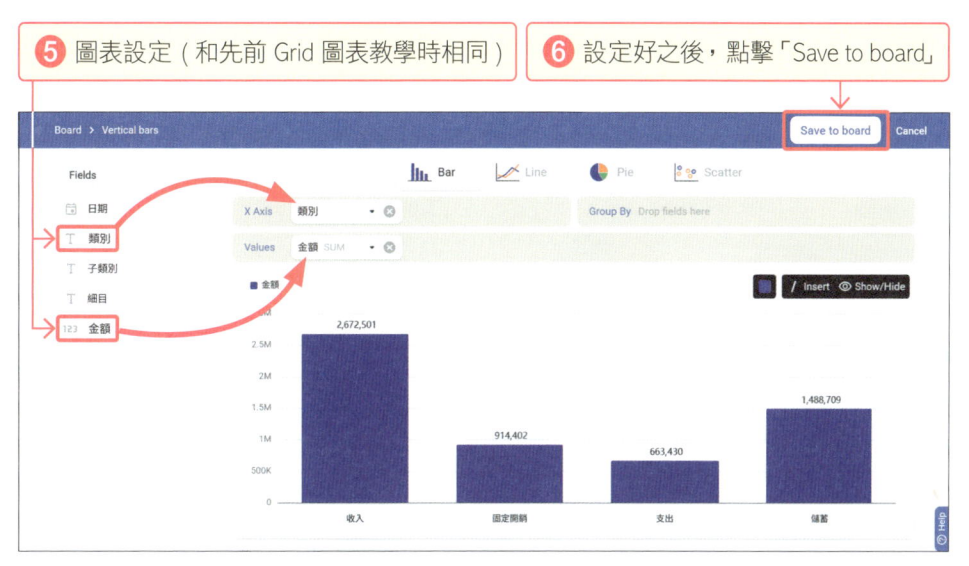

美化儀表板與建立資料連結

除了圖表外，Bricks 還提供了「標題」和「數字指標」等元件，讓你的儀表板看起來更豐富、專業。只需要點擊「Text」，就能夠任選「標題」和「數字指標」的樣式：

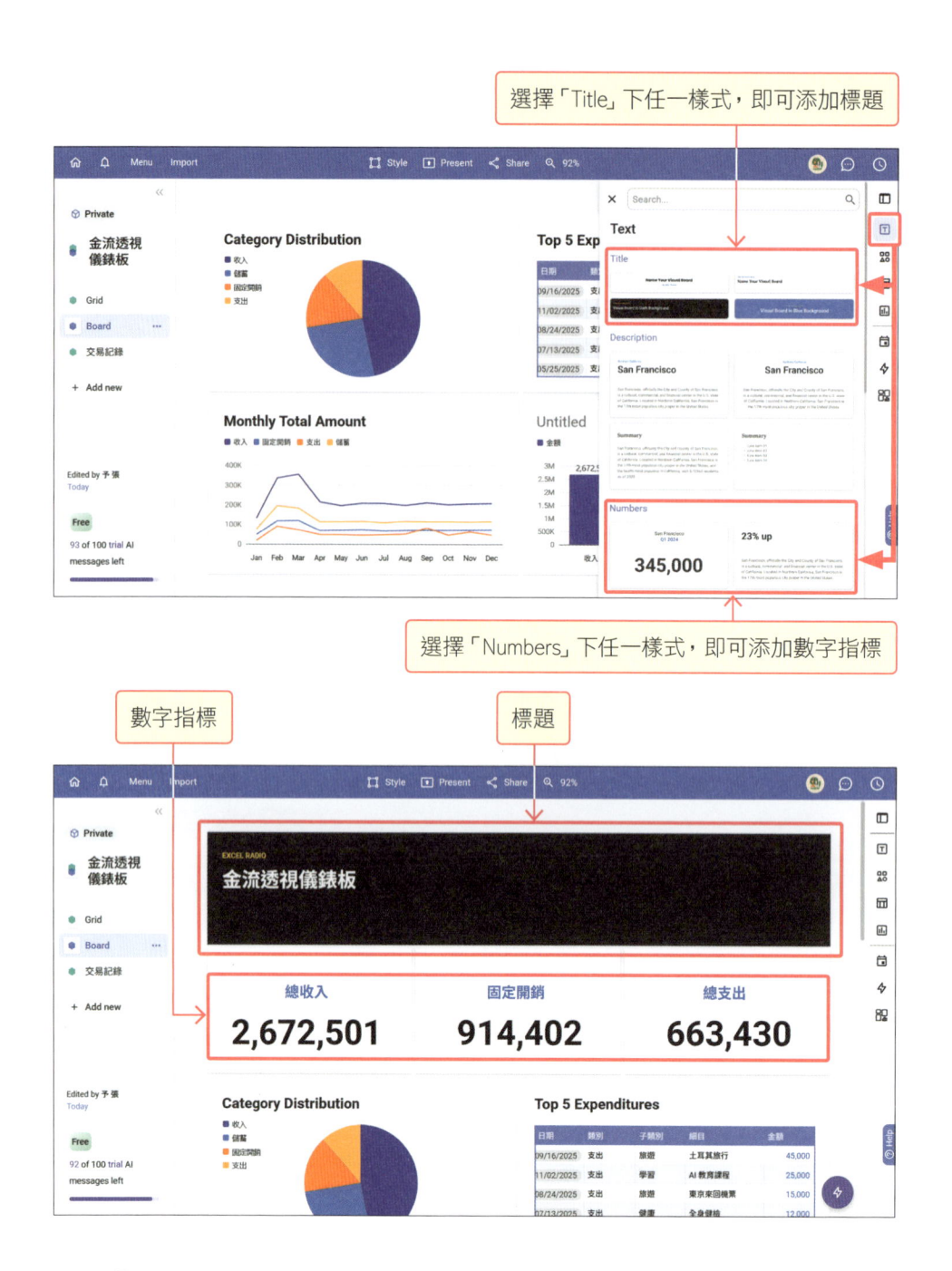

選擇「Title」下任一樣式，即可添加標題

選擇「Numbers」下任一樣式，即可添加數字指標

數字指標　　　　　標題

「數字指標」元件中的數字，還可以與 Grid 裡的資料建立連結，如此一來，當資料有更新時，就不用手動調整了！來看看如何建立連結：

❶ 選取數字

❷ 點擊「Link cell」

❸ 選擇資料來源的 Grid（交易紀錄）

❹ 選取指標對應的儲存格

❺ 點擊「Link」

第 4 章　AI × Excel 職場組合技

4-99

完成資料連結

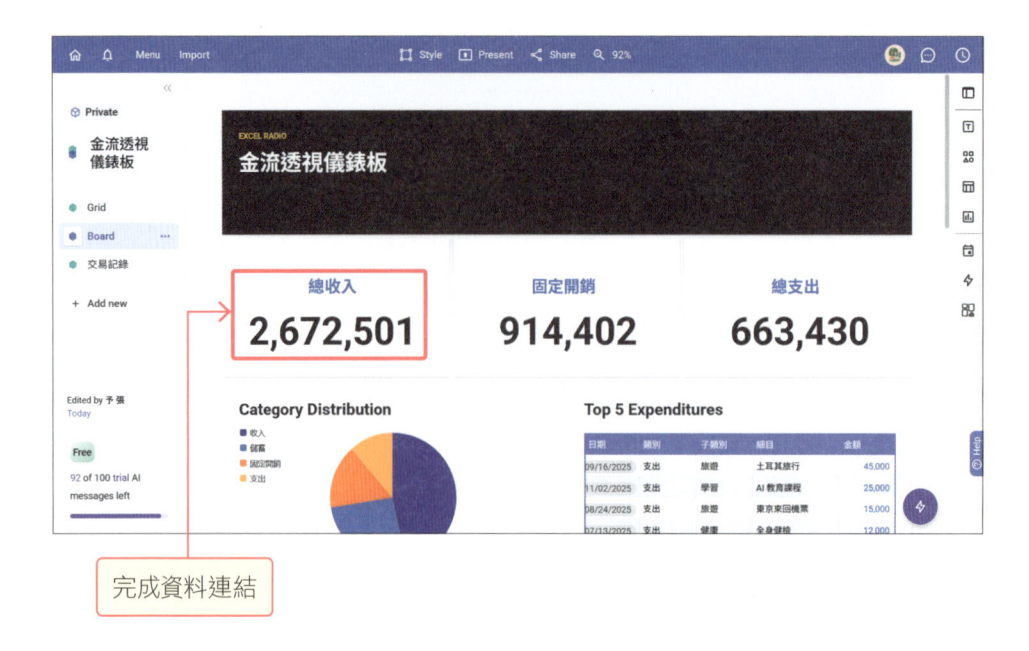

倘若你變更了 Grid 中的原始資料，無論是新增、刪除資料列，或是重新編輯既有的資料，儀表板內的資料就會自動更新，比 Excel 還更方便！

如果想要調整添加的元件位置，直接拖曳即可！

❷ 將游標移到上方三個點點處，會看到拖曳符號

❶ 點擊元件

❸ 將元件拖曳到你想要的位置

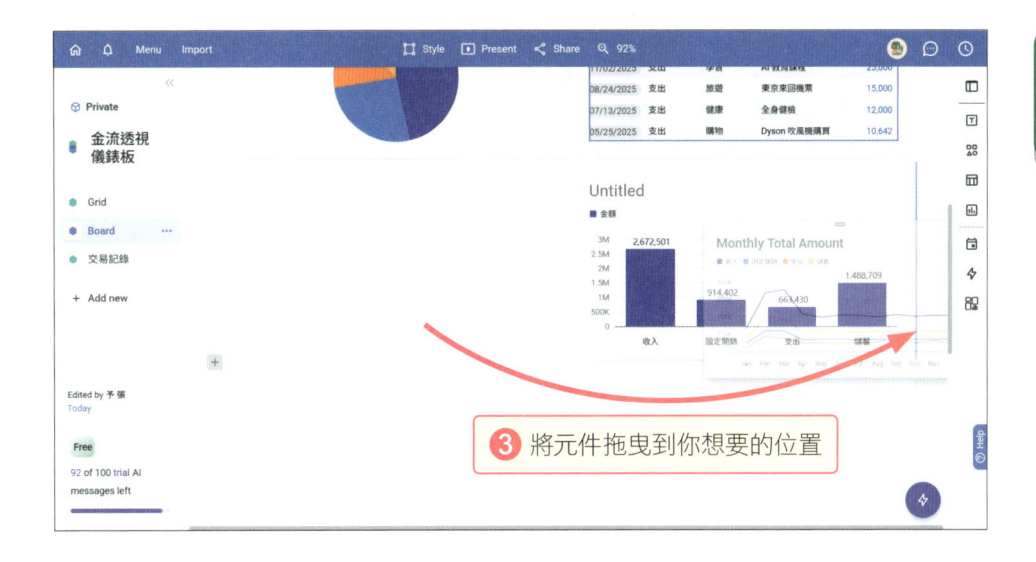

互動式圖表效果

　　Bricks 提供了互動式圖表效果，當游標移到圖表時，可以看到更詳細的資訊。甚至在點擊圖例時，還能直接篩選資料，實在是太方便了。

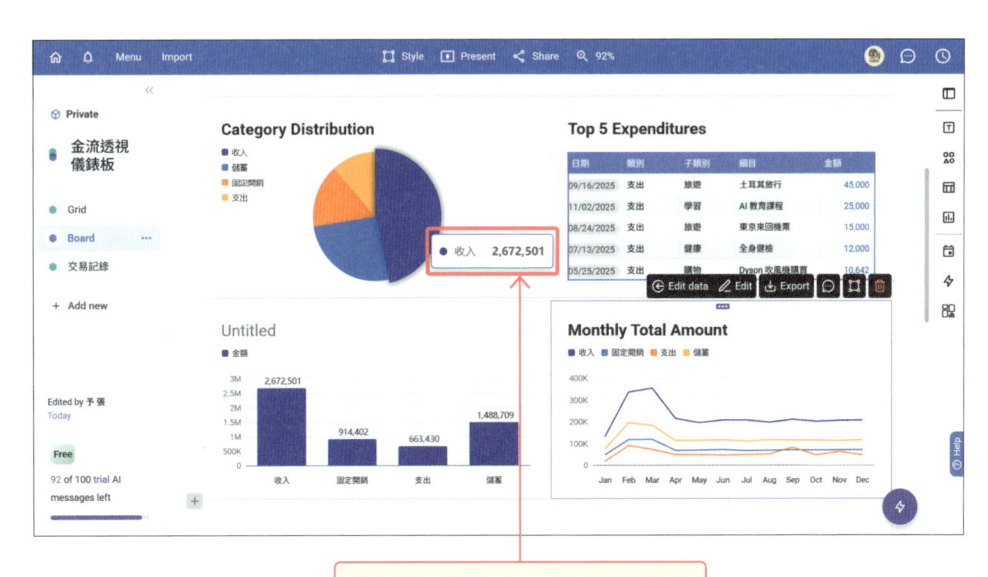

游標移到圖表上可看到詳細數字

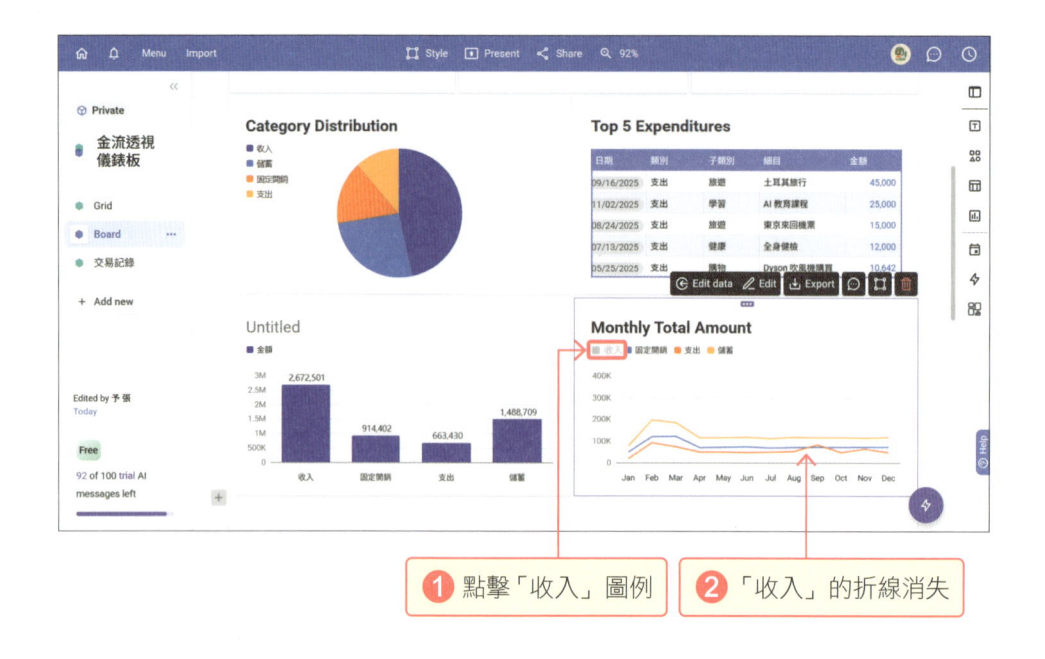

① 點擊「收入」圖例　　② 「收入」的折線消失

簡報展示、網路發布、協作編輯

完成儀表板後，你可以直接將它作為簡報展示。

點擊「Present」

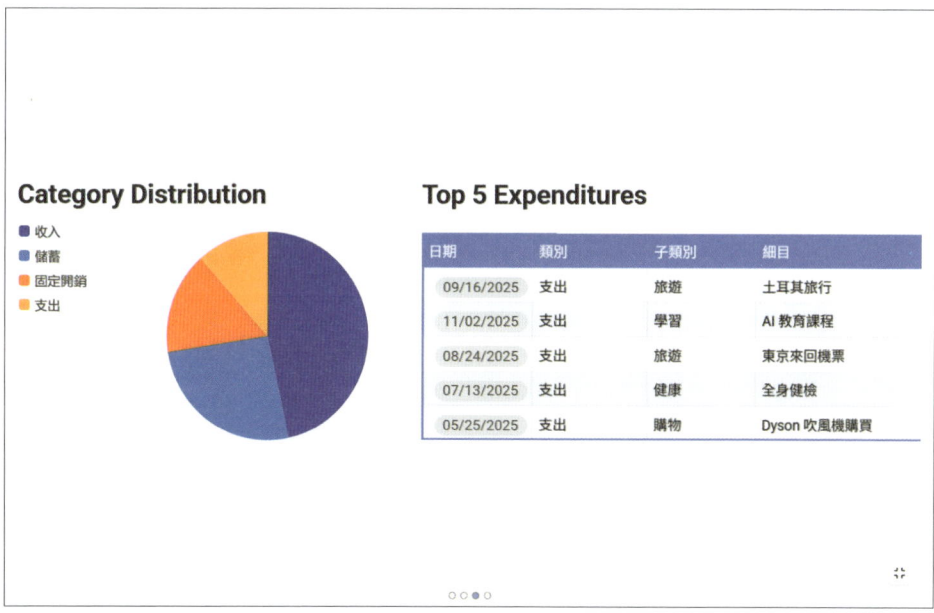

▲ 儀表板被切割成一張一張的簡報

4-103

第 4 章 AI × Excel 職場組合技

除了用來進行簡報展示，點擊「Share」，還有更多分享功能：

1. 邀請同事一同協作編輯，對於需要團隊合作的使用情境來說，無疑是一大福音！
2. 將儀表板匯出成 PDF 檔案，方便儲存與分享。
3. 將儀表板發佈到網路上，擁有連結的使用者就能即時查看。

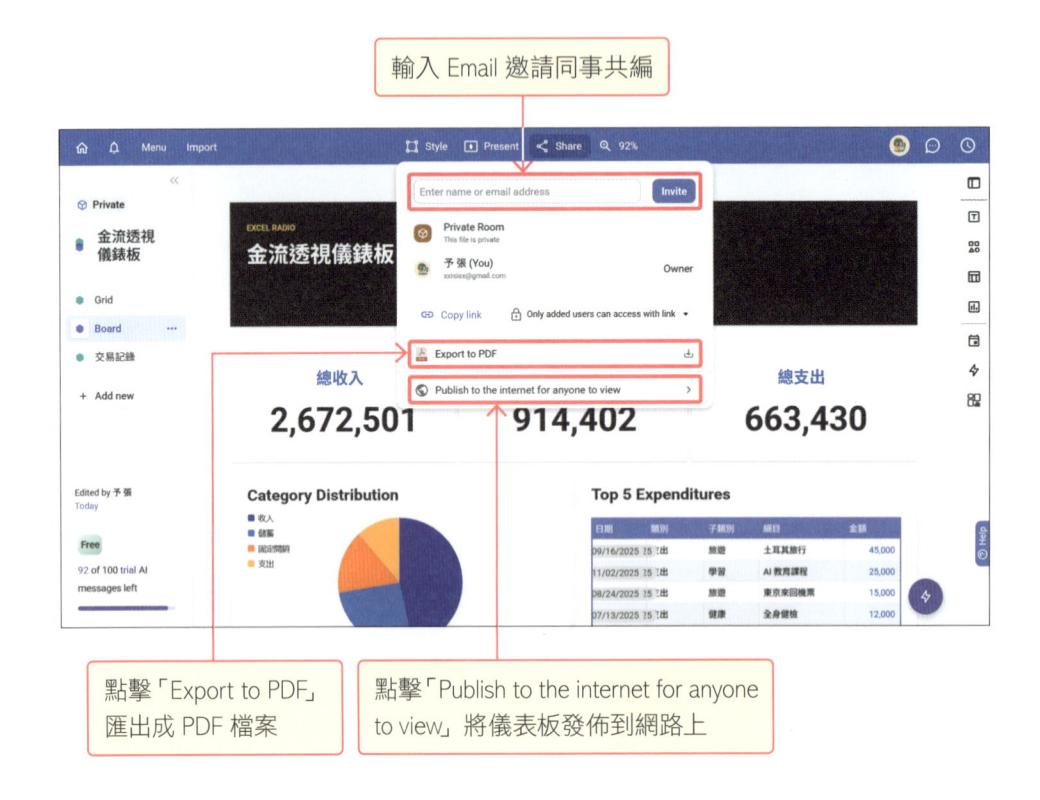

輸入 Email 邀請同事共編

點擊「Export to PDF」匯出成 PDF 檔案

點擊「Publish to the internet for anyone to view」將儀表板發佈到網路上

　　看到這邊，你是不是覺得 Bricks 實在太神了？目前 Bricks 提供的免費方案，都能做到以上示範的內容。而免費版提供了 100 則「AI 對話功能」的提問額度，十分夠用！事不宜遲～快去體驗看看！還有很多有趣的功能，等著你去探索喔！